钢中缺陷的超声波定性探伤
（第2版）

牛俊民　蔡　晖　著

U0319185

北　京

冶金工业出版社

2013

内 容 简 介

全书共分 14 章。第 1~4 章介绍了钢中主要缺陷（裂纹、白点、缩孔、夹杂物等）的特征、分布规律、形成原因以及预防措施，第 5 章介绍了超声波探伤的基础知识，第 6~11 章介绍了钢中各种缺陷的超声波定性探伤方法，第 12 章综合介绍了各种缺陷的波形特征及超声波探伤定性图解，第 13、14 章介绍了对高铁、核电、风电等新型产业超声波探伤的内容。

本书可供从事探伤工作的工程技术人员阅读，可作为无损探伤专业的参考书，其中第 1~4 章也可供从事金相热处理工作的技术人员了解钢中缺陷时参考。

图书在版编目 (CIP) 数据

钢中缺陷的超声波定性探伤/牛俊民，蔡晖著 . —2 版 .
—北京：冶金工业出版社，2012.4（2013.12 重印）
ISBN 978-7-5024-5835-5

Ⅰ . ①钢… Ⅱ . ①牛… ②蔡… Ⅲ . ①铸钢件—铸件缺陷—超声检验 Ⅳ . ①TG115. 28

中国版本图书馆 CIP 数据核字（2012）第 066918 号

出 版 人　谭学余
地　　址　北京北河沿大街嵩祝院北巷 39 号，邮编 100009
电　　话　(010)64027926　电子信箱　yjcbs@cnmip.com.cn
责任编辑　曾　媛　美术编辑　李　新　版式设计　孙跃红
责任校对　王永欣　责任印制　牛晓波
ISBN 978-7-5024-5835-5
冶金工业出版社出版发行；各地新华书店经销；北京百善印刷厂印刷
1990 年 7 月第 1 版，2012 年 4 月第 2 版，2013 年 12 月第 2 次印刷
787mm×1092mm　1/16；21 印张；510 千字；324 页
65.00 元

冶金工业出版社投稿电话：(010)64027932　投稿信箱：tougao@cnmip.com.cn
冶金工业出版社发行部　电话：(010)64044283　传真：(010)64027893
冶金书店　地址：北京东四西大街 46 号（100010）　电话：(010)65289081（兼传真）
（本书如有印装质量问题，本社发行部负责退换）

前言（第 2 版）

随着国内大型装备制造业的发展，钢铁生产及应用过程中对无损检测的要求不断提高。超声波探伤是近年来发展较快、应用较多的一种无损检测方法，被广泛用于无损检测的各个领域。考虑到 20 年来超声波探伤新工艺和新技术的发展，以及读者对《钢中缺陷的超声波定性探伤》第 1 版的需求，本书的再版很有必要。

再版时对第 1 版的内容进行了补充和修订，增加了一些对新型产业，例如高速铁路、核电、风电等的超声波探伤内容。其中，常用钢铁材料缺陷及相关术语、高速铁路及其相关设备的超声波探伤，由牛俊民撰写；发电设备（含核电、风电）的超声波检测，由蔡晖撰写。

在再版过程中曾得到陈保平、马剑民、申福兴、魏惠荣、魏小征、牛小骥等同志的支持和帮助，在此一并表示谢意！

但愿该书的再版能为读者带来裨益！

牛俊民

2011 年 6 月于西安

前言（第 1 版）

鉴于目前超声波探伤难于对缺陷进行定性判断的现状，作者编著了《钢中缺陷的超声波定性探伤》一书，其目的是让从事探伤的人员了解并掌握钢中各类缺陷的特征、分布规律，以便使缺陷与超声波探伤信息之间建立起一种联系，从而对缺陷进行定性判断。

本书以大量的解剖实例为基础，详细分析了 A 型仪器探测各类缺陷的方法和波形特征，附有大量的波形照片及缺陷实况图片，并介绍了超声波探伤定性图解。

在编写过程中作者曾得到赵恒元教授、胡绍庭高级工程师和西安交通大学强度研究所马宝钿老师的指导和支持；张明昇同志，古宝运、苏登盛、魏惠荣等工程师以及邵兴国、张艳芬、林侠等同志也给予了热情的帮助和协作，在此一并致谢！

编　者

1987 年 9 月

目　　录

1 缩孔、缩孔残余及疏松

1.1 钢的凝固和收缩

液态钢水浇入铸型以后，由于铸型的冷却作用，温度就逐渐下降。当温度降低到液相线至固相线温度范围之内，就要发生从液态转变为固态的过程。这种状态的变化称为初次结晶或凝固。

铸件的铸造缺陷，例如缩孔、缩松、偏析、析出气孔、热裂等，都是在凝固过程中产生的。在铸造过程中，根据铸件的形状特点、技术要求的不同而设置各种浇注系统，如设置冒口、冷铁等，其重要的目的之一就是为了正确地控制铸件的凝固过程，以防止产生上述的铸造缺陷。由此可见，研究铸件的凝固规律对于认识凝固过程产生缺陷的机理和制定防止产生缺陷的工艺措施，从而达到生产高质量铸件的目的，有着十分重要的意义。

铸件在凝固过程中，如果钢的液态收缩和凝固收缩得不到补偿，在铸件最后凝固的地方就会出现缩孔或缩松。它是铸件凝固过程中伴生的一种现象。

铸件倾向于集中性的缩孔或者倾向于分散性的缩松，与铸件的凝固方式有着十分密切的关系，而为消除铸件中的缩孔和缩松采取的工艺措施中，有不少是通过正确地控制铸件的凝固过程来达到的。为此，下面首先要讨论钢的凝固和收缩。

1.1.1 钢的冷却和凝固

人们为了研究钢的凝固过程，早期是采用残余液体倾出法。即将液态钢水在同一浇注温度下同时注入许多同样的铸型，经过不同时间间隔，分别把铸型翻转过来，使铸型中尚未凝固的钢水流出来，留下一层固体硬壳。在理论上，每个硬壳的厚度就是自浇注到倾出这一段时间内凝固层的厚度。

液体倾出法虽然简单易行，但它只能测量铸件的凝固速度。而对于其他一些重要问题，如凝固时期铸件内部的温度分布情况，则无法提供数据。为了测得铸件在凝固的不同时间不同部位温度分布情况，人们采用了直接测温法。

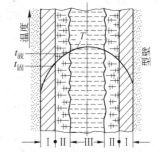

图 1-1 铸件某瞬时的温度场

T—温度场；$t_液$—合金液相点；

$t_固$—合金固相点；

Ⅰ—固相区；Ⅱ—凝固区；

Ⅲ—液相区

直接测温法是把许多热电偶的热端放在型腔的不同位置，并加以固定。各热电偶和一台多点自动电子电位差计相接，这样便可记录钢水自注入时起至完全凝固为止，在铸件断面上各测温点的温度随时间变化的情况。将所测定的数据与相应的状态图联系起来加以整理，就可显示出铸件的凝固过程。实验的结果可以采用两种形式来表示。图 1-1 通过铸件的温度场来表示其凝固过程，图 1-2 用凝固动态曲线来表示铸件的凝固过程。

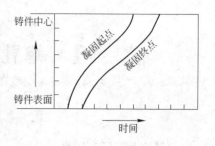

图 1-2 凝固动态曲线

从图 1-1 可以看出，铸件在凝固过程中，其断面上一般存在着三个区域，即固相区、凝固区和液相区。值得指出的是，在凝固过程中对铸件质量有较大影响的主要是凝固区域的大小及其向铸件中心延伸的情况。铸件的凝固方式，正是根据铸件断面上所呈现的凝固区域的大小来区分的。一般把铸件的凝固方式分为三种：逐层凝固、糊状凝固以及介于两者之间的中间凝固方式。

逐层凝固方式就是随着温度的下降，凝固过程仅表现为固相区在液相区逐层的由外向里推移。恒温结晶的合金和结晶温度范围窄的合金其凝固都属于逐层凝固方式。

糊状凝固方式就是由于合金的结晶温度范围很宽，又由于铸件断面上温度分布较为平坦，在凝固的某一段时间内，整个铸件断面上几乎同时凝固。

许多合金的凝固方式往往呈现出介于逐层凝固和糊状凝固之间的中间形式，即它的凝固区域的宽度大于逐层凝固，但却小于糊状凝固，称作中间凝固方式。

凝固区域的宽度在动态图中表现为凝固起点曲线与凝固终点曲线之间的纵向距离。因此，这个距离的大小就可以作为区分凝固方式的准则。如果两曲线之间距离很窄，意味着凝固区很小，因而趋向于逐层凝固方式；如果两曲线之间距离很大，就意味着凝固区域很宽，因而就趋向于糊状凝固方式，介于两者之间的多属于中间凝固方式。

图 1-3 给出了不同含碳量的碳素钢在不同铸型条件下的凝固动态曲线。由图中看出，在砂型冷却条件下，随着含碳量的增加（即结晶温度范围的增大），凝固起点波与凝固终点波之间的距离也随之扩大，因而凝固方式分别是：低碳钢近于逐层凝固方式；中碳钢为中间凝固方式；高碳钢较近于糊状凝固方式。

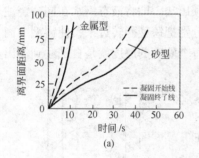
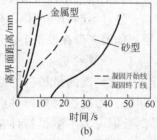
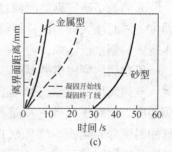

图 1-3 不同含碳量和铸型条件对钢凝固动态曲线的影响
(a) 0.05% ~0.10% 碳钢；(b) 0.25% ~0.30% 碳钢；(c) 0.55% ~0.60% 碳钢

从上面的分析看出，影响铸件凝固方式的重要因素是合金的结晶温度范围。另外，凡是影响铸件断面上温度场的因素，像合金的热扩散系数、铸型材料的蓄热系数、结晶潜热和铸件壁厚等也都影响铸件的凝固方式。

铸件的凝固方式与它的质量有着密切的关系。倾向于逐层凝固方式的金属或合金，冷却时随着凝固前沿向铸件中心推进，它们的宏观组织往往具有柱状晶的特点。同时由于它的凝固前沿始终与液态合金相接触，凝固区域又很窄小，在凝固时发生的体积收缩就可以不断地得到液态合金的补充，因此铸件产生缩松趋向极小，而是在铸件最后凝固的地方留下集中的缩孔。一般认为这种合金补缩性能较好。图 1-4 表示了这类合金缩孔形成的特点：缩孔一般都出现在铸件的热节处和最后凝固的部分。如果铸件在凝固时收缩受阻而产生晶间裂纹，裂纹处也很容易得到液态合金填补而弥合起来，所以铸件热裂趋向较小。

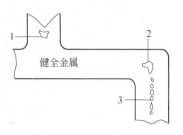

图 1-4　窄结晶温度范围合金
铸件的缩孔形成示意图
1—冒口处缩孔；2—热节处空洞；
3—中心线缩孔

趋向于糊状凝固的合金，在通常铸造条件下，凝固初期与逐层凝固合金相仿，一般也先在型壁上生成小晶粒。在生成小晶粒之后，它与逐层凝固的合金就再也没有相似之处了。差不多与生成小晶粒的同时，它们的生长就剧烈地被遏制了。大多数宽结晶温度范围合金凝固时，先生成的晶粒中含有的合金元素比之液体合金低得多，在生成小晶粒的液体中的"多余"合金元素的原子就被推到小晶粒周围的液体中去。小晶粒周围的液体就变成富有合金元素的液层，使这部分液体的凝固点降低了，晶粒的生长就暂时停止。这样的结果就不易生成柱状晶，而多呈现粗大的树枝发达的等轴晶。糊状凝固方式占优势的合金，其表现出的缩孔特征与逐层凝固方式的合金很不相同。它的凝固初期对凝固收缩的补偿表现为冒口中液面的单纯下降。但是，当合金凝固已完成约 65% 时，液—固两相的糊状物就变得黏稠了，而且从此以后，树枝状的等轴晶把尚未凝固的液体分割成为数众多的、几乎互不沟通的小熔池，每个晶粒长大时均在争夺这些液体。在这种情况下，铸件的凝固收缩将难以从冒口内得到合金液的补偿，而单靠小熔池内的液体又是不够的，结果在树枝间就形成了许多小的孔洞，即分散性缩松。这种分散性缩松遍布整个铸件断面，只不过在热节和冒口处的缩松表现得较为粗大而已，但不出现集中性的缩孔。由于发达的树枝状晶抗收缩的高温强度低以及当出现裂纹时得不到足够的液体合金的填补，因而它的热裂趋向较大。

呈中间凝固方式的合金，它们在凝固过程中，首先生成了一批小晶粒，它们的生长也将受到一些遏制，但不是全部停止，结果就成为紧靠着型壁的细而长的柱状晶。在柱状晶之间的空隙中充满着富有合金元素的液体，这些液体的熔点低而凝固得很晚。到某个时候，柱状晶生长全部终止，铸件中心部分的液体因而更多的富有合金元素且温度梯度逐渐趋向减小，便产生糊状凝固，形成等轴晶。根据这类合金的凝固特点，它具有一定的缩孔和缩松趋向，补缩能力介乎于两种凝固方式之间，同时也有一定的热裂趋向。

1.1.2　钢在凝固过程中的收缩

合金的体积或线尺寸是随温度和状态的不同而变化的。浇入铸型中的液态合金，从液态凝固成为固态，并在继续冷却至常温的过程中，它的体积和线尺寸也必然有所改变。对绝大多数铸造合金而言，这一过程都表现为体积的缩小，称之为收缩。

固态合金的结构是原子按某种晶格形式排列的（或称为长程有序），液态合金的结构一般用"空穴"理论来解释。即当温度接近于熔点时，液态合金是由许多保持晶体特性的，但它们又是时散时集的、此散彼集的、游动着的原子集团（或称为短程有序）和游动集团之间的空隙（或称为"空穴"）所组成的。由于上述原子集团及空穴的位置并不是

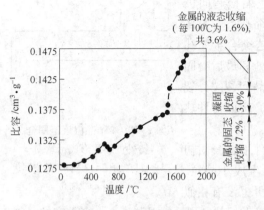

图 1 - 5 1725℃浇注的碳钢
（含碳 0.35%）的总收缩情况

固定的，所以液体的合金既具有连续的特性，又具有流动的特性。当温度下降及由液态转变为固态时，因为原子由短程有序逐渐转变为长程有序，以及空穴的减少或消失，所以钢水会发生体积收缩。钢在凝固完毕之后，随着温度的继续下降，由于固态金属原子间的平衡距离缩短，也会产生体积收缩。多数钢种在固态期间发生相变，由于新相（α 相）的晶格与原来相（γ 相）的晶格结构不同，因而相变时体积略有增大。

图 1 - 5 是 1725℃浇注的碳钢（含碳 0.35%）的总收缩情况。图的纵坐标为比容（cm³/g）。比容减小，则意味着物质体积发生收缩，反之则发生膨胀。图的横坐标是温度（℃）。从图中可以看出，钢的收缩过程可分为三个阶段：液态收缩、凝固收缩和固态收缩。

1.1.2.1 钢的液态收缩

钢的液态体积收缩率由下式来确定，即

$$\varepsilon_{V液} = \alpha_{V液}(t_{浇} - t_{液}) \times 100\% \tag{1-1}$$

式中　$\alpha_{V液}$——钢在 $t_{浇}$ 至 $t_{液}$ 温度范围内的液体体积收缩系数，1/℃；

　　　$t_{浇}$——钢液的浇注温度，℃；

　　　$t_{液}$——钢的液相线温度，℃。

由式（1-1）看出，钢液在浇注时的过热度（$t_{浇} - t_{液}$）愈大，$\varepsilon_{V液}$ 将随之增大；当浇注温度一定时，随着含碳量的提高，$t_{液}$ 将下降，于是 $\varepsilon_{V液}$ 就相应增大。这说明，在同样条件下浇注温度愈高，钢的含碳量愈高，产生缩孔、缩松的趋向性愈大。钢的液态体积收缩率 $\varepsilon_{V液}$ 还随着液态体积收缩系数 $\alpha_{V液}$ 的提高而增大。$\alpha_{V液}$ 随温度变化较小，但是 $\alpha_{V液}$ 随含碳量提高而增大，大约每提高 1% C，$\alpha_{V液}$ 可增大 20%。$\alpha_{V液}$ 还受气体析出及夹杂物的影响，一般在（0.4～1.6）×10⁻⁴/℃ 范围内，通常取其平均值为 1.0×10⁻⁴/℃。

1.1.2.2 凝固收缩

如前所述，有结晶温度范围的合金的凝固体收缩率 $\varepsilon_{V凝}$ 包括温度降低和状态改变两个部分，随着结晶温度范围的扩大，$\varepsilon_{V凝}$ 也相应增加。钢的结晶温度范围随着含碳量的提高而扩大，因而它的 $\varepsilon_{V凝}$ 也必然随含碳量的提高而增加。表 1-1 的数据证实了上述规律。

表 1-1　含碳量对钢的凝固体收缩率的影响

C/%	0.10	0.35	0.45	0.70
$\varepsilon_{V凝}$/%	2.0	3.0	1.3	5.3

1.1.2.3 固态收缩

钢的固态体收缩率可由下式表示：

$$\varepsilon_{V固} = \alpha_{V固}(t_固 - t_室) \times 100\% \tag{1-2}$$

由式（1-2）可见钢的固态体收缩率 $\varepsilon_{V固}$ 不仅与固态体收缩系数 $\alpha_{V固}$ 有关，而且与固相线温度有关。

从图 1-5 中可以看到，钢在固态阶段发生了奥氏体→铁素体的相变，使得收缩系数 $\alpha_{V固}$ 也发生变化，因此钢的固态收缩不仅与温度和含碳量有关，而且还与相变有关。固态钢的体收缩率由三部分确定：

$$\varepsilon_{V固} = \varepsilon_{V珠前} - \varepsilon_{V\gamma \to \alpha} + \varepsilon_{V珠后} \tag{1-3}$$

钢的固态体收缩率的变化约在 6.9% ~7.4% 范围之内。

根据以上的讨论，从浇注温度冷却至常温钢的总体积收缩率应为：

$$\varepsilon_{V总} = \varepsilon_{V液} + \varepsilon_{V凝} + \varepsilon_{V固} \tag{1-4}$$

在相同浇注温度条件下，钢的总体积收缩率随着含碳量的提高而增大，这主要是由于钢液的比容随含碳量增加而增大以及结晶温度范围随含碳量增加而扩大所致。表 1-2 列出了钢的总体积收缩率与含碳量之间的关系。

表 1-2　碳钢总体积收缩率与含碳量之间的关系

C/%	0.00	0.10	0.35	0.75	1.00
$\varepsilon_{V总}$/%	10.03	10.07	11.8	12.9	14.0
备　注	从 1600℃冷却到 20℃				

另外，合金元素对钢的收缩量也有一定的影响。表 1-3 列出了几种常见合金元素对钢收缩量的影响。

表 1-3　合金元素对钢收缩量的影响

合金元素	合金元素加入量/%	收缩量（占原体积）/%			
		液态收缩（降温 100℃）	凝固收缩	固态收缩（冷至 20℃）	总收缩量
Ni	9.44	0.25	3.4	6.07	9.72
	26.0	0.50	3.24	5.80	9.54
	36.0	0.53	6.60	6.10	13.23
	100.0	0.30	5.86	6.60	11.96
Mn	8.5	2.28	0.44	6.15	9.87
	18.4	1.60	0.13	5.76	7.49
Si	3.6	2.05	1.77	5.95	9.77
	9.05	2.22	0.9	5.35	8.47
Cr	13.7	1.66	0.9	6.14	8.70
W	2.5	1.39	3.2	6.44	11.03

钢的收缩量对钢铸件的质量影响很大。综合以上的分析我们可以看出以下几点：

（1）随着含碳量的增加，钢的总收缩量明显增加，因此高碳钢较易出现缩孔、疏松缺陷。

（2）钢的总收缩量与钢液的浇注温度有关，温度愈高其收缩量愈大，它的影响可以超过碳含量的影响。所以浇注温度高的钢水时也易出现缩孔。

（3）气体含量的多少对钢的凝固前收缩有较大的影响。析出气体愈多，钢的收缩量愈大，所以气体多往往也造成缩孔、缩松严重。

（4）合金元素对钢收缩的影响比较复杂，从表1-3的数据还得不出明显的结论，但可以看出 Mn 和 Si 含量可以使钢的液态收缩量由平均1.6%（降温100℃）提高到2.0%左右。这可能是高锰、高硅钢易出缩孔的原因之一。

1.1.3　铸锭的结晶及三带晶区

众所周知，各种锻件都是由铸锭锻压而成。因此，了解钢铸锭的结晶与构造对于了解钢材与钢锻件中的各类缺陷有着十分重要的意义。

上面我们在讨论铸件的凝固时是从传热学的观点出发，研究铸件断面上，当发生液—固转变时的凝固区域大小、凝固时间以及凝固特征和铸件质量的关系。下面我们将用热力学的观点研究金属晶体的成核、成长、大小和形状的变化规律以及它们与各类缺陷的关系。

1.1.3.1　钢的结晶过程

当钢液温度下降到凝固点以下保持一段时间之后，短程有序的钢液全部变成有一定晶格的固体钢，这个过程就是结晶。钢液温度下降时，各原子的运动能量减小，温度降到凝固点时，液体中原子的动能接近相等，钢液中出现了一些微小的固态晶粒，这时出现的微晶不稳定，还可能重新消失，结晶过程进行缓慢。只有当温度下降到凝固点以下一个数值（即有一定过冷度）液体中较多区域的原子动能有较大地下降时，方能形成一批稳定的小晶体，这些稳定的小晶体一般叫结晶核心，或叫晶核。液体中出现晶核后，附近的原子就依附其上，顺序排列起来，晶核向四周液体中伸展长大，这个过程叫核长大。只要有足够的过冷度保证结晶时放出的结晶潜热不断散失，就可以保证结晶的不断进行。

结晶初期，晶核四周液体充足，晶核可以自由长大（见图1-6（a）），有可能形成规则的几何外形，只在大小和方位上各不相同（见图1-6（b）），当晶体长大到一定程度时就互相接触（见图1-6（c）），不能自由长大，从而形成了不规则的外形（见图1-6（d））。另外，晶粒大小还取决于晶核数目和它的长大速度，它们都与过冷度大小有关。当过冷度很小时，晶核生成数目少，各晶核能充分长大，因此形成粗大的晶粒；当过冷度很大时，生成晶核数目很多，晶核长大不充分，因此得到细晶粒。

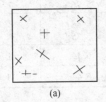 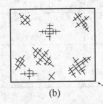 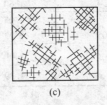 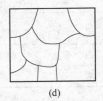

(a)　　　　　　　(b)　　　　　　　(c)　　　　　　　(d)

图1-6　液态金属结晶过程示意图

(a) 结晶初期；(b) 晶体长大；(c) 晶体继续长大；(d) 结晶终了

应当指出，以上所说的生成晶核是指钢液内部自发生核，它要求较大的过冷度。当钢液中存在一些难熔的非金属夹杂物或其他固态粗糙表面（如模壁）时，这些固态的现成表面也是结晶成长的好地方，这些现成的结晶核心叫外来晶核。

当有大量外来晶核时，即使过冷度较小，结晶也较迅速。

由此可见，结晶的基本条件是过冷，成核和长大是结晶的两个过程。

1.1.3.2 树枝状晶的形成

结晶开始时晶核具有规则的外形。例如钢，它的晶核具有八面体的形状，八面体的每个面都是排列最紧密的（111）晶面。由于在八面体的尖角处具有最好的散热条件使结晶时放出的结晶潜热能迅速放出，并由于尖角处具有较多的晶体缺陷，可促进晶核的长大，因此，尖角处得到最有利的生长条件而优先长大，形成了树枝状晶的一次枝芽。八面体的六个尖角可长出六个互相垂直的枝芽，这六个枝芽继续伸长并长粗，就形成了树枝状晶的一次晶轴。在一次晶轴长大的同时，在它的边缘上由于偶然形成的晶体缺陷等原因又会形成与一次晶轴互相垂直的二次晶轴，随后又出现了三次晶轴、四次晶轴……。图1-7是树枝状晶的形成过程示意图。就这样，晶核长大成为一个树枝状骨架，直到相邻树枝状骨架相遇时，它才停止扩展。另一方面，每个树枝状晶轴在不断变粗，并长出新的、更高次的晶轴以充满树枝状晶轴之间的体积，直到把树枝状骨架变成一个完整的、内部无空隙的晶粒。

如果在结晶过程中没有足够的液体来补充结晶引起的体积收缩所造成的空隙，则树枝状晶轴之间便留下许多微小空洞。另外，枝晶之间最后凝固的地方，由于选分结晶而聚积了较多杂质形成所谓枝晶偏析，这些都是钢中的宏观与微观缺陷。

1.1.3.3 钢锭的三带晶区

将一个普通镇静钢锭切开、刨平、磨光，并经酸浸腐蚀之后，就可以显示出钢锭内部的结晶构造，如图1-8所示。除头部的缩孔和缩松以外，从结晶构造上可以大致分三个不同的带：表面细晶粒带（或叫激冷层）、柱状晶带、锭芯粗大等轴晶带。我们通常称它为三带晶区。

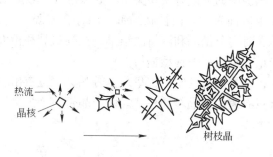

图1-7 树枝状晶形成示意图

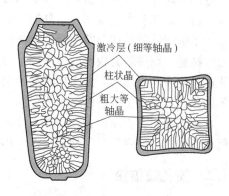

图1-8 镇静钢锭的结晶构造示意图

A 表面细晶粒带（激冷层）

钢水进入锭模之后，受到低温锭模的强烈冷却，紧挨锭模的一层钢水温度迅速下降到凝固点以下，具有很大的过冷度，这层钢水内部迅速生成大量结晶核心，加上锭模的粗糙表面和钢水的夹杂作为外来晶核，使这层钢水内晶核生长速度远大于晶核长大速度，结果生成了一层细小而致密的等轴晶带。

在激冷层中，钢水凝固层的增厚速度，大于偏析元素的扩散速度，偏析元素来不及向未凝母液中扩散，故该层的化学成分与钢水的平均成分很接近。

B 柱状晶带

激冷层形成后，钢液内部的热量要通过较高温度的激冷层才能传出，因此内部钢水结晶的过冷度减小了，尤其当激冷层因凝固时的体积收缩和受热膨胀的锭模之间出现空气间隙之后，因为气体导热能力远远小于固体钢，结果使激冷层内钢水的过冷度明显降低。由于结晶条件的改变，生核速度大减，结晶只能在已凝激冷层的粗糙表面上向里长大，由于在垂直于壁模方向上热量传出的路程最短，结晶基本上是沿垂直于壁模方向长大的，又由于向内长大的晶体互相接触，限制了晶体其他方向的长大，结果形成了规则排列且有方向性的柱状晶。

柱状晶结晶速度比激冷层小，它结晶时，偏析元素向未凝母液中扩散的速度大于晶体向内生长的速度，因此偏析元素向母液中浓聚（即液析现象），使此带的化学成分（主要指偏析元素）开始结晶时低于平均成分，后来结晶的部分高于平均成分。

另外，在柱状晶主干之间由于液析时富集了偏析元素（如硫、磷等）和夹杂物，以及冷凝收缩后没有钢液补充而产生空隙，强度较低，是钢锭中较薄弱的地方。

C 锭芯粗大等轴晶带

随着柱状晶的生长，锭模温度的不断升高，锭和模之间空隙的加大，散热变得很慢，垂直模壁方向散热较快的特点不明显了，柱状晶生长很慢甚至停止生长。另外，靠结晶前沿的钢水温度虽然比锭芯温度要低些，但由于它富集偏析元素（选分结晶的结果），凝固点较低，可能比锭芯的钢液结晶还要晚些，这也阻碍了柱状晶的继续发展。而在此同时，锭芯未凝钢液仍向四面八方散失它的热量，直到整个锭芯温度都降到凝固点以下时，整个锭芯同时结晶。这时过冷度很小，生核速度小于晶核长大速度，故每个晶粒长得较大，无一定的方向性，形成了粗大的等轴晶带。

由于锭芯基本上是同时结晶的，所以成分比较均匀。

了解钢锭的结构与掌握钢锭力学性能和钢锭中的缺陷有密切关系。如激冷层有较好的力学性能，钢锭若有较厚的激冷层，可以减少表面裂纹。而柱状晶带，因存在着脆弱区，往往是内裂的发源地。由于柱状晶带向里结晶时选分结晶和液析的结果，在柱状晶和粗大等轴晶交界的部位杂质较多，成分偏析也严重，形成所谓锭型偏析。

应当指出，由于钢种及结晶条件的不同，并非所有的钢锭都呈现三带晶区，也有出现两个晶带或一个晶带的。例如，不锈钢锭就只有表面细晶粒和柱状晶两个晶带。

1.2 缩孔及缩松

在铸件凝固过程中，液态收缩和凝固收缩往往使铸件在最后凝固的地方出现孔洞。容积大而且集中的孔洞称为缩孔；细小而分散的孔洞称为缩松。一般说来，收缩孔洞的表面粗糙不平，形状也不规则，可以看到相当发达的树枝状晶的末梢。它与表面光滑圆整的气孔有明显的区别。

缩孔和缩松是铸件中常见的缺陷之一。为了弄清缺陷的特征以及提出预防缺陷的措施，必须了解缩孔和缩松的形成机理。

1.2.1 铸钢中的缩孔及缩松

前面已经讲过，铸钢的总体收缩包括液态收缩、凝固收缩和固态收缩。固态收缩对形成缩孔和缩松没有多大关系，影响缩孔大小的是液态收缩和凝固收缩（即凝固前收缩），但是这两部分收缩并没有完全变成缩孔和缩松，原因是液态收缩有一部分只使冒口部位液面下降，并没有形成内部缩孔。另外，铸件外壳的收缩会使液面上升，补充了一部分体积收缩造成的空隙，所以铸件中缩孔缩松的体积远比凝固前总的体积收缩要小。

影响缩孔大小的因素很多，一般说来，钢的液态收缩愈大，则缩孔的趋向愈大。钢的凝固收缩愈大，缩孔的容积也愈大。相反，钢的固态收缩增大，则缩孔体积将减少。浇注速度愈慢，或铸型的激冷能力愈大，缩孔的体积就愈小。

缩孔出现的位置在生产实践中常用画凝固等温线法和内切圆法来确定。

用画凝固等温线法确定缩孔位置一般适用于形状较为简单的铸件。它是假定铸件在各个方向上的冷却速度是相同的，并按逐层凝固方式凝固，而且铸件顶面不凝固。图1-9画出了三种不同形状的铸锭出现缩孔的位置。从图上可以看出上大下小的（见图1-9（c））缩孔最浅，因此绝大部分钢锭都做成上大下小的锭型。

图1-10所示的是工字形截面的铸件，图1-10（a）是按凝固等温线所确定的缩孔位置，图1-10（b）为实际铸件解剖后的缩孔位置。

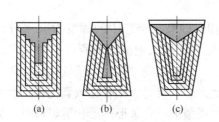

图1-9 用画凝固等温线法确定三种
不同形状的铸锭中缩孔位置的示意图
（a）等宽形；（b）上小下大形；（c）上大下小形

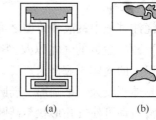

图1-10 工字截面中缩孔的位置
（a）按凝固等温线所确定的缩孔位置；
（b）实际铸件解剖后的缩孔位置

如果铸件是由两个以上相交的壁组成，可以用画内切圆的方法来确定缩孔的位置（见图1-11）。从图中可以看出，相交壁处内切圆直径大于铸件壁厚（如图1-11（a）所示），故它将最后凝固，缩孔也最容易在这里形成，这种内切圆直径大于铸件厚度的地方通常称为"热节"。除相交壁之外，在铸件肥厚处、转角处和靠近内浇口的部位也容易形成凝固缓慢的"热节"，缩孔就较易在这些部位上形成。

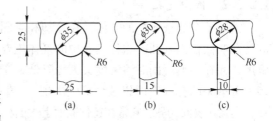

图1-11 用画内切圆方法确定缩孔位置
（a）内切圆直径大于铸件壁厚；
（b）内切圆直径略大于铸件壁厚；
（c）内切圆直径小于铸件壁厚

总之，铸件中缩孔的位置受铸件结构形状、铸件的冷却条件、浇注温度和浇注系数等许多因素的影响，所以用画凝固等温线法和画内切圆法来确定缩孔的位置只能是很粗略的。

但是它比较简单明了，在生产实践中和了解缩孔可能产生的位置时尚有一定的使用价值。

铸钢中分散在某一区域的细小缩孔称为缩松。它的形成原因也和缩孔一样，即最后凝固的地方得不到液态钢水的补充所致。倾向于糊状凝固的合金产生缩松趋向较大。

缩松按其分布和形态可以分为宏观缩松和微观缩松两类。宏观缩松一般在铸件最后凝固的部位或在铸件缩孔的下方，断面切开后通常可以看到密集的空洞，它与气孔的区别是表面粗糙而不光滑。在板状或棒状铸件中有时也会出现轴线缩松，它也是宏观缩松的一种。它的产生主要是由于没有顺序凝固，致使轴线中心最后凝固时，冒口中的合金液无法对它进行补缩所致。

微观缩松是用肉眼或放大镜观察不出来的晶粒间的微小孔洞，如前所述它是树枝状晶轴之间最后凝固时得不到液态金属的补缩而形成的。铸件中微观缩松的形成，主要与合金的结晶温度范围及补缩压力等因素有关。合金的结晶温度范围愈大，凝固区域愈宽，树枝状晶愈发达，产生微观缩松的倾向就愈大。补缩压力愈大，微观缩松的趋向就愈小。提高铸型的冷却能力，微观缩松的趋向也会减小。

1.2.2　气孔及铸件中的蜂窝状缺陷

气孔是铸钢件中常见的缺陷之一。按其气体来源不同，可把气孔大致分为三类，即侵入气孔、析出气孔和反应气孔。

1.2.2.1　侵入气孔

由于在浇注过程中钢液和铸型之间的热作用，砂型或型芯中的挥发物（水分、黏合剂、附加物）挥发生成的气体以及型腔中原有的空气侵入钢液内部所产生的气孔，叫做侵入气孔。侵入的气体一般是水蒸气、一氧化碳、二氧化碳、氮气、碳氢化合物等，它们的形状特征是体积较大，呈圆形、椭圆形，内壁光滑，有光泽或有轻微氧化色。有时铸件收缩和金属液波动可使气孔形状不甚圆整可能呈现梨形或扁平形。形状呈梨形时，尖端所指的方向即为气体侵入的部位。气体过多时可形成蜂窝状气孔。气孔位置分布一般在铸件的上表面，靠近铸型和型芯的表面处。气孔有单个存在的，有成串的，也有不少是与夹渣缩孔并存的。

1.2.2.2　析出气孔

溶解于金属液体中的气体，在冷却和凝固过程中，由于溶解度的降低而析出，所形成的气孔叫做析出气孔。这种气孔中的气体主要是氮和氢，因为氮和氢在钢液中有较大的溶解度，而在金属凝固时溶解度又大为降低，于是就可能在钢中形成析出气孔。其形状特征多为分散小圆孔（有时以裂缝形式出现），直径 0.5 ~ 2mm 或者更大，用肉眼能观察到麻点状小孔，表面光亮。它常在铸件断面上大面积均匀分布，而以最后凝固处、冒口附近和铸件死角处为多。析出气孔较多的铸件，其冒口中的缩孔较小，并有程度不同的冒口上涨现象。

1.2.2.3　反应气孔

液态金属某些成分之间，或金属与型壁之间发生反应产生气体所引起的气孔称作反应气孔。反应气孔多位于铸件皮下，形成所谓皮下气孔，在铸钢中多呈针状或蝌蚪状，直径 1 ~ 3mm，深度 1 ~ 10mm 不等，与铸件表面垂直，有时也可发现呈圆球形的皮下气孔。它常常大片大片地存在于铸件表皮下 1 ~ 3mm 处，铸件内转角处和粘砂部位尤为严重。热处理去掉氧化皮或粗加工时可发现气孔。

1.2.2.4 铸件中的蜂窝状缺陷

铸件中的蜂窝状缺陷是指在铸件的热节处或在铸件的冒口下部由气孔、缩孔及夹渣所组成的宏观缺陷。

蜂窝状缺陷在重要铸钢件的探伤中常常遇到。它的主要组成成分是气孔，侵入气孔又是主要的，但也伴随有析出气孔和反应气孔。它也常伴有缩孔，这是因为热节最后凝固收缩时液态钢水不能补给的结果。在冒口下部的蜂窝状缺陷也常伴有夹渣及夹杂物，这是因为冒口部位钢液冷却变稠，气体及夹渣、夹杂物上浮困难以至于使气孔及夹渣留在工件内部。

图 1-12 是在直径 5000mm 的大齿轮中发现的蜂窝状缺陷的位置，除少数热节在冒口下方的没有这种缺陷以外，几乎每条筋与外圈相交的地方都能看到。

图 1-13 是 ZG45 钢包耳轴中的蜂窝状缺陷实照。它分布在冒口的下方，是在超声波探伤时发现的。

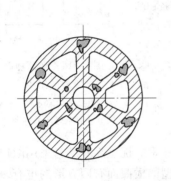 

图 1-12　铸钢大齿轮中蜂窝状缺陷的分布　　　　图 1-13　铸钢中的蜂窝状缺陷

预防蜂窝状缺陷的形成要从以下几个方面考虑：

（1）预防产生侵入气孔，这主要是控制型砂水分，使用发气性小的黏结剂，以便减小造型材料的发气性，同时也要注意控制型砂的发气速度，增加型砂透气性。气体侵入钢液是从浇注起到合金液结壳这段时间内产生的，如果合金液结壳较快，气体侵入的机会就减小。另外，一旦气体侵入钢液，若能使它上浮逸出，也不会产生上述缺陷，这主要取决于钢液的性能、冷却速度、铸件的大小和形状。

（2）让铸件按顺序凝固，防止缩孔。设计合理型腔、安放合适的冒口，放置冷铁以防止热节等措施都是防止铸件中蜂窝状缺陷的有效措施。

1.3　缩孔残余及其预防

1.3.1　钢锭中的缩孔及锻件中的缩孔残余

按照脱氧程度和浇注制度的不同，碳素钢可以分为沸腾钢、镇静钢和半镇静钢三大类。合金钢一般都是镇静钢。

　　所谓沸腾钢，通常只使用弱脱氧剂——锰铁和少量铝脱氧，是一种不完全脱氧的钢。冶炼时钢中控制着一定数量的氧含量，浇注时钢锭模内钢水中的碳和氧发生化学反应，生成一氧化碳气体，使钢液产生沸腾现象。钢沸腾的结果使钢锭在凝固过程中的收缩在很大程度上被有规律分散的一氧化碳气泡所填充，因而一般不产生缩孔。它的成材率较高（沸腾钢切头切尾占锭重的 5% ~7%；而镇静钢一般为 13% ~18% 或更多）。从经济角度看，由于减少了冒口的保温措施，省掉了发热材料，因而它的成本较低。浇注沸腾钢，一般采用上小下大不带盖的锭模，整模操作工艺简便。但是，由于沸腾钢锭内部质量较差，所以它一般只用作制造低碳的钢管、钢板以及软钢丝等不太重要的材料。

　　半镇静钢介于沸腾钢和镇静钢之间，就是说它的脱氧程度掌握在使钢锭头部凝固时释放的气体（以气泡形式存留在钢锭内）恰好抵消钢的收缩。半镇静钢按脱氧方法和脱氧程度不同，有许多类型，一般有偏镇静型和偏沸腾型两种，尤以偏镇静型半镇静钢较为多见。偏镇静型半镇静钢又叫包内平衡型半镇静钢，脱氧基本上在包内进行。它得到的钢锭的结构是钢锭下部的结构比较致密，没有蜂窝气泡，钢锭上部在一定厚度的金属桥下面有一些均匀分散的气泡或气囊，没有缩孔或缩孔很小（见图 1 - 14（a））。有时在钢锭上部的坚壳带内有一些埋藏深度在 15mm 以上的短小的蜂窝气泡，但没有二次气泡（见图 1 - 14（b）），其特点是整个钢锭下部保持镇静钢的结构，上部却具有某些沸腾钢的特征。

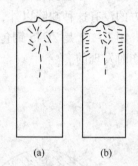

图 1 - 14　半镇静钢
钢锭的结构
（a）上部有均匀分散的气泡；
（b）上部有短小的蜂窝气泡

　　对于重要的钢材或大型锻件大都用镇静钢，浇注镇静钢的锭型除一部分采用敞口小钢锭外，绝大部分采用带保温帽的上大下小的锭型，其锭型的横截面有四方形的也有多边形的。镇静钢的特点是在它的上部都要有一个大的盆腔式的缩孔（如图 1 - 8 所示）。

　　缩孔的产生是钢在凝固时所伴随的自然现象，由于最后凝固的钢锭中含有大量的偏析元素（P、S 等）和非金属夹杂物，它们最后聚集在缩孔周围，因此缩孔的大部分不能在以后的加工中焊合，而成为钢坯或钢材中的缺陷。镇静钢的缩孔在正常情况下应集中在钢锭头部冒口内，轧制或锻压后被切除，不会造成钢材缺陷。

　　如果钢锭的锭型设计不合理，冒口材料保温效果不良，发热剂配制不好以及出现浇注事故，则缩孔有时深入锭身或产生二次缩孔，切除不足便在钢坯或锻件上产生缩孔残余缺陷。缩孔残余在锻件或钢坯纵向分布长度不等，最长可达总长的三分之一或更长。缩孔残余在横向酸蚀试片上的特征是中心出现不规则的空洞或裂缝，其中往往残留着外来夹杂，周围疏松严重，孔隙颜色较深。

　　缩孔残余严重破坏了钢的连续性，属不允许缺陷，带有这种缺陷的锻件及钢材都不能使用。

1.3.2　缩孔残余的特征及其评级

　　锻件中的缩孔残余一般常由以下两种情况引起：一种情况是钢锭中的缩孔虽不太深，但是由于成材率较高，锻件中尚有一部分缩孔没有切除干净而残留在工件内部；另一种情况是锻件虽按正常比例切除冒口，只是由于钢锭中缩孔过深或二次缩孔未能被切除，从而形成了锻件中的缩孔残余。

缩孔残余在锻件切头时一般都能发现，它一般呈扁状的空洞或鸡爪状裂纹。在横向酸浸的低倍试片上，缩孔残余的主要特征是呈现被变形过的空洞或鸡爪形中心裂纹，但它突出的特点是伴随有大量夹渣、夹杂物和较严重的疏松。图 1-15 是 40CrMnMo 人字齿轮轴中的缩孔残余局部照片，未进行低倍腐蚀就可看到很明显的空洞。图 1-16 是 42CrMo 轴上的缩孔残余，它已被锻打成鸡爪形裂纹形状。

图 1-15　40CrMnMo 齿轮轴缩孔残余实照

图 1-16　42CrMo 轴的缩孔残余

缩孔残余在锻件上的纵向长度不等，有的残余缩孔较浅，超声波探伤确定深度并经调整后仍不影响零件的加工。有的则因一锭锻打多件，缩孔残余在锻件长度上所占比例较大，长的可有 1000~2000mm 甚至贯穿整个锻件，这种情况在探伤中并不少见。缩孔残余的纵向特征表现为心部宽度不等的长条带。图 1-17 是在淬火中沿纵向开裂的 42CrMo 辊子的缩孔残余实照。缩孔残余总长度 2500mm，颜色呈绿色。经化验，绿色物质含氧化铁 0.9%，主要成分是 CaO 和 SiO_2。

图 1-17　42CrMo 辊子开裂后缩孔残余实照

缩孔残余,又叫缩管残余。它是锻、轧材料中不允许缺陷,它破坏了钢的连续性,造成应力集中,使零件突然破断,甚至不少锻件在淬火时就产生开裂。因此,缩孔残余的检查与判定有十分重要的意义。

为了区分缩孔残余的轻重差别,GB/T 1979—2001 中将它分为若干级,图 1 - 18 就是缩孔残余的评级图。

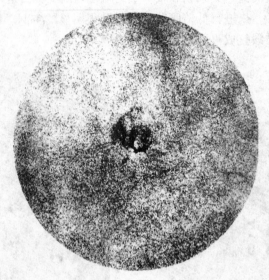

图 1 - 18　结构钢低倍组织缺陷金相评级图缩孔残余（3 级）

1.3.3　缩孔及缩孔残余的预防

铸件的缩孔往往产生在热节处,而热节处多为联结处,是受力的重要部位。在重要的铸件中一般不允许有缩孔存在。同样,锻件中的缩孔残余也是锻件中的严重缺陷,在一般锻件的通用技术条件中也都不允许存在。因此,预防缩孔及缩孔残余有着实际意义。

预防铸件中缩孔的主要措施是合理安放冷铁以及设置合适的冒口。这些措施的主要目的是让钢液按顺序凝固,并使缩孔集中在冒口处。图 1 - 19 表示出用等温固相线法确定工字钢缩孔时冷铁及冒口对消除缩孔的作用。从图中看出,由于底面加冷铁,上面加冒口,工件中不再有缩孔。

锻件中的缩孔残余主要从两个方面加以预防。第一方面是从成材率上加以考虑,即为保证缩孔及二次缩孔的充分切除,成材率一般占 60% ~ 70%,对于某些容易产生缩孔的合金钢大锻件,有时成材率只有 50% 左右;第二方面,也是最根本的一方面,就是减少钢锭中的缩孔。其方法是正确设计钢锭模尺寸,选用保温效果好的冒口材

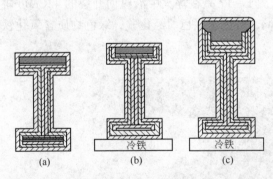

图 1 - 19　冷铁及冒口对预防缩孔的作用
（等温固相线法）

（a）未加冷铁未设冒口；（b）加冷铁未设冒口；
（c）加冷铁设冒口

料，配好发热剂，防止浇注时出现跑钢等。此外，在正常浇注情况下还要注意以下几点：

（1）合理镇静，保证正常操作所需要的注温。为此，事先应先掌握钢水的成分、流动性和浇注工艺对注温的要求，然后根据出钢温度、渣况及钢包情况等，确定合理的镇静时间，调整浇注温度，防止注温过高或过低。被迫进行高温或低温浇注时，缩孔都比较严重。

（2）算准钢水量，保证有足够钢水进行填注操作，冒口浇高要保证。

（3）认真填注冒口，填注冒口时间应等于或大于锭身浇注时间，填注时钢液面不得上升。

（4）掌握各种钢收缩特性，对易收缩钢种尤应严格操作。合金元素 C、Si、Mn 能增加收缩。因此在浇注碳工钢、硅锰弹簧钢等钢种时必须十分注意。Cr 能够减少钢的收缩量，例如，浇 Cr12 钢时缩孔并不大。但 Cr 又会使钢的导热性能降低，钢锭冷却变慢，这将助长缩孔发展，另外，Cr 含量高使钢水发黏，不易充填补缩。所以浇铬轴承钢时很容易出缩孔，浇其他黏度大的钢种如含铝钢等也有同样的倾向。

（5）及时加入足够量的发热剂，保温剂要均匀铺满在钢液表面上。

总之，只要我们掌握缩孔的形成原理，采取相应的措施，就可以有效地防止缩孔和缩孔残余的产生。

1.4　疏松

疏松是指锻件中钢组织的不致密性。在低倍酸蚀试片的检验中，按疏松缺陷存在的部位不同分为一般疏松和中心疏松两种。

1.4.1　一般疏松

一般疏松的特征是在整个横向低倍试片上呈分散的小黑点（暗点）和小空隙。暗点处富集有偏析组元，因而易被腐蚀，呈海绵状；小空隙呈不规则多边形或圆形。

一般疏松的成因既和缩松有关，也和钢中气体夹杂的偏析有关。通常认为在钢结晶时，由于选分结晶的结果，先结晶的树枝状晶晶轴比较纯净，晶间则是富集较多偏析组元、气体和非金属夹杂物的少量未凝钢液。这部分较"脏"的钢液处于周围树枝状晶的包围之中，有时不能从锭芯大量未凝钢液得到补充和均匀成分，最后冷却时，它们没有全部充满枝晶间的空隙，形成一些细小孔洞。另外，有些部位即使被它们充满，但由于含较多杂质，低倍检验时也易被腐蚀形成暗点或被腐蚀掉而形成空隙，因此说它也与偏析有关。

有关资料解剖分析了 40Cr 钢和 20CrMnTi 钢的低倍试片一般疏松上的暗点和空隙。暗点处沿纵向观察非金属夹杂物，氧化物 0.5 级，硫化物 1.5 级，并含有 TiN 之类的氮化物。用 4% 的硝酸酒精溶液腐蚀后观察其组织，基体为珠光体 + 铁素体；暗点处组织为珠光体 + 少量铁素体。基体处布氏硬度（压痕直径）4.1mm，暗点处的布氏硬度（压痕直径）3.82mm。这说明暗点处含碳和合金较高，是较晚凝固的部位。

试样经磨制后在空隙处纵向观察，发现空隙的延伸方向为很细的链状非金属夹杂物。有的断续，有的贯穿整个视场。夹杂物周围的组织与基体组织相同，均为珠光体 + 铁素体。这可以证明，空隙的形成与非金属夹杂物被腐蚀掉有关。

　　对试棒的拉力试验证明，空隙与暗点同时存在时，断裂多发生在空隙处，而不是发生在尺寸较大的暗点处。因此，评级时应该较严格地控制空隙的数量。

　　图 1-20 是 GB/T 1979—2001 规定的评级标准图片。

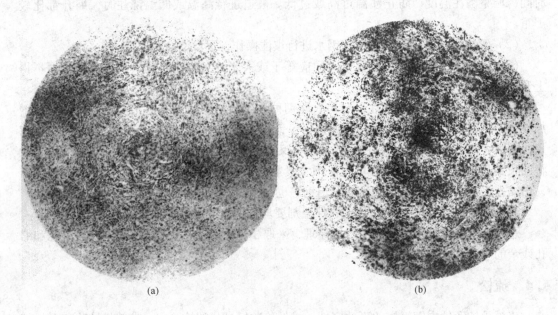

(a)　　　　　　　　　　　　　　　(b)

图 1-20　结构钢低倍组织缺陷金相评级图（一般疏松）

(a) 3 级；(b) 4 级

　　一般疏松在钢中出现比较普遍，是允许存在的缺陷。但是某些重要零件的技术条件中对它也有级别要求。如若超过所要求的标准，则要判废或改作其他用途。

　　减少一般疏松有以下两个途径：一是快速结晶，使树枝晶得不到发展，偏析减少；二是减少杂质，从根本上提高钢的纯度。为此，冶炼与浇注中应注意：

　　(1) 冶炼中充分去除气体，去除杂质，搞好脱氧。出钢浇注时防止钢液二次氧化。

　　(2) 根据钢材尺寸，选择适当锭型，既要保证足够压缩比，又不要任意加大钢锭尺寸。

　　(3) 根据不同锭型，选择适当的浇注温度和注速，尤其是要防止高温快注。

1.4.2　中心疏松

　　中心疏松的特征是在横向试片上相当于钢锭的轴心部位，呈现由集中的空隙和小黑点组成的不致密组织，并以空隙为主。由于它出现在钢材上相当于钢锭的轴心部位，不是整个截面上，而不同于一般疏松。另外，中心疏松只表现为不致密的组织，并未形成不连续的孔洞而明显区别于缩孔残余。

　　中心疏松也叫收缩疏松，它通常出现在缩孔下面、钢锭的头部和中部，是钢锭锭芯最后凝固部分的粗大等轴晶晶轴间没有钢液补充而形成的收缩孔隙，同时由于最后凝固部分富有杂质，酸蚀时易腐蚀形成海绵状小黑点。

　　中心疏松的评级图见图 1-21。评级时超过规定标准也要判废。

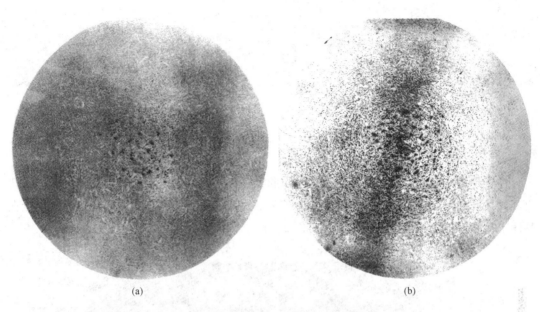

图 1-21 结构钢低倍组织缺陷金相评级图（中心疏松）

(a) 3 级；(b) 4 级

冶炼时减少气体、夹杂以及使钢锭有良好的补缩对防止中心疏松有一定的效果。要指出的是，钢种和锭型对中心疏松有明显影响，含碳较高的钢种会影响钢的导热性、流动性。合金元素多的钢种都比较容易出现中心疏松。因此，浇注这些钢种的锭模锥度可适当加大。此外，采用小锭比采用大锭时中心疏松程度要轻得多。

2 白 点

2.1 钢中白点的特征

白点是钢中最危险的缺陷之一，常常引起锻件的报废。白点为金属内部缺陷，其形状为不同长度和不同方向的细微裂纹群。在淬火后打断的平行于白点方向的断口上，白点在基体上呈圆形或椭圆形银白色斑点（见图2-1）。

图2-1 白点的断口形态（38SiMnMo 大齿轮断口）

2.1.1 白点的纵向断口特征

白点在纵向断口上的表现特征是：

（1）颜色一般是银白色的，也可能是灰色的（随着化学成分及加工条件的不同而变化）。

（2）形状为斑点状、圆形、椭圆形、"鸭嘴"形、伸长的雪片状或其他形状。

（3）白点的大小由于形成条件不同而差别很大，从零点几毫米到几十毫米。白点面积的大小与白点裂纹的长短相对应，白点裂纹的宽度极小。

（4）白点区域与其周围断口有明显区别。由于打断口时的热处理状态不同，白点区的晶粒可以比基体金属的粗，也可以比基体金属的细。在淬火后打断的断口上，白点区是粗晶粒的，而且经常是有光泽的和未变形的，有时白点较基体显著凹陷。当出现与折断方向相垂直的白点时，在断口上看到一条裂缝，裂缝两侧断口有突跳，有时两侧的金属会随着裂缝突出金属断口表面（见图2-2）。

白点在锻坯中的纵向分布特点是容易产生在大截面部分，并且靠近外圆表面与端头表面不会产生白点。这一点与夹杂物、疏松和偏析的分布规律不同，是探伤中判定白点的重要因素之一。

图 2-2 断裂垂直于白点时的断口形态

2.1.2 白点在横向低倍酸浸试片上的特征

白点在酸浸后的横向低倍试片上表现为锯齿状裂纹，即发丝状裂缝，又称"发裂"。裂缝的两端与两壁很明显，由裂缝到正常金属是突变而不是逐渐过渡。

白点裂纹多数位于试样的心部或心部附近，靠近（锻坯）试样的表面不会有白点。由于生成条件的不同，白点有呈无位向分布的（见图 2-3（a））；有呈辐射状分布的（见图 2-3（b））；有呈同心圆状分布的（见图 2-3（c））；有的则沿锻造十字的偏析区

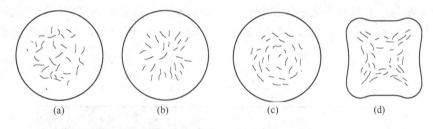

      (a)   (b)   (c)   (d)

图 2-3 白点在横截面上的分布规律
（a）无位向分布的白点；（b）辐射状分布的白点；
（c）同心圆状分布的白点；（d）沿偏析区分布的白点

分布（见图 2-3（d））。除此以外，钢的某些低强度区（如区域偏析，钢在轧制或锻造时的单向延伸所造成的各向异性），对白点的形成位置、方向都有影响。图 2-4 就是沿金属流线方向形成的白点。

碳素钢中的白点一般较合金钢中的白点短小且不明显，在横截面上多分布在中心和中心附近，合金钢中的白点多呈环状分布（见图 2-5）。

在小型锻件中，并未发现白点与偏析有什么联系。在大型锻件中，白点位于或起始于偏析区，在这个区域里富有碳、磷、硫和合金元素。由于元素的偏析，使得偏析区较

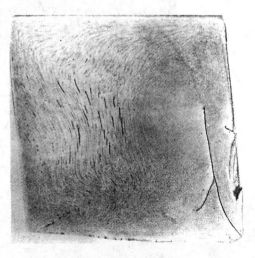

图 2-4 沿金属流线方向分布的白点

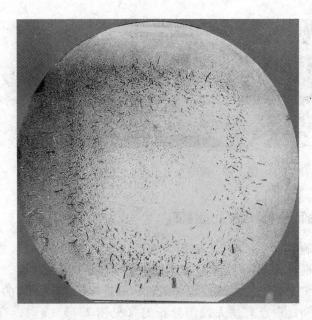

图2-5 合金钢中呈环状分布的白点

基体组织硬度高，所以在车光后的低倍试片上我们常常可以看到许多亮的斑点，这些斑点与偏析区以及白点相对应。图2-6是 ϕ816mm 40CrMnMo 连接轴白点与偏析关系的低倍照片。

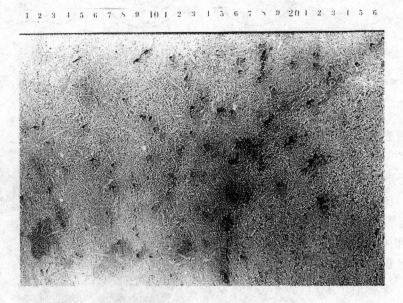

图2-6 大锻件中白点与偏析的分布规律

2.1.3 白点的显微组织特征

对白点裂纹的金相显微镜研究表明，白点裂纹呈锯齿状，裂纹多半是穿晶的。裂纹附近并不发生塑性变形，没有夹杂物及氧化脱碳现象。白点附近的金相组织与基体部分的正常组织没有什么不同（见图2-7）。

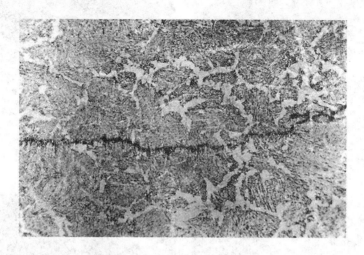

图2-7 白点附近的金相组织

2.1.4 白点断口的电子显微镜特征

20世纪70年代以来，由于透射电镜与扫描电镜的大量使用，为观察了解白点的微观形貌提供了分析手段。钢铁研究总院、中国科学院金属研究所等单位先后对白点断口的微观形貌进行了大量的观察和分析研究，发现白点断口有如下特点（未注明者均为扫描电镜照片）：无论什么合金或处于什么状态，它们的白点形貌均为穿晶脆性断裂和沿晶脆性断裂。

试验发现，白点断口虽然都是穿晶脆性断裂和沿晶脆性断裂，但其形貌随钢种的不同和热处理状态而有所变化。

合金工具钢5CrMnMo、5CrNiMo钢的白点区大部分为穿晶脆性断裂，表面起伏不平，具有波浪式条纹，如图2-8（a）所示。有少数区域为沿晶脆性断裂，将晶界面放大，可以观察到晶界面上也为波纹状。高碳的CrWMn钢和9Cr2Mo钢的白点微观形貌与中碳的5CrMnMo、5CrNiMo钢相似。其白点中，有的区域为穿晶脆断，表现为波浪式的圆滑表面，起伏不平，有的区域为沿晶波纹状（见图2-8（b）），还有少数区域为裂开的圆滑条状。

低合金高强度钢和合金结构钢10CrNiMoV钢板坯和钢板与26CrNiMoV钢锻材，在锻轧并经调质处理后，其白点区的微观形貌为穿晶脆性断裂，多呈浮云状（见图2-8（c））或波纹状（见图2-8（d））。10CrNiMoV钢热轧状态的板坯和钢板试样的微观形貌虽然也系穿晶脆性断裂，但表现为碎条状（见图2-8（e）），或属于准解理断裂的羽毛状（见图2-8（f））。

资料介绍，通过对12CrNi3MoV钢热轧状态和调质状态的白点断口的扫描电镜与透射电镜观察，发现有下列三种显微特征：

（1）穿晶准解理，具有撕裂岭，短小弯曲台阶和舌状等形态（见图2-9（a））。

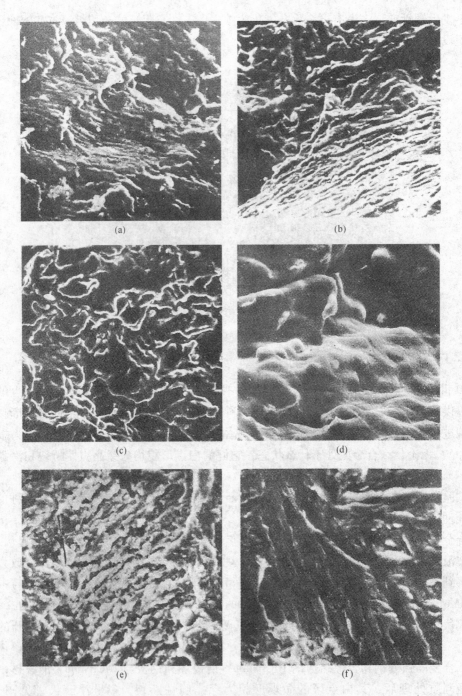

图 2-8　白点微观形貌之一

(a) 退火状态 5CrMnMo 钢的白点区形态——波纹状 (700×);

(b) 9Cr2Mo 钢的白点区形态——晶界波纹状 (700×);

(c) 10CrNiMoV 钢调质板坯白点区形态——浮云状 (700×);

(d) 锻造调质状态的 26CrNi4MoV 钢白点区形态——波纹状 (1400×);

(e) 10CrNiMoV 钢板轧态的白点区形状——碎条状 (1400×);

(f) 10CrNiMoV 板坯轧态的白点区形态——准解理羽毛状 (1400×)

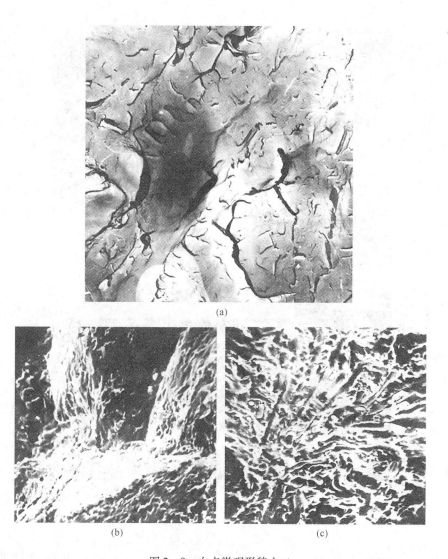

(a)

(b)   (c)

图 2-9 白点微观形貌之二

(a) 穿晶准解理 (4000×); (b) 沿晶波状条纹 (2000×); (c) 夹杂物群开裂 (1000×)

(2) 沿晶波状撕裂条纹，在晶界面上具有波状条纹形态，如图 2-9 (b) 所示。

(3) 夹杂物群的开裂形态 (见图 2-9 (c))。

在研究中还发现，白点发源于钢中之管道 (见图 2-10 (a))，管道的底和壁都比较光滑，没有变形的痕迹。经放大观察发现，其中有类似枝晶露头的隆起自由表面和几何花样，后者是凝固过程中生成的自由表面上的台阶，又称台阶花样 (见图 2-10 (b))。同时，在观察中都发现在白点区与基体之间一般均有一韧窝带 (见图 2-10 (c))。

我们对 50Mn2 钢锻件 (淬火状态) 的白点断口观察发现，白点区主要是解理断口 (见图 2-11 (a)) 和沿晶断口 (见图 2-11 (b))，并且在沿晶断口的晶界面上观察到波状条纹 (见图 2-11 (c))。

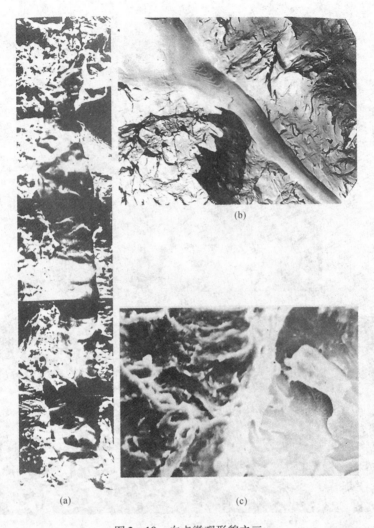

(a)　　　　　　　　　(c)

图 2 - 10　白点微观形貌之三

(a) 长条形显微空隙 (2000×)；(b) 氢气泡和台阶花样 (4000×)；(c) 白点与基体间的过渡带

(a)　　　　　　　　　　　　　　(b)

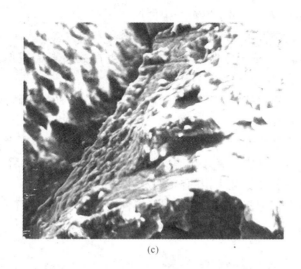

(c)

图 2 - 11　白点微观形貌之四

（a）50Mn2 钢锻件淬火状态白点区形态——解理断口（270×）；

（b）50Mn2 钢锻件淬火状态白点区形态——沿晶断口（300×）；

（c）50Mn2 钢锻件淬火状态白点区形态——晶界波纹状（1000×）

2.1.5　白点的可锻合特性

白点可以锻合。这是它与夹杂物、夹渣缺陷的主要区别之一。由于白点是钢材内部的局部小面积开裂，其表面未被氧化和沾染，所以只要重锻时锻轧方向合适或锻造比足够大，白点可以锻合，并且其力学性能完全合格。这一特征便成为我们验证是否是白点的手段之一。

钢中白点焊合需要一定的锻造比。不同材料和不同级别的白点所需的锻造比也不相同。同时，锻造比也与白点在钢中的位置和变形方向有关。我们所做的白点改锻试验的结果如下：40 号碳素钢，三级无位向分布的白点（原截面 φ220mm），锻造比 2.1（锻后空冷）完全可以使白点焊合；38CrSiMnMo 合金结构钢，三级呈环状分布的放射状白点（见图 2 - 5）（原截面 φ200mm），锻造比 1.8（锻后缓冷）完全可以使白点焊合。资料介绍，重 22t 的大型铬钨钒钢有白点的转子，从 φ1060mm 改锻成 φ570mm，锻造比为 3.5，试验结果证明白点已经焊合。资料指出，为了焊合 GCr15 钢中的白点，对于平行于压延方向上的白点，轧压比必须不小于 2.7，而对于垂直于压延方向的白点则不应小于 7.3。

至于改锻后是否还要缓慢冷却或实行消除白点等温退火，这要由钢中氢含量和锻件截面大小来决定。

2.1.6　钢的白点敏感性

白点主要产生在珠光体、珠光体—马氏体和马氏体合金钢中，碳素钢中也产生白点，铁素体钢、奥氏体钢及莱氏体钢在生产实践中未发现过白点，它们被公认为没有白点敏感性。

白点主要产生在经锻轧等热变形后的钢材中。在钢锭中难得发现白点，即使有，主要是在钢锭头部，下铸锭又比上铸锭不容易产生白点。铸钢中虽然也发现白点，但较为罕见。焊接工件的熔焊金属中，偶尔也会产生白点。

在其他条件相同的情况下，钢材截面越大越容易产生白点。一般说来，横断面直径或厚度小于 30mm 的钢材不易产生白点，白点多产生在截面直径或厚度大于 40mm 的钢材中。

由于碱性炉冶炼的钢比酸性炉冶炼的钢含有较多的氢，所以用碱性炉冶炼的钢比酸性炉冶炼的钢容易产生白点。

目前，对钢的白点敏感性尚无确切的定义，我们现在把在相同条件下（指钢中氢含量相同，钢的截面相同，钢中的夹杂与偏析程度相同，热处理与锻后冷却条件相同），不同钢种产生白点的难易程度定义为钢的白点敏感性。

根据有关资料，我们把不同钢种按白点敏感性由强到弱排列如下：

（1）白点敏感性高的钢：34CrNi3Mo，34CrNi4Mo，34CrNi3W，37CrNi3Al，34CrNi1Mo，20Cr3Ni4A。

（2）白点敏感性较高的钢：5CrNiMo，5CrNiB，5CrMnMo，Cr17Ni2，12CrNi3Mo，18CrNiBA，GCr6，GCr15，9Cr2，9Cr2Mo，9CrMoV，9Cr2W。

（3）白点敏感性中常的钢：60CrNi，60CrMnMo，50CrNi，55Cr，50Cr，50Mn2，40CrMnMo，40CrNi，60CrMo，45CrNiMoV，40Cr，38CrMnMoSi，38SiMnMo，38CrMnNi，42CrMo，35CrMo，34CrMo1A，35SiMn。

（4）白点敏感性较低的钢：60 钢，55 钢，50 钢，45 钢，40 钢，35 钢，30 钢；30Cr，20MnMo，20Cr，20CrMo，20CrNi，20CrMn，20CrV，20MnV，20MnMoV。

低碳的 10 钢，15 钢，20 钢的白点敏感性极低。

2.2 白点的危害及其检验

2.2.1 白点的危害

白点是第一次世界大战期间在铬镍钢中发现的。1917 年在美国发现所有铬镍钢制成的飞机用曲轴都有白点，因而飞机制造业完全停止了生产。白点缺陷在钢中造成应力集中并使钢性能变脆，严重影响钢的力学性能。白点的存在容易使工件在热处理时开裂，它严重缩短制件的使用寿命，而且容易造成严重的设备、人身事故，国内外都有这方面的经验教训。例如，美国芝加哥瑞吉兰电站 1954 年 12 月 19 日晚一台 16.5 万千瓦的汽轮机低压缸主轴，因内部有白点缺陷存在，发生了严重的爆裂事故。事故发生时设备才仅仅运行了三个月的时间。所以在任何情况下都不能使用有白点的锻件，不能用有白点的钢材加工制造机器零件。GB/T 1979—2001 的低倍缺陷评级标准中虽然将白点分为三级，但这仅起到表明白点严重程度的作用，这里不存在合格与不合格的问题。在机械制造厂中对于已发现并确定为白点的钢材成品，必须予以报废。

白点对钢的力学性能的影响与取样位置及方向有关，因为白点的分布有时不与规定的力学性能取样位置相吻合，这样由于拉伸试样上没有白点裂纹，对性能的影响较小，即使在这种情况下，有白点钢材的力学性能也较标准值塑性指标显著下降。

下面是在淬火后开裂带有白点的 40Cr 边辊横向力学性能试样（不带白点）与标准值的比较（见表 2 -1）。

表 2 – 1　40Cr 边辊力学性能值与标准值对照表

试 样 号	σ_b/MPa	σ_s/MPa	δ_5/%	ψ/%	α_K/J·cm^{-2}	HB	断 口
1	767.9	519.8	3.5	2.2	8.8		脆性断口
2	804.1	534.5	3.5	2.0	14.7		脆性断口
3	788.5	521.7	(δ_{10}) 2.7	1.9			脆性断口
标准值 （GB/T 3077—1999）	980	785	9	45	47	207	

从表 2 – 1 看出，虽然试棒上并没有白点，但所有指标都不合格，冲击韧性和伸长率下降严重，断面收缩率下降最厉害。

当白点分布与试样轴线平行时，力学性能降低表现得并不显著；当白点分布与试样轴线垂直时，这种影响就显著地表现出来了。我们曾对 40 钢车轴中有无白点的试样作了对比也发现（见表 2 – 2），白点对抗拉强度及屈服极限降低得并不多，但对钢的塑性指标及韧性指标影响较大。冲击韧性及伸长率显著下降，断面收缩率降低得更多。

表 2 – 2　40 钢车轴有无白点试样力学性能对照表（正火处理横向取样）

性能指标		σ_b/MPa	σ_s/MPa	δ_5/%	ψ/%	α_K/J·cm^{-2}
有白点样	1	574.7	323.6	8.0	15.3	43.1
	2	594.3	323.6	10.2	14.0	38.2
无白点样	1	584.5	278.5	24.6	42.7	65.7
	2	588.4	278.5	25.2	42.0	55.9

垂直于拉伸方向的白点对钢的力学性能降低的程度，取决于试样上白点所占的面积，由于那时白点是横向裂纹，它不但减少了试棒的有效截面，而且还造成了拉伸过程中的应力集中，白点在试棒横截面所占面积愈大，性能指标降低愈多。有人曾通过试验得出无白点试样 $\sigma_b = 800$ MPa，$\delta_5 = 16.9\%$，$\psi = 28.5\%$；白点面积为 35% 时 $\sigma_b = 490$ MPa，$\delta_5 = 3.2\%$，$\psi = 12\%$；白点面积占 60% 时，则 $\sigma_b = 245$ MPa，$\delta_5 = 1.8\%$，$\psi = 2.8\%$。

我们对 38CrMnMoSi 主动轴白点的试验也有同样的结论，即强度数值与试棒减去白点后的面积相对应。表 2 – 3 是 38CrMnMoSi 主动轴有无白点试样性能对照表，图 2 – 12 是拉伸断口与冲击断口上的白点照片。

表 2 – 3　38CrMnMoSi 主动轴有无白点试棒性能对照表

性能指标		σ_b/MPa	δ_5/%	ψ/%	α_K/J·cm^{-2}	断口上的 白点面积
有白点样	1	611.9	1.4	1.2	13.7	白点占 50%
	2	456.0	0.8	1.0	18.6	白点占 66%
无白点样	1	1176.7	9.0	33.4	41.2	无白点正常断口
	2	1186.6	10.0	36.0	53.0	无白点正常断口

图 2 - 12 38CrMnMoSi 钢拉伸与冲击断口的白点

白点对纯弯曲疲劳寿命影响极大，它使试棒在低应力、低周次下断裂。现以 38CrMnMoSi 钢为例，试料为 φ230mm × 250mm，调质状态，金相组织为索氏体，试棒为 纵向取样；试验方式为纯弯曲对称循环；试验在 PWC - 6 型弯曲疲劳试验机上进行。经磁 粉探伤检查，试样有严重白点（见图 2 - 13 （a）），试验结果列于表 2 - 4。

表 2 - 4 38CrMnMoSi 钢白点对弯曲疲劳寿命的影响

试 样 编 号	施 加 应 力/MPa	循 环 次 数	断 口 情 况
2—3	188.3	5914×10^2	断于白点
2—2	188.3	5298×10^2	断于白点
2—4	235.4	2437×10^2	断于白点
2—1	235.4	2727×10^2	断于白点

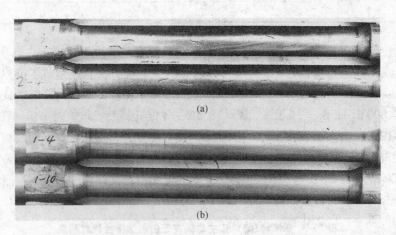

图 2 - 13 疲劳试棒经磁粉探伤后显示的白点裂纹

（a）38CrMnMoSi 钢试样；（b）车轴钢试棒

试棒全部断于白点处，其断口见图 2 - 14 （a）。

我们还曾对有白点与无白点的 40 车轴钢做纯弯曲疲劳寿命的对比性试验。白点试样 的金相组织为细小铁素体（有带状趋势）和片状珠光体，夹杂物 3.5 级，晶粒度 5 级； 无白点试样的金相组织为细小铁素体 + 球粒状珠光体，夹杂物 3.5 级，晶粒度 4 级。为使试验与车轴实际受力状态接近，试棒全部纵向取样，采用纯弯曲对称循环。加工好的疲劳试棒都经磁粉探伤检查，有白点试棒的照片示于图 2 – 13 （b）；无白点的试棒也未发现夹杂物、发纹等其他缺陷。我们共做了三种应力的试验，其疲劳寿命及断裂情况示于表2 – 5。

表 2 – 5　有白点与无白点试棒的疲劳寿命

取样号	施加应力/MPa	缺陷情况	循环次数	断裂情况
1—1	188.3	白点	4252×10^2	断于白点
1—2			5028×10^2	断于白点
3—5		无缺陷	$>10^7$	试样未断
3—9			$>10^7$	试样未断
1—7	211.8	白点	1978×10^2	断于白点
1—8			1177×10^2	断于白点
3—12		无缺陷	$>10^7$	试样未断
3—13			18264×10^2	断在 R 上
1—9	235.4	白点	902×10^2	断于白点
1—10			1391×10^2	断于白点
3—6		无缺陷	9850×10^2	
3—8			6037×10^2	

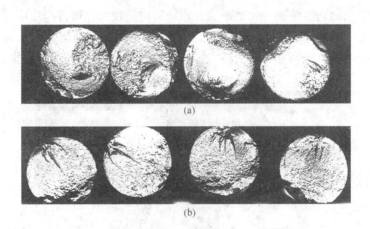

图 2 – 14　疲劳试棒断口照片

（a）38CrMnMoSi 钢白点的疲劳断口；（b）车轴钢白点的疲劳断口

从以上试验结果可以看出，白点对 40 车轴钢纯弯曲疲劳寿命影响极大，从破断的循环次数看，无白点试棒与有白点试棒相比可从几倍到几十倍，甚至更多。同时，随着施加应力的减小，倍数有明显增加的趋势。这说明在小应力作用下（一般使用应力都较小），白点对循环次数的影响更大。从断裂情况及断口分析来看，有白点的试棒 100% 断于白点处，疲劳都起源于白点裂纹的边缘（见图 2 – 14 （b））。所以，在一般技术标准中都规定，有白点的制件都不能使用。

钢中白点的存在不仅导致钢的力学性能降低，而且在热处理（特别是淬火）应力的作用下很容易产生裂纹及开裂。图2-15是38CrMnMoSi钢卷筒轴在热处理时由于白点引起的裂纹及崩裂情况。该轴共五件，其中经超声波探伤鉴定有白点的三件全部有裂纹。裂纹主要出现在直径较小的台阶上，纵向分布。经低倍检验证明裂纹是白点的扩展。因为直径越细（因机加工变细）白点越靠近表面，所以细直径上裂纹较多。而在粗直径上，由于淬火应力的特殊分布，出现崩裂的小片和凹坑（图中圈出），凹坑的中心系白点裂纹，它是崩裂的裂纹源，裂痕由此向外辐射。

图2-15 38CrMnMoSi钢卷筒轴白点在热处理时引起的裂纹及崩裂的照片

白点的形成主要是由于钢中氢含量较高，所以不仅白点裂纹容易造成应力集中，给淬火零件带来开裂的危险，而且更由于钢中氢含量的提高使钢的性能变脆，使钢容易脆性断裂。在许多情况下，由白点引起的淬火开裂并不完全是沿白点裂纹扩展，有时开裂是垂直于白点方向的，有时白点使轴淬火后断成几段，有时则使大型锻件产生内裂。

图2-16是38SiMnMo钢大齿轮因白点引起的淬火时开裂情况，淬火齿轮共6件，全部出现裂纹甚至开裂。来料共10件，对未淬火的其余4件进行超声波探伤，全部有白点。

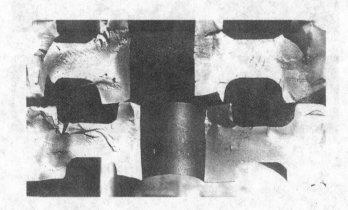

图2-16 38SiMnMo钢大齿轮在淬火（油淬）时的开裂情况

白点还容易使大型锻件在淬火时产生内裂，我们就曾碰到一个轴承座，锻件毛坯尺寸550mm×700mm×1100mm，中心锻有φ500mm的孔，淬火后产生内裂，经超声波探伤与低倍检验证明有白点（见图2-17）。

为了减少和杜绝因白点造成的热处理裂纹和开裂，目前各厂矿企业采取的办法是对可能产生白点的大型锻件，即使技术条件中不要求作超声波探伤，仅从热处理安全操作出

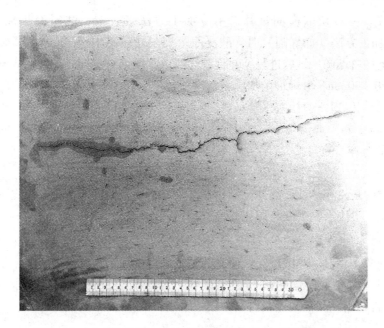

图 2 - 17 有白点的 35CrMo 钢轴承座在热处理时引起的内裂纹

发，在热处理装炉之前也要安排一次超声波探伤。

我们曾遇到带有白点的制件在使用中容易造成突然事故的例子。有一根轧制 I56 工字钢的热轧辊，最大直径 ϕ800mm，装机后第一次送料，料还没有喂进就发生了断裂。断裂发生在最大直径处，当时的操作也未发生异常，比如送料没有发生折叠，料不存在加热不足等现象。事后从断辊断口上可以清楚地看到呈环状分布的白点，多数分布在 1/2 半径处，白点长 15～20mm，个别白点长 40～50mm，超声波探伤也证明存在呈环状分布的白点缺陷。

2.2.2 白点的检验

鉴于白点的危害，检验工作者检测与判定白点显得十分重要。钢中白点的检验方法很多，像断口检验法、热酸侵蚀法、冷酸侵蚀法、富利试剂侵蚀法、金相检验法及扫描电子显微镜检验法等，它们的共同点就是都需要破坏工件。后来渐渐采用无损方法检验白点，例如磁粉探伤检验白点，但也有它的局限性，因为它只能检查暴露表面或在近表面的白点裂纹，而白点的出现规律又不会分布在锻坯的表面，只有当工件经加工使白点暴露表面时才可使用。超声波探伤检查白点有其独特的优点，即它不需破坏工件，同时又对分布在工件心部的裂纹特别敏感。近年来超声波探伤发展很快，但由于 A 型超声波探伤仪不够直观，缺陷定性比较困难。如前所述，白点是不允许的缺陷，而同样当量大小的夹杂物则可能是允许的，如何区分它们呢？关于白点的超声波探伤我们将在后面详细介绍。

为了便于读者了解和掌握白点的检验方法，我们将简要地介绍常用的检查方法、注意事项以及各种方法的优缺点。

2.2.2.1 热酸侵蚀法

热酸侵蚀法一般分为以下步骤：

(1) 取样。一般切取横向试片，用冷加工方法切片时，酸浸面距加工处不小于10mm；用热加工方法（如气割）时，酸浸面距烧割处应不小于30mm。根据白点的形成规律，取样应在白点产生以后进行，并且取样部位应距钢材端部大于直径或厚度处。试片厚度一般为 20~30mm，酸蚀面的加工粗糙度不大于 1.6μm。

(2) 热蚀。用 50% 的盐酸水溶液，加热温度 60~80℃。热蚀时间，碳素钢一般为15~30min，合金钢一般为 40min 或更长。热蚀后先取出试片用流动热水冲洗，并用毛刷洗去表面的反应沉淀物，之后立即用热碱水来中和剩余的酸液，最后用热水冲净吹干。

需要注意的是，在热蚀后的冲洗操作过程中，不要将毛刷的木头及橡皮手套接触试样表面，以免留下痕迹影响观察与照相。

2.2.2.2 冷酸侵蚀法

冷酸侵蚀法是相对于热酸侵蚀法而言的，它是在常温下进行的。它多用于截面较大或工件已基本加工成型不便作热酸侵蚀的试样。对试验表面的粗糙度要求一般较严格，(0.8~1.6μm)，用冷酸侵蚀检验白点一般采用如表 2-6 所示的配方。

表 2-6 检查白点的冷蚀液配方

配　　　　　方	操　　　　作
(1) 过硫酸铵 15g，水 85mL (2) 硝酸（94%）10mL，水 90mL	室温下用 (1) 液擦拭 10min，再用 (2) 液擦拭 10min

对于大型锻件的白点检查，宜将 (1)、(2) 两液分开单独使用。试剂 (1) 中的过硫酸铵是一种强氧化剂，当它侵入白点裂纹之后，使裂纹边缘氧化而暴露出来，然后由 (2) 试剂将氧化的沉淀物溶解，使缺陷暴露更为明显。为了保证使用的效果，过硫酸铵溶液应使用新配成的，不要配好后长期储存。

一般是侵蚀后立即进行检查记录，但是放置一段时间后，有些细小的裂纹暴露得更明显。

2.2.2.3 断口检验法

断口检验法是判定是否为白点的最好方法。它一般是在横向低倍试片上沿中心线（或者沿低倍上有白点裂纹的部位）刻一"V"形槽，淬火后将试样在落锤或小锻锤上打断，如果有白点则可以在断口上清楚地看到区别于基体断口的圆形或椭圆形白色斑点，白点区一般是粗结晶的，从断口上观察到的白点大小是它的真实尺寸。

应该注意，打断口前预先淬火后油冷的试样，要注意不要使淬火油将断口污染，为此在折断前应仔细地清除试样上的淬火油。有时在断口上发现有黑斑点，这是由于暴露试样表面的白点在淬火时变黑所致，有人把它称为"露头白点"。

2.2.2.4 富利试剂侵蚀法

取样方法和加工要求与低倍试片相同。用脱脂棉蘸取富利试剂溶液在试样表面擦拭10~40min，然后用无水乙醇洗去铜的沉淀，再在空气中放置数小时。若是白点则可显示出裂纹来，若是疏松则显示不出来。由于富利试剂操作方便，所以也可用于检验白点已暴露表面的工件。

富利试剂配方：盐酸1000mL，水1000mL，氯化铜100g。

2.2.2.5 白点的金相显微镜检验法

白点的金相检验必须制取带有白点裂纹的金相试样。试样经精抛光后观察白点裂纹的形态及它与夹杂物的关系。一般说来，白点裂纹是锯齿状裂纹。对于小型锻件来说，也未发现白点与钢中夹杂物有任何直接联系。试样经侵蚀之后，可以看到白点附近并无氧化脱碳现象，白点裂纹大多数是穿晶的，但也有沿晶分布的。

2.2.2.6 白点的扫描电子显微镜特征

首先制备易被电子显微镜夹持的断口试样，并要保持断口不被污染。试验观察发现，无论什么合金或处于什么状态，它们的白点形貌均为穿晶脆性断裂或沿晶脆性断裂。随着钢种和状态的不同，断口形貌也有差别。白点的微观形貌大致有以下几种：浮云状、波纹状、碎条状、准解理羽毛状、条状、片层状等。还有的发现白点微观形态有穿晶准解理撕裂岭、短小弯曲台阶和舌状等形态，沿晶波状撕裂条纹、长条形显微空隙（氢气泡、微疏松）以及夹杂物群的开裂形态。还发现在白点与基体之间一般均有一宽窄不一的韧窝过渡带。试验还发现，白点的微观形貌与白点形成以后的热处理状态有关。

2.2.2.7 磁粉检验

磁粉检验又叫磁粉探伤或电磁探伤。它是利用当金属表面有磁力线通过时，金属表面或近表面的不连续（指缺陷）使磁力线在空气中产生漏磁场，从而吸附磁粉，达到显示缺陷的目的。

磁粉探伤可以显示已加工好的工件上的白点，但需要注意的是白点必须已暴露在工件表面。也可以检查和显示低倍试片或其他试样上的白点，这种方法操作简单，成本低，显示白点裂纹清晰，不受其他低倍组织的干扰。图2-18（a）与（b）是经磁粉探伤的白点与低倍酸浸白点的照片的对比。探伤时要注意不能让白点裂纹的方向与磁力线的方向平行，否则将显示不出来。

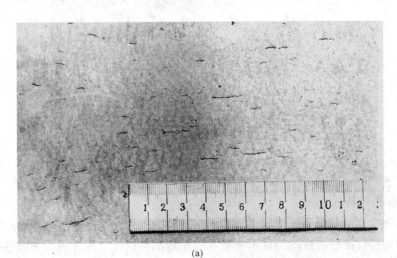

(a)

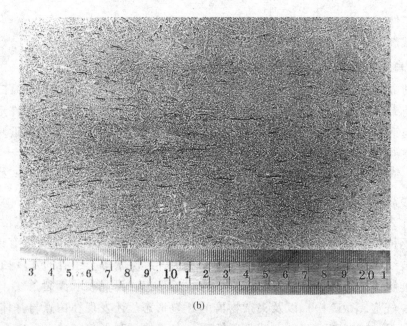

(b)

图2-18 经磁粉探伤与热酸侵蚀显示的白点裂纹对比

（a）45钢方坯经磁粉探伤后显示的白点裂纹；（b）45钢方坯经热酸腐蚀后显示的白点裂纹

磁粉探伤显示的白点特征是，缺陷吸磁粉密实，缺陷弯弯曲曲，但边缘清晰。图2-19是50Mn2钢齿轴上的白点磁粉探伤照片。白点裂纹出现往往是多条，而且多数与轴线平行，但在碳钢中，白点裂纹的方向不一定与轴线平行，经常呈一定角度。而夹杂物发纹则比较细直，吸磁粉也不密实。夹渣更容易与白点区别，它往往成片出现，缺陷的边缘不清晰，经常呈块状。

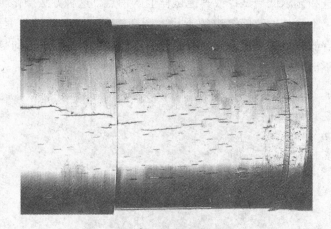

图2-19 50Mn2齿轴磁粉探伤发现的白点

2.2.2.8 着色探伤

着色探伤又名渗透检查，是利用液体的渗透能力，先让渗透剂渗入裂纹内部，然后利用毛细管作用使这部分渗透剂为显示剂吸收而显现出裂纹。它用于表面裂纹性缺陷的无损探伤，其优点是能够大面积使用。操作时可以用刷子刷，也可以用喷枪喷。其缺点是有时白点裂纹的缝隙极小，灵敏度低的渗透剂难于侵入，白点不容易显示出来；还有一个缺点是所用试剂许多有毒，目前世界各国都正在向无毒试剂方向发展。表2-7推荐一种简单常用的配方。

表2-7 常用着色试剂配方

渗 透 剂		显 伤 剂	
苏丹Ⅳ号	10g	火棉胶	275mL
硝基苯	100mL	丙酮	80mL
苯	200mL	酒精	70mL
煤油	700mL	苯	45mL
		锌白粉	25g

具体操作为，先将工作表面清洗干净，用刷子在工件表面沿一个方向刷三遍渗透剂，待20min以后用丙酮将渗透剂清洗干净，然后刷上显伤剂，过一段时间就可以清楚地显示裂纹。需要注意的是刷两种试剂的刷子要分开用，并且试验温度一般在10℃以上。

超声波探伤检查白点，目前已在工业上大量应用，这种方法将在第7章中详细介绍。

2.3 影响白点产生的因素及白点的预防

关于白点的成因到目前为止尚无被各国学者所公认的观点。许多学者为了解释白点现象，曾提出过许多假说，这些假说主要有分子氢假说、分子氢—成分假说、原子氢—组织假说、甲烷假说等。分子氢假说是这样解释白点的形成过程的：高温时钢中溶解有大量的氢，随着钢的温度降低，氢在钢中的溶解度减小，当冷却速度较快时，氢来不及扩散至大气中，聚积在钢的显微空隙中并结合成分子状态，形成巨大的局部压力，达到钢的破断程度以上而使钢产生内部裂纹——白点。分子氢—成分假说认为：（1）引起白点裂纹的氢，在析出前不在金属固溶体中，而在一定时间内它保持在经过 $\gamma—\alpha$ 的转变形成的富有氢的成分中；（2）这一成分分解时放出氢气，部分扩散入空隙，积聚形成破裂压力；（3）化学成分对钢形成白点敏感性的影响可以解释为合金元素对富有氢的成分稳定性的影响；（4）这一成分在低温分解时会引起白点的形成。假如成分在室温时分解，钢是处于脆性状态，所得到的白点裂纹是长的，如白点在钢相应有良好塑性的温度下形成时，则所得到的裂纹短而宽，有时呈点状。如果成分是在相当高的温度下分解，由于氢那时有扩散能力，这时就没有白点出现。

原子氢—组织假说认为氢和组织应力是影响钢中白点形成的主要因素。氢的作用是使钢变脆，组织转变先后形成的应力是使钢破裂的动力。假说的提出者认为分子氢的压力不足以使钢产生内部破裂，因为一层金属在破裂前有弹性变形，以后又有塑性变形，并且对相邻下面的金属层有压力，这样总的有阻力的金属层可能大于30mm。为了克服这样的阻力及使钢个别部分破裂需要比钢的破断强度大万倍的应力。

甲烷假说认为，如果从钢中析出的氢积聚在铁素体和渗碳体分界上有缺陷的晶格亚显微空隙中，同时与渗碳体起反应形成甲烷，即 $Fe_3C + 2H_2 \rightleftharpoons 3Fe + CH_4$，这一反应所得到的甲烷压力可以达到 $17.7 \times 10^5 MPa$，这样就使钢在个别部分产生内部破裂形成白点。

通过以上介绍的几种白点成因的假说，可以看出它们有以下四个共同点：

（1）氢在白点形成中起主要作用，即钢中没有氢不会形成白点；

（2）没有破坏性应力，钢中也不可能有白点；

（3）钢中有大量氢且有足够破裂性应力时形成白点；

（4）白点形成时钢处于 α 相。

在上述共同性条件下，各种假说主要区别在于解释氢对白点形成的作用机理不一致。有关资料在分析各种假说之后提出了原子氢—力量假说。概括起来就是氢的存在引起钢的局部脆性，在有足够破裂力量时，脆性部分（氢含量较高的部分）就可以在钢中形成白点。这种力可能是原子氢形成分子氢的压力、组织转变应力、生成甲烷时的压力、热应力及其他因素引起的应力，这些力量可能合在一起，也可能单独发生作用。

2.3.1 影响白点形成的主要因素

2.3.1.1 钢中氢含量对白点形成的影响

科学研究与生产实践确定，白点出现的基本原因是钢中存在氢。因为经过真空处理的钢锭所制成的锻件由于降低了氢含量，白点敏感性显著降低或者根本不再出现白点。试验证明，氢含量增加时出现白点的可能性增加。

有关资料给出了白点敏感的钢冶炼炉次与钢中氢含量的关系如下：

每 100g 铁中氢含量/mL   4, 5, 6, 7, 8

有白点的钢冶炼炉次   0, 2, 3, 4, 8

这说明钢中氢含量愈高，愈容易出现白点。根据文献资料，当钢中氢含量低于每100g 铁中 $2 \sim 3$mL 时，锻件没有白点敏感性。合金钢锻件氢含量小于每100g 铁中 2mL 时，试片上没有白点。在大型锻件中不出现白点的氢含量要比上述数据低；碳素钢锻件要比合金钢锻件高些。

我们在生产中发现，白点的出现与钢的冶炼季节有一定的关系，夏季和冬季（我国北方地区）冶炼锻造的锻件出现白点较多。表 2 - 8 列出了出现白点与供料时间的关系（表中所列为供料时间，即冶炼后的 $1 \sim 2$ 个月）。

表 2 - 8 出现白点与供料时间的关系

工件名称	材 质	缺陷性质	来料时间	备 注
中人字齿轮轴	40CrMnMo	白点	1.26	探 伤
大轧辊	60CrMnMo	白点	2.22	探伤，断口
齿轮轴	35CrMo	白点	9.21	探 伤
联接轴	40CrMnMo	白点	12.3	探伤，低倍
阀体（4件）	45 钢	白点	3.9	探伤，断口
柱塞体	45 钢	白点	9.19	探伤，低倍
一轴齿轴	42CrMo	白点	1.2	探 伤
齿 轴	40CrMnMo	白点	11.2	探 伤
终压缸	35 钢	白点	12	探伤，断口
二轴齿轴	42CrMo	白点	12.6	探 伤
水压机立柱	45 钢	白点	2.24	探 伤
阀 体	35 钢	白点	2.17	探伤，低倍
阀 体	35 钢	白点	4.4	探 伤

从表 2 - 8 可看出白点多在夏季和冬季出现。夏季空气湿度较大，钢中含氢量较高；冬季温度较低，冷速较大可能与白点的出现也有关系。

另外，许多研究结果表明，对形成白点有影响的是呈质子和原子状态的氢，即在钢中有扩散能力的氢，而在钢中呈分子状态的氢含量对白点的形成并无影响。试验证明，如果利用专门防止白点的热处理方法，在高温下使部分氢由原子状态变为分子状态，则锻件虽含有较高的氢，在冷却后也不会产生白点。然而，如果氢含量较高，锻件又在热变形或不经热变形重新加热到临界点以上温度后迅速冷却，这时锻件内会残存大量氢气，仍会出现白点。

有人发现钢中加入大量与氢形成氢化物的元素，例如锆、钛、钒和稀土金属等可以减少或防止白点的出现。

2.3.1.2 热处理对白点形成的影响

钢件锻轧后的热处理对白点形成有十分重要的影响。目前对于不同白点敏感性的钢材采用不同的锻后处理。例如锻件的锻后缓冷使氢缓慢地扩散到大气中，并且缓冷可以减小组织应力和热应力。对于白点敏感的钢制大型锻件，都要在锻后进行消除白点热处理，其目的在于使钢中的氢在最好的扩散条件——α 相最高温度下扩散到大气中，或者使原子氢扩散到显微空隙中在较高温度下转变为分子氢，从而达到预防白点出现的目的。

为了防止白点出现，对于碳素钢一类白点敏感性较低的钢制中型锻件及某些合金钢的小型锻件需要进行锻后缓冷。而对于合金钢大、中型锻件都需要在锻后进行消除白点热处理。

消除白点热处理规范应包括以下工序：

(1) 过冷。碳素钢和低合金钢奥氏体转变为均匀的珠光体，高合金钢转变为贝氏体组织的工序。

(2) 等温保温。在亚临界温度下，即在氢具有最高扩散速度和在钢的塑性较高的温度下等温保温。

对于碳钢和低合金钢锻件来说，由于过冷奥氏体稳定性较低，可以在能保证奥氏体转变为珠光体的较高温度下进行，一般在 400~500℃ 即可。对于高合金钢锻件，由于过冷奥氏体较稳定，过冷温度较低，一般 250~320℃，有时甚至要低于 M 点。

等温保温应在 α 相存在的最高温度下进行，以保证氢以最大速度扩散。在工厂里等温保温温度一般为 600~660℃。等温保温时间一般比较长。

2.3.1.3 应力对白点形成的影响

许多研究结果和锻件生产的实践证明，应力（包括组织应力、热应力和变形应力等）对白点的形成有很大的影响。关于组织应力，如前所述主要是由于结晶时的先后顺序不同引起了成分的不均匀，导致组织转变先后顺序不同而形成的应力，这种组织应力促使了白点的形成。锻件（特别是较大的锻件）冷却过程中形成的热应力也对白点的形成有影响。这种热应力的产生主要是高温的锻件冷却时，由于表面先冷，心部后冷，而表面进入弹性状态变成一个冷硬的外壳，阻碍心部继续收缩，从而使心部产生拉应力，表面产生压应力。中心区的拉应力促使白点形成，而表面区的压应力阻止白点的形成。这与白点的横截面分布规律有一定的对应关系。另外一个有趣的试验是，有的工厂曾用试验证明，热变形后立即进行弯曲的钢坯冷却后，在锻件拉应力区存在白点，而在压应力区却完全没有白点。这一试验有力地说明拉应力导致了白点的形成。

虽然应力对白点的形成有极大的作用，即组织应力、热应力和热变形的残余应力能促使白点形成，但它们不是出现白点的根本原因。这是因为经过真空处理、氢含量很低的钢制大型锻件，锻压并空冷后上述三种应力都存在，但却没有白点。

2.3.1.4 偏析对形成白点的影响

试验发现，钢锭中心区及上端的氢含量由于热扩散与偏析的结果，大大超过钢锭表面区和下端氢含量。因此，用钢锭上端锻出的锻件比用钢锭下端锻出的锻件出现白点的可能性要大。实践表明，在优质高合金钢小型锻件中白点的分布与偏析之间没有任何联系。而在大型锻件中，白点多位于偏析区或从偏析区开始。在这些偏析区域富有大量的碳、磷、硫和铬等其他合金元素，有资料显示偏析区比基体组织的含碳量增加 25%（由 0.41% 增加到 0.50%），含磷量增加约 2 倍（由 0.013% ~ 0.015% 增加到 0.029% ~ 0.043%），含硫量增加 1 ~ 1.5 倍（由 0.013% 增加到 0.032%）、含铬量增加 50%（由 0.080% 增加到 1.10% ~ 1.20%）。偏析区的硬度为 HRC 24 ~ 27，而基体为 HRC 19 ~ 21。可以看出，偏析区的硬度比金属基体的组织硬度高出 25%。

由于偏析（特别是磷偏析）使钢的性能变脆，偏析区的空隙引起应力集中和金属强度的降低，所以锻件中的白点常常沿偏析区分布。偏析沿轴向延伸，白点也沿锻件轴向伸长，锻件沿流线变形，白点也沿金属流线分布（见图 2 - 4）。

2.3.1.5 出现白点的温度及白点形成的潜伏期

根据文献资料介绍，白点一般是在 300℃ 以下温度形成的。GCr15 钢钢坯冷却过程中，白点是在 200 ~ 100℃ 出现的；30CrNiMoA 钢钢坯中白点是在 100 ~ 30℃ 出现的；而在 18CrNiMoA 钢钢坯中白点则是在车间温度下长时间存放，经过所谓潜伏期后才出现的。

通过对不同钢种、锻后不同冷却方式的试验发现，白点开始出现的温度是不一定的，除与氢含量有关外，还与钢的合金化、冷却速度有关。在高合金钢中，奥氏体在较低温度下转变，当氢含量一定时，白点开始出现的温度可降低到室温或者在室温长时间放置才出现白点。后者即所谓的白点潜伏期。

一般说来，钢的截面愈小，合金化愈高，则潜伏时间愈长，有的相隔数日或数十日。因此白点的检验必须考虑在白点形成之后。

2.3.1.6 关于钢对白点形成的免疫性

研究钢对白点形成的免疫性问题，对于实际生产有着现实意义。一般说来，如果第一次热变形和冷却后的钢坯中没有白点，则在今后的热变形和热处理后，不管冷却速度如何，钢坯不再产生白点。研究和实验发现，这不是绝对的。如果钢中氢含量较高，锻后采取了特殊规范冷却后可以没有白点形成，但重新热变形后在空气中冷却或重新加热到奥氏体化温度再正火（不回火）有时会出现白点。这种现象可以这样解释，在第一次热变形后虽然钢中氢含量较高，但经特殊冷却规范（例如长时间在亚临界温度等温）钢中的氢扩散到不致密处并在其中转变成氢分子，在亚临界温度下，钢的塑性较好，形成氢分子时的压力被塑性变形所松弛。氢分子因为没有扩散能力，当钢继续降温时，这些氢分子便不能影响白点的形成了。

热变形或重新加热钢变成奥氏体状态，空隙中的氢分子重新变成固溶体，由于钢中氢含量还很高，与快冷时的组织应力与热应力共同作用形成了白点。只有钢在热变形前或奥氏体化以前总氢含量下降到极限值时，即使快速冷却也不会产生白点。根据资料介绍极限氢含量为每 100g 铁中 2 ~ 3mL，这时锻件才有对白点的绝对免疫性。

2.3.2 白点的预防及白点的焊合

根据理论及工业生产的实践，证明氢是引起钢中白点的决定性因素，所以预防白点形成的根本措施是减少钢中的氢。根据不同的假说还有的采用其他相应的辅助措施。

为了减少钢中的氢，实际生产中是通过两方面的工艺措施来实现的，一是在炼钢或浇注时将液态钢中的氢减少到最低限度；另外的办法是在固态下利用热处理的方法减少钢中的氢。

2.3.2.1 减少液态钢中的氢含量

A 真空冶炼及真空处理

由于真空冶炼和真空浇注可以大大降低钢中的有害气体（包括氢）的含量，减少钢中的夹杂物与偏析，提高钢的纯度。因此，近年来真空冶炼与真空浇注等工艺在很多国家获得应用和推广，工艺装备不断完善，产量及吨位也不断增加。

真空冶炼目前不仅用于一些特殊金属及合金的生产，也在逐步扩大至合金钢大锻件生产方面。由于冶炼是在真空中进行的，所以可使钢中的气体含量最大限度地减少。资料介绍，真空冶炼的钢含氢量可降至每 100g 铁 1 ~ 2mL。但真空冶炼的设备费用大，操作也很复杂，所以在应用上终究受到限制。目前在大锻件生产方面，真空浇注较之于真空冶炼在应用上更为普遍。

真空浇注利用了氢在液态钢中的溶解度与压力呈线性关系这一点。温度为 1600℃ 时这一关系可用表 2 - 9 表示。

从表中看出，为了使钢中的含氢量降为每 100g 铁中 4mL，真空浇注必须造成残余压力约为 1333.2Pa 的真空，所以大多数除气操作的工艺设施的真空度，均维持在 133.3 ~ 1333.2Pa 的压力范围内。钢水经过真空处理之后，据资料报道，其氢含量可降低 50%；另有资料报道，钢中氢含量可降低 50% ~ 90%。浇注成大锭的铬镍钼钢和铬硅锰钢表

表 2 - 9 1600℃时氢在铁中的溶解度与压力的关系

压力/Pa	每 100g 铁的含氢量/mL
133320	>20
13332	10
1333.2	4
133.3	1
13.3	0.4
1.33	0.1
0.133	0.04
0.0133	0.01

明，真空浇注的钢锭中心氢含量约为每 100g 铁中 1mL，不用真空浇注的钢锭同样部位含氢量为每 100g 铁中 5mL。试验证明，真空浇注的钢没有白点，而一般方法浇注的钢中有白点。还有人报道，断面大于 750mm 真空浇注的合金钢锻件在空冷时没有白点，而同样的钢没用真空处理，尺寸相同的锻件却有很多白点。资料也介绍了他们生产中的情况。用 48 个重 8.5t 的 35CrNi3W 钢锭，锻制 48 支大曲轴，其中 22 个钢锭是经真空处理的，锻成曲轴后有 2 支发现白点；非真空浇注的 26 个钢锭，有 16 支发现白点。以上事实说明，真

空浇注对减少钢中氢含量防止白点有十分显著的作用。

　　B　严格冶炼浇注操作制度

　　虽然真空冶炼和真空浇注有许多优点，但由于设备复杂、操作麻烦等局限性，目前国内尚未取得普遍应用。所以在冶炼和浇注过程中减少液态钢中的氢含量仍是目前采用的主要方法。

　　冶炼浇注过程中减少钢中氢含量的方法是：

　　（1）冶炼时采用干燥的原料；

　　（2）尽可能少用或不用生锈的废钢及生铁；

　　（3）应用氧化法炼钢，保证炼钢时整个熔池内发生足够强烈的沸腾，以期最大限度地去除氢；

　　（4）应用干燥的锭型及不含氢的涂料。

2.3.2.2　减少固态钢中的氢

　　减少固态钢中的氢含量可以用多种方法，如高温扩散退火、缓冷以及防白点等温退火都是降低钢中氢含量以防止出现白点的有效途径。为了达到既经济方便又预防白点的目的，必须针对钢种的白点敏感性锻件的截面尺寸以及氢含量高低等因素采取不同的白点预防措施。

　　A　扩散退火

　　扩散退火又称均质退火，它是借助于高温加热使固态钢中的氢逐渐扩散至大气中，以减少钢中的氢，钢在高温下借助于扩散使元素趋于均匀，减少钢中的偏析，从而达到预防白点的目的。

　　利用扩散退火的方法减少钢中的氢，必须将工件加热至很高的温度（一般在1100℃以上）并在此温度下保持很长的时间。如直径650mm的钢锭为使氢含量降至每100g铁中6mL，需在1100~1150℃保温达150h之久。

　　经高温加热以后可使钢中的白点显著减少，如用800kg的铬镍钨钢钢锭热轧成100mm的方钢坯，轧制前在1180℃时保温85min，钢坯中的白点数目为622个；保温580min为206个；保温24h为9个。

　　轧制前经高温扩散退火不仅可使钢坯产生白点的数目减少，并可使热轧后需要缓冷的时间缩短。如热轧160~200mm的高合金钢方钢坯的钢锭经扩散退火者热轧后缓冷时间为80h未发现白点；未经扩散退火者热轧后需缓冷150h才没有白点。

　　从上面数据可以看出，高温扩散退火虽然可以减少成分偏析和钢中的氢含量，但不能保证完全不形成白点，因为在扩散退火温度奥氏体中存在着大量处于平衡状态的氢，所以一般经扩散退火的钢，锻轧后仍需作长时间的缓冷。同时使钢坯或锻件在高温下长期加热，不仅占用了设备，而且容易使钢晶粒粗大，氧化烧损严重。因此，这种防止白点的方法目前已很少应用。

　　B　缓冷

　　缓冷是指从停锻或停轧温度将锻件或轧材立即放入保温但不加热的深坑、浅坑、砂箱或渣堆中慢慢冷却，以防止白点的方法。这种方法的实质就是在适合原子氢扩散并进入大气的温度下尽可能保持较长的时间。

缓冷只适用于白点敏感性较低的中、小锻件以及某些中合金钢的轧材。根据资料的介绍与我们的经验，截面超过150mm的中碳钢及截面超过100mm的中合金钢锻件在空气中冷却时，经常出现白点。所以截面150~200mm的40和50碳钢锻件和截面100~150mm中合金钢（35Cr~55Cr、50CrNi、60CrNi、38CrMnNi、50Mn2等）锻后需进行缓冷。

对于热轧材要特别注意，因为有时截面很小的轧材也会出现白点。例如钢轨在热轧后会出现严重的白点。对于12CrNi3MoV钢40mm厚的热轧钢板，轧后缓冷不当也会形成大量白点。为了使某些含氢量高的高合金钢轧材不产生白点，有时需将缓冷坑中配加燃料烧嘴，用加热的方法将缓冷坑的温度快速加热到A_{c1}以下50℃左右进行等温扩氢处理。但需注意的是在进行等温扩氢前需快速完成$\gamma \rightarrow \alpha$相的转变，以便使钢中的氢快速逸入大气中。采用缓冷后，如果钢中仍出现白点，说明等温时间不够，延长等温保温时间就可以得到解决。

对于缓冷之后的出坑温度，不同资料有不同的介绍，有的介绍应缓冷到100~150℃，其理由是较低温度出坑可以减少热应力。有的资料则介绍钢在300℃以下继续缓冷是不合理的，其理由是300℃已低于弹性转变温度，并且扩氢能力也很差，这时出坑时间缩短了30%，而且钢中没有白点。我们认为缓冷到什么温度应以实践中不出现白点为标准，在不形成白点的前提下应尽量提高温度，节约时间。

还有的是采用缓冷与最终热处理相结合的方法防止白点。这主要适用热处理状态交货的锻件。例如某钢铁公司采用热装热处理的办法处理车轴钢，有效地预防了白点。所谓热装是指钢材热锻后在缓冷坑中用高炉渣保温，使在温度不低于400℃时装入热处理炉中，炉温也在400℃以上。此后热处理办法完全按钢种规定的热处理曲线进行（见图2-20），试验结果完全没有产生白点。由于碳素钢的白点是在低温区（200℃左右）形成，因此，在热锻后保持温度不低于

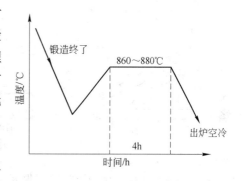

图2-20 车轴钢热装热处理曲线

400℃入炉热处理，通过缓冷扩氢及消除锻造应力的作用，在随后的冷却中未产生白点。

C 防白点等温退火

前已述及对于那些白点敏感性较高的钢及较大的锻件，缓冷并不能防止钢中形成白点，因此目前各国对于大型锻件预防白点最可靠的方法是防白点等温退火。防白点等温退火工艺的基本工序如下：

（1）锻后装入温度450~550℃左右的炉中均温待料；

（2）锻件从450~550℃过冷，过冷温度随钢种不同而异，但必须保证$\gamma \rightarrow \alpha$相的迅速转变；

（3）加热到亚临界温度A_{c1}以下30~50℃等温保温；

（4）在炉中缓慢冷却到100~200℃出炉空冷。

在以上四个工序中，最重要的是过冷与等温保温两项。必须指出，不同类型的钢防白

点退火的工艺是有差别的。主要体现在过冷温度、过冷时间以及等温保温温度和时间上。碳钢的过冷奥氏体较不稳定，可以在较高温度下进行（例如 400~600℃）过冷，能保证奥氏体转变为珠光体。而合金钢锻件的过冷奥氏体稳定性较高，必须在 250~320℃ 范围内过冷。过冷均温后的保温时间就高合金钢大锻件而言，根据不同的含镍、铬、锰量可采用每 100mm 1.2h 或 1.5~2.0h。当然过冷温度不能过低，过冷时间也不能过长，否则将会出现白点。对于不同的锻件其合适的过冷温度、过冷时间由试验确定，其原则是既保证 γ→α 的转变又保证不产生白点。在亚临界温度（α 相的最高温度）下的保温时间也不相同，一般说来其他条件相同时碳素钢少于合金钢，小截面的锻件少于大截面的锻件。有关资料给出了下列等温保温的数据，在等温温度 580~660℃ 时，为防止酸性钢 34CrNi3Mo 所制截面 400mm 锻件产生白点，等温时间为 40h（每 100mm 10h）。对直径 700mm 锻件，防止白点的等温保温时间为 80~90h（每 100mm 截面 12~13h）。对于 34CrNiMo 酸性高合金钢大型锻件，例如重 50t 钢锭锻成的截面 1000~1100mm 的 34CrNi3Mo 钢转子，在亚临界温度下总的保温时间（中间退火及最后冷却）应当为截面每 100mm 25~30h。

有时对于合金钢大锻件也把防白点等温处理与正火工序一起进行，即锻件锻后先冷却至 250~320℃，再加热到 A_{c3} 以上 20~30℃ 保温后冷却至 250~320℃，再加热到亚临界温度下长时间保温后缓冷。这种工艺也有人称之为二次过冷。

综合上述情况，我们把锻后防白点等温退火划分为三种情况，示于图 2-21。

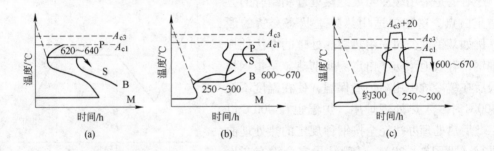

(a)　　　　　　　　　　(b)　　　　　　　　　　(c)

图 2-21　防白点等温退火工艺与奥氏体等温转变曲线关系示意图
(a) 碳钢；(b) 低合金钢；(c) 高合金钢
P—珠光体；S—渗碳体；B—贝氏体；M—马氏体

防白点等温退火工艺的基本形式可分为一般形式和与正火合并的形式。一般形式如图 2-22 所示，图中 t_1 表示过冷温度，随钢种不同变化，一般说来，碳素钢为 350~550℃，合金钢为 280~320℃；τ_1 表示过冷时间，随钢种不同变化，其目的是在不形成白点的情况下完成 γ→α 的尽快转变；t_2 表示亚临界温度，随钢种稍有变化，一般在 580~700℃ 之间；τ_2 表示随锻件大小，钢的白点敏感性和原始氢含量等因素变化；t_3 表示在炉内终冷温度，随锻件大小，钢种及去氢程度而异，也可以等温后

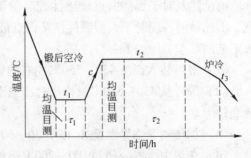

图 2-22　防白点等温退火的一般形式

直接空冷；c 表示升温速度，大锻件升温要考虑。与正火合并的形式如图 2-23 所示，图中 c_1、c_2 表示升温速度，对合金钢大锻件要限制；t_1 表示正火加热温度，由钢种决定；τ_1 表示正火保温时间；t_2 表示过冷温度，随钢种不同而异；τ_2 表示过冷保温时间；t_3 表示等温保温温度；τ_3 表示等温保温时间；t_4 表示炉冷终冷温度。

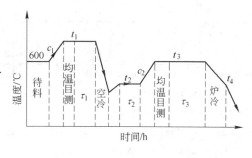

图 2-23 正火与防白点退火相结合形式

预防白点的等温退火是目前条件下较为理想和较为可靠的防白点方法，它相对于其他方法有经济和容易掌握等优点。但需要注意的是以下几方面，否则容易造成失败：

（1）锻后及时进行等温退火。等温退火的目的是预防白点，由于如锻后没有及时等温退火，在低温下白点已经形成，再进行等温预防白点就毫无意义了。众所周知，已形成白点的锻件进行热处理是不能消除白点的。

（2）过冷时间太长或过冷温度过低。锻件防白点退火过冷阶段的作用前已述及，但在实际生产中这方面的控制却容易疏忽。一般情况下锻件防白点退火都是在台车式炉子中进行的，过冷时将锻件连同炉子的台车自炉内拉出置于空气中冷却，待冷至 280～320℃时再进炉升温加热，由于测温仪表的灵敏度较低，以及操作上的疏忽，往往使锻件冷至温度很低的情况下再进炉，这时若已形成白点，就会使整个处理失败。

（3）等温保温时间不足。在实际生产中常发现某些合金结构钢大锻件防白点等温退火后仍发现白点的情况，这主要是等温时间不足引起的。前已述及，延长等温时间可以防止白点的出现。一般说来，对于不同的锻件，很难制定一种统一的等温规范，制定防白点退火工艺时必须考虑钢种的白点敏感性、钢中的氢含量、偏析程度、冶炼方法以及锻件的形状大小等因素。如果不分情况照搬某种工艺，往往引起不必要的浪费或造成预防白点的失败。

表 2-10 列出了不同钢种锻后的冷却方式，在实际生产中可以参考。当然锻后采取什么冷却方式除了要考虑钢种的白点敏感性及钢材尺寸外，还要考虑钢中的氢含量等因素。

表 2-10 钢锻件的冷却方法

钢　　　种	最大散热尺寸/mm					
	≤100	101～200	201～300	301～400	401～500	501～600
10，15，20，25，30，35（碳钢）	空	空	空	空	坑	灰
40，45，50，15Cr，20Cr	空	空	空	坑	灰	炉
55，60，16Mn～50Mn，09Mn2，30Mn2，30Cr	空	空	坑	灰	炉	炉
20CrV，20MnV，20MnMo，20MnMoV，35Cr	空	坑	灰	炉	炉	炉
T7～T12	坑	坑	灰	炉	炉	炉
45Mn2，50Mn2，55Si2，60Si2，35SiMn	坑	坑	灰	炉	炉	炉
40Cr，40CrSi，40MnMo，25CrMnTi，30CrMnSi	坑	坑	灰	炉	炉	炉
45Cr，55Cr，25Ni～50Ni	坑	灰	灰	炉	炉	炉
12CrMo，20CrMo，12CrMoV，12Cr1MoV	坑	灰	炉	炉	炉	炉

钢　　　　种	最大散热尺寸/mm					
	≤100	101～200	201～300	301～400	401～500	501～600
15CrMnMoV, 18CrMnMo, 14CrMnMoVB	坑	灰	炉	炉	炉	炉
12CrNi2, 12Cr2Ni4, 18CrNiW, 20CrNi	坑	灰	炉	炉	炉	炉
20Cr2Ni4, 25CrNi4, 20Cr3MoWV	灰	灰	炉	炉	炉	炉
38CrMnMo, 38CrMnNi, 38CrMoAl, 30CrMnSiNiA	灰	灰	炉	炉	炉	炉
40CrNiMo, 40CrMoMn, 45CrNi1MoV	灰	灰	炉	炉	炉	炉
40CrNi, 50CrNi, 35CrMo～60CrMo	灰	灰	炉	炉	炉	炉
5CrNiMo, 5CrNiW, 5CrMnMo, 5CrNiTi	灰	灰	炉	炉	炉	炉
34CrNi1Mo～34CrNi4Mo, 37CrNi3Al, Cr17Ni2	灰	炉	等	等	等	等
GCr6～GCr15, GCr15SiMn, CrWMn, 3Cr2W8	灰	炉	炉	炉	炉	炉
7Cr3, 8Cr3, Cr12, Cr12Mo, Cr12MoV	灰	炉	炉	炉	炉	炉
9Cr, 9Cr2Mo, 9Cr2W, 9CrSi, Cr5Mo	灰	炉	炉	炉	炉	炉

注：空—空冷或堆冷；坑—坑冷；灰—灰砂；炉—炉冷；等—等温退火。

2.3.2.3　白点的焊合

具有白点的钢材，只要轧制方向合适或锻造比足够，完全可以使白点焊合，这是白点的特性之一。早在 1940 年以前，在与大型锻件白点的斗争中还采用过这样的方法，即预先锻造的锻坯先冷却到室温，并在此状态下保持一定时间，当然它会出现白点，利用最后锻造时把白点焊合，这种方法显然不是防止白点的好方法。白点的可锻合特性目前在轧钢工业生产中仍被应用，即当超声（或低倍）检验发现坯材上有白点时，我们并不把它们全部报废，根据生产实践，将那些还要经过锻轧的坯材转入下道工序，让白点在以后的工序中被焊合，当然不是任何级别的白点在下一道工序都可以焊合，在生产中控制在哪一级别应由生产实践和试验来确定。

对于大型锻件中的白点，也有不少人做过焊合试验，并且改锻后其力学性能合格。表 2 – 11 给出了铬镍钼钢大锻件锻造比为 2.8～3.8，白点焊合后试块的力学性能数据。

表 2 – 11　白点焊合后转子试块的力学性能

距表面距离/mm	σ_b/MPa	σ_s/MPa	δ/%	ψ/%	α_K/J·cm^{-2}
50	697.3	592.3	18.0	54.7	139.3～117.7
100	762.0	601.1	20.0	51.3	142.2～104.9
150	758.1	598.2	16.4	51.5	129.4～142.2
200	736.5	576.6	18.4	57.3	152.0～134.4
250	785.5	620.8	17.6	50.8	156.9～98.1
300	791.4	621.7	16.0	47.9	

虽然焊合后力学性能可以合格，对于重要零件还是不用为好，以免造成重大事故。具有焊合白点的锻件可用于制作一般用途的零件。

3 钢 中 裂 纹

3.1 铸钢中的裂纹

3.1.1 热裂

热裂是铸钢件（特别是合金铸钢件）生产中常见的铸造缺陷之一。热裂是在高温下形成的，所以裂口表面与空气接触而被氧化，呈氧化色（钢铸件的热裂口近似黑色）。热裂又是沿晶粒边界产生和发展的，故裂口外形曲折而不规则（见图3-1）。

图 3 - 1　铸钢中的热裂纹

热裂可分为外裂和内裂两种类型。在铸件表面可以看到的热裂纹称为外裂，裂口从铸件表面开始，逐渐延伸到铸件内部，表面宽而内部窄，裂口有时会贯穿铸件整个断面。外裂常产生在铸件的拐角处、截面厚度有突变处或局部冷凝慢以及可以产生应力集中的地方。内裂产生在铸件内部最后凝固的部位，常在缩孔附近，裂口表面很不平滑，常有很多分叉。外裂大部分用肉眼就能观察出来，细小的外裂则需用磁力探伤或着色探伤检查；内裂则必须用射线或超声探伤才能检查出来。

铸件有了裂纹其强度就大为降低，使用时会由于裂纹的扩展而使铸件断裂，以致发生事故。外裂一般容易发现，如铸件本身的焊接性能好，消除裂纹经焊补后可以使用。内裂隐藏在铸件内部，不易被发现，它的危害较大。

下面我们讨论热裂的产生过程、影响因素及预防措施。

3.1.1.1 热裂的形成机理

热裂的形成机理到目前为止尚存在着分歧，为了便于讨论这个问题，我们首先来看看热裂纹形成的温度范围。

关于热裂纹的形成温度范围说法很多，归纳起来主要有以下两种：第一种说法认为，热裂是在凝固温度范围内但邻近于固相线温度时形成的，此时合金处于固—液两态；第二种说法认为，热裂是在稍低于固相线温度时形成的，此时合金处于固态。

有人对含碳量不同的碳钢进行热裂形成温度范围的研究。在铸件凝固过程中，一方面测定其温度变化，一方面摄取 X 射线照片，每隔一定时间，记录温度的同时，更换一张 X 射线照相底片。对含碳量 0.03% ~ 1.0%。碳钢的实验结果示于图 3 - 2 (a)。由图可知，不论含碳量多少，碳钢产生热裂的温度都在固相线附近。当钢中硫和磷含量增高时，热裂温度便降到固相线以下。

必须指出，在铸造条件下，由于铸件冷却速度较快而引起的过冷，使液相线和固相线下移，加上合金中存在低熔点组成物，所以实际的固相线（即不平衡固相线）有时远远低于状态图上的固相线（即平衡固相线）。

图 3 - 2 (b) 是另一种实验结果，图中虚线表示不平衡的液相线和固相线。

由以上两个实验结果可以看出，热裂是在合金接近完全凝固时的温度范围内形成的，此时大部分合金已凝固成结晶骨架，而在骨架之间还剩有少量液体。当然也不能认为在完全凝固之后（即稍低于不平衡固相线）就一定不会产生热裂，实际上在凝固后的一小段温度范围内，如果收缩受到严重阻碍，也会产生热裂，不过后者的可能性不如前者大。

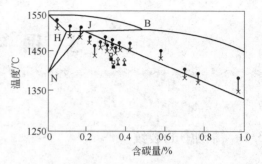

- ● —产生热裂前—测定时间所显示的温度
- × —X射线底片出现裂纹时的温度
- □-■ —含硫量偏高的情况
- △-▲ —含磷量偏高的情况

(a)

- ● —热裂形成温度
- ○ —含硫量偏高时的热裂形成温度

(b)

图 3 - 2　碳钢出现热裂时的温度
(a) 第一种实验结果；(b) 第二种实验结果

我们现在来讨论热裂纹的形成机理，到目前为止，主要有两种理论：强度理论和液膜理论。

A　强度理论

强度理论认为，铸件在凝固末期，当结晶骨架已经形成并开始线收缩以后，由于收缩受阻，铸件中就会产生应力或塑性变形，当应力或塑性变形超过了合金在该温度下的强度极限或伸长率时，铸件就会开裂。铸件凝固之后，在稍低于固相线时，如果也满足上述条件，同样会造成热裂。实验证明，在高温（尤其是在接近固相线温度）时，合金的强度和塑性都很低。例如，含碳量为 0.3% 的碳钢，室温时 $\sigma_b > 470.7MPa$，$\delta > 17\%$，但在 $1410 \sim 1385℃$ 时，$\sigma_b = 2.1MPa$，$\delta = 0.23\% \sim 0.44\%$。因此，钢在高温时很小的铸造应力或塑性变形就能超过其强度极限或伸长率从而引起热裂纹。

B　液膜理论

液膜理论认为，铸件冷却到固相线附近时，固体周围还有少量未凝固的液体，构成一层液膜，初期较厚，温度愈接近固相线，液膜就愈薄，当铸件全部凝固时，液膜即告消失。铸件在凝固过程中必然经历这个由厚变薄以及终于消失的液膜期，在液膜存在期间，

铸件收缩受阻时，液膜就被拉长，当液膜拉长速度超过某一限
度时，液膜就被拉裂（见图 3-3）。

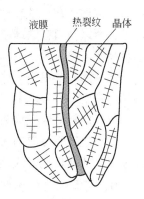

图 3-3 液膜被拉断
形成热裂

近年来，有人利用扫描电子显微镜对铸钢中热裂纹的研究
发现，MnS 液膜对形成热裂有非常重要的作用。观察表明，在
热裂缝与基体金属相连接的微观区域内 S 和 Mn 元素较高，而在
热裂缝的中心区域则富集有大量的 MnO 和 MnO·SiO₂。

液膜理论是易被接受的，因为合金在完全凝固之前的一段
温度范围内，在晶粒之间有液膜存在，而该处的强度和塑性又
极低。因此，由收缩受阻而引起的拉裂必位于晶间，热裂断口
的特征证实了这点。但是液膜理论不能解释为什么合金在完全
凝固之后仍然可能产生热裂，而这种热裂已被实验证明确实存
在。可以认为，对于在凝固末期产生的热裂用液膜理论解释比
较合理，对于凝固之后产生的热裂则可用强度理论解释。至于后一种情况下热裂也在晶间
形成的原因，可以解释为由于选分结晶晶间的温度距固相线较近，而且该处杂质较多，强
度和塑性都低，易于被拉裂。

3.1.1.2 影响热裂形成的因素

凡是影响合金在热裂形成的温度范围内的线收缩、收缩阻碍和合金力学性能（强度
和塑性）的因素，都将对热裂趋向产生影响，其中主要与合金性质、铸型阻力、铸件结
构、浇冒口的布置和浇注工艺等方面有关。

A 合金性质的影响

合金性质对热裂的影响，主要决定于合金在热裂形成的温度范围内的绝对收缩量和
强度。

在结晶温度范围内，当固相形成完整的结晶骨架时，线收缩便开始了。从线收缩开始
到凝固完毕这一段温度范围内的线收缩率用下式来表示：

$$\varepsilon = \alpha(t_{始} - t'_{固}) \tag{3-1}$$

式中 $t_{始}$ ——线收缩开始温度；

$\quad t'_{固}$ ——不平衡固相线温度；

$t_{始} - t'_{固}$ ——线收缩开始温度与不平衡固相线温度之差，亦称有效结晶温度范围；

$\quad \alpha$ ——在有效结晶温度范围内的平均线收缩系数。

由此可见，α 和 $(t_{始} - t'_{固})$ 愈大，则 ε 就愈大。在其他条件相同的情况下，ε 愈大表
示在有效结晶温度范围内铸件的应力也愈大，所以热裂趋向也大。

一般说来，宽结晶温度范围内的合金，有效结晶温度范围较大，因此热裂趋向也较
大；窄结晶温度范围的合金，有效结晶温度范围较小，热裂趋向也较小。

凡是能扩大有效结晶温度范围的元素，都将增大热裂趋向。例如钢中的硫和磷都是
增大热裂趋向的有害元素。它们一方面在钢中形成低熔点共晶（Fe + Fe₃P 共晶熔点为
1050℃，Fe + FeS 共晶熔点为 985℃），降低了固相线温度，也就扩大了有效结晶温度
范围；另一方面，这些低熔点共晶沿晶界呈网状分布，大大削弱了钢的高温强度和
塑性。

凡是能减小合金在有效结晶温度范围内的绝对线收缩量的元素和相变，都将减小热裂

趋向。例如，灰口铁和球墨铸铁在凝固过程中发生石墨化膨胀，白口铸铁和钢则没有这种现象，所以灰口铸铁球墨铸铁件不易形成热裂，而可锻铸铁坯件（白口铸铁）和铸钢件则容易产生热裂。

铸件的初晶组织对热裂趋向也有影响。粗大枝晶的晶间强度比细小枝晶的低，柱状晶的晶间强度不如等轴晶。不少合金钢铸件往往具有粗大的柱状晶组织，所以容易形成热裂，最好使初晶组织成为细小等轴晶，以提高合金在热裂形成温度范围的强度。

分布于铸钢晶界的氧化物夹杂（例如氧化铁、氧化锰、氧化硅等），大大地削弱了晶间关系，从而促使形成热裂。

B　铸型阻力的影响

铸件凝固后期进行线收缩时受到铸型的阻力愈大，则铸件内产生的机械阻碍应力愈大，铸件愈易开裂。铸型阻力的大小主要反映在铸型或型芯的退让性上。铸型退让性好，则铸件收缩时受到的阻碍较小，形成热裂的可能性也较小。值得注意的是，铸型退让性对产生热裂的影响不仅与其退让性大小有关，而更重要的是与其退让的时刻有关。例如黏土砂有一个抗压强度随温度升高而急剧上升的范围，仅当型砂被加热到1250℃以上才有较好的退让性。如果型砂受热而引起抗压强度升高达到最大值的时刻恰好与铸件凝固即将结束的时刻相吻合，则产生热裂的可能性最大。

C　铸件结构的影响

铸件结构设计是否合理对热裂形成的影响很大。如果铸件结构设计不合理，使局部造成过厚的热节或引起应力集中现象，则热裂易在这些部位形成，铸件厚薄不均，冷却速度也不同，薄的部位先凝固，降至较低的温度时具有较高的强度，它将对厚实部分的凝固起阻碍收缩的作用，所以在厚的部分易出现热裂。铸件壁十字交接，会在该处形成热节并产生应力集中现象，因而也易形成热裂。

另外，影响热裂的因素还有浇注工艺（包括浇注工艺和温度）和浇口与冒口的设置。例如，为了补缩而设置的冒口，由于它温度较高，最后凝固，当铸件收缩受阻时，该部位易于拉裂。还有，上大下小的冒口也可能造成铸件收缩时的机械阻碍，导致铸件热裂。

D　防止铸件热裂的方法

根据以上讨论可知，影响铸件热裂的因素是多方面的，毫无疑问，凡是上述能够减小热裂趋向的因素都可以用来作为预防热裂的措施。然而对于具体的铸件来说，铸造合金的牌号和铸件形状都是既定了的，往往不能轻易改变，因此预防热裂主要从减少铸件收缩时的机械阻碍、热阻碍和提高合金强度两个方面加以考虑：

（1）减小铸件收缩时的机械阻碍和热阻碍。在减小铸件收缩阻碍方面的主要措施有改善铸型和型芯的退让性，以便在铸件收缩时不会遇到铸型及型芯的强烈阻碍；设置合理的冒口减小浇冒口对铸件收缩的机械阻碍；采用好的涂料，使铸型和型芯表面光滑，减小铸件收缩时的摩擦力等等。

（2）提高合金的强度。提高铸件高温强度的主要措施有减少合金中的有害杂质，特别是要降低钢中的硫和磷；改善初晶组织，细化晶粒，消除柱状晶，减少非金属夹杂物，改变夹杂物的形状和分布状态。另外，还可以用设立加强筋的方法，提高铸件易裂处的合金结构强度。

3.1.2 铸造应力

铸件在凝固后的冷却过程中，将继续进行由于温度下降而产生的收缩，有些合金还会发生固态相变而引起膨胀或收缩，这些都使铸件的体积和长度发生变化。在此期间，如果这种变化受到阻碍，便会在铸件中产生应力，称为铸造应力。

铸造应力按其形成原因可分为热应力、相变应力和收缩应力三种。

热应力是铸件在冷却过程中，由于各部分冷却速度不一致，便会造成同一期间各部分收缩量不一致，但铸件各部分是连成一个整体的，因此彼此间相互制约的结果便产生了应力。这种由于线收缩受热阻碍而产生的铸造应力称为热应力。

相变应力是铸件各部分在冷却过程中发生固态相变的时间不一致，使体积和长度的变化时间也不一致，而彼此之间又互相制约，结果产生了应力，称为相变应力。

收缩应力是铸件线收缩受到铸型、型芯、浇冒口及坯缝的机械阻碍而产生的应力。

铸造应力可能是暂时的，产生应力的原因被取消之后，应力即告消失，这种应力称作临时应力。如果铸造应力在铸件冷至常温并落砂后仍然存在则称为残余应力。

铸造应力对铸件质量有很大影响。如果铸造应力超过了合金的屈服极限，则产生塑性变形，使铸件尺寸有所改变；如果铸造应力超过了合金的强度极限，则产生裂纹；铸造应力小于合金的弹性极限时，则将残留于铸件。铸件有了残余应力，就要用时效或去应力退火予以消除，否则会降低铸件的使用性能。

3.1.2.1 铸件在冷却过程中的热应力

产生热应力的原因在于铸件各部分冷却速度不一致，引起了收缩量不一致，但各部分又彼此相连，互相制约，因而产生了应力。现以厚度不均的 T 字形梁为例（见图 3-4），来讨论残余热应力的形成过程。

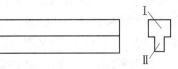

图 3-4 T 字形梁铸件

为了分析方便，我们把 T 字形梁的厚截面部分叫做 I，把薄截面部分叫做 II，这样就把铸件看作由杆 I 和杆 II 两部分组成。下面我们分三个阶段来讨论 T 字形梁铸件的热应力。

第一阶段：杆 I 和杆 II 都处于塑性状态。由于杆 II 截面较小，冷却较快，收缩量稍大；而杆 I 则由于温度较高，收缩较小。但它们两个是连在一起的，所以杆 I 被塑性压缩，杆 II 被塑性拉伸。由于是塑性变形，变形后应力基本消失。

第二阶段：杆 I 仍处于塑性状态，杆 II 进入弹性状态。由于弹性杆的变形比塑性杆要困难得多，所以整个铸件的收缩将由弹性杆（II）来确定。由于杆 I 仍处于塑性状态，所以变形后应力也基本消失。

第三阶段：两杆都进入弹性状态。在第二阶段末期，两杆的长度相等，但温度不同，杆 I 温度高于杆 II 温度，当降至室温时，如果两杆都能自由收缩，则杆 I 的收缩量比杆 II 大，但实际上两杆连在一起，收缩时彼此制约，若铸件不产生弯曲变形，只能具有同一长度。因此杆 I 被弹性拉伸，杆 II 被弹性压缩。因为是在弹性范围内应力不能松弛和消失，便在杆 I 中残留拉应力，杆 II 中残留压应力。这就构成了铸件中的残余热应力。

3.1.2.2 铸钢件在冷却过程中的相变应力

铸件在冷却过程中发生固态相变，晶体体积就会发生变化，从而影响铸件收缩的方向和数值。钢的共析转变会引起体积膨胀。如果铸件各部分温度均匀一致，相变同时发生，则可能不产生宏观应力，而只有微观应力。相变温度高于临界温度，即合金处于塑性状态，则不会产生大的相变应力。如果相变温度低于临界温度而且铸件各部分温度不一致，相变不同时发生，则会产生相变应力。

普通碳钢的共析转变温度是在临界温度以上，此时仍处于塑性状态，所以普通碳钢铸件在通常的冷却速度条件下，共析转变产生的体积膨胀不会引起大的相变应力。但碳钢铸件在快冷条件下（例如在金属型中铸造），共析转变将降到 560℃ 左右进行。此外，钢中含有某些能降低共析转变温度的合金元素（例如镍、锰等）时，也有可能将共析转变降到弹性状态进行。在上述两种情况下，都会引起较大的相变应力。

3.1.2.3 收缩应力

铸件在冷却到弹性状态之后，由于收缩受到机械阻碍而产生的应力，又称为机械阻碍应力。

收缩应力表现为拉应力或切应力。

由于收缩应力是在弹性状态时产生的，形成应力的原因一经消除（例如铸件落砂并去除浇口后），应力也就随之消失。所以收缩应力是一种临时应力。铸件厚部分的收缩应力与残余热应力的方向是相同的，两种应力叠加，有时会使铸件厚的部分发生冷裂。铸件薄部分的收缩应力与残余热应力的方向相反，应力可互相抵消一些，但当铸件薄部分收缩应力过大，超过合金的强度极限时，也会在薄部分发生冷裂。

综上所述，铸造应力是热应力、相变应力和收缩应力三者的代数和，有时它们互相抵消，有时它们则互相叠加。

3.1.3 铸件的冷裂

3.1.3.1 冷裂的产生和预防

冷裂是铸件处于弹性状态时，铸造应力超过合金的强度极限而产生的。冷裂往往出现在铸件受拉伸的部位，特别是在应力集中的地方，如内尖角处和缩孔、非金属夹杂物等的附近。大型复杂的铸件容易形成冷裂，有些裂纹往往在打箱清理后即能发现，有些是因铸件内部已有很大的残余应力，在清理及搬运时受到震击或出砂后受到激冷才开裂的。

冷裂纹的特征与热裂纹不同，外形常是圆滑曲线或连续直线状（见图 3-5）。而且往往是穿晶而不是沿晶断裂。冷裂纹断口表面干净，具有金属的光泽或呈轻微的氧化颜色。这说明冷裂是在较低温度下形成的。

铸件的冷裂趋向与铸造应力及合金的力学性能（强度、塑性和韧性）有密切的关系。影响冷裂的因素与影响铸造应力的因素是一致的。凡是促使铸造应力增加的因素，都能使铸件冷裂倾向加大。

图 3-5 铸钢轮中的冷裂纹

合金的成分和熔炼质量对冷裂的影响很大。例如，钢中的碳、铬、镍等元素虽可提高钢的强度，但却降低了钢的导热系数（铬钢、镍钢、锰钢的导热系数只有低碳钢的 1/2 ~ 1/3），因而增加钢的冷裂趋向。磷能增加钢的冷脆性，因而磷含量高时冷裂趋向增大。又如铬镍耐酸钢（低碳奥氏体钢）和高锰钢（高碳奥氏体钢）都是奥氏体钢，且都易产生较大的热应力，但是镍铬耐酸钢不易产生冷裂，而高锰钢则极易产生冷裂，往往在提前打箱放在空气中冷却时，就会形成冷裂。这是因为低碳奥氏体钢具有低的弹性极限和高的塑性，形成的热应力往往很快就超过了弹性极限，使铸件产生塑性变形；但是高锰钢含碳量较高，在铸型冷却时奥氏体晶界上析出的碳化物较多，增加了钢的脆性，故易形成冷裂。

防止铸件冷裂的方法，在控制铸件冷却速度和减少铸型、型芯的收缩阻力方面与减小铸造应力的方法相同，在铸件结构和加强防裂筋方面则与防止热裂的方法大致相同。

3.1.3.2 大型铸件中的内冷裂

以上讲到的冷裂大都是暴露在铸件表面的裂纹，用肉眼可以看到，一般都不需作探伤检查。下面我们将要讨论的是产生在大型铸件中的内部裂纹，表面不能发现，需经超声波探伤才能检查出来。

A 大型铸件在冷却和加热过程中的应力分析

下面我们以简单的圆柱形截面的大型钢铸件为例，讨论它们在各个阶段的应力状况。铸件在结晶凝固以后，进入弹性阶段以前，由于铸件截面较大，在冷却过程中表面与心部出现较大的温差，表面冷得快，心部冷得慢。表面受冷降温后将要收缩，内部由于温度较高尚保持一定的长度和体积，这样便在工件心部产生压应力，而表面产生拉应力。由于此时的心部处于塑性状态，这种应力将随着工件发生塑性变形而松弛。随着温度的继续下降，工件表面将先进入弹性状态，心部仍处于塑性状态，这时处于塑性状态的心部将发生塑性变形以便保持与外表的收缩统一。继续降温，当心部也要进入弹性状态时，由于圆柱形工件的外圆表面与顶部已形成了一个冷硬的弹性外壳，心部的降温收缩受到了外壳的强烈牵制，心部便产生了拉应力，外圆产生压应力，这就是铸件中的热应力。这种应力打箱后不但不能消除或减小，而且随着打箱后的冷却加剧，并一直残留于工件中。

在大型钢铸件中也会产生相变应力，但因一般的碳钢在通常铸造条件下，共析转变是在临界温度以上（即塑性范围），共析相变膨胀引起的应力将被塑性变形所松弛，故相变应力甚微。

由于大型工件心部残留着很大的残余拉应力，所以在随后的加热（包括消除应力退火、正火和淬火加热）工序应特别注意。这是因为快速加热，会使工件内外温差增大，表面的受热膨胀将加剧工件心部的拉应力达到很大的数值，而拉应力大的心部又是铸造缺陷较多的地方，当这个拉应力数值超过铸件心部的强度极限时，便在工件内部产生裂纹。因工件表面是承受较大的压应力，内部产生的裂纹扩展至表面比较困难，这就形成了大型铸件中的内冷裂。

实验确定，轴心部位径向和切向拉应力数值较小，而轴向拉应力较大，所以在大型轴类或轧辊生产中，横向的内裂纹较多。

为了减少大型铸件中的内冷裂，主要应从减小铸件中的应力及提高铸件的强度两方面考虑。提高强度主要是提高冶金质量，减少钢中夹杂，气体以及减少铸件心部的铸造缺陷。另一方面应尽可能减少铸件中的应力，这主要是减小铸造后冷却及加热时的内外温差。铸造后适时打箱并在打箱后采取保温措施十分重要，对于合金钢的大型铸件，切忌提前打箱以及打箱后在空气流通的地方激冷。为减小加热时造成的应力，对于加热速度，特别是低温（弹性）阶段的升温速度及装炉温度应严加控制。有资料曾介绍，对于不很复杂的碳钢铸件允许加热速度为200℃/h，而对复杂的合金钢铸件，在开始加热时其速度不应超过 30～50℃/h，对于残余应力很大的危险性特别大的厚重铸件，开始加热时的速度一般不能超过 5～15℃/h。

B 大型铸钢轧辊断裂分析

我们下面将要讨论的轧辊是用于热轧无缝钢管的皮尔格轧机上的异型轧辊。原来靠从国外进口，从1965年起改为国内生产。仿照国外轧辊的成分，原材质为9CrMo，1979年纳入国家标准定为 ZG80CrMo，其成分为 C 0.77%～0.85%，Si 0.20%～0.45%，Mn 0.50%～0.80%，Cr 0.90%～1.35%，Mo 0.80%～1.20%，P < 0.035%，S < 0.030%。十多年来，我国自己生产的轧辊较好地满足了生产的需要。但是，有一个时期却经常发生断辊现象，有的新轧辊刚上轧机就发生断裂，甚至有许多轧辊尚未出厂就断裂。断辊一度成为影响轧辊生产的关键。为此，我们曾对断辊进行了全面的理化分析，并初步找到了预防的措施，其中热应力过大就是引起断辊的主要原因之一。

轧辊的尺寸简图见图3-6。断辊多发生在靠冒口端的上辊颈处。断裂有以下几种情况：有的在粗加工时断于车床上；有的在切好冒口要撞掉时，未断于切口处而断于辊身上；有的则是粗车时发现轧辊的上辊颈表面有横向裂纹，经超声波探伤判定裂纹很深，经轻轻一碰断裂的。其断口有以下几个特点：第一，断裂起源于轧辊断面的中心附近，其裂痕呈放射状（见图3-7）。在断口的边缘有半圈或多半圈细晶粒的新鲜断口，其余的心部都为暗灰色或蓝色断口。第二，心部的断口多呈现冰糖块状的铸造粗晶粒。

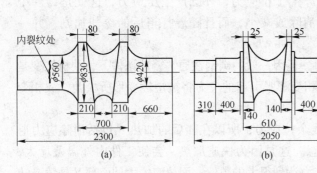

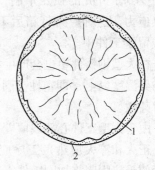

图 3-6　轧辊的毛坯及加工后尺寸简图
（a）毛坯尺寸；（b）加工后尺寸

图 3-7　呈放射状裂痕的轧辊断口
1—蓝灰色粗晶；
2—边缘白色区，新断口

根据断裂情况及断口特征，我们首先确定断裂不是由于承受外力过大引起的。裂纹源在心部可以从两方面考虑，即中心部位缺陷多和中心部位应力大。边缘部分的细晶断口是怎样形成的呢？这需要了解轧辊的生产工序，轧辊自铸造打箱后，要经过两次进炉加热，第一次是950℃加热然后炉冷，其目的是细化组织，降低硬度，便于粗加工。第二次是在粗加工之后，加热到930℃，保温后空冷，作为最终热处理。断裂的发现多在粗加工后，这时已进行了第一次热处理，其细晶断口是热处理后组织细化的结果。另外，从第一次热处理后并未发现裂纹，而在粗车刚开始时也未发现裂纹，说明裂纹并未延至表面，而是属于内裂纹。

心部暗灰色的粗晶断口具有热应力型内裂断口的特征（图3-8）。应当指出，由于铸件的组织较粗，铸件中存在的缺陷较多，这些都对钢中裂纹的扩展起着阻碍作用，它使裂纹的扩展的方向分散、速度变慢，因而裂纹的走向变得很不明显。

图 3-8　铸钢 80CrMo 轧辊断口

心部断口的颜色变化是由于内裂发生后又经高温加热的结果。下面我们从应力的角度讨论横向内裂的形成过程。为了减少铸件的缩孔，上辊颈铸造毛坯由原来的 $\phi500\text{mm}$ 改为 $\phi560\text{mm}$，铸造截面增大之后，内外的温差也将随之增大，导致热应力增大。由于铸造后打箱过早或冬季车间温度过低，致使工件中的残余应力过大。带有较大残余应力的轧辊进炉热处理时，往往由于追求效率而实行高温装炉，这样便使温度较低的工件表面急剧受热。另外，由于加热炉烧煤，升温速度也较难控制。为了省劲，点火后操作者一般不再控制火势，结果，工件内外会形成很大的温差，又产生很大的热应力。这时的热应力情况是表面膨胀，承受压应力，相应地使未膨胀的心部承受拉应力。这一应力与原来铸件中的铸造残余应力方向相同，两种应力叠加的结果，便使工件中强度薄弱的部位产生断裂。

从材料强度来看，产生横向内裂的断口绝大多数都是冰糖块状的粗晶断口，对这种断口的材料试验表明，它的强度低、塑性差。按图纸和标准规定轧辊的力学性能 $\sigma_b \geq 834 \sim 981\text{MPa}$，$\delta \geq 6\% \sim 7\%$，而粗晶试验结果，$\sigma_b = 549\text{MPa}$，$\delta_5 = 2.4\%$。我们也对断裂处的化学成分作了分析后发现，在所有的这类断辊中，在上辊颈都存在着严重的碳偏析；即下辊颈（细晶粒）的成分与钢水的成分基本上是一致的，而上辊颈（粗晶断口）的碳则偏高，其含碳量为 0.96% ~ 1.06%，甚至更高。通过金相显微镜观察，我们发现在含碳量高的粗晶断口的钢中，都存在着有较多沿初晶奥氏体枝晶间甚至在奥氏体晶界上分布有共晶组织——莱氏体（见图 3-9）。扫描电子显微镜成分定性分析结果表明，这种共晶组织中的化合物相的含钼量很高，含铁量较低，含铬量更少。这说明这种化合物主要是钼的共晶碳化物，它的熔点高，通常的退火处理不能消除它。它的硬度高脆性大，应力较大时容易出现沿晶脆断。

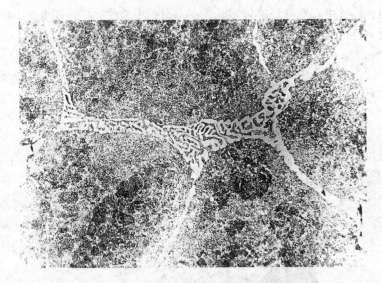

图 3-9　铸钢 80CrMo 断口处的金相组织

在扫描电子显微镜下对断口观察的结果表明，冰糖块状粗晶断口其断裂形式有两种：沿晶断裂（见图 3-10）和解理断裂（见图 3-11），它们都属于典型的脆性断裂。

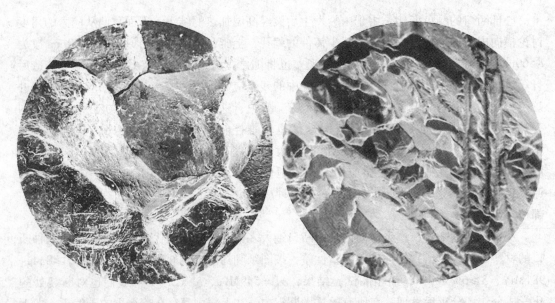

图 3-10　沿晶断口（40×）　　　　　图 3-11　解理断口（320×）

通过以上断辊原因的分析，我们从减小热应力及提高材料强度两方面采取相应的措施，并在生产上取得了满意的效果：

（1）严格控制打箱时间并在冬季对打箱后的轧辊实行适当的保温措施。

（2）严格限制铸造后第一次热处理时的装炉温度（＜400℃）和650℃等温前的升温速度（＜50℃/h）。

（3）尽量将钢水的含碳量控制在下限。

（4）轧辊采用下浇口浇注，浇好后在冒口处再补浇钢水。以往在补浇钢水前有时在冒口处覆盖炭粉，补浇时将大量炭粉冲入冒口。为减少冒口含碳量，以后规定严禁在补浇钢水之前在冒口处覆盖炭粉。

以上的这几项措施对于防止断辊和粗晶断口，是行之有效的。

3.2 钢的热处理裂纹

3.2.1 钢的热处理应力

前面第一节中我们曾讲到钢的铸造应力分为热应力、相变应力和机械阻碍应力三种。钢的热处理应力主要有热应力与组织应力两种，它们在钢件中存在的状态和起的作用有所不同。由于加热或冷却不均匀即热胀冷缩在时间上的不一致所造成的钢件内应力叫做热应力。由于组织转变的不等时性所造成的内应力叫做组织应力。此外，还有因工件截面上组织比容不同引起的内应力等等。热处理后钢件的最终应力状态取决于它们之和，称作热处理残余应力。

钢的热处理裂纹，就是这些内应力综合作用的结果。同时在热处理应力的作用下，有时会使钢件的某一部分处于拉应力状态（以"＋"号表示），而另一部分处于压应力状况（以"－"号表示），有时则使钢件内部各部分的应力状态分布得十分复杂。为了讨论方便，下面分别叙述。

3.2.1.1 热应力

热应力是热处理过程中，钢件的表面和中心或薄的地方与厚的地方之间由于加热或冷却速度的不一致（形成温度差）导致体积胀缩不均匀而产生的内应力。

将形状最简单的钢制圆柱形试样，加热到低于相变点的温度后，分别在水中和油中冷却，如图3－12所示，从图中可以看出，钢件无论在水中还是在油中冷却，其表面的冷却速度都比中心的冷却速度快得多。

加热或冷却速度愈快，钢件表面与中心的温度差则愈大，热应力亦愈大。图3－13是钢件快冷时热应力的变化情况。冷却初期，由于表面冷却较快温度较低，而心部冷却较慢温度尚高，表面的激烈收缩受到心部的阻碍，从而表面受拉应力的作用，心部则受压应力作用，如图3－13所示。如果这时工件的心部处于塑性状态，在应力的作用下它将产生塑性变形，

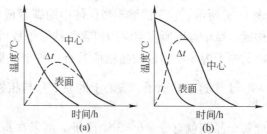

图3－12 工件表面与中心的冷却曲线

（a）缓慢冷却；（b）快速冷却

Δt—表面与中心的温差

使应力得到一定的松弛。所以，这一阶段的应力数值不会很大。随着心部温度的逐步降低和内外温差的逐步减小，心部收缩加剧，这时外表已进入弹性状态，内部的收缩将受到外表的阻碍，这时应力状态将通过 0 点后反向。即表面由原来的拉应力转变为压应力，心部由原来的压应力转变为拉应力。后一个过程的进行大都在钢的弹性状态，所以其应力可达较大的数值。

冷却速度对热应力的影响极大。冷却愈快则热应力愈大。图 3 - 14 是含碳 0.3% 的碳钢 $\phi50mm$ 圆柱形试样从 650℃ 冷却后冷速对残余应力的影响。从图中看出，由于没有相变，其冷却对硬度影响不大。水冷的各向残余应力都较大，而炉冷的各向残余应力都较小，同时可以看出，圆柱形试样，其热应力最大值是水冷时的轴向拉应力。

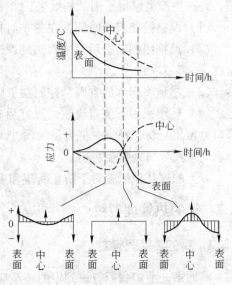

图 3 - 13 热应力的形成过程示意图

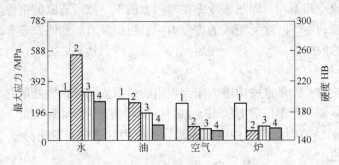

图 3 - 14 不同冷速对残余应力的影响
1—硬度；2—轴向应力；3—切向应力；4—径向应力

3.2.1.2 组织应力

A 钢的组织和比容

钢在奥氏体状态具有面心立方的内部晶体结构，其晶格常数（原子与原子间的距离）如表 3 - 1 所示。它于固溶于奥氏体中的碳量成正比。另外，金属晶体是由许多连续的晶胞构成，每个晶胞所占空间内包含的铁原子数可由下述方法确定：在奥氏体晶胞中，位于角上的原子为 8 个邻近的晶胞所共有。每个晶胞有 8 个这样的原子，因此每个晶胞占有 $\frac{1}{8} \times 8 = 1$ 个这样的原子。表心上的原子只与相邻的一个晶胞共有。这样的原子一共 6 个，因此每个晶胞就有 $\frac{1}{2} \times 6 = 3$ 个原子。结果在每个奥氏体晶胞所占的体积内只包含有 1 + 3 = 4 个铁原子。

根据表 3 - 1 的数值，可由下式求出奥氏体的比容（cm^3/g）：

$$V = \frac{a^3}{1.65nw} \qquad (3-2)$$

式中　a——晶格常数（晶胞的边长），cm；

　　　n——晶胞所含原子摩尔数，mol；

　　　w——相对原子量，铁的相对原子量为 55.84g/mol。

表 3 - 1　钢的组织和内部结构

相	晶体结构	晶 格 常 数	每个晶胞原子数
奥氏体	面心立方	$a = 3.548 + 0.44$（%C）	4
马氏体	体心正方	$c = 2.861 + 11.6$（%C）	2
		$a = 2.861 - 0.13$（%C）	
铁素体	体心立方	$a = 2.861$	2
渗碳体	复杂斜方晶	$a = 4.516$　$b = 5.077$　$c = 6.727$	12
ε - 碳化物	密排六方晶	$a = 2.74$　　　　$c = 4.34$	2

奥氏体以外的组织，马氏体、铁素体等，也能根据表 3 - 1 上的晶格常数与晶胞内的原子数，从上述公式求出它们的比容来。表 3 - 2 就是所计算出的各种组织比容值。

表 3 - 2　各种组织的比容

组 织	含碳范围/%	室温下的比容/cm³·g⁻¹
奥氏体	0 ~ 2	0.1212 + 0.0033（%C）
马氏体	0 ~ 2	0.127 + 0.0025（%C）
铁素体	0 ~ 0.02	0.1271
渗碳体	6.7 ± 0.2	0.130 ± 0.001
ε - 碳化物	8.5 ± 0.7	0.140 ± 0.002
石 墨	100	0.4511
铁素体 + 渗碳体	0 ~ 2	0.1271 + 0.0005（%C）
低碳马氏体 + ε - 碳化物	0 ~ 2	0.1277 + 0.0015（%C - 0.25）
铁素体 + ε - 碳化物	0 ~ 2	0.1271 + 0.0015（%C）

B　钢的组织应力

由于马氏体的比容大于奥氏体的比容，因而在淬火冷却时，奥氏体向马氏体转变的结果必然引起体积的膨胀。组织应力就是钢在淬火冷却时，由于表面冷却得快，先发生奥氏体向马氏体转变（膨胀），中心或冷却较慢的部分后发生这种转变（亦膨胀），从而造成体积变化的不等时性所产生的内应力。简单地说，由于相变引起的比容变化的不等时性所产生的内应力叫做组织应力。

现仍以形状简单的圆柱形试样为例，钢件整体穿透淬火。图 3 - 15 是其组织应力形成过程中的变化情况。在淬火冷却过程中，由于表面先冷却到 M_s 点（马氏体转变始点）以下，表面先形成马氏体并伴随体积膨胀。此时表面的膨胀却受到未转变的中心部分的限制。此时表面受压应力，中心受拉应力。由于这一阶段心部塑性较好，可以发生部分塑性变形，故此时的应力数值相对较小。当继续冷却时，中心发生奥氏体向马氏体转变（表面已转变结束，进入弹性状态，形成强固的马氏体外壳），伴随体积膨胀，使表面受到一种扩张力的作用。可见，由于组织转变的先后不同所造成的比容变化的不等时性，使表层形成拉应力，而中心形成压应力。因此，组织应力最终导致钢件表层处于拉应力状态。

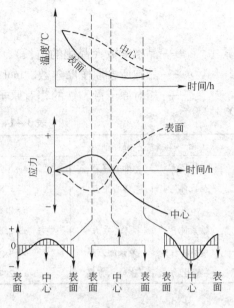

图 3-15　钢淬火时组织应力
形成过程示意图

除以上两种主要的应力以外，还有由于钢件表面和心部组织结构的不均匀性所形成的内应力。例如钢件表面层的脱碳与增碳；表面局部强化；快速加热以及大型工件不能淬透引起的组织不同都能产生内应力。

局部淬火或表面淬火时，仅在被淬火的部分形成马氏体组织，未被淬火的部分仍是原始组织，从而造成整个工件上比容的差别。在这种情况下，由于表面层马氏体的比容大，引起的膨胀受到中心部分的限制，使表面受到压应力，中心受拉应力的作用。

又如，渗碳淬火时，由于表层含碳量高，内部含碳量低，则表层和心部的相变温度（M_s 点）不同，即表面较心部的相变温度低（因为钢含碳量愈高，M_s 点愈低）。因此，内部首先发生组织转变而膨胀。这时表层组织仍是奥氏体状态，即处于塑性状态。初期表面受拉应力的作用，心部受压力的作用。由于表层的极好塑性，在拉应力的作用下易发生塑性变形使应力松弛，即其应力值有所减小。随后待高碳的表层也发生马氏体转变（膨胀）时，表层与中心的应力将发生反向，即表面呈现压应力，心部呈现拉应力。

3.2.1.3　残余应力

如前所述，热处理时只要伴随有相变过程，热应力和组织应力将同时发生。钢的最终应力状态取决于各种应力作用之和。热处理后最终保留下来的内应力，叫做合应力或残余应力。合应力的符号为" + "号者，称之为残余拉应力；为" - "号者，则称之为残余压应力。

图 3-16 示出大截面钢件水中冷却时，整个截面未淬透时所呈现的应力情况。

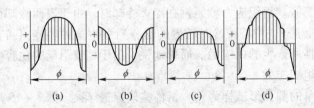

图 3-16　残余应力总和示意图
(a) 热应力；(b) 组织应力；(c) 由于组织转变不均匀引起的应力；
(d) 合应力（残余应力）

应当指出，影响残余应力状态、大小及其分布的因素很多，有加热温度、冷却速度、钢件尺寸、几何形状、钢的化学成分、淬透性以及淬火前的原始组织等。例如，冷却速度对残余应力的影响有人曾做过实验，证明淬火冷却速度越快，热应力就越大。图 3 – 17 是不同钢从 A_3 点开始，以水冷、油冷、空冷以及炉冷等不同冷却速度冷却后测出的表面压应力值。从图中看出，对于工业纯铁与含碳 0.18% 的碳钢，水淬与油淬后的残余应力值基本相同。含碳 0.59% 的碳钢和弹簧钢，水淬的和油淬的结果也相差很小。但是对于含碳 0.24% ~ 0.49% 范围内的钢，淬火冷却速度对残余应力的大小有显著影响。

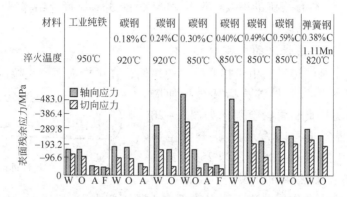

图 3 – 17　冷却速度对表面残余应力的影响（ϕ50mm 试棒）

W—水淬；O—油淬；A—空冷淬火；F—炉冷

再如，钢件尺寸也对残余应力的大小及分布产生明显的影响。图 3 – 18 表示了钢件直径大小对于残余应力分布的影响。从图中看出，直径很小时，工件可以淬透，其应力分布呈组织应力型，随着直径的增大，内部便产生非淬硬区。因此，表面的残余拉应力则向压应力转变。即是说，如果增大直径，就由组织应力型转变为热应力型。图 3 – 19 就是 ϕ150mm 中碳钢喷水淬火残余应力曲线实测值。

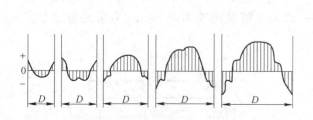

图 3 – 18　钢件直径对淬火残余应力
（轴向）分布的影响

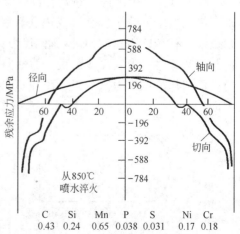

图 3 – 19　ϕ150mm，0.4%C 碳钢，
850℃喷火淬火时残余应力曲线

3.2.2 淬裂与残余应力的关系

无论何种类型的裂纹都是在拉应力作用下产生的。淬裂是由淬火残余应力引起的一种脆性破坏，是在钢表面和内部薄弱部位，淬火应力变成拉应力时引起的。所以在淬硬层浅或者强烈淬火而在表面形成压应力时，反而不易淬裂。由于这个道理，在热应力起主要作用的低碳钢中，几乎不会产生淬裂，而在相变应力起主要作用的高碳钢中，则存在淬裂问题。不过对于高碳钢来说，这也取决于马氏体本身的脆性。

一般说来，提高淬火温度就容易引起淬裂，这主要不是因为淬火应力，而是由于高温过热使马氏体粗大，性能变脆的缘故。除了材料原因之外，下面介绍淬裂与残余应力的一般关系。

3.2.2.1 小试样或淬透性好的中型细长工件

当这类工件完全淬透时，由于相变应力的作用，在试样表面产生拉应力，心部产生压应力。又由于圆柱体工件淬火后残余拉伸应力切向应力较大，因此，常常会引起如图 3 – 20 所示的纵向开裂。通常认为水淬对于直径为 $12 \sim 13mm$ 的细长件和油淬时直径为 $25 \sim 35mm$ 的细长件都容易发生这样的开裂。由于低碳钢

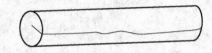

图 3 – 20　细长杆件的纵向开裂

不容易淬火，其应力分布属热应力型（表面应力是压应力），所以低碳钢几乎不产生这种裂纹。

3.2.2.2 表面淬火与非淬透性淬火

表面淬火时，表面部分因膨胀产生压缩应力，所以小型工件表面淬火后一般不易发生淬火裂纹。大型工件非淬透性淬火则热应力占优势，中心部产生残余拉伸应力，并且纵向拉伸应力最大，就易产生内部横向开裂（见图 3 –21）。

3.2.2.3 圆柱状工件或带有内孔的细长轴类工件

淬火时，这类工件（特别是高碳钢件）容易从内孔面产生淬裂（见图 3 – 22），特别在内孔面冷却效果较差，或内孔直径较小使内孔冷却不充分的情况下，容易产生这种裂纹。有人曾用 $0.3\% C$ 碳钢圆筒形试样进行水淬试验，并测定其残余应力，发现当内孔不冷却时，内表面残留很大的轴向、切向拉应力，而当内孔冷却或内外都冷却时，内表面却都是压应力。所以，防止这种裂纹的办法是用喷水或用其他方法充分冷却内表面。

开裂

（阴影部分表示断面）

图 3 –21　大型圆柱工件横向开裂

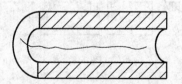

图 3 –22　内孔面的纵向淬裂

以上所述的工件形状都比较简单，表面各部分冷却情况基本相同，淬火引起的残余应

力是由于表面部分和中心部分冷却速度不
一致而产生的。实际上的工件往往比较复
杂,图3-23所示的尖角处、截面厚度突
变处、厚薄不均匀的部位淬裂危险特别大。
在凸尖角部位产生指甲形裂纹与周围裂纹,
这是凸出部分冷却快,在热应力的作用下,
淬硬与未淬硬区的交界处形成的拉伸应力

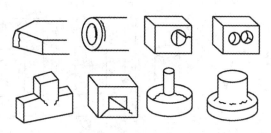

图3-23 有淬裂危险的形状及其裂纹状态

的缘故。在高频淬火中,磁力线集中在凸尖角部位,这时容易引起过热开裂。

由于凹尖角表面比其他部分冷却慢,在热应力的作用下会在凹角顶部形成拉应力。尤其是在凹角顶部圆角较小而发生应力集中的时候,就更容易引起淬裂。厚薄不均匀时,因厚壁部分与薄壁部分之间的组织应力差,会在薄壁部分引起拉应力而成为淬裂的原因。在截面厚度急变的部位,冷却较慢的大质量部分与冷却较快的小质量部分之间会产生热应力,从而在两部分的交界处形成拉应力,并成为淬裂的原因。

淬火裂纹的形状特征是裂纹简单、边缘整齐而又锐利。多数呈一字形、十字形或半圆形。

淬火所引起的残余应力一般在整个工件冷却到室温时为最大。因而淬火过程中就开裂的情况较少,多数是从整个工件得到相当的冷却或完全冷却时才发生。有时淬火后第二天或更长时间才发生开裂。淬裂多数发生在工件得到相当冷却时这一事实告诉我们,不使工件完全冷却或及时进行回火是防止淬裂的有效措施。

3.2.3 钢件热处理淬火裂纹的类型和特征

机械零件在热处理淬火过程中常因处理不当以及其他因素造成工件内部存在有强大的淬火应力,以致引起淬火裂纹。常见的淬火裂纹形式主要有纵向裂纹、横向裂纹和弧形裂纹、表面裂纹、剥离裂纹等。

3.2.3.1 纵向裂纹

由工件表面裂向心部的深度较大的裂纹(如图3-24(a)所示),其分布是沿着工件的纵向(或者随工件的形状而改变其方向),因而通常称作纵向裂纹。当工件的长度大于它的直径或厚度时,或者形状复杂的工件,都容易产生纵向裂纹。

生产实践表明,纵向裂纹往往发生在完全淬透的工件上,而且随着淬火温度的提高,形成这种裂纹的趋向也增大。在完全淬透时,工件的表面和中心都得到马氏体组织,硬度内外相接近。但工件的表面和中心的组织转变(即马氏体的形成)不是同时进行的。由于淬火时表面冷得快,先发生奥氏体向马氏体转变。待其转变已完成而形成了一个坚硬的马氏体外壳时,中心才进行奥氏体向马氏体的转变。因为马氏体的比容大而伴随有体积的膨胀,中心部分的这种膨胀使得表层受到向外胀大的拉应力作用,而中心则受到压应力的作用(见图3-24(a))。当表层的拉应力值达到或超过钢的强度或破断抗力时,便可能形成由表面裂向内部的纵向裂纹,这种纵向裂纹是淬火的切

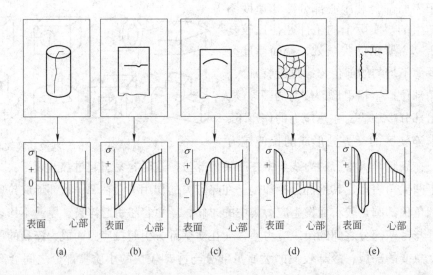

图 3 - 24　钢件热处理裂纹类型及残余应力分布

(a) 纵向裂纹；(b) 横向裂纹；(c) 弧形裂纹；(d) 表面裂纹；(e) 剥离裂纹

向应力引起的。

　　钢件的淬火残余应力有纵向的、切向的和径向的三种。一般说来，圆柱形工件淬火后，纵向残余应力最大，切向残余应力次之，径向应力则较小。那么在淬火后工件能否因轴向应力作用而产生横向裂纹呢？一般情况下小型细长工件产生横向裂纹的情况较少。只有在大型工件中才会形成横向内裂及横断，对于这一点，可以用轧材的性能具有方向性来解释。在工厂生产中，许多零件和工具往往是由轧材制作的，而轧材的纵向与横向具有不同的性能，横向的塑性、强度远远低于纵向。所以在同样的淬火应力，甚至切向应力略低于轴向应力时，也能够由于切向应力的作用使工件产生纵向裂纹。

　　纵向裂纹一般呈现深而长的特征，裂纹边缘齐整，犹如快刀切豆腐的痕迹，它在钢件上是沿纵向分布的。

3.2.3.2　横向裂纹和弧形裂纹

　　横向裂纹往往是大锻件热处理时常见的断裂形式之一，如图 3 -24(b) 所示。图 3 -25 是延伸机轧辊（材质 35CrMo，重 9t）淬火后产生的横向裂纹实照。图 3 -26 是直径 ϕ450mm 高炉齿条横向内裂纹断口。从断口上看出其断口有两个区域，中心区域 1 具有放射状裂痕，其裂源在中心。区域 2 在外圆呈环形，这部分是横向内裂发生后，在后来的热加工时，裂纹延伸至表面的断口。

　　横向内裂或断裂，从应力角度分析属于热应力型应力所引起的，它与后面要讨论的弧形裂纹属于同一类型。大型锻件中的这种缺陷与大锻件中心部位缺陷较多、强度较低有关。实践证明，在有白点或氢含量较高的大锻件中发生这种断裂的较多。

　　另外，有时在横向断裂的工件上看不出明显的破坏起点，就像刀子切的一样。这往往也是较脆材料在热应力作用下所引起的断裂。

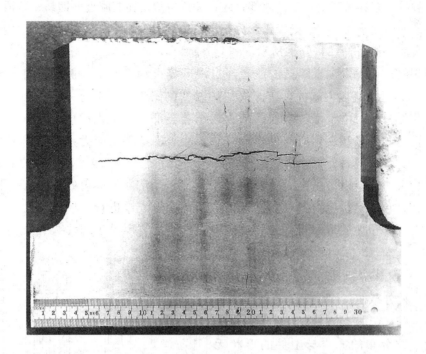

图 3-25 延伸机轧辊内的横向裂纹

图 3-26 50 钢齿条横向裂纹断口

弧形裂纹，它容易产生在工件内部，或在尖锐棱角及孔洞附近，即易于造成应力集中处。如工件的厚度不大，裂纹则以弧形分布在棱角附近的钢件内部。这种弧形裂纹有时还蔓到工件表面，如图 3-24（c）所示。

弧形裂纹往往发生在未淬透的或者经过渗碳淬火的工件上。例如，直径或厚度在 80~100mm 以上的高碳钢制件，在淬火加热温度偏低或冷却不充分时，往往易于产生这种弧形裂纹。这时由于工件表层的淬火组织与心部原始组织相比，具有较大的比容而膨胀。但这种膨胀却受到心部的牵制作用，故表层呈现压应力状态，内部则受拉应力的作用。其淬火应力分布的示意图如图 3-24（c）。弧形裂纹就产生在拉应力最大的峰值。弧形裂纹之所以易于在工件棱角处出现，主要是由于棱角处在淬火后具有体积拉应力。在这种三向拉应力的作用下，钢的塑性变形难以进行，故强大的内应力难于通过钢件的局部塑性变形而得到松弛。因而在这些地方容易出现淬火裂纹甚至出现刷边或掉角。

3.2.3.3 表面裂纹

这是一种分布在工件表面深度较小的裂纹，其深度有 0.01~2mm，有时也可能更深些。表面裂纹分布的方式与工件的形状无关，但与裂纹的深度有关。当裂纹的深度与工件尺寸相比非常小时，工件表面上形成细小的网状裂纹（见图 3-27（a））。当裂纹深度较大，如接近 1mm 或更大些时，表面裂纹不一定呈网状分布（见图 3-27（b）、（c）、（d））。

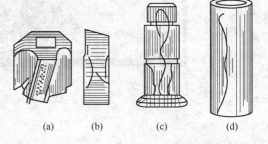

图 3-27 钢件的表面裂纹

（a）裂纹深度为 0.02mm；
（b）裂纹深度为 0.4~0.5mm；
（c）裂纹深度为 0.6~0.7mm；
（d）裂纹深度为 1.0~1.3mm 或更深

产生表面裂纹的工件，其应力分布往往是在工件不深的表层内出现拉应力，如图 3-24（d），并且具有拉应力表面的金属塑性又很小，即不容易发生塑性变形的情况下，则产生这种裂纹。

例如，发生表面脱碳的零件，淬火时表层的马氏体因含碳量较低，而且有较内层的马氏体较小的比容，所以在马氏体转变时，脱碳的表面受到拉应力的作用，这样当拉应力值达到或超过钢的破断抗力时，则在脱碳层深度内形成表面裂纹。

图 3-28 所示为 ϕ210mm，40Cr 柱塞，表面火焰淬火后的表面裂纹，其中箭头 1 处是两排火焰喷嘴接头处形成的表面裂纹，箭头 2 呈网状的表面裂纹是磨削裂纹。在裂纹处的金相观察发现，两排淬硬层中间存在一个未淬硬带，其宽度为 4~5mm，淬火裂纹发生在一边淬硬层内，其深度与淬硬层相等。根据资料介绍，在两淬火层之间有 1mm 的距离，残余应力就已达到很大的

图 3-28 火焰淬火引起的表面裂纹
1—淬火裂纹；2—磨削裂纹

数值。在个别情况下拉应力可达 374MPa，参见图 3 – 29。

图 3 – 30 是 60CrMo 轧辊（直径 $\phi760mm$，重量 11t）淬火后产生的表面龟裂实照。经金相检验，其裂纹深度 11mm 左右，与淬硬层深度基本相符。热处理加热温度 850～860℃，出炉后采用水—空—水间歇淬火，具体操作是：预冷 125s，水冷 12min，空冷 8min，水冷 5min，空冷 4min，水冷 3min，转油。分析产生龟裂的原因认为，水空冷却的间歇时间有些不妥。第一次水冷时间较长，表层已产生马氏体转变，由于工件较大，这时心部尚处高温状态，塑性较好。当将工件提出水空冷时，因空冷时间过长，内层的热量返到表面，将已转变的马氏体层加热膨胀。再入水冷却时，表面收缩产生拉应力，便在塑性较差的马氏体层形成表面裂纹。

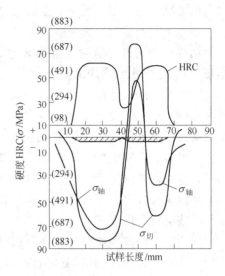

图 3 – 29　45 钢制 $\phi65mm$ 圆柱形试样表面上两淬火层衔接处的残余应力

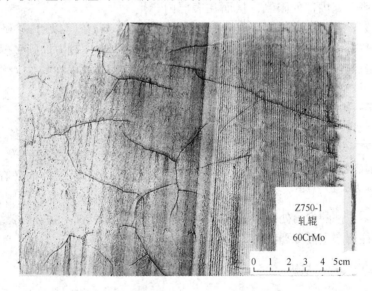

图 3 – 30　60CrMo 轧辊水—空淬火时的表面裂纹

3.2.3.4　剥离裂纹

表面淬火工件淬硬层的剥落以及化学热处理后沿扩散层出现的表面剥落均属于剥离裂纹（如图 3 – 24（e）所示）。钢件经渗碳后淬火时，渗碳层淬成马氏体，其内部过渡层可能得到屈氏体，心部则仍保持低碳钢的原始组织状态（铁素体＋珠光体）。由于马氏体的比容大而膨胀受到内部的牵制，使得马氏体层呈现压应力状态，则在接近马氏体层的极薄的过渡层内具有拉应力（见图 3 – 24（e））。例如，在铬镍渗碳钢中，在具有相同渗碳层结构条件下，这种应力值可达到 588.6MPa。剥离裂纹就产生在拉应力向压应力急剧过渡的极薄的区域内。一般情况下，裂纹潜伏在平行于工件表面的皮下，严重时造成表层剥落。

表面淬火的钢件，有时也能形成这种皮下裂纹，甚至形成沿工件整个圆周的皮下裂纹（或称脱圈现象）。有时剥离裂纹是在使用过程中发现。图 3－31 是外圆 $\phi900mm$，ZG55 天车行走轮在表面火焰淬火后形成的裂纹，该轮使用数天后发现大量裂纹，并有表面剥落，经金相观察表明，该轮的淬火裂纹贯穿整个淬透层，穿过淬透层之后，由于交界处径向拉应力的作用，裂纹末端在平行于表面的方向扩展。其发展结果，导致表面淬硬层剥落。

一般说来，剥离裂纹是分布在可以认为是两向均匀压应力作用下的极薄的结构区域内，因此可以做如下的分析。

钢件经渗碳淬火或表面淬火后，其表层所发生的比容变化，即体积膨胀，大于钢件的内部基体。因此表面层欲行膨胀受到内部的限制，从而在表层内产生

图 3－31　天车轮上的表面裂纹

了两向压应力（见图 3－32）。可以用 σ_z 和 σ_x 两个矢量表示（即 z 和 x 两轴向）；在 y 轴方向则显现拉应力 σ_y 的作用，而将发生拉伸变形。这样在拉应力作用下，在垂直于拉伸变形方向上产生了脆性裂纹，这种裂纹与表面平行，即所谓剥离裂纹或称皮下裂纹。

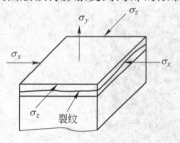

图 3－32　引起钢件表层剥离裂纹的两向压应力状态示意图

综上所述，由于工业用钢的品种很多，工件形状也甚复杂，因此产生裂纹的形式也不尽一样，归纳起来可分为以上四种类型。此外，由于工件内部存在缺陷（例如白点、缩孔残余等）在淬火应力的作用下也会开裂。

截面突变和复杂工件的尖角处，由于应力集中也会产生各种裂纹。除宏观裂纹之外，钢件在淬火后也往往会产生显微裂纹等。

3.2.4　防止淬火裂纹的措施

如前所述，发生淬裂的原因是由于淬火而产生的拉伸应力。因此，首先必须尽可能地降低残余拉应力。但是淬裂发生与否，还与承受该拉伸应力的材料强度有关。除发生横向开裂的大型工件外，一般淬裂发生在马氏体的局部处，因此，马氏体的强度是一个重要的问题。比如，淬火残余拉应力无论多么大，如果马氏体的强度大于该残余应力，则开裂就不会发生；反之，残余拉应力无论多么小，如果马氏体的强度比该应力还低，则开裂还是会发生的。因此，对于防止淬裂来说，在降低淬火残余拉力的同时，还必须提高马氏体的强度。

另外一个重要问题是因表面冷却不均匀而引起的淬裂的防止方法问题，对此也必须按上述原则加以考虑，在淬火前对工件的形状、表面状态、淬火介质等问题必须严加注意。

下面主要是以小型工件在淬透的情况下来讨论，至于淬不透的大型工件淬裂的预防在下面我们还要讨论。

3.2.4.1 减少由于组织应力而引起的残余拉应力

对于这个问题我们可以从两方面加以考虑：第一方面是在马氏体转变温度区域应尽量缓慢冷却。前面已讲过，表面和中心部分的温差越小，内外开始转变的时间越接近，则因组织应力引起的拉伸应力也就越小。为此可采用中断淬火法或等温淬火法。另外，随着终冷温度的降低，残余应力将继续增大，因此必须及时回火。回火不仅降低残余应力，而且还能提高马氏体的强度。第二方面是利用热应力引起的残余应力。前已讲过，热应力作用的结果是表面部分产生压应力，从奥氏体化温度到马氏体转变开始点（M_s）的冷却速度越大，压缩应力也越大，这对防止淬裂是有利的。尤其是对形状简单的零件特别有效。曾经有过水淬时开裂而盐水淬火时不开裂的实例的报道。

3.2.4.2 提高马氏体的强度

马氏体一般硬而脆，但含碳量低时出现相当的塑性。所以，为了防止淬裂有人建议使用含碳量低的钢淬火。另外，有实验表明，淬火加热时，随着奥氏体化温度的升高，马氏体的性能急剧下降，这样就容易引起淬裂。还有，淬火后的马氏体随着在室温下放置时间的延长而性能降低到一个极小值。从这个角度考虑，淬火后也应及时回火。

3.2.4.3 消除冷却的不均匀性

工件的形状与淬裂有十分密切的关系，形状简单的工件较不易淬裂，而形状复杂、设计不合理的工件比较容易淬裂。所以在设计时，对工件形状的考虑原则是，对凹角和凸角都要倒角。倒角在 R 为 5mm 时，其影响减少一半，倒角半径 R 为 15mm 时，其影响可基本消除。此外，应尽量避免截面的突变，如果可能的话，将工件分为两个以上，分别淬火，然后再装配起来。否则，可以把大小截面连接处的半径做得大一点，最好做成锥形。

以上讲到的是防止淬裂的几个原则，淬火时影响因素是很多的，只要我们对具体问题根据原则具体分析，采取措施后，淬裂是可以避免的。

3.2.5 大型锻件热处理过程中的内裂纹

前面我们所讨论的主要是小型工件的淬火裂纹，下面我们讨论发生在大型工件中的热处理裂纹，由于它多数存在于工件的内部，给工件的使用带来严重威胁，同时也给探伤工作者提出了检测的任务，为此我们将它单独加以讨论。

3.2.5.1 大型锻件热处理过程中的应力分析

A 大型锻件加热时的应力

大锻件由于截面较大，在热处理加热时表面和中心的温差也大，这就造成了表面与中心受热膨胀在时间上的差异。表面温度较高，热膨胀量大，心部温度较低，热膨胀量小，于是就产生了表面为压应力内部为拉应力的热应力。若锻件是处在弹性状态，这种应力是很大的，随着温度的升高，当内部温度已达 600℃ 以上，由于锻件进入塑性状态，这种应力便得到松弛而减小。因此，锻件心部在未进入塑性状态之前，快速加热是引起内部开裂的重要原因之一。目前，大锻件热处理的加热工艺多采用阶梯加热，即在达到加热温度之前，采用一个或两个中间保温，以减小锻件未进入塑性状态以前的内外温差。图 3 - 33 是直径 700mm 35CrMo 钢的阶梯加热曲线，它采用 600 ~ 650℃ 的中间保温。从图中看出，在加热过程中两次出现锻件表面和心部的最大温差。第一次最大温差出现在 600℃ 以下，这时心部温度约 300 ~ 400℃，仍处于弹性状态。由于温差而产生的拉应力有可能在锻件心部形成裂纹或沿心部的某种缺陷形成开裂。所以必须慎重对待中间保温以前出现的最大温差和升温速度，至于中间保温以后出现的第二个最大温差，如前所述由于整个锻件已处于塑性状态，热应力引起裂纹的可能性则

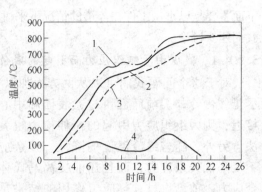

图 3 - 33　直径 700mm 35CrMo 钢
阶梯加热曲线
1—炉温；2—工件表面温度；
3—工件中心温度；4—表心温度差

很小。因此大锻件在中间保温以前，一般要控制升温速度在 30 ~ 70℃/h。

　　锻件保温后继续加热过程中，要发生组织转变，虽然转变前后相的比容不同以及内外层组织转变先后有别、也会产生应力，但这时锻件已处于塑性状态，不致产生裂纹和开裂。

　　应该强调，随着钢中碳及合金元素含量的增加，钢的导热系数下降。表 3 - 3 列出了几种不同钢的导热系数。不难看出，合金含量越高导热系数越小，在相同的升温速度下内外温差越大。因此，合金钢锻件加热时，升温速度的控制尤为重要。

表 3 - 3　几种钢的导热系数

钢　种	元素含量	导热系数/$W \cdot m^{-1} \cdot K^{-1}$
碳钢	0.93C	44.801
低铬钢	0.65Cr；0.78C	38.520
高速钢	18—4—1	26.797

B　大锻件冷却时的应力及残余应力

　　大型锻件除了我们前面讲到的热应力和组织应力外，它的淬火应力有如下特点。大型锻件截面较大，淬火冷却时造成的内外温差也大，因此残余应力也很大。此外，大锻件不容易完全淬透，往往只淬透一定深度的表层，这样就产生了沿截面上组织比容不同引起的应力。表 3 - 4 列出了我们曾解剖分析过的大锻件淬火组织分布情况。从表中看出，完全淬为马氏体的层深离表面不过 10mm 左右。

表 3 - 4　大型锻件淬火组织分布情况

材质名称	工件直径/mm	热处理情况	淬火组织分布（距表距离/mm）		
			全马氏体层	半马氏体层	马氏体消失
40Cr 叉头	φ650	850℃ 油淬	10.5	15	25
40CrMnMo 连接轴	φ818	850℃ 油淬	10	30	50
			贝氏体出现：10	78	160

材质名称	工件直径/mm	热处理情况	淬火组织分布（距表面距离/mm）		
			全马氏体层	半马氏体层	马氏体消失
45钢柱塞	φ580	860℃水淬	8		
40Cr齿轴	φ760	840℃水淬油冷			28
50Mn2齿轴	φ310	830℃水淬油冷			25~30

由于转变组织的比容不同（表面组织比容大于心部组织比容）以及随后冷却过程中残余奥氏体的分解，因而增大了表面的压应力和心部的拉应力。资料介绍了淬透层深度对热处理残余应力的影响，如前所述，在淬不透的情况下，内应力的分布是热应力型的。表面淬透层是压应力，心部是拉应力。当淬透层减小，心部增大的时候，表面压应力区的范围减小，数值增大，而当淬透层很深，心部很小时，心部拉应力区的范围很小，数值很大。

由以上的应力分析可知，大型锻件淬火时，由表面引起的由外向里开裂较少，而多为由里向外引起的内裂及开裂。

C 回火时残余应力的变化

一般说来，回火可消除热处理残余应力。资料报道了不同回火温度对淬火应力消除的程度。在400℃回火后能使淬火残余应力减少到1/3；500℃回火则减少到1/5以下；600℃的回火则能基本上完全消除淬火的残余应力。

但是，回火加热时的升温速度还是要十分注意，因为升温时，锻件内外温差可加大残余应力，从而使心部产生更大的拉应力。

许多资料都介绍，淬火后及时回火可以避免大锻件开裂。生产实践也证明，及时回火是防止淬火裂纹和开裂的有效措施。

3.2.5.2 大型工件热应力型内裂及开裂实例分析

A 观察断口是分析淬裂的重要步骤

工件淬裂，除分析工件的材质、热处理工艺及操作有无异常外，首先应观察断口。一般说来，断口有光滑断口和不光滑断口两种类型。疲劳断口属于前一种，它是在力的多次（一般为$10^3 \sim 10^7$次）作用下产生的。断口有疲劳区和瞬断区两部分。淬裂断口是不光滑断口，属于突发型。在观察断口时，首先找裂纹源，即裂纹的"基点"或"核"，找出这个基点也是很重要的，基点乃是裂纹的病根。要找出基点首先应确定它是属于冲击型的还是疲劳型的。冲击型断口的放射状裂痕的"收敛点"和疲劳型断口中"年轮"的中心点是裂纹的核，如图3-34所示。其次是观察断口的颜色，水淬或油淬时产生的暴露表面的

图3-34 光滑断口和不光滑断口
（a）光滑断口；（b）不光滑断口

裂纹断口往往因附着水或油，回火后变黑。在回火过程中产生的裂纹，因回火温度不同其断口颜色不同，300~400℃是蓝色；500~600℃为紫灰色；常温下产生的断口是白亮的。

另外，在分析淬裂原因时，辨别正常无缺陷断口与有缺陷断口是非常重要的。因为在淬火开裂的断口中，有严重缺陷的占比例不小。例如，白点常引起淬裂，顺白点纵向开裂时，断口上能见到椭圆形的白色斑点，垂直白点裂纹方向开裂时，断口上常见到许多小裂纹，在裂纹两侧断口有突跳，有时呈"鸭嘴形"。缩孔残余多在锻件的冒口端引起纵向开裂，在断口中心部有明显的区别于纤维状断口的形态。起源于夹渣的断裂，断口上往往有颜色差别，夹渣处呈黑色或灰色。锻件中有内裂或夹渣裂纹时，有缺陷的位置要出现凸凹不平的断口。

B 打包机柱塞淬裂分析

打包机柱塞是45钢锻件，单重7t；调质处理工艺见图3-35。工件形状及淬裂位置见图3-36。淬火时用天车吊着工件上下窜动，入水10min时，由于天车停电而停窜，停窜后2min听到裂响。10min后天车修好，又开始窜动，接着又停电两次。在第二次停窜时又听到一次裂响。水淬共70min，出水后听到第三次裂响，但未发现工件裂纹，误认为是吊具产生淬裂，继续进行回火。在回火后发现如图3-36所示的表面裂纹。

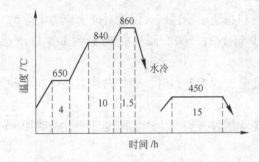

图 3-35 45 钢柱塞热处理工艺

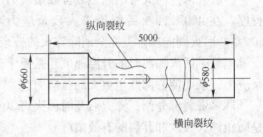

图 3-36 45 钢柱塞尺寸及淬裂位置

初步分析判定，表面的裂纹是内裂延至表面，在横裂纹处经轻轻一撞就断成两截，断口见图3-37。断口呈纤维状，明显分4个区域。区域1是第一次裂响形成的内裂，未暴露表面，放射状裂痕起源于心部；区域2则从第一次裂纹的边缘作为许多新的裂源起点，形成松针状裂痕；同样道理形成了区域3；区域4是刚撞断的新断口。区域1、2中靠表面有一部分断口颜色为黑色，是由于水淬时第二次裂响后，内裂延至表面，淬火水渗入，回火后变黑所致。除区域4以外，其余部位都是灰蓝色，它是未沾染的断口在400~500℃时回火颜色。区域4白色系新鲜断口。

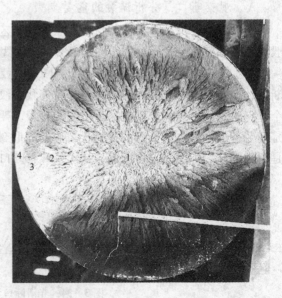

图 3-37 45 钢柱塞断口

超声波探伤鉴定，纵向裂纹穿过中心盲孔一直延伸至横向断裂处为止。热处理以前原材料也已作过探伤，除个别区域有小块心部夹渣外，未见一般锻件中的不允许缺陷。

综上所述，造成纵向及横向断裂的根本原因是，锻件在热处理淬火过程中，应力的分布是表面淬硬层部分受压，心部受拉（包括轴向与切向）。当天车停电、停窜时，盲孔内得不到急冷，加大了内部的拉应力，当这种应力的数值超过材料心部的强度时，便产生内裂纹。由于裂纹尖端应力集中，在拉应力作用下迅速扩展，很快形成断裂。

应该指出，由于表面淬硬层内存在较大的压应力，许多情况下，内裂纹难于延伸表面，从而对零件的使用造成严重威胁。图 3-38 是劳特轧机上使用的大型轧辊，初上机就断裂的断口照片。断辊发生时操作正常，安全销未断。经分析，该辊

图 3-38 劳特轧机上轧辊断口

在表面淬火后由于残余应力过大，在上轧机前已存在内部横裂纹，断口上心部的放射状裂痕就是有力的证据。

预防大型工件的淬火开裂也要从减少热处理应力及提高材料强度两方面入手。大家知道，大型工件中难免存在一定数量的缺陷，只要不是属于标准中规定的不允许缺陷，就应该采取措施，避免由于热处理淬火引起开裂，我们在热处理 40Cr 主减速机大轴（$\phi750\text{mm} \times 4300\text{mm}$）时，由于采取了减小热处理应力的措施，取得了满意的效果。该件重 10t，在热处理前的超声波探伤中发现有较严重的缺陷反射波，1.25MC 探伤缺陷对底波影响很大，并且缺陷有一定的方向性，可能是夹渣在锻造中打扁所致。考虑到探伤中发现该件晶粒粗大，调质热处理前，先进行一次正火，以细化晶粒，减少锻件的不均匀性，提高材料强度。对装炉温度和升温速度都做了严格规定，并且在 450℃、650℃ 安排了两次中间保温，淬火以后及时回火，并控制了回火时的升温速度，从而避免了淬火开裂。

3.3 锻造裂纹

因锻造（或轧制）工艺不当或在锻造生产过程中产生的裂纹都列入锻造裂纹范围内，下面就主要的几种作简要的介绍。

3.3.1 内部裂纹

3.3.1.1 锻造不当引起的内部裂纹

因锻造方法不当在锻件内部引起的裂纹容易产生在加热温度过低、一次变形量过大以及加工过程中工件截面形状不当等情况。图 3-39 表示加工过程中截面形状不当时内裂的形成机理。由方料自由锻造成圆棒时，如果采用图 3-39（a）那样的方法锻造，不会引起内裂，但若用图 3-39（b）所示的方法锻造，就会在钢材内部引起剪切应力而导致内

裂。由于这个原因，内裂大多出现在自由锻中，在轧材中几乎不会产生这种缺陷。图3-40是钢材中产生内裂的一个实例。

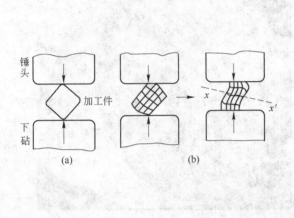

图3-39 自由锻造内裂形成机理　　　　图3-40 锻件心部的锻造裂纹
（a）正确；（b）不正确

3.3.1.2 内应力引起的内部裂纹

这种裂纹主要产生在高碳钢或高合金钢的钢锭加热时，其特征是在锭或坯内部形成横向裂纹或纵向裂纹。它是由于钢锭加热较快时，表面和中心之间存在较大的温差，表面的热膨胀大于中心的热膨胀，中心部分形成较大的拉应力引起的。通常人们把这种因受热不均而产生的应力叫做热应力。在热应力和坯料中原有残余应力的共同作用下，纵向拉应力可能导致内部横裂（参看图3-25），切向拉应力可能在钢中形成纵裂，为了预防这种裂纹的产生，应尽量减小钢锭中的残余应力和适当控制加热时的升温速度。

3.3.1.3 缩孔残余引起的内裂纹

它是锭模设计不合理，浇注过程中控制不当，缩孔不是集中在冒口部位，锻造时引起裂纹，或者由于锻造时冒口切除不足，致使缩孔或二次缩孔残留在工件上形成裂纹（参看图1-18）。预防的办法是改进锭模设计和浇注工艺使缩孔集中在冒口处。

3.3.2 其他形式的裂纹

3.3.2.1 炸裂

炸裂又叫碎裂（见图3-41（a））。它是由于错误地采用快速加热，或因冷却不当残余应力过高引起的。

3.3.2.2 烧裂

烧裂主要是钢锭在加热时由于温度过高或在高温时停留时间过长发生过烧造成的。

烧裂有的呈横向，也有的呈纵向。轻的呈短浅小裂缝，严重的呈粗大裂口（见图3-41（b）），烧裂处肉眼可看到粗大晶粒，在显微镜下可看到晶界被氧化，钢中含硫较高会

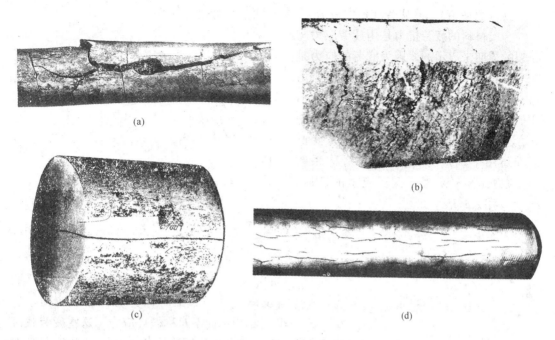

图 3 - 41　锻轧过程中出现的几种裂纹
(a) 炸裂；(b) 烧裂；(c) 纵裂；(d) 表面裂纹

促使烧裂发展。

3.3.2.3　纵裂

纵裂是圆钢或钢坯表面呈纵向的裂开（见图 3 - 41 (c)）。它是由于热加工后冷却不当或冷却过快，产生较大的内应力（主要是组织应力）造成的。一般多发生在高碳钢或高合金钢中，如工具钢、不锈钢或马氏体类钢。

3.3.2.4　表面裂纹

它是在钢材表面出现的短细的纵向裂纹（见图 3 - 41 (d)）。主要是由于轧制后冷却不当，没有及时退火处理，经酸洗或磁粉探伤后出现断续的细小裂纹。它多发生在高碳钢和高合金钢中。

3.4　疲劳裂纹

3.4.1　疲劳裂纹的概念

金属构件在变动载荷作用下，经过一定周期后所发生的断裂称为疲劳断裂。

疲劳断裂在所有的金属构件断裂中占主要地位，有人曾作过统计，在所有的实物损坏中疲劳断裂的比例高达 90%。疲劳断裂的方式是多种多样的，根据变动载荷的方式可分为拉压疲劳、弯曲疲劳、扭转疲劳、冲击疲劳及复合疲劳等几种。若按循环应力的频率来区分，疲劳又可分为低频疲劳、中频疲劳及高频疲劳。也有按疲劳断裂的总周次来划分的，当断裂的总周次在 10^4 以下时称为低周疲劳，这种疲劳是目前研究得最多的一种；当断裂的总周次大于 10^5 时称为高周疲劳。根据金属构件运行的环境条件，疲劳又可分为热疲劳（高温疲劳）、冷疲劳（低温疲劳）、冷热疲劳及腐蚀疲劳等。

金属材料的疲劳抗力是用疲劳应力与断裂的周期来表示的。因为疲劳的应力是随时间的变化而变化的，所以常用应力谱——应力随时间变化的曲线（与载荷谱相似）来表示，如图 3-42 所示。图中 σ_{max} 是最大应力，σ_{min} 是最小应力。除此以外还用平均应力 σ_m 及应力对称系数（或应力比）γ 来表示循环应力的性质。σ_m 及 γ 用公式表示如下：

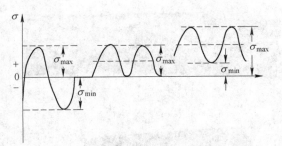

图 3-42 疲劳应力随时间变化的曲线

$$\sigma_m = \frac{\sigma_{min} + \sigma_{max}}{2} \tag{3-3}$$

$$\gamma = \frac{\sigma_{min}}{\sigma_{max}} \tag{3-4}$$

当 $\sigma_m = 0$，$\gamma = -1$ 时称为对称循环应力。当 $\sigma_{min} = 0$ 时称为单向不对称循环应力。这些疲劳载荷确定以后，把各种不同应力值 σ 所对应的疲劳断裂周次 N 列成表，制作 $\sigma - N$ 曲线，这曲线称为疲劳曲线，如图 3-43 所示。图中 A、B、C 三条疲劳曲线表示三种不同类型的材料疲劳断裂特性。A 曲线是材料具有较高的强度，疲劳寿命较长；B 曲线是材料强度较低，疲劳寿命也较低；C 曲线是随着疲劳应力的变化，断裂周次也发生急剧的变化，曲线没有水平部分。对于曲线 A 和曲线 B，当应力低于某一值时，出现水平段，即试样在连续循环应力作

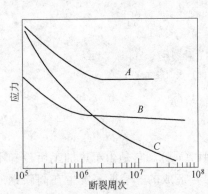

图 3-43 疲劳曲线示意图

用下不发生断裂，这个循环应力值称为金属材料的疲劳极限。应用光滑试样得到的对称弯曲疲劳极限用 σ_{-1} 表示；而带有缺口试样得到的对称弯曲疲劳极限用 σ_{-1H} 表示；光滑及带缺口试样的对称循环扭转疲劳极限用 τ_{-1} 和 τ_{-1H} 表示。一般钢铁材料在大气中的 $\sigma - N$ 曲线都具有水平部分，这水平直线的拐点通常在 10^7 周次左右。在大气中当 $N > 10^7$ 周次不发生断裂时，试样就不再发生断裂。所以在大气疲劳试验中，以 10^7 周次为实验基数，这基数所对应的应力值可用来确定疲劳极限。但对于有色金属和某些高强度钢，循环周次超过 10^7 周次后仍要发生断裂，$\sigma - N$ 曲线没有水平部分。在这种情况下常应用"有限周次疲劳强度"或"条件疲劳强度"来表示材料对疲劳断裂的抗力。

人们发现，金属材料的疲劳断裂抗力除决定材料本身的性能外，还与金属构件的运行条件有关，特别是腐蚀介质和温度对其影响较大。

3.4.2 疲劳断口的宏观特征及疲劳裂纹的形态

3.4.2.1 疲劳断口的宏观特征

图 3-44 是几种不同的疲劳断口，其中图 3-44（a）是扭转疲劳断口；图 3-44

（b）是弯曲疲劳断口；图 3-44（c）是蒸汽锤活塞杆拉—压疲劳断口。

金属构件疲劳断裂的断口从宏观上一般可分为三个区域：疲劳裂纹的起源区、疲劳裂纹的扩展区及最后的突断区。

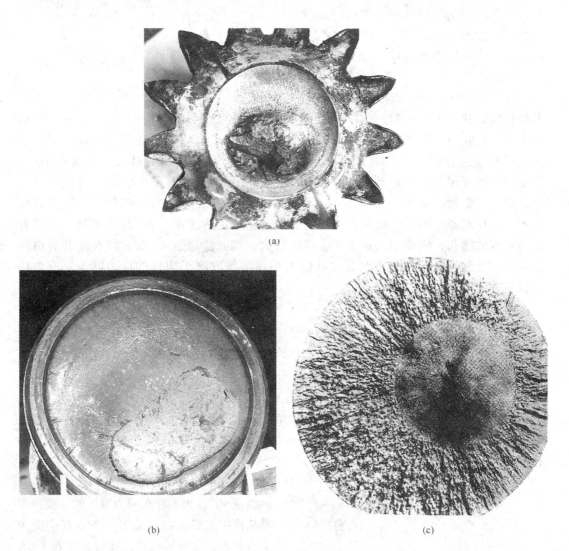

（a）

（b）　　　　　　　　　　　　　　（c）

图 3-44　常见的疲劳断口形式

（a）齿轮轴的扭转疲劳断口；（b）托轮轴的弯曲疲劳断口；（c）活塞杆的拉—压疲劳断口

A　疲劳裂纹的起源区

疲劳裂纹的起源区即疲劳裂纹的孕育区。这个区域在整个疲劳断面中所占的比例很小，通常就是指断面上放射源的中心点或贝壳线的曲率中心点。这些疲劳源常在金属构件的表面，因为构件表面常存在台阶、刀痕、缺口、夹杂等缺陷。但是当构件的心部或亚表面存在有较大的缺陷时，断裂也可以从构件的内部开始（见图 3-44（c））。疲劳源多数是点疲劳源，它可以是一个、两个或者更多；有时也会出现线疲劳源，它们的断口形态如

图 3 – 45 所示。图 3 – 44（a）、图 3 – 44（b）都属于线疲劳源。

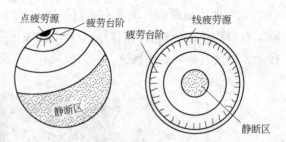

图 3 – 45 点疲劳源与线疲劳源示意图

B 疲劳裂纹的扩展区

疲劳裂纹的扩展区是疲劳断口上最重要的特征区域。它可以是光滑的，也可以是瓷状的；可以有贝壳线，也可以不出现；可以是晶粒状的，也可以是撕裂脊状等，这与构件所受的应力状态、应力幅度及构件的形状有关。当 $kI_{max} > kI_c > kI_{min}$ 时，可以出现撕裂脊；当 $kI_{max} > kI_{scc}$ 时，可以出现晶粒状断口；当频率 f 高时可出现平断口，当 f 低时可以出现撕裂状断口。当然也可以出现混合断口。其中 kI_{max}、kI_{min}、kI_c 分别为裂纹尖端的最大应力强度因子、最小应力强度因子、材料的临界强度因子。当疲劳载荷中有压应力时，可使已开裂的断面互相摩擦而发亮，当构件在运行过程中有停机或开机的动作时可以有贝壳线出现。当反复载荷的应力幅一定时，疲劳裂纹以一定的速度（da/dn）扩展，而随着疲劳裂纹的增长，应力幅（σ_{max}）也逐渐增大，当 σ_{max} 趋近 σ_b 时，构件的开裂由疲劳裂纹过渡到过载开裂，疲劳裂纹区的大小和形状取决于构件的应力状态、应力幅度及构件的形状。

C 突断区

突断区又叫快速静断区。它是当疲劳裂纹扩展到一定程度时，构件的有效截面积承受不了当时的 σ_{max} 而发生快速断裂形成的。它的特征虽受应力形式的不同而有所变化，但多数都是表面粗糙不平的纤维状断口。

3.4.2.2　几种常见载荷下疲劳裂纹的形态

机械工程中常见的疲劳载荷类型有交变单向弯曲、交变双向弯曲、旋转弯曲、交变拉伸压缩、交变扭转载荷、接触疲劳、振动疲劳和热疲劳等负荷方式，下面仅就主要的几种作一介绍。

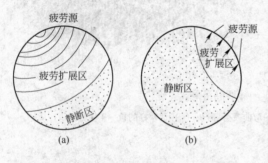

图 3 – 46 交变单向弯曲疲劳断口示意图
（a）低应力作用下；（b）高应力作用下

交变单向弯曲的疲劳断口，一般与其轴线成 90°。当不存在应力集中时，疲劳源是从拉应力最大的一边开始的。在高应力下疲劳断口宏观形态是，疲劳源有若干个，裂缝扩展不深，疲劳线比受交变拉应力要偏得多。低应力与高应力疲劳断口宏观形态不同之点在于疲劳断面区域大，疲劳弧带更为平直，疲劳源一般只有一个（见图 3 – 46）。

交变双向弯曲疲劳断口，在高应力下其形态与交变单向弯曲的区别在于疲劳源从相对应的两边开始，同时向内扩展；在低应力作用下，第二疲劳源与第一疲劳源一般不会同时形成，所以两个裂缝深度相差较大（见图 3 – 47）。

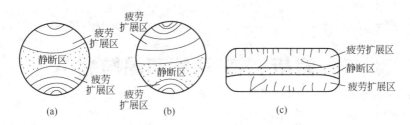

图 3-47 交变双向弯曲疲劳断口示意图

（a）轴件高应力作用下；（b）轴件低应力作用下；（c）板件高应力作用下

当轴件承受旋转弯曲载荷时，如载荷不大（或只有一个应力集中点时），疲劳源一般只从一点开始，但由于在疲劳裂缝扩展过程中，轴还在旋转，并且载荷是向轴旋转方向移动，疲劳裂缝前沿顺载荷移动方向扩展快，逆载荷移动方向扩展慢，所以扩展速率很不一致。但当旋转轴的弯矩很大时，则可能在轴的周围上产生多处疲劳源（见图 3-48）。

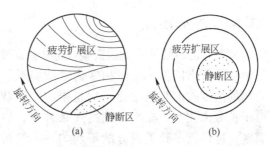

图 3-48 轴的旋转弯曲疲劳断口示意图

（a）载荷不大时；（b）载荷很大时

当零件承受交变拉—压载荷时，其应力分布与弯矩作用下的应力分布不同。如不考虑应力集中因素时，前者在横截面上的应力分布是均匀的；后者的应力分布与距弯曲中性轴的距离成正比。因此在轴向交变拉压载荷作用下，疲劳在内部缺陷处生核的可能性比交变弯曲载荷时大。这种疲劳弧带呈圆形分布（图 3-44（c））。当然在轴向拉压交变载荷作用下，也可能在零件的表面生核，特别是在有腐蚀介质中工作的零件，这时的疲劳断口，由表面不同位置生核的疲劳断裂区可能直接相连，如图 3-49 所示。

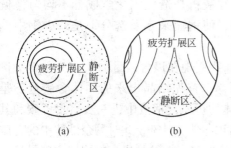

图 3-49 拉压疲劳断口示意图

（a）疲劳裂纹在内部生核；

（b）疲劳裂纹在表面生核

轴在交变扭转载荷作用下，可能产生棘轮状花样断口或锯齿形花样断口，前者一般是在单向交变扭转应力作用下，在圆周的多处产生疲劳裂缝，裂缝沿交变拉应力最大的 45°方向扩展，当裂缝扩展到一定程度，最后连接部分断裂，而形成棘轮状花样断口。锯齿形花样一般是在双向扭转应力作用下形成的，它是裂缝沿 +45°和 -45°两个倾斜方向扩展的结果。

疲劳断裂是工程中最常见的破坏类型，它在整个工程断裂事故中占相当大的比例，因此疲劳裂纹的检验就十分重要。存在于表面的疲劳裂纹可以用磁粉探伤等表面探伤方法检查它的有无，但对于存在于零件内部和孔腔内壁的疲劳裂纹，以及测量疲劳裂纹的深度，超声波探伤有其独特的优点。

4　偏析、夹杂物和晶粒粗大

4.1　偏析

4.1.1　钢的选分结晶

大家知道，某种成分的铁碳合金从液态变为固态，温度下降到液相线以下时，液体中开始结晶析出固相，在两相区内继续降温，已析出的固相的成分按固相线变化，剩余液相的浓度按液相线变化。这是指在平衡状态降温极其缓慢的情况下，固相的成分靠原子扩散来改变。在实际的冷速条件下，原子尚来不及充分扩散，固态已降至较低的温度，这样就导致了成分的不均匀性，先析出的固态合金含碳量低，后析出的固态合金含碳量高，这种现象叫做选分结晶。钢中除了铁与碳之外，还有硅、锰、硫、磷等元素和其他杂质，由于选分结晶的原因，后结晶的钢液熔点较低，往往富集有合金元素及较多的杂质，这种现象称作液析。选分结晶和液析是造成钢化学成分不均匀（偏析）的重要原因之一。以较大的过冷度迅速结晶，使钢液来不及选分，是减少钢中偏析的重要方法之一。

图 4-1 是铁—碳合金状态图左上角的一部分。我们现在以含碳量为 0.65% 的钢为例来讨论它的结晶情况。钢液在 1480℃ 左右开始结晶，首先结晶出来的固体含碳量不是 0.65%，而仅为 0.2% 左右。由于含碳量 0.2% 固体的析出，钢液中进一步富集了碳和其他元素。当温度降到 1450℃ 时，结晶出来的固体含碳量为 0.4%，此时剩余液体中的含碳量已增加到 1.0% 左右。温度降至 1410℃ 左右结晶将近结束，结晶出来的固态含碳量接近 0.65%，而剩余液相的含碳量高达 1.5%。

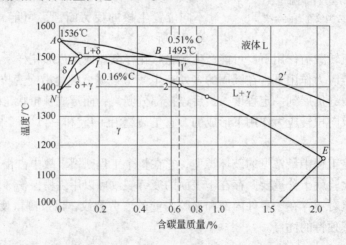

图 4-1　铁—碳合金状态图（左上角部分）

4.1.2　镇静钢铸锭纵剖面上的偏析

将一个上大下小的镇静钢锭沿轴心纵向切开，抛光，进行硫印试验，我们会发现有三个明显的偏析带：在缩孔以下有"V"形偏析带；在钢锭上部"V"形偏析带外侧有"Λ"形偏析带；在钢锭下部的中心有锥形偏析带。前两种偏析处元素的成分大于原始钢水的平均成分，称作正偏析。第三种偏析处元素的成分小于原始钢水的平均成分，称作负偏析（见图4-2）。

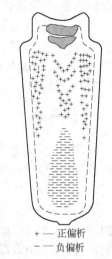

+ —— 正偏析
- —— 负偏析

图4-2　镇静钢锭的偏析示意图

镇静钢锭的偏析分布为什么会出现上述规律性呢？这主要是由于钢的选分结晶所造成的密度不同所引起的。钢锭表面的激冷层部分成分没有偏析是因为冷却速度过大，钢水来不及选分结晶就凝固了。边缘细等轴晶带的化学成分基本上等于钢的平均成分。

在柱状晶结晶期间，随着柱状晶的生长，先结晶的晶体较纯（即含偏析元素较少），而把偏析元素磷、硫、碳等排挤到结晶前沿的钢水中，这部分钢水由于含磷、硫较多，相对来说密度较小，所以沿结晶面缓缓上升，在这同时柱状晶还在不断发展，由于钢液黏度的增加，这些偏析物往往来不及完全上升到钢锭上部冒口，而形成了条状带的"Λ"形正偏析。

当柱状晶结晶接近结束前后，锭芯部分也开始结晶，先结晶出来的一些独立的小晶体，在锭芯整个体积内出现了。由于这部分先结晶的晶体含杂质较少，所以密度较大，向钢锭底部沉积，就形成底部的负偏析。因为在沉积的过程中，钢锭同时由外往里凝固就形成了一个下大上小的锥形体。下降的晶体排挤着下部的钢水，使其沿钢锭四周壁的结晶前沿载运着偏析物向上流动，也促进了"V"形偏析的形成。

钢锭上部是最后凝固的部分，聚集着较多的杂质，由于钢锭的凝固收缩，含杂质较多的钢液沿凝固的"V"形表面往下补缩，所以形成了"V"形正偏析。

有时候在镇静钢的头部发现有较高的碳、硅、铝含量，尾部有增碳现象，这与结晶时的偏析不是一回事，而是由于浇注中加的石墨渣料和加在钢锭头部的发热材料被卷入钢锭相应部位造成的。

4.1.3　方框形偏析

在钢坯和锻件上取横向试片进行酸蚀，可以看到腐蚀较深，由密集的暗色小点所组成的偏析带，其形状与锭模形状有关，因多数锭模是方形的，所以称作方框形偏析，也叫锭型偏析。在钢坯或锻件上因锻轧时变形，"方框"也可能稍有变化。方框形的框经常出现在钢材横截面边长或半径的1/2处，但偶尔也会出现在靠近边缘或中心，有时还可能出现多层框，它在纵向截面上的形态就是沿轧制方向的流线。

偏析带中的易腐蚀点反映在这里的碳、硫、磷较基体高，而和基体颜色不同的小点则反映了其他元素含量和基体的差别。

方框形偏析属于允许缺陷，有一定的合格级别。通常根据方框受蚀的深度，孔洞的连续性和方框的宽窄来评定级别。孔洞密排连续成线，对钢的使用性能影响较大，评级时级别应高；孔洞排列松散，方框较宽，偏析是逐渐过渡的，对钢的性能影响较小，级别应低。

　　方框形偏析的成因目前尚不十分清楚。由于它处于柱状晶区与等轴晶区的交接处，含有相当数量的偏析物（如硫化物与硅酸盐），因此有人认为钢坯或锻件上的方框形偏析（或锭型偏析）是由原始钢锭上的"V"和"Λ"形偏析所引起的。图 4 - 3 是方框形偏析的照片。

4.1.4　点状偏析

　　点状偏析在热酸腐蚀横向试样上呈暗黑色的斑点。斑点一般较大，并随钢中含气量的不同，大体可分三种：第一种是形状不规则的点；第二种为颜色比基体稍深，略为凹陷的，椭圆形、瓜子形或圆形的点；第三种是在第二种的基础上又加上未焊合的气泡。由于结晶条件的不同，点的分布可以是断续的方框形、十字形或同心圆形。在热酸腐蚀纵向试片上，点状偏析是沿压延方向延伸的暗黑色条带。

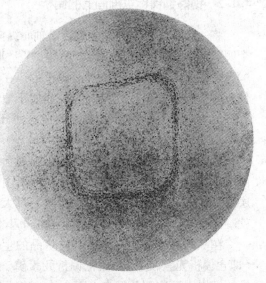

图 4 - 3　结构钢低倍组织缺陷金相评级图
（锭型偏析：3 级）

　　根据点状偏析在断面上存在部位，分为一般点状偏析和边缘点状偏析两种。前者在试样上呈不规律分布，后者大致顺着试样各周边分布并距表皮有一定距离。

　　关于点状偏析的成因目前分歧较大，主要有以下几种看法：

　　（1）点状偏析与方框形偏析有联系，成因类似。因为一般说来，点状偏析多出现在钢锭上部、中部，从上而下逐渐减轻，而方框形偏析多在钢锭中部出现，从上而下逐渐严重。到钢锭中、下部时，点状偏析基本消失，只有方框形偏析。在锭尾两者都不存在。

　　（2）点状偏析与气泡伴生。有人认为偏析元素会附集在钢锭凝固时产生的气泡上，或进入其中，气泡在压延时被压扁或部分焊合，而偏析物形成点状偏析。

　　（3）点状偏析是被分割在枝晶间的偏析物。钢锭凝固时，粗大的树枝晶间集中了较多偏析物，在钢水黏度大的情况下，枝晶间的偏析物来不及与未凝母液均匀成分，被迅速成长的枝晶分隔，保留下来形成点状偏析。

　　（4）还有人认为夹杂（尤其是含氧化铝高的夹杂）本身能吸附杂质，也是造成点状偏析的一个可能原因。

　　点状偏析属于允许存在的缺陷，有一定的合格级别。评级时主要根据点的大小、多少和密度，并适当考虑斑点的颜色。图 4 - 4 是钢中的点状偏析照片。

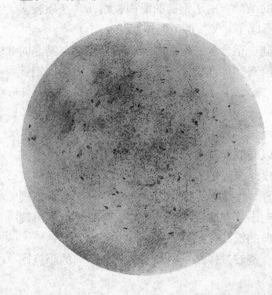

图 4 - 4　结构钢低倍组织缺陷金相评级图
（一般点状偏析：3 级）

4.2 夹杂物、夹渣

钢中的夹杂物从大的方面可分为非金属
夹杂物和异性金属夹渣，其中常见的是非金属夹杂物。非金属夹杂物按其来源又可分为内
在夹杂（其尺寸较小）和外来夹杂（其尺寸较大），通常人们又把外来夹杂叫做夹渣。

钢中的夹杂物破坏了钢的连续性，它们在钢中的形态、含量和分布情况都不同程度地
影响着钢的各种性能，机械零件在使用过程中，夹杂物也常常成为疲劳破断的起源。近年
来随着真空技术的发展和应用，钢中气体有了大幅度地减少，夹杂物越来越成为影响钢材
质量的主要因素。为了提高质量并使探伤工作者对夹杂物的形态特征及分布规律有所了
解，下面我们对夹杂物的成因、评定方法及在钢中的分布规律作简要介绍。

4.2.1 非金属夹杂物的来源

前已述及，夹杂物的来源大体可以分为两大类：一类为内在夹杂物，这类夹杂物产生
的原因很多，例如用硅或铝脱氧后，在金属内形成了氧化硅或氧化铝夹杂物，它们是脱氧
的产物；又如钢料中的非金属杂质在高温熔化状态时，可溶于液体金属内，随着温度的下
降，溶解度减小而脱溶析出形成夹杂物；另外钢铁在凝固过程中与炉气发生作用或在浇注
过程中与空气作用产生氮化物或因二次氧化生成氧化物。这类夹杂物通常是难免的，而且
它们的尺寸相对较小。另一类称作外来夹杂，这是由于冶炼或浇注过程中从设备或容器
上剥落下来掺于液体金属内的杂质，例如耐火材料等。它们的特点是无一定形状而且尺寸
特别大，超声波探伤中能够发现的大都是这类夹杂。

归纳起来，钢中非金属（内在）夹杂物形成原因主要有以下几种：

（1）钢在熔炼过程中的反应产物，主要是脱氧反应的产物。钢料中的杂质大都在氧
化期沸腾时上浮，但如果氧化期沸腾不好，杂质因不能上浮而留在钢液中。例如用 Al 脱
氧（$3FeO + 2Al \rightarrow 3Fe + Al_2O_3$）而形成 Al_2O_3 夹杂；又如加入硅铁脱氧（$2FeO + Si \rightarrow SiO_2 + 2Fe$）可形成 SiO_2 夹杂。

（2）钢液在降温及凝固过程中脱溶析出形成的夹杂物。例如硫由于溶解度的降低形
成硫化物；钢中的氮则可脱溶析出形成氮化物等。

（3）钢液浇注过程中的二次氧化也是钢中夹杂物的一个重要来源，有时它使钢中夹
杂物成倍增加，钢液一次氧化形成的夹杂物尺寸较小，一般 $r < 10\mu m$；而二次氧化的夹杂
物尺寸则较大，一般 $r > 50\mu m$。

钢液中夹杂物的上浮规律如下：由于一般夹杂物的密度较钢水为小，所以钢液中的夹
杂物有一定的上浮能力，其上浮条件由以下公式确定：

$$U = \frac{2}{9}g \cdot \frac{1}{\eta}r^2(\rho_{金属} - \rho_{夹杂}) \tag{4-1}$$

式中　　U——夹杂物上浮的速度，cm/s；

　　　　g——重力加速度；

　　　　η——动力黏度，g/(cm·s)；

　　　　r——夹杂物的半径，cm；

$\rho_{金属}$，$\rho_{夹杂}$——金属和夹杂物的密度，g/cm³。

由公式可看出，夹杂物直径越大，夹杂物越轻，动力黏度越小，越是容易上浮。

应用上面的公式作近似计算，钢中直径0.1mm夹杂物的上浮速度为80cm/min，而直径0.01mm和0.001mm的夹杂物的上浮速度仅有0.8cm/min和0.008cm/min。对于比较大的直径1mm的硅酸锰夹杂物来说，其上浮速度是1550cm/min。

由此可见，直径很小的夹杂物，实际上难于上浮。

4.2.2 非金属夹杂物的评级与鉴定

4.2.2.1 非金属夹杂物的评级

钢中非金属夹杂物主要有氧化物（FeO、MnO、Al_2O_3、CaO等）、硫化物（MnS、FeS等）、硅酸盐及氮化物（TiN）等。

钢中非金属夹杂物评级的目的是判定钢的质量高低或是否合格，但是多不计较其组织成分和性能，以及它们可能的来源等，只是注意夹杂物的数量、形状、大小和分布情况。非金属夹杂物的评级一般在显微镜下放大100倍观察。

夹杂物的评级通常用与标准级别图对比评级法。图4-5（a）、（b）分别给出了分散分布脆性夹杂物和塑性夹杂物的级别图。

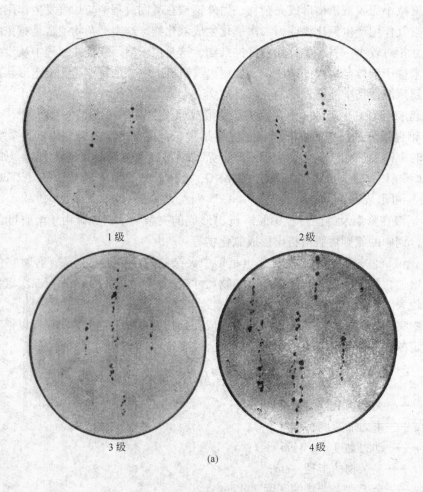

1级　　　　　　　　2级

3级　　　　　　　　4级

(a)

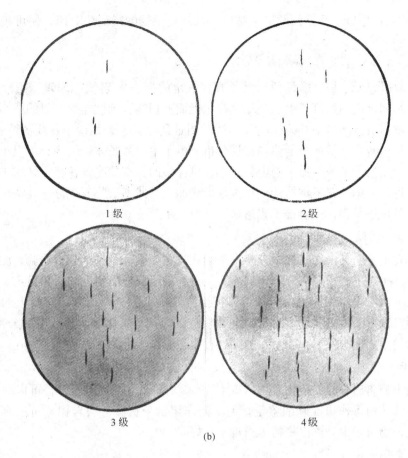

图 4 - 5 钢中非金属夹杂物级别图（放大 100 倍）

（a）脆性夹杂物分散分布；（b）塑性夹杂物分散分布

4.2.2.2 非金属夹杂物的鉴定

上面讲的夹杂物的评级检验只是根据钢中夹杂物的含量、形状及分布来评价钢的质量高低，并不涉及夹杂物的本质，如化学成分、组织结构及来源等。为了改善生产工艺和操作制度，以进一步提高钢的质量，只凭常规检验所得的数据是不够的，必须采用其他方法对钢中夹杂物的组成和性能等进行综合分析研究，通常有以下几种方法，简介如下。

A 金相法

金相法就是借助金相显微镜的明场、暗场及偏振光来观察夹杂物的形状、分布、色彩以及各种特征，从而对夹杂物作出定性或半定性的结论。但金相法不能获得夹杂物的晶体结构及精确成分的数据。

检验夹杂物用的金相试样可根据检验目的选取。试样抛光面上的夹杂物应保存完好而不曳出和剥落，抛光面应光滑无痕。对夹杂物进行鉴定时，根据需要通常可以从以下几方面观察：（1）夹杂物的形状；（2）夹杂物的分布；（3）夹杂物的色彩及透明度；（4）夹杂物的各向同性及各向异性效应；（5）夹杂物的黑十字现象；（6）夹杂物的硬度及塑性；（7）夹杂物的反射本领；（8）夹杂物的化学性能（即夹杂物在被化学试剂侵蚀后的不同变化）。通常人们把以上几方面的鉴定结果与已知夹杂物的特征相对照，便可确定是哪一种夹杂物。

B X射线微区分析法（电子探针）

X射线微区分析法是根据每种元素各有其一定的标识X射线的原理，把经过电子光学系统调节和聚焦很细的电子束在金相试样抛光面上扫描，则试样受照射的微小体积内将发射出该体积内所含元素特有的标识X射线。测定其标识X射线谱中各线的波长和强度，就可对该体积内所含元素进行定性和定量分析。电子束照射的体积极小，可以小到$2\mu m^3$，因而也可以利用电子束的扫描来测定各元素在试样中的分布情况及在特定区域中各元素的含量。从所得的数据，将不难估计金相试样抛光面上某些夹杂物的成分。此法迅速而精确可靠，但设备价格昂贵，一时难于普遍采用。

C 岩相分析法

此法是先把钢中夹杂物从钢中分离出来，在岩相显微镜下进行分析检验，测定其物理光学性能，如折射率、反射本领等，从而对夹杂物的组成作出定性的岩相检定。此法可以得到用其他方法所得不到的数据。缺点是需要先把夹杂物分离出来。对较大的夹杂物颗粒，尚可用机械方法将它取下；对较细小的颗粒，则只有用化学溶解或电解分离的方法，这对夹杂物的组成，难保不起变化，分离过程也很麻烦。

D X射线晶体结构分析法

把从钢中分离出来的夹杂物，用X射线粉末法进行晶体结构分析，可以对夹杂物颗粒大小及晶体结构等作出准确的鉴定。但不能作定量分析。它同岩相分析法有同样的缺点，即把夹杂物从钢中分离出来的工作难于做好。

E 化学分析法

把从钢中分离出来的夹杂物，用微量或半微量化学分析法进行分析。此法可较准确的测定夹杂物的含量及组成成分，但不能鉴定其形状及分布情况，分离方法也存在不少问题，如操作不当，会影响到结果的准确程度，且分离和微量分析也较费时费事。

4.2.3 非金属夹杂物在钢中的分布

4.2.3.1 夹杂物在金相显微镜下的形态

钢中常见的夹杂物，一般分为硫化物、氧化物、硅酸盐和氮化物等数种。它们在钢中的形态与夹杂物形成的时期及变形过程有关。

铸态钢中的夹杂物，在熔融状态由于表面张力作用形成的滴状夹杂物，凝固时一般呈球状存在，如图4-6（a）所示。有些则因结晶学因素的作用，具有较规则的结晶形状，如方形、长方形、三角形、六角形及树枝状等，如图4-6（b）所示。有些夹杂物，当先生成相的尺寸具有一定大小时，后生成相则分布在先生成相的周围，如图4-6（c）所示。还有的夹杂物常常呈连续或断续的形式沿着晶粒边界分布，如图4-6（d）所示。

当钢经过压力加工变形时，不同类型的夹杂物与钢基体之间的变形行为也有所不同。按其夹杂物的变形性不同可分为塑性夹杂物和脆性夹杂物。塑性变形的夹杂物包括硫化物和硅酸盐。当钢变形时，塑性夹杂物沿着变形方向呈纺锤形或条带状分布，如图4-7（a）、图4-7（b）。而脆性夹杂物变形后，由于夹杂物与钢的基体相比较，变形甚小，

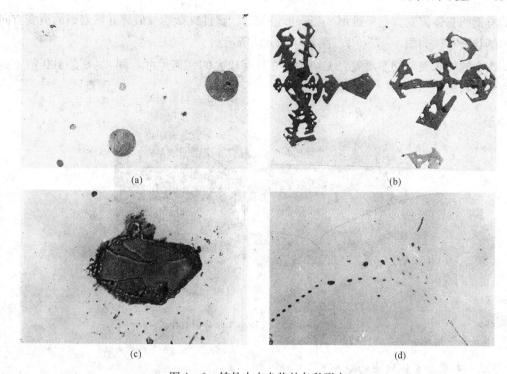

图 4 - 6　铸件中夹杂物的各种形态
（a）球状夹杂物；（b）树枝状夹杂物；（c）重叠包裹生成夹杂物；（d）夹杂物沿晶粒边界分布

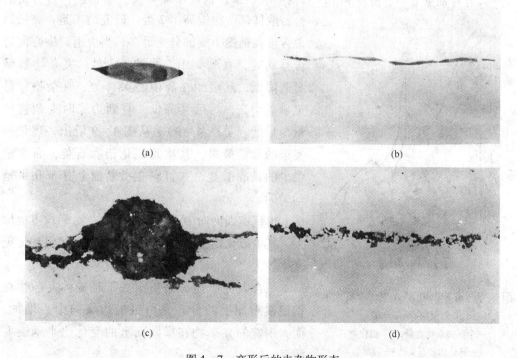

图 4 - 7　变形后的夹杂物形态
（a）塑性夹杂物呈纺锤形分布；（b）塑性夹杂物呈带状分布；
（c）脆性夹杂物呈锤形分布；（d）脆性夹杂物呈链状分布

则随着钢的基体流变方向呈锥形，当变形量大时，脆性夹杂物被破碎并沿着钢的流变方向呈串链状分布，如图4-7（c）、图4-7（d）所示。

钢中的外来夹杂物多属复合夹杂物，并具有较大的几何尺寸。图4-8是100倍下的复合氧化物夹杂。

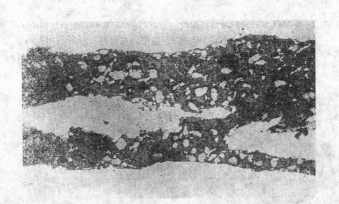

图4-8 外来夹杂物的金相照片（100×）

4.2.3.2 夹杂物在钢锭中的分布

A 非金属夹杂物在钢锭横断面上的分布

有人曾对锭重1.2t、材质40CrVA碱性电炉镇静钢锭中非金属夹杂物进行过分析研究，取样部位在锭高1/2处。研究结果是，夹杂物总含量在钢锭中央部分为最多，当由钢锭中心向边缘移动时，直到离中心大约1/3处，夹杂物数量显著降低，然后约在离中心45%处，夹杂物数量又显著增高，然后又降低，直到边缘时夹杂物含量为最低（见图4-9）。从图4-9看出，硫化物夹杂的含量最多，其次是氧化铝和石英，而含量最少的是硅酸盐，并且它在横断面上分布几乎是均匀的。

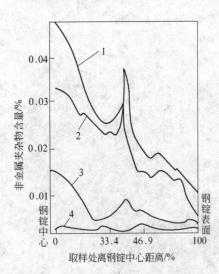

图4-9 重1.2t40CrVA钢锭横截面上
非金属夹杂的分布

1—全部夹杂物含量；2—硫化物；
3—氧化铝和石英；4—硅酸盐

由钢锭表面向中心移动时，夹杂物平均直径增大，其中硫化物夹杂变化极为明显，氧化铝和石英变化较次之，而硅酸盐夹杂则变化较小。

综合以上所述可以得出如下结论：夹杂物在钢锭横断面上的分布是由钢锭边缘向中心增加，而大钢锭的夹杂物在横断面上的变化比小钢锭要明显。

B 非金属夹杂物在钢锭纵断面上的分布

有人曾对1.2t圆锥度为4%滚珠轴承钢钢锭中夹杂物在高度上的分布做过研究。在距钢锭底为 21%、42%、63% 和 84% 的四点，在轧成 90mm × 90mm 的方钢上取样评级，结果是氧化物夹杂从钢锭上部到下部是增加的，钢锭底部氧化物夹杂最多；而硫化物夹杂在离钢锭底为 63% 处为最多（见图 4 - 10）。

有人还对 0.4t 碱性电炉钢锭的夹杂物在钢锭高度分布上进行研究，共进行了八炉，其结果示于表 4 - 1。从表中看出，氧化物和硫化物夹杂在钢锭的中部和上部较多，而底部较少。

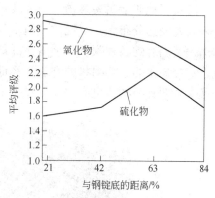

图 4 - 10 重 1.2t 滚珠轴承钢钢锭中夹杂物

表 4 - 1 重 0.4t 钢锭夹杂物在钢锭纵断面上的分布

试样与钢锭相应部分	平 均 级 别	
	氧 化 物	硫 化 物
上 部	2.09	1.20
中 部	2.32	1.14
下 部	1.69	1.10

有关资料也在大型钢锭（75t）纵剖面上对非金属夹杂物进行了测定。得出的结论是，对于大气浇注的钢锭来说，氧化物夹杂大多分布在钢锭底部；硫化物则是钢锭上部较多，而下部较少。

C 钢中非金属夹杂物偏析的原因

对于钢中非金属夹杂物偏析原因的解释到目前还没有成熟的理论，通常对于硫化物在钢锭横断面上偏析的解释是由于硫在液体钢中溶解度大于在固体钢中的溶解度，当钢液结晶时，因固体钢中的硫含量比液体时要少，所以在未结晶的钢液中，硫就富集起来，在柱状晶向钢锭中心进行定向结晶时，溶解在钢液中的硫就被排斥到钢锭中央部分，因此，硫化物夹杂在钢锭中央部分较多。

对于硫化物尺寸大小的解释是认为硫化物尺寸大小与树枝状晶轴和轴之间的距离有关，轴与轴之间距离越大，则硫化物夹杂的尺寸也就越大，而轴与轴之间距离的大小是由结晶速度来决定的，速度越快，距离越小。由于钢锭表面比钢锭中心的冷却速度快，所以钢锭边缘部分的硫化物尺寸比中心要小。

氧化物夹杂在钢锭横断面上分布与硫化物比较起来较为均匀，这是由于氧化物夹杂不溶于钢液中的缘故。

对于大、中型钢锭氧化物夹杂在下部较多，这可能是由于最后几批钢液的缓慢浇注和压铸的缘故，在用下铸法浇注时最后几批进入模中的钢液含氧化物较多，由于钢液较快地凝固，而来不及上浮，因而氧化物在底部较多。

硫化物夹杂在钢锭中、上部较多，可能是钢锭在凝固时夹杂物上浮的缘故。

4.2.3.3 低倍夹杂（夹渣）及其分布

低倍夹杂又叫夹渣，是指酸蚀试片上肉眼或借助于 5 ~ 10 倍的放大镜可见的耐火材料、炉渣及其他非金属夹杂物（见图4-11）。低倍夹杂主要包括外来夹杂及异性金属夹杂两种。夹渣的分布无一定规律，但由于夹渣有一定的上浮能力，所以往往冒口处较多，通常保持其固有的各种颜色。夹渣在低倍试片上并不难分辨，有时试片上只看到一些成群出现，被拉长了的、海绵状的空洞，经证实这是碱性夹杂物，在酸蚀时被侵蚀掉形成的，这时虽未看到夹杂物，也应评为低倍夹杂。

图4-11 低倍试片上的非金属夹杂物

低倍夹杂主要是外来夹杂，如：冶炼和浇注设备上剥落或侵蚀下的耐火材料未浮起；浇注系统吹吸风不干净，泥砂、耐火材料碎块等进入锭模未浮起；浇注过程中冒口掉泥或保护渣被卷入钢水未浮起等原因引起。

钢坯（材）中的异性金属夹杂，在酸蚀试片上呈色泽、性质与基体金属显然不同的金属块，形状不规则，但边缘都比较清晰，周围常有非金属夹杂物伴随出现。

异性金属夹杂主要是因为：补加铁合金到出钢的时间太短，或在出钢过程中铁棒（块）掉入，不能全部熔化，浇注过程中浇口下的结瘤、凝钢落入中注管并被冲入锭模内，小型镇静钢锭（带帽）浇注完成以后，插在钢液保温帽部分标明炉次和便于吊运钢锭的马蹄形标签，不小心掉入钢锭模内，从而造成异性金属夹杂。另外，铸件中因冷铁掉入也会引起异性金属夹杂。

4.2.4 减少钢中非金属夹杂物的途径

为了减少或改善钢中非金属夹杂物，根本办法是消除夹杂的来源，主要有以下措施。

4.2.4.1 减少原材料对非金属夹杂物的影响

为了改善钢中的非金属夹杂物，必须采用纯净的炉料。炉料中含P、S量要尽量低，因含量高时会延长冶炼时间，从而使炉衬易受侵蚀，使钢中夹杂增多。

4.2.4.2 注意氧化期和还原期的操作

氧化期钢水沸腾有利于钢中非金属夹杂物的去除，因此为了降低钢中非金属夹杂物，必须保证氧化期有一定的脱碳量和一定的脱碳速度，使钢水沸腾以去除夹杂。

还原期的脱氧好坏直接影响夹杂物的多少，为减少钢中非金属夹杂物，必须选择合理的脱氧制度。

4.2.4.3 在浇注系统中应注意的事项

在浇注系统中有以下注意事项：

（1）采用耐火材料质量高的包衬、流钢砖和出钢槽衬。

（2）出钢前炉顶、出钢槽、钢包均应吹扫干净。流钢砖内壁应事先清刷，砌底板时泥料不要过多。浇注系统必须认真吸尘、吹风，吸吹后应加防尘罩。

（3）要保证钢水在钢包中保持一定的镇静时间，以利于夹杂物上浮。

（4）确保正常的浇注温度和浇注速度。

4.3 晶粒粗大

晶粒粗大在超声波探伤中经常遇到，同时晶粒的显著粗大也严重地影响钢的力学性能，被看作是一种组织缺陷。为使探伤人员对晶粒粗大有所了解，我们单独作一介绍。

4.3.1 晶粒度及晶粒度的评定

4.3.1.1 晶粒度的概念

晶粒，就其铸钢来说，它是液态钢水中长大了的晶核，晶粒度是度量晶粒大小的一个概念。我国的晶粒度评定方法（GB/T 6394—2002）是将制备好的试样，放在 100 倍显微镜下测定，视场直径为 0.80mm。测定时先对试样作全面观察，然后将有代表性视场与标准级别图（见图 4-12）相对照，测得其晶粒度级别。这一标准最初是按指数公式设计的：

$$n = 2^{N-1} \tag{4-2}$$

式中　　n——放大 100 倍时 1in^2（6.45cm^2）内所含晶粒数；

　　　　N——晶粒度级别。

由它的定义可知，晶粒度级别越大，实际晶粒就越小。

由于钢的晶粒度随液态钢水的成核多少，固态钢的奥氏体化温度、保持时间以及钢的冷却方式的不同而异，因而晶粒度有以下几种不同的概念。

A　奥氏体晶粒度

普通的钢种需经加热到 A_1 转变点以上时才呈现奥氏体状态，用一定的方法在室温下观察在高温存在的奥氏体晶粒的大小，称作奥氏体晶粒度。

B　铁素体晶粒度

普通钢种将奥氏体过冷到 A_1 以下，便发生相变，由 γ 铁转变为 α 铁。一个奥氏体晶粒将转变为若干个铁素体晶粒（或珠光体领域），在常温下所观察到的铁素体晶粒大小叫做铁素体晶粒度。

C　起始晶粒度

钢加热到临界点以上，奥氏体形成刚刚结束时的晶粒度叫起始晶粒度。钢的起始晶粒度都非常细小。

D　实际晶粒度

钢在加热中某一特定条件下得到的奥氏体晶粒的大小叫做实际晶粒度。奥氏体的实际

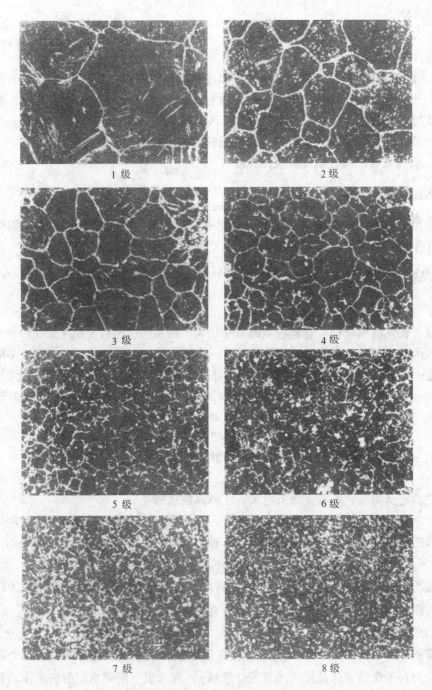

图 4-12 钢的晶粒度评级图

晶粒度都比起始晶粒度大。

E 本质晶粒度

本质晶粒度是不同的钢奥氏体晶粒在加热时的长大倾向。通常有两种情况，一种是奥氏体晶粒随温度的升高而迅速长大，称为本质粗晶粒钢；另一种是奥氏体晶粒长大倾向较小，只在加热到较高温度（930~950℃），奥氏体晶粒才显著长大，我们称这种钢为本质细晶粒钢，如图4-13所示。本质晶粒度反映了奥氏体晶粒长大的倾向性。它是指在特定的工艺试验下（加热到930℃保温足够的时间）所得到奥氏体晶粒大小。

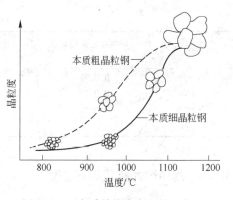

图4-13　本质晶粒度含义的示意图

4.3.1.2　晶粒度的评定

GB/T 6394—2002规定了钢的晶粒度测定方法。标准规定了在显微镜下测定钢的奥氏体（本质）晶粒度和实际晶粒度的方法。测定钢的奥氏体本质晶粒度是将一定尺寸的试样（一般 $\phi10~20mm$）加热到930℃±10℃，保温一定的时间（一般为3h），用不同的方法达到显示930℃时奥氏体晶界的目的。通常应用的方法有渗碳法，它是利用表面渗碳的方法让奥氏体晶界上析出碳化物网络，然后根据碳化物网络的大小评定晶粒度大小。对于亚共析钢可使用网状铁素体法，它是根据不同冷却速度下使铁素体沿晶界析出呈网状，利用网状铁素体的大小评定奥氏体的晶粒度。对于过共析钢常使用加热缓冷法，将钢样先加热到930℃±10℃，保温3h后降温，冷却至600℃出炉，然后根据碳化物沿奥氏体晶界析出的网络测定钢的晶粒度。另外，根据不同钢种的要求，还有氧化法、晶粒边界腐蚀法、真空法网状珠光体（屈氏体）法等。

钢的实际晶粒度是直接在交货状态钢材或零件上切取试样，不经过热处理直接测定。当直接观察难以分辨奥氏体晶粒边界，无法测定晶粒大小时，根据双方协议，试样可经适当热处理后再进行测定。

钢的晶粒度评级图见图4-12。

在钢铁材料中，常见的就这8个级别，其中1~3号被认为是粗晶粒，4~6号为中等晶粒，7~8号为细晶粒。在过热的情况下可以出现粗于1号的晶粒，它们分别用0号、-1、-2、-3号表示，细于8号的晶粒用9、10、11、12表示。与它们相对应的参数见表4-2。

表4-2　晶粒度级别与相对应的参数

晶粒度号	计算的晶粒平均直径 /mm	弦的平均长度 /mm	一个晶粒的平均面积 /mm²	在1mm³内晶粒的平均数量
-3	1.000	0.875	1	1
-2	0.713	0.650	0.5	2.8
-1	0.500	0.444	0.25	8
0	0.353	0.313	0.125	22.6
1	0.250	0.222	0.0625	64
2	0.177	0.157	0.0312	181
3	0.125	0.111	0.0156	512
4	0.088	0.0783	0.00781	1448
5	0.062	0.0553	0.00390	4096
6	0.044	0.0391	0.00195	11585
7	0.030	0.0267	0.00098	32381
8	0.022	0.0196	0.00049	92682

晶粒度号	计算的晶粒平均直径 /mm	弦的平均长度 /mm	一个晶粒的平均面积 /mm²	在 1mm³ 内晶粒 的平均数量
9	0.0156	0.0138	0.00024	262144
10	0.0110	0.0098	0.000122	741458
11	0.0078	0.0068	0.000061	2107263
12	0.0055	0.0048	0.000031	6010518

4.3.2 晶粒粗大及其影响因素

4.3.2.1 本质细晶粒钢与本质粗晶粒钢

按照我国的习惯，把钢的本质晶粒度达到评级图中 5 ~ 8 级范围的，叫做本质细晶粒钢；如达到评级图的 1 ~ 4 级者，则叫做本质粗晶粒钢。钢的本质晶粒度是热处理工艺性能的一个重要指标。本质细晶粒钢不易因温度过高而长大，所以淬火温度较宽，同时本质细晶粒钢也可在较高温度下轧压、锻造，并可在较高温度终止轧压、锻造，而不会产生粗晶组织；此外，本质细晶粒钢可以在 930 ~ 950℃ 以下加热不至于晶粒长得过大，从而渗碳后可直接淬火。对本质粗晶粒钢，则必须很好地控制加热温度，防止因过热而引起奥氏体粗化。

钢的本质晶粒度的大小，主要决定于炼钢时的脱氧制度。若用硅铁或锰铁脱氧，则钢的奥氏体晶粒的粗化趋向大，所炼的钢多半是本质粗晶粒钢。若用铝脱氧，其结果相反，获得的是本质细晶粒钢。因为铝与钢水中的氧及氮形成了高熔点的 Al_2O_3 或 Al_xN_y 质点，它们虽然能部分地溶于钢水内，但在结晶的过程及在随后的冷却中，便会呈极细小的超显微质点析出，所析出的这些细微质点主要是位于晶界，因而能机械地阻碍晶粒长大。若把温度升得很高，当铝的氧化物及氮化物一旦溶入了奥氏体中，就会失去其阻止晶粒长大的作用，奥氏体晶粒便会急剧地长大。

4.3.2.2 钢的化学成分对奥氏体粗化温度的影响

温度上升，奥氏体晶粒长大，本质细晶粒钢的粗化温度较高，本质粗晶粒钢粗化温度较低。钢的化学成分也对晶粒粗化温度有很大的影响。例如 Al、Ti、Zr、Nb、V、Mo、W 等形成难溶于奥氏体的细小氮化物或碳化物元素，通常使晶粒粗化温度升高。资料介绍，当钢中铝总量为 0.021% 时，铬钼渗碳钢的晶粒粗化温度约为 900℃，而铝总量增加到 0.055% 时，则该温度上升到约 1050℃。

4.3.2.3 加热温度及保温时间对奥氏体晶粒度的影响

提高加热温度及延长保温时间都能促使奥氏体晶粒长大。无论是本质细晶粒钢还是本质粗晶粒钢，如果加热温度过高，晶粒都会变得粗大。亚共析钢加热稍高于 A_{c1} 时奥氏体在珠光体内开始形成，刚形成的奥氏体晶粒极细，高于 A_{c3} 后则逐渐长大，如果继续加热，当温度高出 A_{c3} 100 ~ 200℃ 时，钢便产生过热，这时的晶粒变得很粗大。钢中含碳量愈高，晶粒长大倾向愈大。可见碳是促使钢晶粒长大的元素。但是碳若是以未溶的碳化物形式存在时，往往又能机械地阻碍奥氏体晶粒长大。如果过共析钢加热高于 A_{c1}；在温度较高未溶碳化物成为数目不多的孤立小颗粒时，其机械阻碍作用大为减弱，奥氏体容易长大。当过共析钢含碳量愈高（如 T_{12}、T_{13}）时，则加热到 A_{c1} ~ A_{cm} 之间的未溶 Fe_3C 质点也愈多，其阻碍作用也愈大。所以 T_8、T_9 钢比 T_{12}、T_{13} 的过热敏感性大。

延长保温时间也能促使奥氏体晶粒长大，但它的影响不及加热温度明显。长时间的在较高温度下保温，奥氏体能有充分的时间聚集长大，因此锻件保温时间过长也容易引起晶粒粗大。

4.3.3 铁素体晶粒粗大及其影响因素

前已述及，普通钢在常温时不再是奥氏体状态，它在 A_1 以下要发生相变，亚共析钢要转变成铁素体加珠光体；共析钢则转变为珠光体；过共析钢则转变为渗碳体（或碳化物）加珠光体。对于超声波探伤来说，受影响的是转变后的晶粒（或领域）的大小。因此，铁素体晶粒粗大对探伤工作者有实际意义。

4.3.3.1 铁素体晶粒粗大

普通钢奥氏体化后在冷却到转变点以下时（对亚共析钢），在奥氏体晶界上就会生核，并析出铁素体，这些核将生成铁素体晶粒，当达到共析成分时，剩余的奥氏体全部发生共析转变也生成许多不同方位的珠光体领域（或团）。这些铁素体晶粒如果严重粗化，将导致超声波的大量散射，严重影响超声波的传播，妨碍正常的探伤。铁素体晶粒的粗化除与原奥氏体晶粒粗大有关外，还与冷却速度等因素有关。

4.3.3.2 影响铁素体晶粒粗大的因素

普通钢加热到转变点以上进行淬火，就会变成马氏体组织。在原奥氏体晶粒中就会生出许多马氏体组织（针状组织），这些马氏体可以看作是许多小晶粒，因此淬火后的钢对超声波衰减极小。

淬火后再进行回火，马氏体就会分解，渗碳体变成极细小的颗粒析出，基体逐渐变为铁素体。这些小颗粒大小只有超声波波长的几百分之一，即使数量很多也不会影响超声波的传播。另一方面，基体铁素体的大小，虽然用显微镜不能确定，但是同原始的马氏体差不多大小，对超声波衰减也小。由于这个缘故，调质以后的工件都不会存在晶粒粗大。

正火（又叫常化），是将钢奥氏体化后空冷，由于冷却速度也较快，奥氏体中铁素体成核较多，所以正火后铁素体晶粒也较细。在正火后的工件中也很少发现有晶粒粗大。当然，如果奥氏体的晶粒过于粗大，空冷后产生的铁素体及珠光体晶粒也较粗大。

铁素体晶粒粗大多发生在退火后的工件上，退火是在炉中冷却，由于冷却慢，铁素体成核少，并且容易长大。特别是经高温扩散退火的零件，长时间高温加热使奥氏体严重粗化，后来的缓冷，使铁素体及珠光体也有充分时间聚集生长。许多大型锻件，为了预防白点而采取消除白点退火，如果工艺不当，就会产生粗大的晶粒。

图 4-14 表示了加热温度、保温时间和冷却速度对 0.15% 碳钢中铁素体晶粒度的影

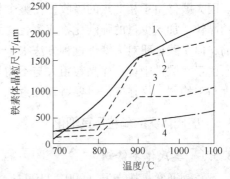

图 4-14 0.15% 碳钢的铁素体晶粒大小与加热温度、保持时间和冷却方式的关系

1—保温 6h，炉冷；2—保温 1h，炉冷；

3—保温 6h，空冷；4—保温 1h，空冷

响。从图上看出，加热温度越高，保持时间越长，则奥氏体晶粒粗化，铁素体晶粒也因此变得粗大。同时值得注意的是，冷却速度也对铁素体晶粒度有极大的影响。为了使转变生成的铁素体晶粒细小，除保持奥氏体晶粒细小外，还要加快在奥氏体区的冷却速度。

必须指出，铸件，特别是大铸件未经热处理时，其铁素体晶粒也较粗大，这是铸件在缓慢结晶时形成特大的奥氏体晶粒引起的，所以铸件也对超声波产生大的衰减。

4.3.4　大型锻件的晶粒粗大

大型锻件与轧材及小型锻件相比较容易产生晶粒粗大，有人曾从 Cr - Ni - Mo 钢、Cr - Mo - V 钢及不同钢制的其他大锻件内套取了径向与轴向试样，共研究了 100 个锻件（直径 400 ~ 1400mm，由 100 ~ 150t 钢锭锻制）近 200 个试样的金相组织（用苦味酸及添加物显示奥氏体晶粒）。结果，所有 200 个试样的晶粒都在 0 ~ 7 之间，其中仅 3 ~ 4 级（不包括 3 级）就占 50%。

为什么大锻件内奥氏体晶粒总是较为粗大与不均匀呢？

首先，锻制大锻件的钢锭大，结晶过程冷却缓慢，这就造成粗大的铸态组织及较为严重的偏析。含碳与合金元素的偏析区奥氏体特别稳定（尤其是含合金高的钢），如不采取特别的处理，这个区域的粗大奥氏体甚至在最终处理时仍不能充分改变。

其次，与轧材及小锻件相比，大锻件锻造变形小且分布不均匀。因而再结晶晶粒也比较粗大且分布不均匀。

大锻件一般不能一火锻成，最后一火的锻造过程，因锻件截面大内外温差大，此外因水压机动作慢，先锻好部分与后锻造部分终锻温度相差大，锻件中心及先锻好部分在高温（往往高于 1000℃）停留时间长，这样就导致奥氏体晶粒粗大与不均匀。

第三，大锻件内奥氏体晶粒粗大与不均匀，还与奥氏体化加热过程及冷却过程的特点有关。

考虑到碳与合金元素的偏析，大型锻件奥氏体化温度比同一钢号的小锻件高。另外，大锻件为了烧透而均温保温时间长，这使表层在高温下停留时间过长。

即使加热温度和保温时间相同，与轧材和小锻件相比，大锻件内奥氏体晶粒也较粗大。这里比较重要的原因是 α - γ 相变区的加热速度，此加热速度越小奥氏体晶粒越粗大。因大锻件由于相变热的吸收，使整个相变过程加热速度降到很小的数值，因此得到较粗的晶粒。加入少量的强碳化物或氮化物形成元素以细化奥氏体晶粒，这对小锻件是很有效的，但实践证明对大锻件这种方法很少奏效。

由于大锻件中奥氏体晶粒粗大与不均匀，当缓慢冷却后得到的铁素体晶粒及组织也较粗大与不均匀，这在探伤时要特别注意。

4.3.5　奥氏体钢的晶粒及其细化

4.3.5.1　奥氏体不锈钢

不锈钢通常是按高温（900 ~ 1100℃）加热空气冷却后钢的基体组织的类型进行分类的。常温得到纯铁素体组织的不锈钢叫做铁素体不锈钢；得到马氏体组织的称为马氏体不锈钢；得到单一奥氏体组织的叫作奥氏体不锈钢。当然还有复相的，像铁素体—马氏体钢、马氏体—碳化物钢等。

属于铁素体钢的钢种有含铬大于14%的低碳铬不锈钢，含铬27%以上的任何含碳量的铬不锈钢，以及在高铬不锈钢的基础上添加有钼、钛、铌等元素的不锈钢，如Cr17、Cr17Ti、Cr17Mo2Ti、Cr25、Cr25Mo3Ti、Cr28钢等。

马氏体钢在正常淬火温度下是纯奥氏体组织，冷却后得到的是马氏体组织，2Cr13、2Cr13Ni2、13Cr14NiWVBA等均属于这一类。当1Cr13钢的碳量偏于规范的上限并且铬量偏在范围的下限时，淬火后组织中也可没有游离的铁素体；3Cr13钢的碳量偏在范围的下限，淬火后组织中的未溶碳化物很少，在上述情况下也有把1Cr13及3Cr13视为马氏体钢的。

0Cr13、1Cr13、Cr17Ni2钢通常划为铁素体—马氏体钢；3Cr13、4Cr13、9Cr18、9Cr18MoVCo钢属于马氏体—碳化物钢。

奥氏体钢一般具有纯奥氏体组织，含镍量愈高奥氏体愈稳定。典型的铬镍奥氏体不锈钢有18-8、18-12、25-12、25-20、20-25Mo等类型（前一组数字为平均含铬量，后一组数字为平均含镍量）。

除奥氏体不锈钢外，还有其他奥氏体钢，钢中加入大量稳定奥氏体的元素锰便可使奥氏体一直保留到常温，用于抗冲击耐磨件的高锰钢（Mn13等）也是奥氏体钢。

4.3.5.2 奥氏体钢的晶粒及形变再结晶

A 奥氏体钢的晶粒

从相图来看，奥氏体钢的奥氏体区一般到常温，常温下的晶粒就是高温时的奥氏体晶粒，因而也就比较粗大。奥氏体钢的高温淬火（固溶处理）并不能改变其奥氏体组织，而是不使固溶于奥氏体的碳化物重新析出，以便得到较好的使用性能。

由于这个原因，奥氏体钢的铸件及焊缝都是粗晶粒的，超声波探伤都较困难。

B 奥氏体钢的形变再结晶

奥氏体钢经过高温锻造或轧制，如有较大的变形，原来奥氏体晶粒中原子的排列已被打乱，原子将重新排列组合成新的晶粒，叫做再结晶。再结晶后的奥氏体晶粒较之原奥氏体晶粒为细，因此正常的热变形可使晶粒细化。但是，能否达到细化晶粒的目的取决于变形量及终锻（轧）温度。若变形量很小，终锻温度又过高时，晶粒还会长大而粗化。尤其是当金属材料处于粗大的铸造状态时，只有足够大的变形量才能使其晶粒细化。

已细化的奥氏体晶粒，对超声波衰减较小。

5 超声波探伤基础

超声波探伤是近年来发展较快、应用较多的一种无损检测方法。超声波具有能量大，指向性好、反射、折射等特性，因此被广泛应用于无损检测的各个领域。

目前超声波探伤，绝大部分是借助于试块进行定位和定量，然后在探测时，则是根据示波屏上缺陷的有无，缺陷波位置、大小及波形变化特征等情况检测确定工件中缺陷的有无、缺陷的位置、大小和性质，这也就是我们平常说的三定（定位、定量、定性）。对于定位定量，虽然也有一定误差，但普遍认为是容易操作和判定的，而对于"定性"则都觉得比较困难，因此，在一般标准中也只作笼统的规定。我们认为掌握定性的关键是对缺陷深入的了解和具备一定的探伤经验。

本章的主要内容就是介绍超声波探伤仪和试块的正确使用及如何建立缺陷与探伤波形的初步联系。

5.1 超声波探伤仪和试块

5.1.1 超声波探伤仪

超声波探伤仪是利用超声波在介质中传播，遇到界面会反射的特性来检查零件中缺陷的一种检测仪器。

5.1.1.1 超声波探伤仪的分类

A 按声源的能动性分

按声源的能动性可分为以下两种：

（1）能动声源探伤仪。能动声源探伤仪是当物体受外力（或内部残余应力）作用时，缺陷因应力集中而变形、开裂或破坏时，多余的能量以弹性波或应力波的形式释放出来，用电子仪器捕捉发射出来的声波并加以处理，以探测缺陷的发生、发展规律，缺陷的位置等等，如图 5 - 1 所示。国产的 $SF_1 - 1$ 型声源发射测定仪就是这种探伤方法，它已在实际工程中得到应用。

（2）被动声源探伤仪。探伤仪本身发射超声波，被测物体中的缺陷被动地将超声波反射回来，以示波屏上缺陷波的有无、幅度高低、位置、波形

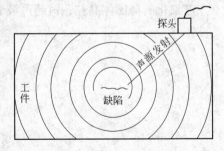

图 5 - 1 能动声源探伤仪示意图

特征等情况来判断被测物体中的缺陷的有无、缺陷的大小、位置和性质，如图 5 - 2 所示。目前使用的超声波探伤仪多属这一种。

B　按声波的连续性分

按声波的连续性可分为以下三种：

（1）脉冲波探伤仪。这种仪器，对时间而言，它周期性地发射不连续且频率不变的超声波，如图5-3所示。目前使用的探伤仪属A型脉冲波探伤仪。

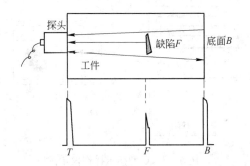

图5-2　被动声源探伤仪示意图

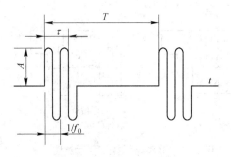

图5-3　脉冲波探伤仪示意图

（2）连续波探伤仪。对时间而言，它发射连续的且频率不变（或在小范围内周期性的频率微调）的超声波，如图5-4所示。

（3）调频波探伤仪。对时间而言，它发射连续的频率可变的超声波，如图5-5所示。

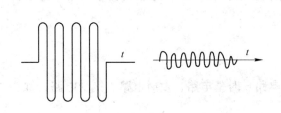

图5-4　连续波探伤仪示意图

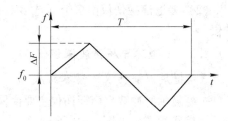

图5-5　调频波探伤仪示意图

f_0—中心频率；f—频率；t—时间；

T—重复周期；ΔF—最大变化频率

C　按缺陷的显示方式分

按缺陷的显示可分为以下四种：

（1）A型显示探伤仪为幅度显示，以缺陷波的有无确定工件中缺陷的有无；以缺陷波在示波屏水平刻度上的位置，确定缺陷在工件中的位置；以缺陷波幅度的高低，确定缺陷的大小；以缺陷波波形以及随探头移动时的变化，确定缺陷的性质。A型显示探伤仪工作原理如图5-6所示，目前的探伤仪多属这一种。

（2）B型显示探伤仪为图像显示，可以显示工件任一截面上缺陷的有无，缺陷的分布和缺陷的深

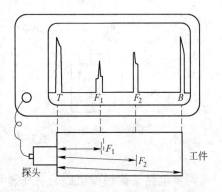

图5-6　A型显示探伤仪示意图

度。如图5-7所示。

（3）C型显示探伤仪为图像显示，可以显示工件中缺陷的有无，缺陷的面积，但不能显示缺陷的深度。如图5-8所示。

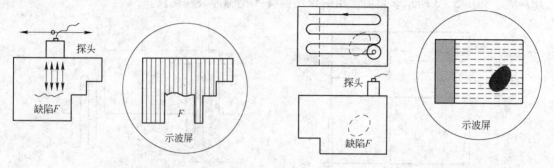

图5-7 B型显示探伤仪示意图　　　　　图5-8 C型显示探伤仪示意图

（4）超声全息照相探伤仪为图像显示，可以显示缺陷在三维空间的立体图像。

以上诸种显示方法，都难于显示缺陷性质。

D 按声波的通道分

按声波的通道可分为以下两种：

（1）单通道探伤仪由一个（或一对）探头单独工作。

（2）多通道探伤仪由多个（或多对）探头交替工作，每一通道相当于一台单通道探伤仪。

5.1.1.2 A型脉冲超声波探伤仪

A 超声波探伤仪的基本组成

A型显示脉冲波超声探伤仪主要由同步电路、时基电路、发射电路、接受电路、探头和示波管等组成，如图5-9所示。

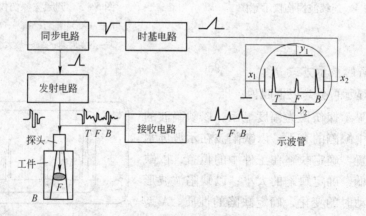

图5-9 超声波探伤仪的基本构成

同步电路又称触发电路，它每秒钟产生数十至数千个尖脉冲（触发波），它发出指令，使探伤仪的其他各部分（时基电路、发射电路等）有条不紊地以同一步伐进行工作。

时基电路，又称扫描电路，它产生锯齿波电压，并加至示波管的水平偏转板上，产生水平扫描线。

发射电路，又称高频脉冲电路，它产生高频脉冲电压，并加至探头。

探头，又称换能器，它把电能转换成声能，发射超声波，并能接收反射回来的超声波，将声能转换成电能，加至接收电路。

接收电路，又称放大电路，它将电能进行放大和检波，并加至示波管的垂直偏转板（Y_1、Y_2）上，使示波屏纵坐标上显示发射波 T，缺陷波 F 和底波 B。

B 探伤仪各开关和旋钮的作用

（1）电源开关。它控制电源的通断。电源开关"开"时，仪器电源接通，探伤仪处于工作状态；电源开关置于"关"时，电源切断，探伤仪处于不工作状态。电源的通断以指示灯亮或电压（电流）表示。

用于显示部分的调节旋钮有：辉度、聚焦、辅助聚焦、垂直位移与水平位移。

（2）辉度。又称亮度，它是调节示波管栅极的负偏压，控制阴极的电子发射强度。调节辉度旋钮，达到探伤观察需要的亮度。

（3）聚焦。它是调节示波管第一阳极对阴极间的电位差，达到电子束的聚焦作用。聚焦旋钮是调节水平扫描线和脉冲波的清晰程度。

（4）辅助聚焦。它是调节示波管第二阳极对阴极间的电位差，达到电子束的辅助聚焦作用。辅助聚焦旋钮是辅助调节水平扫描线和脉冲波的清晰程度。一般在聚焦旋钮调节后，水平扫描线和脉冲波还不够清晰时，才调节辅助聚焦旋钮，而且辅助聚焦旋钮在调节后，不必经常去动。

（5）垂直。它是调节示波管的两个垂直偏转板的直流电位差，达到水平扫描线垂直方向位移的目的。调节垂直旋钮可使扫描线处于垂直方向上合适的位置。

（6）水平。它是调节示波管两个水平偏转板的直流电位差，达到扫描基线水平位移的目的。水平旋钮是调节水平扫描线在示波屏上的左右位置。

用于探伤灵敏度调节的旋钮有：增益、输出、抑制、衰减器和深度补偿。

（7）增益。它是调节接收放大器的放大量，达到增益量调节的目的。增益旋钮的调节可以起到调节探伤灵敏度高低的作用，在有衰减器的仪器上有时也作为步进衰减器的辅助调节。

（8）输出。又称发射强度，它是调节发射功率的大小，达到输出量调节的目的。调节输出旋钮可以调节探伤灵敏度的高低。输出旋钮同脉冲宽度及幅度成正比，输出量小，盲区小，可探近表面缺陷，但脉冲幅度低，探伤灵敏度低，不能探测远距离的缺陷。输出旋钮分为连续调节（电位器）和步进调节（波段开关），属于电位器调节的如 CTS – 4B 的输出旋钮，属于波段开关调节的有 CTS – 8A 的发射强弱，CTS – 11 的输出弱、中、强等。

（9）抑制。它是限制接收放大器检波后讯号输出的幅度，达到抑制杂波的作用。在小抑制条件下，动态范围大，灵敏度高。在大抑制条件下，动态范围小，灵敏度低。抑制旋钮的主要作用是抑制杂波，但抑制用得过大，可能连有用的弱小信号也被抑制掉，故在不影响探伤的情况下，应尽量少用抑制。在用衰减器对缺陷定量时，抑制旋钮置于"关"。

（10）衰减器。它是将接受放大器的输入信号进行衰减，衰减愈大，灵敏度愈低，利用衰减器衰减量变化的大小可确定缺陷的当量大小，对探伤工作带来很大方便。衰减量以分贝（dB）为单位。衰减器一般有粗调（10dB 一档）和细调（1dB 或 0.5dB 一档）两部分。

（11）深度补偿。探测较大工件时，探伤灵敏度要提高，但随着灵敏度的提高近区往往会出现杂波。调节深度补偿旋钮能使放大器的放大量随深度而变化，即在发射脉冲开始后放大器增益降低，并在一段时间内逐渐恢复至原来状态，这样便解决了为探测远距离小缺陷提高灵敏度，而导致近区杂波出现，造成近区缺陷漏检的问题。有的仪器（例如 CTS－4B 型探伤仪）装有"近场""通常"开关，在通常时便对深度作了补偿。有些最新仪器（例如日本 UFD－305D 型探伤仪）装有 D、A、C 调节（即距离 Distance、振幅 Amp－Litnde、补偿 Compensation）。大家知道，同样大小的缺陷离探头越远产生的回波高度越小，距离振幅补偿电路就是用电子方式对距离振幅进行修正，使同样大小的缺陷显示同样高度的回波。其原理示于图 5－10。除此之外，还有深度调节旋钮和重复频率旋钮，以及自动报警部分的旋钮。

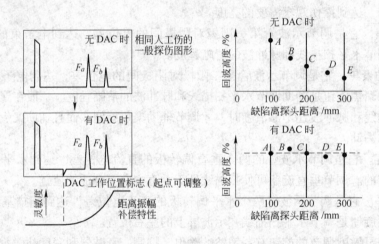

图 5－10 距离振幅补偿原理示意图

（12）深度调节。它分为步进式的粗调和连续式的微调。粗调是档级改变扫描发生器的扫描速度，即锯齿波宽度，作为探测深度调节。根据被测工件厚度，按技术规范中所提供的各档级探测深度范围，适当选择。细调是连续改变锯齿波的斜率，作为探测深度的连续调节，当深度档级确定之后，调节细调旋钮，使发射脉冲与工件底面反射波在示波屏水平扫描线上适当位置。

（13）重复频率。它是调节单位时间（s）超声波脉冲发射次数。重复频率的选择应根据探测距离、探测速度以及示波图形的亮度来决定。一般说来，测量范围小时可用高重复频率，测量范围大时应用低重复频率；探测速度慢时应用低重复频率，探测速度快时应用高重复频率。随着重复频率的增加，波形亮度也相应增强。需要注意的是，如果重复频率选择得不合适，也会引起异常回波并造成误判。

5.1.1.3 探头（换能器）

探头又称换能器，它是超声波探伤的重要组成部分，探头能发射和接收超声波。

A 能量转换

$$电能 \underset{}{\overset{压电效应}{\rightleftharpoons}} 声能$$

当探伤仪发射电路产生的高频脉冲电压加至探头晶片上，由于晶体的压电效应晶片将电能转换成声能，而单向发射超声波。

超声波在工件中传播，当遇到界面时产生反射，反射回来的超声波为探头晶片所接收。探头晶片接收超声波，由于压电效应的可逆性，晶片又将声能转换成电能并加至接收电路。

B 波形转换

$$纵波 \underset{}{\overset{折射}{\rightleftharpoons}} 横波$$

横波斜探头是纵波借助有机玻璃块倾斜入射，纵波斜入射时，从有机玻璃进入工件后波形发生转换，在工件中产生横波，如图 5-11 所示。

波形转换规律符合斯涅尔定律：

$$\frac{\sin\alpha}{\sin\beta} = \frac{C_L}{C_S} \qquad (5-1)$$

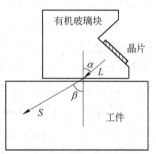

图 5-11 纵-横波转换示意图

式中　α——纵波入射角，（°）；

　　　β——横波折射角，（°）；

　　　C_L——有机玻璃中纵波声速，m/s；

　　　C_S——工件中横波声速，m/s。

当纵波入射角变化时还能转换成表面波。

C 探头的种类

探头的种类很多，有直探头（纵波），斜探头（横波），表面波探头（表面波），可变角探头（纵波、横波、表面波、兰姆波），聚集探头（声波聚集为一点或一线），双探头（一个探头发射，另一个探头接收），水浸探头（水浸探伤用），以及其他专用探头。

按不同的分类方法上述探头还有以下区分：

按探头外形可有圆形探头、方形探头、大探头、小探头、微型探头等。

按晶片尺寸可有 $\phi6mm$、$\phi12mm$、$\phi14mm$、$\phi20mm$、$8mm \times 8mm$、$10mm \times 10mm$、$12mm \times 24mm$ 等规格。

按频率分有 0.5MHz，1.25MHz，2.5MHz，5MHz，10MHz 等。

斜探头按入射角分有 30°、40°、45°、50°等。

按折射角的正切值有 $K1$、$K1.5$、$K2.0$、$K2.5$、$K3.0$ 等。

按聚焦方式有晶片聚焦，声透镜聚焦，反射面聚焦等。

有些国家对探头的表示方法作了规定，日本的 JIS-Z2344 对探头作了具体规定，例如 5Z20N 表示频率 5MHz，晶片材料锆钛酸铅，晶片大小 $\phi20mm$，晶片型式直探头。又如 2Z10×10A70 表示频率 2MHz，晶片材料锆钛酸铅，晶片尺寸 $10mm \times 10mm$，探头型式斜探头，折射角（低碳钢中）70°。

我国目前对探头虽未作具体规定，但一般也是第一个符号表示频率（MHz），第二个符号表示晶片材料，第三个符号表示晶片尺寸，第四个符号表示探头型式，第五个符号表示入射角或折射角正切值。例如，2.5P20Z 表示 2.5MHz，锆钛酸铅晶片，φ20mm，直探头。5P12×15×K1.5．表示 5MHz，锆钛酸铅晶片，12mm×15mm，斜探头，K 值 1.5。

探头的选择是根据探伤工艺要求、被探工件的厚度、材质等情况而定。

D 探头的基本结构

探头的种类很多，但它们的结构主要由探头架、晶片、阻尼块、保护膜等组成。下面就直探头和斜探头分别叙述。

直探头的基本结构如图 5－12 所示。

（1）探头架是作固定晶片和接线用。

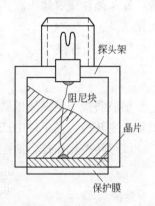

（2）晶片又称压电晶体，它有单晶体和多晶体之分，超声波探伤中常用的有石英（SiO_2）和锆钛酸铅（PZT）。晶片的厚度同固有频率成反比，例如锆钛酸铅（PZT－5）的频率厚度常数为 1890kHz/mm，那么晶片厚度为 1mm 时，其自然频率为 1.89MHz 厚度为 0.76mm 时，其自然频率为 2.5MHz。

（3）阻尼块又称吸收块，当电振荡脉冲加至晶片时，晶片振动并双面发射超声波，但晶片背面发射的超声波被阻尼块吸收，使晶片单向发射超声波。当电振荡脉冲停止时，晶片因惯性作用而继续振动，阻尼的目的是使振荡迅速衰减而停止，这样就减小了超声波的脉冲宽度，如图 5－13 所示。

图 5－12 直探头的基本结构

阻尼块的声阻抗等于晶片的声阻抗时，效果最佳。常用的阻尼块配方如下：

钨粉：环氧树脂：乙二胺（硬化剂）：二丁酯（增塑剂）＝35：10：0.5：1

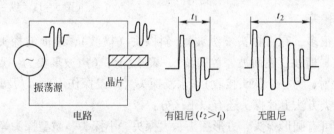

图 5－13 阻尼块、阻尼作用示意图

（4）保护膜的作用是使晶片同工件不直接接触，从而防止晶片磨损，达到保护晶片的目的。保护膜有软性和硬性之分，工件表面粗糙时用软保护膜为宜，反之用硬保护膜较好。软保护膜可用薄塑料膜，硬保护膜可用不锈钢片或陶瓷片。保护膜的厚度取 1/2 波长的整数倍，此时声波的穿透率最大。保护膜与晶片间的黏合层以薄为佳。软保护膜与晶片之间灌少许油，油层以薄为好。

斜探头的基本结构如图 5－14 所示，它主要由探头架、晶片、阻尼块和有机玻璃块等组成。探头架、晶片、阻尼块与直探头部分相同。

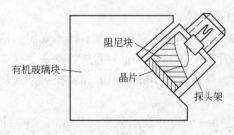

图 5－14 斜探头的基本结构

斜探头的有机玻璃块除起保护膜作用外，更

主要的是使晶片发出的超声纵波借助于有机玻璃块产生波型转换，变为横波，倾斜入射到工件中。有机玻璃块还作吸收反射纵波之用，使斜入射纵波在有机玻璃块中产生的反射纵波不被晶片接收，从而使示波屏水平扫描线上不出现探头杂波，干扰探伤。

5.1.2 试块

目前的超声波探伤，多采用 A 型显示的探伤仪。探伤仪与探头性能的测试要依靠标准试块，探伤时也要借助于试块进行定量和定位，出此可见，试块对于探伤工作是必不可少的。

5.1.2.1 试块的作用

试块主要有以下几个作用：

（1）探伤仪性能的测试；

（2）探头性能的测试；

（3）探伤仪与探头组合性能的测试；

（4）探伤仪时间轴比例的调节；

（5）探伤仪探伤灵敏度的调节；

（6）探伤时缺陷当量大小的确定；

（7）探伤时探伤仪及探头性能的校验；

（8）天然缺陷试块可以协助判定缺陷性质。

5.1.2.2 试块的分类

超声波探伤用试块种类很多，从大的方面分可以分为人工试块与天然试块两大类。人工试块又可分为许多类，按用途分，有校验试块，对比试块，模拟试块等。按人工反射体分有平底孔试块，横通孔试块、柱孔试块和槽形试块等。按试块的形状分有半圆试块、薄板试块、三角试块、圆柱形试块、梯形试块及各种校验性的试块等等。

天然试块可分为内裂纹试块、白点试块、缩孔残余试块、表面裂纹试块、晶粒粗大试块等。

5.1.2.3 常用试块的设计及制作要求

A ⅡW 试块

ⅡW 试块，又称荷兰试块，它是由荷兰提出，国际焊接学会推荐的综合性的校验试块。材质采用低碳钢，为了获得均匀的细晶粒组织，坯件（约 320mm×120mm×30mm）必须按下列方法作调质处理：坯件加热到 920℃ 保温半小时后置于水中淬火，接着 650℃ 回火，保温三小时，并置于空气中冷却。在最终加工前，须经超声探伤检验，不能有影响试块使用的缺陷。加工时，每个表面至少刨去 2mm，回波面要求磨削加工，其余各面都采用纵向刨削。刻度应采用蚀刻法或电刻法（数字字高 4mm），以免产生回波干扰。φ50mm 的镶入块圆柱体高 23mm，由有机玻璃制成，给它的顶面涂上一层银层，使其涂层厚度对测量不致产生重大影响。试块尺寸见图 5–15。

ⅡW 试块主要有以下几种功能：

（1）探伤仪性能测试。利用 25mm 与 100mm 可以测定仪器的水平极限，水平线性，深度档级，动态范围及垂直线性。

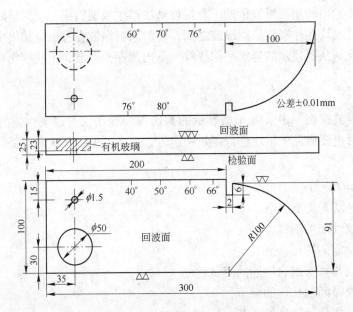

图 5 - 15　荷兰试块（ⅡW）主要尺寸示意图

（2）探伤仪与探头的组合性能。利用 100mm、91mm 和 85mm 深度可以测定直探头分辨率；利用 $\phi 50mm$ 到边缘的距离 5mm 与 10mm 可以测定直探头盲区；利用 $\phi 50mm \times 23mm$ 有机玻璃可以测定纵波穿透率；利用 $\phi 1.5mm$ 可以测定探伤灵敏度余量。

（3）探头性能。利用 25mm 可以测定直探头回波频率；可以测定斜探头水平方向偏转角；利用 $R100$ 可以测定斜探头入射点；利用 $\phi 50mm$ 及 $\phi 1.5mm$ 反射可以测定斜探头的折射角。

B　ⅡW 试块的改进型

（1）在 ⅡW 试块的扇形部分铣一 $R50$ 的台阶，如图 5 - 16（a）所示。其目的是在示波屏水平扫描线上同时出现 $R50$ 和 $R100$ 两个圆弧面的反射波，即横波声程为 L_{50}、L_{100} 的两个反射波，如图 5 - 16（b）所示。

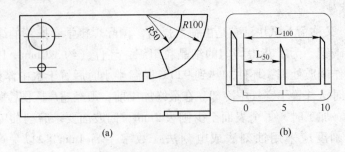

(a)　　　　　(b)

图 5 - 16　ⅡW 试块改进型之一
（a）试块示意图；（b）示波屏示意图

（2）在上述试块的基础上，于 $R100$ 的圆心处开一个浅槽，如图 5 - 17（a）所示，其目的是在示波屏水平扫描线上同时出现横波声程为 L_{50}、L_{100}、L_{150}、L_{200}、…的多次反射波，如图 5 - 17（b）所示。

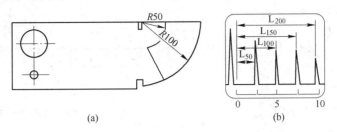

图 5 - 17　ⅡW 试块改进型之二
（a）试块示意图；（b）示波屏示意图

（3）在 ⅡW 试块上于 R100 的圆心处开一浅槽，如图 5 - 18（a）所示。其目的是在示波屏水平扫描线上同时出现横波声程为 L_{100}、L_{200}、L_{300}、…的多次反射波，如图 5 - 18（b）所示。

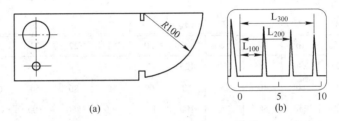

图 5 - 18　ⅡW 试块改进型之三
（a）试块示意图；（b）示波屏示意图

（4）在 ⅡW 试块上，于 R100 圆心处开一 R25 的圆弧形浅槽，如图 5 - 19（a）所示。其目的是在示波屏水平扫描线上同时出现横波声程为 L_{100}、L_{125}、L_{250}、…的多次反射波，如图 5 - 19（b）所示。

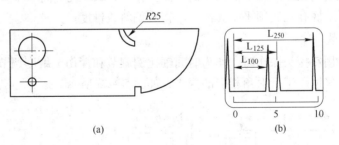

图 5 - 19　ⅡW 试块改进型之四
（a）试块示意图；（b）示波屏示意图

（5）在 ⅡW 试块上钻一孔径为 1.5mm 的横通孔，如图 5 - 20 所示。可以测定探伤灵敏度余量和探头声束的指向性。

C　CS - Ⅰ型标准试块

CS - Ⅰ型标准试块材料为优质碳素钢，外形如图 5 - 21 所示。尺寸如表 5 - 1 所示，CS - Ⅰ型试块共 26 块。

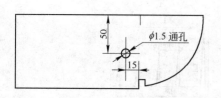

图 5 - 20 ⅡW 试块改进型之五

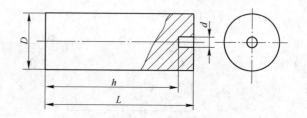

图 5 - 21 CS - Ⅰ型试块外形图

表 5 - 1 CS - Ⅰ型标准试块的尺寸 （mm）

序号	1	2	3	4	5	6	7	8	9	10	11	12	13
L	75	100	125	175	225	75	100	125	175	225	75	100	125
D	40	45	50	60	70	40	45	50	60	70	40	45	50
h	50	75	100	150	200	50	75	100	150	200	50	75	100
L-h	25	25	25	25	25	25	25	25	25	25	25	25	25
d	2	2	2	2	2	3	3	3	3	3	4	4	4
序号	14	15	16	17	18	19	20	21	22	23	24	25	26
L	175	225	290	75	100	125	175	225	290	125	175	225	290
D	60	70	80	40	45	50	60	70	80	50	60	70	80
h	150	200	250	50	75	100	150	200	250	100	150	200	250
L-h	25	25	40	25	25	25	25	25	40	25	25	25	40
d	4	4	4	6	6	6	6	6	6	8	8	8	8

D 盲区试块

试块尺寸如图 5 - 22 所示。试块材料采用压延或拉拔的中碳钢，并用热处理使其金属组织均匀，晶粒度应在 5 级以上。试块的探测面在 2.5MHz 或更高频率，高灵敏度探伤时不得发现缺陷。平底孔孔底须平整光滑，不得有偏斜或锥度。

E 三角试块

三角试块是用斜探头探伤时，作为时间轴比例调节和探伤灵敏度调节。其缺点是一种角度的三角试块仅适用于折射角相应的探头，如图 5 - 23 所示。

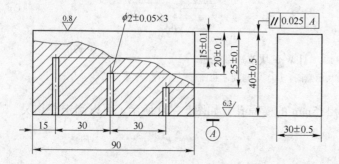

图 5 - 22 盲区试块的尺寸及加工要求（单位：mm）

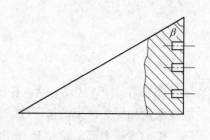

图 5 - 23 三角试块

F JB1152－81 所用标准试块

CSK－ⅠA 标准试块尺寸如图 5－24 所示。

CSK－ⅡA 标准试块尺寸如图 5－25 所示。

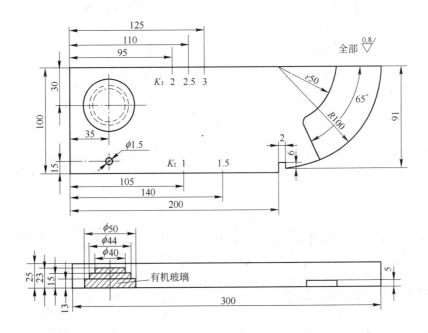

图 5－24 CSK－ⅠA 试块（尺寸公差 ±0.1；各边不垂直度不大于 0.05）

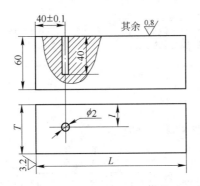

图 5－25 CSK－ⅡA 试块（各边不垂直度不大于 0.05）

L—试块长度，由使用的声程确定；*T*—试块厚度，由被检材料厚度确定；

l—标准孔位置，由被检材料厚度确定，根据需要可添加标准孔

CSK－ⅢA 标准试块尺寸如图 5－26 所示。

G JB/T 10063—1999 和 JB/T 10062—1999 所用标准试块及对比试块

ZBY232—84 规定了超声探伤用 1 号标准试块技术条件，其尺寸和技术要求见图 5－27。

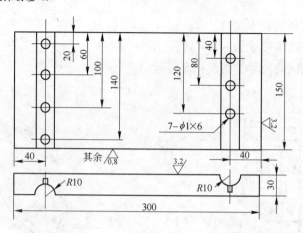

图 5-26 CSK-ⅢA 试块（尺寸公差 ±0.1mm；各边不垂直度不大于 0.05）

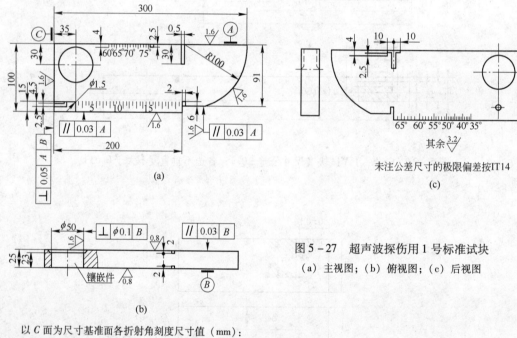

图 5-27 超声波探伤用 1 号标准试块
(a) 主视图；(b) 俯视图；(c) 后视图

以 C 面为尺寸基准面各折射角刻度尺寸值（mm）：
60° ~ 76°

折射角值	60°	61°	62°	63°	64°	65°	66°	67°	68°	69°	70°	71°	72°	73°	74°	75°	76°
尺寸值	87.0	89.1	91.4	93.9	96.5	99.3	102.4	105.7	109.3	113.2	117.4	122.1	127.3	133.1	139.6	147.0	155.3

74° ~ 82°

折射角值	74°	75°	76°	77°	78°	79°	80°	81°	82°
尺寸值	87.3	91.0	95.2	100.0	105.6	112.2	120.1	129.7	141.7

34° ~ 66°

折射角值	34°	35°	36°	37°	38°	39°	40°	41°	42°	43°	44°	45°	46°	47°	48°	49°	50°
尺寸值	82.2	84.0	85.9	87.7	89.7	91.7	93.7	95.9	98.0	100.3	102.6	105.0	107.5	110.1	112.7	115.5	118.4
折射角值	51°	52°	53°	54°	55°	56°	57°	58°	59°	60°	61°	62°	63°	64°	65°	66°	
尺寸值	121.4	124.6	127.9	131.3	135.0	138.8	142.8	147.0	151.5	156.2	161.3	166.7	172.4	178.5	185.1	192.2	

JB/T 10062—1999 超声探伤用探头性能测试方法（见附录 2）中介绍了石英晶片固定试块和对比试块。石英晶片固定试块见图 5-28；对比试块 DB-P 试块见图 5-29；DB-H$_1$ 试块见图 5-30；DB-H$_2$ 试块见图 5-31；DB-D$_1$ 试块见图 5-32；DB-R 试块见图 5-33。

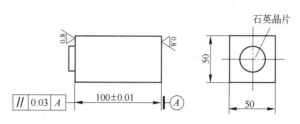

图 5-28　石英晶片固定试块

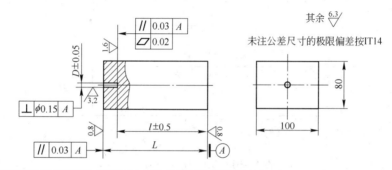

图 5-29　DB-P 对比试块

型号 DB-P	z05-2	z1-2	z1.5-2	z2-2	z3-2	z4-2	z5-2	z8-2	z10-2	z15-2	z20-2	z20-4
l	5	10	15	20	30	40	50	80	100	150	200	200
L	25	30	35	40	50	60	70	100	120	170	225	225
D	2	2	2	2	2	2	2	2	2	2	2	4

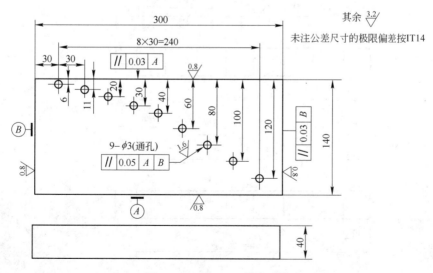

图 5-30　DB-H$_1$ 对比试块

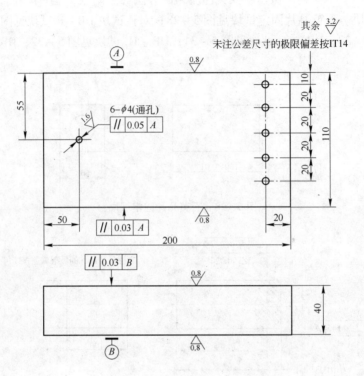

图 5 – 31　DB – H₂ 对比试块

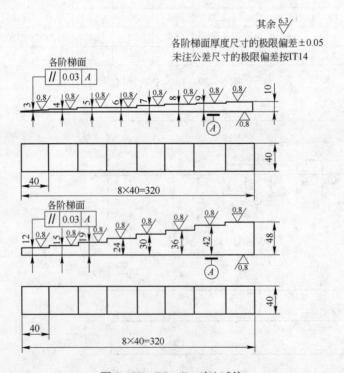

图 5 – 32　DB – D₁ 对比试块

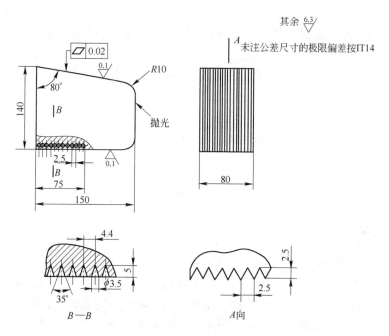

图 5 - 33 DB - R 对比试块

H 铁道部车轴用试块

用于检查车轴透声性能及全轴内部缺陷的标准试块见图 5 - 34。

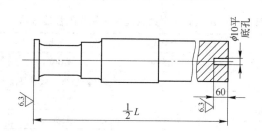

图 5 - 34 测定车轴透声性能及内部缺陷用试块 （材料——无缺陷车轴）

L—车轴实体全长

火车的煤、从轴经过一段使用后常在镶入部位产生横向疲劳裂纹，出现位置多在距镶入部外边缘 10～35mm 和距内边缘 0～35mm 两个条带。

检查镶入部疲劳裂纹用灵敏度试块如图 5 - 35 所示。

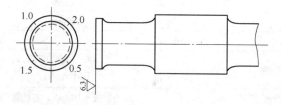

图 5 - 35 检查镶入部疲劳裂纹用灵敏度试块 （人工裂纹锯口宽度 0.5mm）

在超声波探伤中，除使用标准试块以外，还要有使探头保持一定压力的重块，对于汕头超声电子仪器厂及上海超声波仪器厂出的直探头可以采用如图5-36所示的重块。

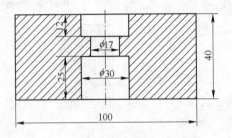

图 5-36 直探头用重块尺寸示意图

5.1.3 超声波探伤仪主要性能及测试

探伤人员在探伤前必须对仪器与探头的组合性能进行测试，只有了解所用仪器的性能，才能对所探结果有充分的把握，否则将造成探伤的误判和漏检。例如仪器的水平线性差，将引起缺陷的定位误差；衰减器精度差将引起对缺陷的定量误差；分辨率差容易引起对缺陷的定性误差；仪器动态范围小，影响对小缺陷的发现能力；盲区大影响对近表面的发现能力等。鉴于上述各种情况，探伤人员在探伤工作之前必须将自己使用的探伤仪和探头的性能作仔细认真的测试，以确保探伤的准确性。

5.1.3.1 探伤仪性能及仪器探头组合性能的技术要求

超声波探伤仪按其质量分为合格品、一等品、优等品三类。具体的技术要求见表5-2。

表 5-2　A 型脉冲反射式超声波探伤仪性能分等表

序　号	项　目	合格品	一等品	优等品
1	电噪声电平	≤8%	≤6%	≤4%
2	垂直极限	不少于示波屏有效垂直高度的80%		
3	水平极限	超过满刻度的		
		10%	15%	15%
4	动态范围	≥24dB	≥30dB	≥30dB
5	垂直线性	≤8%	≤6%	≤5%
6	垂直线性范围	为垂直刻度的		
		12~100%	5~100%	
7	水平线性	≤2%	≤1%	
8	探伤灵敏度余量	Φ2/200—ϕ70mm×225mm		
		≥30dB	≥36dB	≥45dB
9	分辨率	≥15dB	≥18dB	≥22dB
10	盲　区	≤25mm	≤20mm	≤15mm
11	衰减器范围	≥60dB	≥80dB	
12	衰减器精度	每12dB		
		±1.5dB	±1.0dB	±0.5dB
13	深度档级	最小档级≤100mm，各档级应能覆盖		
14	回波频率	实际≤±15%		

　　A 型脉冲反射式超声探伤仪通用技术条件（JB/T 10061—1999）中对名词术语，产品品种、规格，技术要求，测试方法，检验规则，标志、包装、运输、储存及成套性等作了具体规定，并对探伤的电性能提出了具体要求。技术要求及检测方法见附录 2。

5.1.3.2　探伤仪及探头性能的测试方法

　　A　探伤仪与探头组合性能的测试

　　a　电噪声电平

　　示波屏上的电噪声波高度即为电噪声电平。

　　电噪声电平的测试方法：

　　将探头和探伤仪连接并置于空气中，如图 5 - 37 所示。测试时，将抑制置"0"，补偿置"关"。衰减

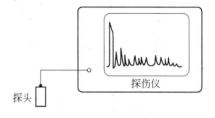

图 5 - 37　电噪声电平测试电路

器置"0"，增益置调节量的 80% 以上。电噪声电平用 $\dfrac{噪声电平高度}{垂直刻度高度} \times 100\%$ 表示。

　　b　垂直极限

　　示波屏垂直有效刻度的高度与所用示波管标准中有效垂直高度的比即为垂直极限。

　　垂直极限的测试方法：

　　首先观察示波屏的垂直有效刻度的高度，则垂直极限用 $\dfrac{示波屏垂直有效刻度的高度}{示波管有效垂直高度} \times$ 100% 表示。

　　c　水平极限

　　水平扫描线的实际长度与示波屏水平有效刻度的比即为水平极限。

　　如果水平扫描线的实际长度小于示波屏水平有效刻度的长度，那么示波屏就未被充分利用。如果水平扫描线的实际长度等于或略大于示波屏水平有效刻度的长度，那么采用零位修正法定位时，亦将导致示波屏未被充分利用。

　　水平极限的测试方法：

　　设备：ⅡW 试块，直探头。

　　测试电路如图 5 - 38（a）所示。

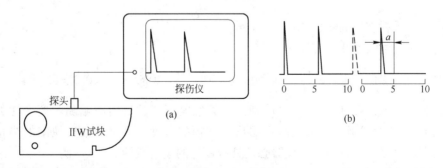

图 5 - 38　水平极限的测试方法
（a）测试电路；（b）示波屏示意图

　　将探头压在试块上，各开关旋钮放置适当，使发射脉冲和第一次回波显示在示波屏上。调节"水平"旋钮，使发射脉冲的前沿与水平刻度"0"一致。调节深度微调，使第

一次回波前沿与水平刻度"5"一致。再调节水平，使水平扫描线左移，直至水平扫描线的右端与水平刻度"10"一致。记下第一次反射回波前沿左移的距离 a，如图 3 – 38（b）所示，则水平极限用 $\dfrac{a+L}{L} \times 100\%$ 表示。其中，L 表示示波屏有效刻度的长度。

d 动态范围

示波屏上反射波高度，从刚满幅降至刚消失时，所施加的衰减 dB 数，称为动态范围。在相同的探伤灵敏度下，探伤仪的动态范围大，那么检测灵敏度就高，反之探测灵敏度就低。

如果有两台探伤仪，其动态范围一台是 24dB，另一台是 12dB，那么这两台探伤仪的检测灵敏度就要相差 12dB，若前一台能发现 $\Phi2$ 当量的缺陷，那么后一台只能发现 $\Phi4mm$ 当量的缺陷。因此探伤仪动态范围的大小，对检测小缺陷的能力影响甚大。

动态范围的测试方法：

设备：$\Phi2/200 — \phi70mm \times 225mm$ 试块。

$\phi20mm$（或 $\phi17mm$），2.5MHz，直探头测试电路如图 5 – 39 所示。

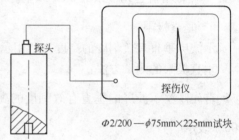

$\Phi2/200 — \phi75mm \times 225mm$ 试块

将探头压在试块上并保持稳定，抑制置"0"，其他旋钮置适当位置。调节增益衰减器，使 $\Phi2$ 平底孔第一次反射回波高度为垂直刻度的 100%，记下衰减器的读数 D_1。调节衰减器，使 $\Phi2$ 平底孔第一次反射回波高度降至垂直刻度的 1%，记下衰减器的读数 D_2，动态范围用 $D_2 – D_1$ 表示。

图 5 – 39 动态范围测试电路图

e 垂直线性

示波屏上反射波高度与理想缺陷面积成比例关系的程度，也就是示波屏上反射波高度与探伤仪输入电压成比例关系的程度。

示波屏上反射波高度 H 的变化与衰减器衰减量 dB 的变化的线性关系呈

$$dB = 20\lg\frac{H_2}{H_1} \qquad\qquad (5-2)$$

式中 H_2——反射波原高度；

H_1——反射波变化后高度。

例如，波高降低一半，即 $\dfrac{H_2}{H_1} = 2$，则 $dB = 20\lg\dfrac{H_2}{H_1} = 20\lg2 = 20 \times 0.3 = 6$。

仪器使用的 A、V、G 曲线，是以理论计算绘制而成的反射波幅随距离变化的曲线，探伤仪配备 AVG 曲线板后，探伤时根据反射波幅的高度，可迅速读得缺陷的当量大小，给探伤工作带来很大的方便，但仪器必须具有良好的垂直线性。

垂直线性的测试方法：

设备：$\Phi2/200 — \phi70mm \times 225mm$ 试块。

$\phi20mm$（或 $\phi17mm$），2.5MHz，直探头。

测试电路如图 5 – 40（a）所示。先将探头压在试块上，抑制置"0"，深度补偿置"关"，其他旋钮置适当。调节增益、输出、衰减器，使 $\Phi2$ 平底孔反射波高为垂直刻度的

100%，以此作为0dB的基本幅度显示在示波屏上。

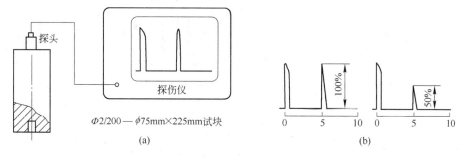

图5-40　垂直线性的测试线路图

（a）测试电路；（b）示波屏示意图

调节衰减器，每增加2dB记下相应的反射波高度的读数，直至反射波高降为垂直刻度的5%（合格品为12%），其中以理论值的最大误差与最小误差之和的百分数，即为垂直线性误差。

垂直线性误差用 $(a_{最大} + |a_{最小}|) \times 100\%$ 表示。

误差值 a 用理论值减去实测值而得，理论值见表5-3。

表5-3　波高与衰减量（dB）变化的理论值

dB	0	2	4	6	8	10	12
波高 H/mm	100	79.4	63.1	50.1	39.8	31.6	25.1
dB	14	16	18	20	22	24	26
波高 H/mm	20.0	15.8	12.5	10.0	7.9	6.3	5.0

f　垂直线性范围

垂直线性符合技术要求的垂直刻度的区间，测试方法同垂直线性。

g　水平线性

示波屏上水平扫描线扫描速度的均匀程度，称水平线性。也就是水平扫描线单位长度所代表的探测距离的均匀程度。例如测一个厚100mm的工件，缺陷离工件表面50mm，由于探伤仪水平线性差，缺陷反射波在水平刻度的4.5格出现（工件底波调在10格），那么将误判缺陷离工件表面的距离为45mm，因此探伤仪水平线性差将引起探伤时定位误差。

水平线性的测试方法：

设备：ⅡW试块；ϕ20mm（或ϕ17mm）2.5MHz直探头。

测试电路如图5-41（a）所示。

调仪器抑制置"0"，其他旋钮位置适当，将探头分别按（1）、（2）、（3）三个位置压在试块上分段测试。调节增益输出、衰减器，使第一至第五次反射回波显示在示波屏上，第五次反射回波需大于垂直刻度的50%。调节水平和微调，使 B_1 和 B_5 两反射波的前沿与水平刻度"2"和"10"一致。观察 B_2、B_3、B_4 三个反射波的前沿分别与水平刻

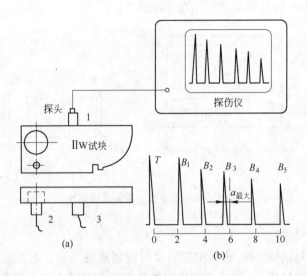

图 5 - 41　水平线性的测试方法

(a) 测试电路；(b) 示波屏示意图

度 "4" "6" "8" 的偏差距离，如果最大的偏差距离为 a 最大（如图 5 - 41 (b)），则水平线性用 $\dfrac{|a_{最大}|}{0.8l} \times 100\%$ 表示。其中，l 表示水平刻度的长度。

　　h　探伤灵敏度余量

　　探伤仪灵敏度最高时，所能发现最小缺陷的能力，称探伤灵敏度余量。探伤仪的探伤灵敏度余量大，那么它的检测灵敏度就高。

　　例如有两台探伤仪，它们的探伤灵敏度余量分别为 36dB 和 12dB，这两台探伤仪的检测灵敏度相差 24dB，若前一台能发现 $\Phi 2$ 当量的缺陷，则后一台只能发现 $\Phi 8$ 当量的缺陷。因此，探伤仪的探伤灵敏度余量大小，直接影响它发现最小缺陷的能力。

　　探伤灵敏度余量的测试方法：

　　设备：$\Phi 2/200$—$\phi 70mm \times 225mm$ 试块；晶片直径不大于 20mm，2.5MHz，直探头。

　　测试电路如图 5 - 42 所示。将抑制置 "0"，深度补偿置 "关"，增益放在调节量的 80% 以上，调节衰减器，使电噪声电平保持在分等规定的条件下，记下衰减器的读数 D_1，将探头压在试块上，使 $\Phi 2$ 孔反射波出现在示波屏中心，再调节衰减器，并移动探头，使 $\Phi 2$ 孔反射波最高且调至垂直刻度的 100%，记下衰减器的读数 D_2，则探伤灵敏度余量用 $dB = D_2 - D_1$ 表示。

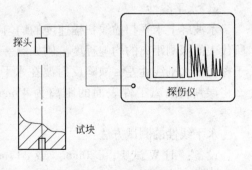

图 5 - 42　探伤灵敏度余量测试电路

　　i　分辨率

　　分辨率又叫垂直分辨率，它是区分两个不同深度相邻缺陷的能力。

　　如果工件中两个缺陷的间距较小，探伤仪分辨率好时，两个缺陷的反射波在示波屏上能明显区分开，若探伤仪分辨率差，那么两个缺陷的反射波在示波屏上区分不开，而出现一个缺陷波，将导致误判工件中只有一个缺陷，因此探伤仪的分辨率好坏影响对缺陷的定性。

分辨率高低同探伤仪的灵敏度有关，灵敏度高分辨率差，灵敏度低分辨率好，因此探伤时，在较高灵敏度下，发现工件内有个一定长度的缺陷，需将灵敏度降低，再移动探头，视其缺陷反射波幅的变化情况，判断是连续点状缺陷还是线状缺陷。

分辨率的测试方法：

设备：ⅡW 试块；晶片直径 $D \leqslant 20mm$，2.5MHz，直探头。

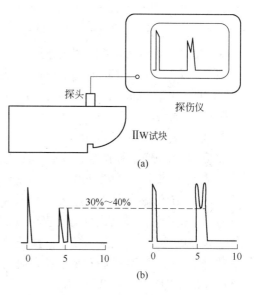

测试电路如图 5 - 43（a）所示。将探头压在试块上，调节增益、衰减器，其他旋钮置适当，并移动探头使 85mm、91mm 两反射波高度相同，且为垂直刻度的 30% ~ 40%，记下衰减器的读数 D_1。然后再调节衰减器，使两波峰间的谷值上升到原波峰高度，记下此时的衰减器读数 D_2，如图 5 - 43（b）所示。则分辨率用 dB = $D_1 - D_2$ 表示。

j 盲区

发现近表面缺陷的能力称作盲区。探伤仪的盲区大，将导致工件近表面缺陷的漏检。

探伤仪的灵敏度高低影响盲区的大小，灵敏度高盲区大，灵敏度低盲区小。

图 5 - 43　分辨率的测试方法

盲区的测试方法：

设备：$\Phi2/200$—$\phi70mm \times 225mm$ 试块，盲区试块，晶片直径不大于 20mm，2.5MHz，直探头。

测试电路如图 5 - 44（a）所示。

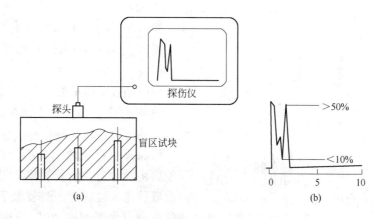

图 5 - 44　盲区的测试方法

（a）测试电路；（b）示波屏示意图

在探伤灵敏度余量的条件下，将探头从 $\Phi2/200$—$\phi70mm \times 225mm$ 试块上移至盲区试块，若某一 $\Phi2$ 平底孔能使孔波幅度大于垂直刻度的 50%，且孔波前沿和发射脉冲后沿相交的波谷低于垂直刻度的 10%，则测得的最短距离为盲区，以 mm 表示，如图 5 – 44（b）所示。

k 衰减器精度

衰减器衰减量的准确程度称衰减器精度。

探伤仪的衰减器精度差，将影响缺陷定量的准确程度。如有一缺陷实际为 $\phi6$ 横通孔当量由于衰减器的精度误差 $\pm2dB$，那么该缺陷会被误判为 $\phi9.5$ 或 3.8 横通孔当量（孔径单位 mm）。因此衰减器精度差，就影响缺陷大小的判定。

衰减器 12dB 档级误差的测试方法：

设备：$\Phi2/200$—$\phi70mm \times 225mm$ 试块；$\Phi4/200$—$\phi70mm \times 225mm$ 试块；$\phi20mm$（或 $\phi17mm$），2.5MHz，直探头。

测试电路如图 5 – 45 所示。

将抑制置 "0"，补偿置 "关"，其他旋钮置适当。先将探头压在 $\Phi2/200$—$\phi70mm \times 225mm$ 试块上，调节增益输出，衰减器，并移动探头，使 $\Phi2$ 平底孔反射波最高，且为垂直刻度的 50%，

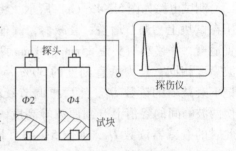

图 5 – 45 衰减器 12dB 档级测试方法

记下衰减器的读数 D_1。然后将探头移至 $\Phi4/200$—$\phi70mm \times 225mm$ 试块上，只调节衰减器，移动探头，使 $\Phi4$ 平底孔反射波最高，且为垂直刻度的 50%，记下衰减器的读数 D_2，则衰减器的误差用 $\Delta D = 12 - (D_2 - D_1)$ 表示。

l 深度档级

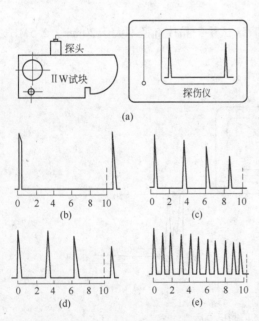

图 5 –46 深度档级的测试方法

（a）测试电路；（b）~（e）示波屏示意图

当深度调节开关粗调置于每一档级时，调节微调，示波屏水平扫描线全刻度所能表示的探测最小距离和最大距离称深度档级。

假设某一探伤仪的深度档级指标（钢中纵波）为：

粗调1：$0 \sim 100mm$，$0 \sim 300mm$；

粗调2：$0 \sim 300mm$，$0 \sim 1000mm$；

……

深度档级的测试方法：

设备：ⅡW 试块；直探头。

测试电路如图 5 – 46（a）所示。

将探头压在试块上，粗调开关置 "1"，其他旋钮置适当，使发射脉冲和第一次反射回波显示在示波屏上。调节水平，使发射脉冲的前沿与水平刻度 "0" 一致。顺时针方向调节微调，使第一次反射回波的前沿在水平扫描线上能调至水平刻度的 "10" 或

"10"以后，如图5-46（b）所示。再逆时针方向调节微调，使第三次反射回波前沿在水平扫描线上向左移动的位置应能移至水平刻度的"10"以左，如图5-46（c）所示。

将粗调开关换置"2"，其他旋钮置适当，使发射脉冲和三次反射回波显示在示波屏上。调节水平，使发射脉冲的前沿和水平刻度的"0"一致。顺时针方向调节微调，视第三次反射回波的前沿在水平扫描线上向右移动的位置，应能移至水平刻度的"10"以右。如图5-46（d）所示。再逆时针方向调节微调，视第十次反射回波的前沿在水平扫描线上向左移动的位置，应能够移至水平刻度"10"以左，如图5-46（e）所示。其他档级以此类推。

若能满足上述测试结果，那么该探伤仪的深度档级指标符合分等规定中的技术要求，即最小档级的探测深度是小于、等于100mm，且各档级能覆盖。

B　探头性能的测试

探头性能的测试在超声波探伤中有十分重要的意义，因为探头性能的好坏，直接影响探伤结果的准确性。

a　回波频率

探头与探伤仪配合使用时，超声波在工件中传播的实际频率称回波频率。探头的标称频率与它在工件中传播时的超声波实际频率是有偏差的，但频率同近场长度、扩散角等有关，因此需对其实际频率进行测试。

回波频率的测试方法：

设备：ⅡW试块；直探头。SMB-10B型示波器。

测试回波频率时必须注意以下几点：平板试块的厚度要小于待测探头的近场长度；探头和试块的耦合要良好；示波器的频带要足够宽（30MHz），且时间读数的精度要高。

测试电路如图5-47（a）所示。

将探头压在试块上，"单-双"置"单"。

移动探头，并适当调其他旋钮，使第一次反射回波最高，此时将探头固定之。视示波器的示波屏，观察试块第一次反射波的波形，如图5-47（b）所示。

读取几个周期所对应的时间 T。

回波频率　　　$Fe' = \dfrac{n}{T}$　　　　（5-3）

则回波频率的误差用 $\dfrac{Fe - Fe'}{Fe} \times 100\%$ 表示。

式中　Fe——探头的标称频率，MHz；

　　　Fe'——回波频率，MHz；

　　　n——反射波的周期数，一般取3～5次；

　　　T——n 个周期所对应的时间，μs。

b　直探头的扩散角

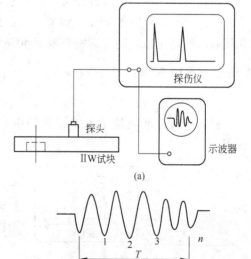

图5-47　回波频率的测试

直探头理想的最大半扩散角（边缘声压为零时）为 $\theta = \arcsin 1.22 \dfrac{\lambda}{D}$，如图 5 – 48 所示。

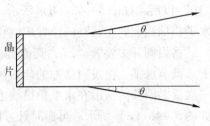

图 5 – 48 探头的扩散角

扩散角的大小随灵敏度的高低而变化，灵敏度高其扩散角大；灵敏度低其扩散角小。人们通常测定 6dB、20dB 时扩散角的大小。习惯上 6dB 时的扩散角叫做半波高扩散角，20dB 时的扩散角视作全波消失扩散角。

下面介绍 6dB 时扩散角的测试方法，20dB 时扩散角也用同样方法测试。

直探头 6dB 时扩散角的测试方法：

设备：横通孔试块，孔径为 $\phi 2\text{mm}$，孔深大于 $2N$。直探头。

测试电路如图 5 – 49（a）所示。

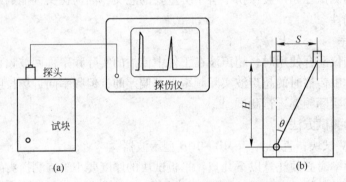

图 5 – 49 直探头扩散角的测定

（a）测试电路；（b）扩散角测定示意图

将探头压在试块上，各开关、旋钮置适当，移动探头，使横通孔第一次反射回波最高，并调至垂直刻度的 50%。调节衰减器，使探伤仪灵敏度提高 6dB，移动探头，使横通孔反射波高降至原波高（即垂直刻度 50%），测探头的移动距离 S 和孔深 H，则该探头的 6dB 扩散角用 $\theta = \arctan \dfrac{S}{H}$ 表示。

c 斜探头入射点

斜探头有机玻璃块中纵波波束的中心线与有机玻璃块底面的交点，称斜探头的入射点。

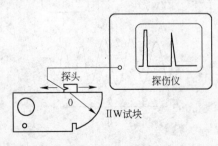

图 5 – 50 斜探头入射点的测定

只有知道了斜探头的入射点位置，才能在探伤中准确地给缺陷定位，而且由于斜探头在探伤时有机玻璃块底面经常磨损，导致斜探头入射点变化。因此斜探头入射点在探伤时需经常测定。

斜探头入射点的测定方法：

设备：ⅡW 试块；斜探头。

测试电路如图 5 – 50 所示。

将探头压在试块上，各开关旋钮置适当，前后移动和左右转动探头，使圆弧面反射波最高，此时圆弧面的圆心所对应的点即为斜探头的入射点。

d 斜探头的折射角

横波声束中心线同法线间的夹角，称斜探头的折射角。

斜探头折射角的大小是根据斯涅尔定律 $\dfrac{\sin\alpha}{\sin\beta}=\dfrac{c_1}{c_2}$ 计算得来，由于有机玻璃块入射角度的加工值与标称值有误差或者声速所取数值不同，将引起折射角的误差；另外，斜探头使用时有机玻璃块底面磨损，使入射角变化，也将引起折射角大小的变化。折射角的变值将引起探伤时定位的误差，因此斜探头折射角数值以实测为准，并经常测定。

斜探头折射角的测定方法：

设备：ⅡW试块；斜探头。

测试电路如图 5 – 51 所示。

根据斜探头折射角的大小不同，探头在试块上放置的位置如 1、2、3 位置所示，1、2 位置利用 $\phi50mm$ 孔反射，3 位置是利用 $\phi1.5mm$ 孔的反射。

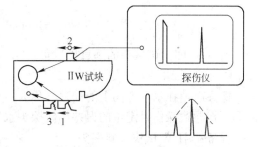

图 5 – 51 斜探头折射角的测试方法

测试时，将探头压在试块上，各开关旋钮置适当，使孔反射波显示在示波屏上，移动探头，使孔反射波为最高，并调至垂直刻度的 50% 左右，则探头入射点所对应试块上的角度标记值即为该斜探头的折射角值。

e 斜探头垂直扩散角

横波声束垂直方向边缘声压为零时扩散角的大小，称斜探头垂直扩散角。以波束中心线为界，将垂直扩散角分为上扩散角和下扩散角。扩散角的大小同灵敏度有关，灵敏度高时扩散角大，反之扩散角小。测量时用孔深 16mm，$\phi1mm$ 横通孔试块，调节孔反射波高为垂直刻度的 50%，然后提高 15dB，以此灵敏度测试垂直扩散角的大小。

$\phi1/16 – 15dB$ 时垂直扩散角大小的测试方法：

设备：横通孔试块；斜探头。

测试电路如图 5 – 52 所示。

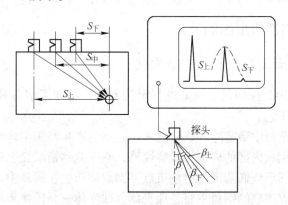

图 5 – 52 斜探头垂直扩散角的测试方法

将斜探头放在试块上，调节增益，衰减器和其他旋钮并移动探头，使 $\phi 1$ 横通孔反射波最高，且为垂直幅度的 50% 高度，再提高灵敏度 15dB。

移动探头，示波屏上刚出现横通孔反射波时，测探头入射点至横通孔的水平距离 $S_上$。

移动探头，示波屏上横通孔反射波为最高时，测探头入射点至横通孔的水平距离 $S_中$。

继续移动探头，示波屏上横通孔反射波刚消失时，测探头入射点至横通孔的水平距离 $S_下$。

若横通孔的孔深为 H（该试块为 16mm），那么该探头在 $\phi 1/16 - 15dB$ 灵敏度时的上下扩散角为：

$$\beta_上 = \arctan \frac{S_上}{H} - \arctan \frac{S_中}{H}$$

$$\beta_下 = \arctan \frac{S_中}{H} - \arctan \frac{S_下}{H}$$

$\beta_上 - \beta_下$ 即为该探头的垂直扩散角。

f　斜探头水平方向偏转角

探头声轴在水平方向上的偏移，称为斜探头水平方向偏转角。斜探头声轴在水平方向偏移，将导致探伤时定位的误差。斜探头水平方向偏转角的测试方法：

设备：ⅡW 试块；斜探头。

测试电路如图 5-53 所示。

斜探头 $K \leqslant 1.5$ 时利用试块的上棱边测试，当 $K > 1.5$ 时，利用试块的下棱边测试。将探头压在试块上，各开关旋钮置适当，使试块棱边反射波显示在示波屏上。前后移动探头，使棱边反射波最高。再以入射点为中心，左右转动探头，使棱边反射波最高。用量角器测探头侧面与试块棱边法线的夹角即为斜探头水平方向偏转角。

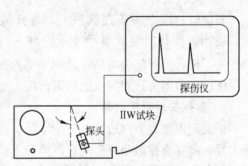

图 5-53　斜探头水平方向偏转角测试

我国机械行业标准超声探伤用超声探头性能测试方法（JB/T 10062—1999）中就名词术语、测试条件及测试用仪器设备、测试方法、检验规则四个方面提了具体要求、对直探头、斜探头、双晶直探头、水浸探头的性能测试方法作了具体规定，详见附录 3。

5.2　超声波判伤与低倍组织的关系

5.2.1　缺陷的特征及热工艺对于判伤的重要性

利用 A 型脉冲超声波探伤仪对缺陷进行定性判断，必须了解各种类型的缺陷特征和零件所经过的热加工工艺。

例如白点，它是钢材中最危险的缺陷之一。白点的产生与钢中含有较多的氢和内应力有关。白点是分散在钢材内部的许多片状裂纹群，它在低倍横截面上呈现裂纹形态，而在纵向断口上则呈现为圆形或椭圆形的白色斑点。白点多产生在锻件中，在铸钢与焊接件中偶尔也有发现。对白点敏感的钢材主要是珠光体、珠光体—马氏体和马氏体合金钢。铁素体、奥氏体和莱氏体钢中实际上没有这种缺陷。白点的分布具有规律性，它多产生在截面较大的锻件，由于表面氢的外逸，靠近锻坯的表面与端头不会有白点。合金钢轴类锻件的白点多呈环状分布，即白点裂纹出现在1/2半径到1/3半径处；碳素钢中的白点常常出现在锻件中心部位，有时白点也出现在锻件内部的薄弱环节。白点的分布形式也多种多样，多数呈无位向分布，有的呈辐射状，也有呈同心圆状的，还有沿金属流线分布的。白点的形成与热加工各工序有直接关系，首先炼钢时钢中氢含量高容易产生白点，有人曾发现，当钢中氢含量降低到临界值每100g铁2.0mL以下时，轧制出的12CrNi3MoV厚钢板中不会产生白点。其次与钢锭扩散退火及锻后防白点热处理工艺有关，当用合理工艺使钢中氢充分扩散出去后，钢中便不会产生白点，另一方面缓冷也会减少钢中的氢和内应力，这也对防止白点有利。

蜂窝状缺陷是指聚集在一起的缩孔、气孔及夹渣，它多产生在铸件中，主要是由于钢水补缩不足，气体析出、侵入或掉入外来夹渣所致。蜂窝状缺陷一般出现在冒口附近或零件截面突变的热节处。预防蜂窝状缺陷的措施主要有，炼钢时减少钢中的气体，使用干燥的砂型；使钢水顺序凝固以防止补缩不足；严格操作，防止外来夹渣掉入。

缩孔残余是锻件中的一种不允许缺陷，它是位于冒口端中心部位的空洞或褶皱。钢水凝固时发生收缩而产生的缩孔或二次缩孔在切冒口时切除不净而部分残留在工件中，形成了缩孔残余，在它的附近往往伴随有缩松或夹渣。预防缩孔残余的方法有设计合理的锭型，使用保温性能良好的保温帽，在容易产生缩孔和二次缩孔的钢种中采用较低的成材率。

裂纹也是探伤中常遇到的缺陷，从大的方面说裂纹可分为表面裂纹和内裂纹。暴露表面的裂纹往往容易被发现，或容易用磁粉探伤、着色探伤检查，绝大多数疲劳裂纹、磨削裂纹及某些热处理裂纹都属这一种。内裂纹系未延伸至表面的内部破裂，它的检测用超声波探伤最为合适。内裂纹按照裂纹在轴的纵截面上的分布情况可分为纵向裂纹、倾斜状裂纹、横向裂纹和树枝状裂纹；按照裂纹在轴的横截面上的几何形态可分为心部网络状裂纹、辐射状裂纹、树枝状裂纹、一字形裂纹、十字形裂纹及人字形裂纹等等。不同形状的裂纹其形成原因也各不相同，例如大锻件中的横向内裂纹和纵向内裂纹往往与热处理淬火时的淬火残余应力过大有关。在大型工件淬不透的情况下其残余应力是热应力型的，常常出现从内向外的开裂；在淬透性好的小型工件中，其残余应力是组织应力型的，裂纹一般是从外向里开裂。另外，钢锭冷却不当容易产生横裂与纵裂，锻造工艺不当容易形成人字形、十字形轴心裂纹；锻坯加热温度过高甚至过烧易形成轴心晶间开裂，裂纹呈网络状，有时使锻坯表面产生龟裂。原钢锭中的外来大块夹渣，在锻造时易形成树枝状裂纹。淬火钢淬硬层与未淬硬层过渡区内强大的拉应力会导致锻件内形成弧形裂纹。钢材含硫磷过高或者混入低熔点金属，容易产生沿晶界开裂的网络状裂纹。

夹杂物有显微夹杂物与外来夹杂物（夹渣）之分，超声波探伤所能发现的夹杂物主要是指夹渣。夹渣又可分为异性金属夹渣和非金属夹渣。由于异性金属夹渣与钢声阻抗差异较小，超声波探伤难于发现，只有在接合不良时才有反射波；非金属夹渣与钢相比声阻抗差别很大，具有较强烈的反射脉冲，探伤时不难发现。夹渣在钢中的分布与形态无一定规律，但一般是冒口端多于水口端。夹渣的分布形态有分散性夹渣和局部（集中）夹渣两类，分散性夹渣大都均匀分布在工件的某个区域，夹渣数量较多，但每个夹渣的体积较小，局部夹渣一般体积较大，多系外来非金属异物掉入引起，在一两块大的夹渣周围往往伴有许多小的夹渣。需要注意的是锻轧后的夹渣常常变为裂纹形状，探伤时要认真区分。

锻件中的疏松在横向低倍试片上是由许多深灰色的小点和针孔组成的。这是钢材不致密不均匀的一种象征。疏松分为分布整个断面的一般疏松以及分布中心部附近的中心疏松。疏松在高灵敏度探伤时可以发现。

偏析分为锭型偏析和点状偏析两类，锭型偏析在横向低倍试片上表现为沿锭型形状分布的深色区域，一般常为方框形，因此也称方框形偏析。点状偏析多呈暗灰色的点，有时这些点较基体金属凹陷，它又分为均匀分布的一般点状偏析和只分布在边缘的边缘点状偏析两类。

晶粒粗大多发生在大型锻件中，由于加热温度过高或保温时间过长，奥氏体过于粗化，从而使转变以后沿晶界析出大块或长条铁素体和使铁素体晶粒粗化。有些工件虽然不大，但有过热或者过烧组织时也会产生粗大晶粒。某些钢在常温时具有奥氏体组织，未经变形时也具有较粗的晶粒组织。

此外，从不同工件出现缺陷类型来讲，出现在铸件中的缺陷有：缩孔、夹渣、蜂窝状缺陷、气孔、砂眼、热裂纹、冷裂纹、冷隔、缩松、疏松等。出现在锻件中的缺陷有：白点、夹渣、裂纹（内裂纹、轴心晶间裂纹、锻造裂纹）缩孔残余、夹层、疏松（一般疏松、中心疏松）、偏析（锭型偏析、点状偏析）等。焊缝中出现的缺陷有：气孔、夹渣、裂纹、未焊透等。

概括起来，各种缺陷的几何形态与分布规律以及它们所经过的热加工工序对于超声波探伤定性有很重要的意义，应作较全面的了解。

5. 2. 2　波形与低倍组织的对应关系

A 型超声波探伤仪除了能提供缺陷的当量大小以外，还能提供缺陷的空间分布，这一点对我们定性探伤十分重要，因为在一般情况下低倍组织上的缺陷与该处的波形互相对应。图 5 - 54 就画出各种缺陷与波形的对应关系。

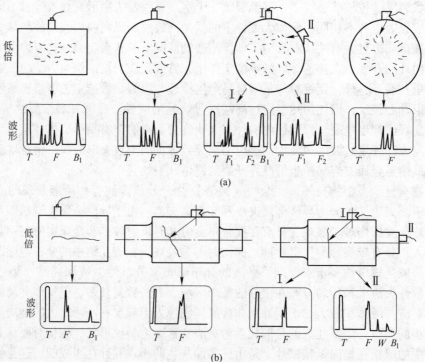

(a)

(b)

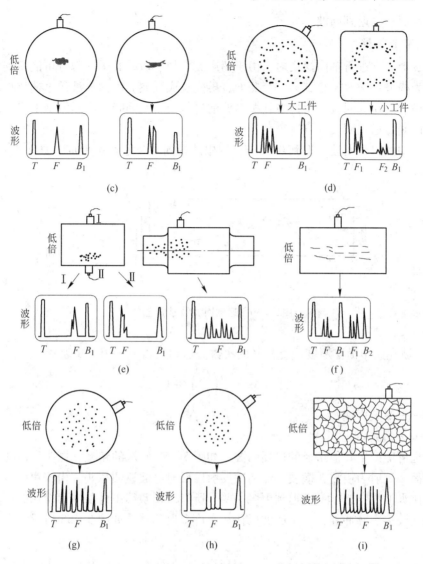

图 5 – 54 各种缺陷与波形的对应关系

(a) 白点；(b) 裂纹；(c) 缩孔残余；(d) 锭型偏析；(e) 夹渣、蜂窝夹渣；(f) 夹层；

(g) 一般疏松（高灵敏度）；(h) 中心疏松（高灵敏度）；(i) 晶粒粗大（高灵敏度）

5.3 多次反射在超声波判伤中的应用

5.3.1 各种形状工件的多次反射波形

5.3.1.1 板状工件

板状（或两面平行的块状）工件，超声波（纵波）探伤时的多次反射底波是均匀的按指数曲线递减的多次脉冲波，如图 5 – 55 所示。

只有当探头移动到工件边缘时，由于工件不光滑和超声

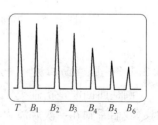

图 5 – 55 板状工件
多次反射波形

波打到侧面而产生迟到回波。

5.3.1.2 窄长工件

对于长形工件进行轴向探伤时，由于超声波束的扩散，其中一部分可能打到材料的侧面，变换为横波，横波又打到另一个侧面，再变换成纵波。因为横波的声速比纵波慢，在中途发生横波变换的回波，要比单纯按纵波前进的回波时间晚，在示波屏上出现的位置较滞后，所以叫做迟到回波。

通常钢中的迟到回波，迟到 $0.76nd$；铝中的迟到回波迟到 $0.88nd$，如图 5-56 所示。

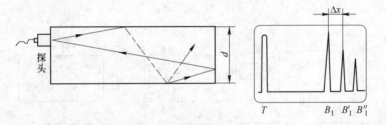

图 5-56 迟到回波的形成之一

n 是横波在途中横穿厚度或直径 d 的次数。迟到距离一般用下式表示：

$$\Delta x = \frac{nd}{2}\sqrt{\left(\frac{C_L}{C_S}\right)^2 - 1} \tag{5-4}$$

式中 C_L——纵波声速；

        C_S——横波声速。

另外也可能产生其他路径的迟到回波，如图 5-57 所示的路径，探头发出的纵波，打到零件侧面，反射为横波，横波又作两次反射以反射纵波返回探头，由于声波有三次横波反射，它比纵波贯穿厚度一次迟到更多一些。所以，长条形工件从端面探伤时，其多次反射波形除底波多次脉冲外，一次底波后往往有许多迟到波，如图 5-58 所示。

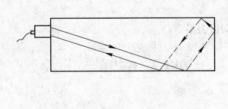 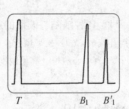 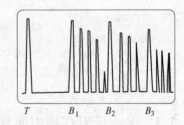

图 5-57 迟到回波的形成之二   图 5-58 窄长工件的多次反射波形

5.3.1.3 圆柱面回波

圆柱面回波是指轴类工件圆周探伤时的迟到回波。在中小型轴类工件圆周纵波探伤时，我们看到在一次底波之后，二次底波之前均匀分布两个波，前面一个波总较后面一个波低。设前面的波叫 N_3，后一个波叫 N_3'，下面我们讨论它们的行程及出现位置。

大家知道，直探头的平面与轴的外圆基本上是线接触，因此发射声束扩散角比较大，半扩散角30°的声束可以产生图5-59（a）的纵波三角反射。下面我们简单论证 N_3 的出现位置。

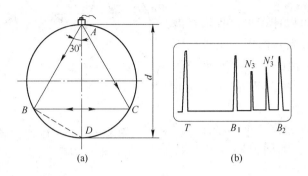

图5-59   圆周探伤时三角回波之一

（a）纵波三角反射示意图；（b）示波屏示意图

在等边三角形 ABC 中，设边长为 L，作辅助线 BD，三角形 ABD 是直角三角形，则 L = d·cos30°，声程为 3L = 3d·cos30°。荧光屏上的讯号是按距离校准，即按来回的声程校正，取一半，三角回波出现的距离 d_S 满足

$$d_S = \frac{3}{2}d \cdot \cos30° = \frac{3}{2}d \cdot \frac{\sqrt{3}}{2} = 1.3d$$

即三角回波 N_3 应出现在一次底波之后，一、二次底波间距离的 3/10 处。

N_3' 的行程是两个等腰三角形，它在行程中有波形转换，即纵波—横波—纵波和纵波—纵波—横波，下面我们作简单数学论证。

在图5-60中，由 A 点发射的半扩散角为 α_L 的纵波，在 B 点产生反射角为 α_L 纵波的同时，也要产生反射角为 α_S 的横波反射，横波反射后又转为纵波，只要 α_L 合适，就能使声波仍返回 A 点为探头接收。这个条件是：

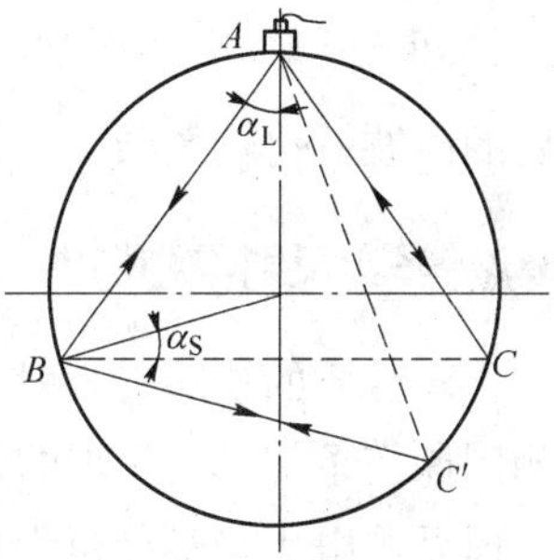

根据反射定律：$\sin\alpha_L = \dfrac{C_L}{C_S} \cdot \sin\alpha_S$

根据三角关系：$\alpha_S = 90° - 2\alpha_L$

图5-60   圆周探伤时
三角回波之二

代入上式后有 $\sin\alpha_L = \dfrac{C_L}{C_S} \cdot \sin(90° - 2\alpha_L) = \dfrac{C_L}{C_S}\cos(2\alpha_L) = \dfrac{C_L}{C_S}(1 - 2\sin^2\alpha_L)$

整理后得方程 $\dfrac{2C_L}{C_S}\sin^2\alpha_L + \sin\alpha_L - \dfrac{C_L}{C_S} = 0$ 解方程，取正值 $\sin\alpha_L = \dfrac{-1 + \sqrt{1 + 8 \times \left(\dfrac{C_L}{C_S}\right)^2}}{4 \times \dfrac{C_L}{C_S}}$

在钢中 $C_L = 5850\text{m/s}$，$C_S = 3230\text{m/s}$，代入上式得：

$$\sin\alpha_L = 0.582, \quad \alpha_L = 35.6°, \quad \alpha_S = 18.8°$$

三角波 N_3' 出现的距离：$d_L = d$

$$\left(\cos\alpha_L + \frac{1}{2}\frac{C_L}{C_S}\cos\alpha_S\right) \approx 1.67d$$

用同样的方法可以计算出声程为纵波—纵波—横波的路径在示波屏上出现的距离也是直径 d 出现距离的 1.67 倍。即三角回波 N_3' 出现在一次底波与二次底波间的 7/10 左右。

由于三角回波 N_3' 是两个不同路径三角回波的叠加，所以它的回波幅度总是比 N_3 高。

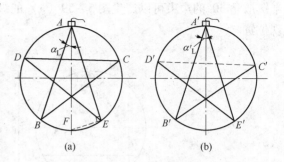

图 5-61　圆周探伤时五角星路径回波
(a) 完全纵波反射；(b) 第二次反射为横波

在圆周探伤时还会出现五角星路径，如图 5-61 所示。不难看出，五角星的每个顶角为 36°，那么半扩散角为 18°。在直角三角形 AFE 中，$AE = d \cdot \cos 18°$，那么缺陷出现的距离 $d_S = \frac{5}{2}d\cos 18° \approx 2.38d$。

上面讲的完全纵波反射的情况，当第二次反射转为横波时，同样可以计算出 $d_S = 2.78d$。

五角星路径回波出现在二次与三次底波间 4/10 和 8/10 处，由于还能出现其他路径的回波以及圆周面回波也会产生多次反射，所以三次底波

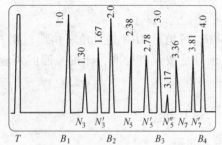

图 5-62　钢中的圆柱面回波

以后的回波就比较复杂了。我们把圆柱形钢工件圆周探伤时的圆周回波示于图 5-62。

5.3.2　多次反射与判伤

不同性质的缺陷对入射超声波散射、吸收、反射情况都不一样，因此不同性质的缺陷在相同探伤条件下，呈现的多次反射波形各不相同，这给我们判伤提供了重要信息。

白点，由于它是分布于钢内的裂纹群，它对入射超声波的漫反射很厉害，对多次反射次数影响很大。白点严重时，在正常探伤灵敏度时可使底波消失，这时只有杂乱分布的白点反射。通常 2~3 级的白点，多次反射一般 1~3 次，并在一次底波前和两次底波间出现丛状缺陷波，降低探伤灵敏度，有时会出现既无底波又无伤波的情况。提高灵敏度，底波反射次数无明显增加。

锻件中的缩孔残余，它是位于冒口端中心部位的空洞或褶皱，其中常存在气体，周围多伴有夹渣，它对超声波反射强烈，脉冲较宽，对多次反射影响严重。当缩孔残余 2~3 级时，一般只有 1~2 次底波；缺陷严重时，也可能使底波消失，还常常出现伤波的二次反射。

裂纹对底波多次反射影响很大，轴或其他形状工件的横向内裂纹纵波探伤时，声束平行于裂纹方向入射，多数既无底波也无伤波，当探头稍微脱离裂纹位置，底波多次反射立刻恢复正常。底波消失的范围与裂纹宽度有关，裂纹越宽，底波消失范围也越大。在圆周方向探测纵向内裂纹时，若声束平行于裂纹方向入射，也同样既无底波又无伤波，在纵向

移动探头时，这种状况并不改变，直到探头移到裂纹以外，在圆周方向移动探头时，情况则有另一种变化，即当探头转动近90°时，缺陷波反射最强，底波消失，在0°到90°过渡区内，底波多次反射会出现，但反射次数不多。位于轴心的小面积裂纹（例如轴心晶间裂纹之类），它们对底波多次反射的影响视其严重程度而定，一般说它们都对底波次数有较大影响，有时其反射情况与缩孔残余波形相类似。轴心一字形裂纹在探伤时有明显的方向性，即缺陷呈扁状，当平行于裂纹入射时，缺陷难于发现，多次反射比较正常，而当垂直于裂纹入射时，缺陷脉冲强而底波反射次数少。

  铸件中的蜂窝状缺陷，它是由缩孔、气孔和集中夹渣组成，它们中间都充满气体，反射声压较强，对底波影响较大，使底波反射次数有明显减少。特别是气孔为主的蜂窝状缺陷，它对超声波散射厉害，常使底波消失。

  分散性夹杂物和局部夹渣对超声波多次反射影响较小，尽管夹杂物的当量与白点的当量相同。这常常是我们区分夹杂物还是白点的重要依据。

  锻件中三级以下的疏松与偏析对超声波多次反射影响不大，只有严重的疏松偏析，因其对声波吸收较大而使底波减少。一般的疏松偏析，正常灵敏度探伤时，底波次数基本正常，也无缺陷波，只有提高探伤灵敏度时才有缺陷反射。

  板形锻件或钢板中的夹层，其中大面积的夹层对底波影响严重，常使底波消失；小面积分散夹层对底波次数有一定影响，通常可以用多次反射多少来评价钢板的内部质量。

  晶粒粗大，由于晶界对声波的散射，超声波衰减严重，正常探伤灵敏度，无伤波也无底波或底波只有 $1 \sim 2$ 次，提高探伤灵敏度时可出现草状缺陷波，多次反射仍无明显增加。晶粒粗大的突出特点是改用低频率探伤，多次底波会明显增加以致恢复正常。

  综上所述，影响多次反射严重的有白点、缩孔残余、内裂、蜂窝状缺陷和晶粒粗大，但可以用提高或降低灵敏度、改换探测频率以及观察缺陷波形等进一步区分它们。影响底波小的有夹杂物、疏松、偏析等，它们也各有自己的波形特征，以后我们将分别讨论。

6 蜂窝状缺陷的超声波探伤

6.1 蜂窝状缺陷及其在铸件中的分布

6.1.1 蜂窝状缺陷的特征

蜂窝状缺陷是铸件中的一种宏观缺陷，它是由集中的或分散的缩孔、气孔、夹渣所组成，其形状多像蜂窝，所以称为蜂窝状缺陷。

蜂窝状缺陷根据组成不同可以划分为缩孔型、气孔型和夹渣型三种。缩孔型的蜂窝状缺陷主要由缩孔组成，伴有气孔和夹渣；气孔型的则以气孔为主，伴有缩孔和夹渣；夹渣型蜂窝则主体是夹渣或同时伴有其他缺陷。缩孔型的蜂窝状缺陷基本具有缩孔的许多特征，内壁具有较发达的树枝状晶，表面往往凹凸不平，周围由于最后凝固常常聚集大量的非金属夹杂物，有时也会出现气孔等其他缺陷。气孔型的蜂窝状缺陷主要由气孔组成，气孔聚集一起成为蜂窝，气孔内壁光滑，立体形状呈规则的圆形或椭圆形。由于气孔型的蜂窝状缺陷的气孔多而且大，所以它多属于侵入气孔。夹渣型蜂窝基本具有夹渣的某些特征，即形状不规则，分布无规律，缺陷处填充着一定的固体物质等。无论哪一种蜂窝状缺陷，除具有各自的特征外，还都具有共同特点，因为蜂窝状缺陷中很少哪一种缺陷单独存在，常常是缩孔、气孔和夹渣共存的。

6.1.2 蜂窝状缺陷在铸件中的分布

6.1.2.1 蜂窝状缺陷在铸件中的分布

蜂窝状缺陷主要是由缩孔、气孔、夹渣所组成，因而它的出现规律与缩孔、气孔的出现规律相同。它常常出现在铸件中的热节处（见图6-1（a）），这是由于热节处钢水最后凝固并且凝固收缩时钢液得不到补充，有利于缩孔或气孔的形成。蜂窝缺陷也有时出现在板状铸件的中心轴线处（见图6-1（b）），这与板形铸件中心轴线最后凝固并且钢液难于得到补缩有关。蜂窝状缺陷还有的分布在铸造冒口的下方（见图6-1（c）），如果

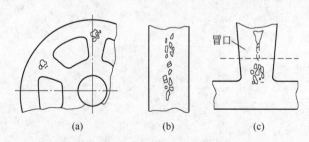

图6-1 蜂窝状缺陷的出现规律

（a）热节处；（b）中心轴线处；（c）冒口端下方

冒口补缩不好或设置不当，使缩孔深入工件或夹渣得不到上浮，就会出现这种现象。

6.1.2.2 蜂窝状缺陷在横截面上的分布

蜂窝状缺陷在横截面上的分布主要有以下三种形式，即集中于轴中心部位、分布在二分之一半径处和无一定规律（见图 6-2）。

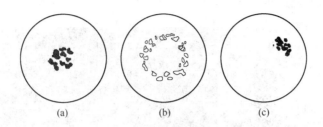

图 6-2 蜂窝状缺陷在横截面上的分布
(a) 集中于轴心部位；(b) 分布在 1/2R 处；(c) 无一定分布规律

集中于轴心附近的蜂窝状缺陷多数是缩孔型和气孔型蜂窝，因为中心部位是钢液最后凝固的地方，这里最易产生缩孔和气孔；分布在二分之一半径处的蜂窝缺陷一般是缩孔型的，并且多发生在大中型铸件中；无一定分布规律的蜂窝缺陷多属于夹渣型，因为夹渣的出现与它意外掉入钢液有关，并无固定规律。

6.2 蜂窝状缺陷的探伤

6.2.1 蜂窝状缺陷的波形特征

蜂窝状缺陷是铸件探伤中常见的缺陷之一，它分为缩孔型、气孔型和夹渣型三种，它们的声学反射特性各不相同，因而它们的波形特征也不一样。当然，它们都呈蜂窝状，探伤波形也有许多相同之处，下面我们分别加以讨论。

6.2.1.1 缩孔型蜂窝缺陷的波形特征

上面已谈到，缩孔型蜂窝以缩孔为主，缩孔内壁凸凹不平。同时由于收缩出现孔洞，树枝状晶在这里可以自由生长，所以缩孔壁上都有发达的树枝晶（见图 6-3）。缩孔中存在气体或处于真空状态，声压透过率很小，因而缩孔型蜂窝具有以下波型特征：伤波呈束状，波底宽大，波峰分枝，主伤波有时出现几个，在主伤波附近常伴有小伤波。缺陷波对底波及底波反射次数影响严重。改换低频率，主伤波的数量减少，但仍具有以上波形特征。

6.2.1.2 气孔型蜂窝状缺陷的波形特征

气孔型蜂窝状缺陷以气孔为主，气孔内壁光滑多呈球形，其反射声压按球形伤计算

$$P_F = P_0 \frac{Ad}{4\lambda a^2} \tag{6-1}$$

而圆形平面伤的缺陷反射声压为

$$P_F = P_0 \frac{AS}{\lambda^2 a^2} = P_0 \frac{\pi Ad^2}{4\lambda^2 a^2} \tag{6-2}$$

式中 P_F ——缺陷反射声压，Pa；

P_0——起始声压，Pa；

A——晶片面积，mm^2；

a——缺陷与晶片距离，m；

λ——波长，m；

d——缺陷直径，mm。

图 6-3 缩孔内壁上的树枝状晶

将式（6-1）与式（6-2）比较，可知在缺陷直径相同的情况下，球形伤的反回声压与直径成正比，而圆形平面伤的反回声压则与直径平方成正比。因而球形伤的反回声压比同直径的平面伤小得多。

气孔基本同于球形反射体，入射到气孔上的超声波会向各个方向反射，返回探头的声波则很少。因而气孔型蜂窝缺陷伤波不高，波峰尖锐，伤波为多个尖脉冲成撮分布，当缺陷严重无底波时，常出现缺陷多次反射，在示波屏上只看到杂乱的缺陷波，缺陷虽不高，但对底波及底波反射次数却影响很大。只有当缺陷分布范围较小又远离探头时才容易出现底波。

6.2.1.3 夹渣型蜂窝状缺陷的波形特征

夹渣型蜂窝状缺陷具有大块夹渣物的声学反射特征。夹渣虽然破坏了钢的连续性，但缺陷处仍填充有固体物质，具有一定的透声性能，由于夹渣与钢声阻抗的差异，它具有良好的声学反射特性。夹渣形蜂窝的波形特征是伤波呈束状，一、二个主伤波附近常伴有许多小伤波，波峰分枝，波头圆钝不清晰，伤波幅度较高，但降低灵敏度时伤波下降速度较快。伤波幅度虽高，但对底波及底波反射次数影响较小。

蜂窝状缺陷对底波的影响除与缺陷的反射吸收有关外，还与缺陷的分布形式以及探头与缺陷相对位置有关。例如，心部的蜂窝常无底波；二分之一半径处分布的蜂窝底波很少或无底波，缺陷常出现近始波的部分；对于无规律分布的则看探头入射的不同方位。又如探头离缺陷很近，则对底波影响严重，探头离缺陷很远，缺陷范围小于声束直径，则可能出现底波。

6.2.2 蜂窝状缺陷的范围测定

蜂窝状缺陷的测定常用轨迹作图法。所谓轨迹作图法，就是用直探头或斜探头，沿缺陷进行扫描，根据探头中心线移动的范围或探伤时缺陷出现的深度，描绘出缺陷的轮廓或分布范围的一种方法。

对于平面探伤的工件常用探头中心线的移动轨迹确定缺陷范围；对于圆周探伤的工件则多用缺陷出现深度法测定缺陷的大小。无论哪种测定方法都必须在规定灵敏度下进行，因为不同的探伤灵敏度所测定的范围就不同，灵敏度高时，测定范围则大；灵敏度低时，测定范围则小。经常采用的是缺陷波消失法，半波高度法或6dB法等。在确定灵敏度时，可以用试块，也可以用最大缺陷回波100%高度。

例如，在方形工件或两面平行的工件探伤时，缺陷的分布范围可以这样测定（参看图6-4）。

探伤灵敏度可以采用同深度平底孔调整，然后在 A 探测面探伤，从缺陷波消失（也可以规定为50%或80%波高）时停止移动，反复探伤并记录缺陷波刚消失各点的轨迹，就是在规定灵敏度下测得的缺陷分布范围。另外也常用半波高度法来测定缺陷的范围，灵敏度是缺陷波反射最高为100%波高，从缺陷处向外移动探头，记下周围50%波高时各点的轨迹，即是所测的范围。

对于圆形工件横截面上缺陷的分布范围多用深度轨迹法记录它的大小（参看图6-5）。其原理是用直探头（或斜探头）沿 *ABCDEFGH* 各点（或增加更多的点）探伤，逐一记录各探测点缺陷出现的前沿距离，然后换算成相应的深度，记录并连接各点就是缺陷的分布范围。

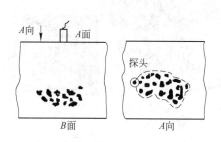

图6-4 用轨迹作图法确定缺陷范围

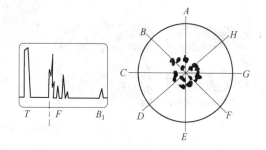

图6-5 圆形工件探伤时缺陷范围的测定

6.3 蜂窝状缺陷的探伤实例

6.3.1 铸钢耳轴蜂窝缺陷的探伤实例

这是一个气孔型蜂窝缺陷的探伤解剖实例。气孔内壁光滑，解剖位置位于冒口下方的工件上。

耳轴是钢包的重要零件之一。它若发生破断将造成严重的事故，所以耳轴都采用塑性较好的中、低碳钢，并且设计有较大的安全系数，为了安全起见，耳轴一般都要求做探伤检查，对于表面缺陷则用磁粉探伤或着色探伤，内部缺陷都用超声波探伤检查。耳轴中常出现的缺陷有晶粒粗大、蜂窝状缺陷、砂眼、缩孔、异金属夹渣等。

6.3.1.1 概况

名称：钢包耳轴；材质：ZG45；表面粗糙度：3.2μm；仪器：JTS-3型，CTS-4B型；探头：2.5MHz，φ20直探头；探伤灵敏度：CS-Ⅰ型标准试块150mm深Φ2平底孔，反射波高80%。工件尺寸示意图见图6-6。

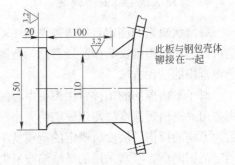

此板与钢包壳体铆接在一起

图6-6 钢包耳轴尺寸示意图

6.3.1.2 超声波探伤情况

耳轴的超声波探伤主要是从圆周探伤和端面探伤，探伤是在正火处理之后进行，表面粗糙度不高于3.2μm，正常无缺陷的耳轴外圆探伤的多次反射一般8次以上，三角回波清晰可见（见图6-7中的1）；相同灵敏度下，蜂窝状缺陷部位多次反射明显减少，有一次底波或无底波（见图6-7中的2）；缺陷波波峰尖锐，彼此独立，移动探头时变化迅速。缺陷波不高，但对底波影响较大，有时缺陷呈现多次反射，扫描线上会出现杂乱的缺陷波。图6-7中的a、b、c、d是相对应位置的波形照片，其中一次底波的位置在水平基线的6格处。

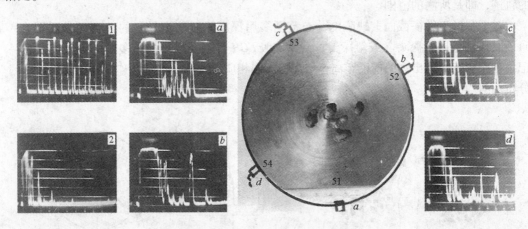

图6-7 铸钢耳轴蜂窝缺陷探伤波形

6.3.2 铸钢托轮蜂窝状缺陷的探伤实例

这是一个夹渣、缩孔并存的蜂窝缺陷解剖实例，它多发生在铸件的热节处。

6.3.2.1 概况

名称：托轮；材质：ZG55；表面粗糙度：6.3μm；探伤仪：GTS-4B型；探头：2.5MHz，Φ20直探头；探伤灵敏度：CS-Ⅰ试块200mm深Φ2孔，反射波高80%，仪器置"通常"档。工件尺寸及探伤部位示意图见图6-8。

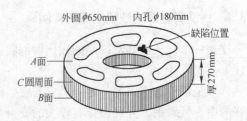

外圆φ650mm 内孔φ180mm 缺陷位置

A面 C圆周面 B面 厚270mm

图6-8 托轮尺寸及探伤部位示意图

6.3.2.2 探伤情况

用超声波对托轮探伤，发现在几处铸造截面突变处（热节）有缺陷波，缺陷波脉冲强，成丛状，加之有规律的分布，我们当时判定为缩孔夹渣气孔并存的蜂窝缺陷。缺陷处对底波有一定影响，但不甚严重。从 *B* 面探伤，将第一次底波调至水平基线的 9 格处（即每格代表深度 30mm），缺陷波最早出现位置为 1 格（即缺陷从深度 30mm 处开始出现），随着深度的增加，缺陷波增多，分布范围加大，当深度在 2～2.5 格（相当于深度 60～75mm 处）时缺陷最严重。缺陷呈一定的体积分布，从 *A* 面及圆周方向都可以探到。*B* 面利用轨迹作图法（灵敏度同上，50% 波高法）测得缺陷的分布范围如图 6-9（a）所示。对缺陷进行逐层解剖。离 *B* 面 26mm 时出现缺陷，63mm 处缺陷最严重，分布面积最大（如图 6-9（b）），从（a）、（b）比较看，轨迹作图法测得的范围比较准确。

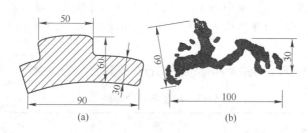

图 6-9 测得的缺陷范围与实际尺寸的比较

（a）缺陷分布范围；（b）离 *B* 面 63mm 处缺陷分布

6.3.2.3 超声波探伤波形

使用 CTS-4B 型探伤仪，辉度适当，装好暗筒，用 DF-AB 相机，GB21°胶卷，曝光时间 2s。

从 *A* 面或 *B* 面探伤无缺陷部位多次反射良好，底波 6 次以上（见图 6-10 中的 1）；

图 6-10 ZG55 托轮蜂窝缺陷探伤波形

缺陷从 A 面 B 面和圆周面（C 面）都容易探着，波形成撮分布，主伤波 1~2 个，周围伴有密集的小伤波。A 面的探伤波形见图 6-10 中 a_1、a_2。其中 a_1 是 2.5MHz 波形；a_2 是 0.63MHz 波形。B 面探伤波形见 b_1、b_2。C 面探伤波形见 c（一次底波在水平基线 7 格处，前面为缺陷反射）。

6.3.3　铸造箱体蜂窝状缺陷的探伤实例

这是一个球墨铸铁中缩孔型蜂窝的探伤解剖实例。

球墨铸铁的碳主要以球状石墨的形态存在，基体与钢并无大的差别，因此有人称它为存在有球状缺陷的钢。球墨铸件中的石墨与灰口铸铁中的片状石墨相比具有不容易产生应力集中的优点，又加上球状石墨尺寸较小，均匀分布，所以球墨铸铁具有与钢相近的强度、塑性和韧性。

球墨铸铁的探伤则视石墨大小而定，一般说来，当球状或团状石墨的直径与超声波的波长可比拟时，则超声波的穿透性能变差，高灵敏度探伤时便出现草状回波，这时的波形与晶粒粗大相类似。

GB/T 9441—2009 球墨铸铁金相标准中把石墨按其大小分为六级。其尺寸见表 6-1。

表 6-1　球状石墨的等级

等　级	图　号	球状石墨球径
1 级	1	≥95%
2 级	2	90%
3 级	3	80%
4 级	4	70%
5 级	5	60%
6 级	6	50%

将表 6-1 和第 4 章中的图 4-12 钢的晶粒度评级图相比较不难看出，球墨铸铁中的石墨大小 1 级相当于钢晶粒度的 8 级；2 级相当于 6~7 级；3 级相当于 5 级；4 级相当于 4 级；5~6 级对应于晶粒度评级图中的 1~3 级。钢的晶粒度评级中把 1~4 级划分为粗晶粒，5~8 级划分为细晶粒，那么球墨铸铁中石墨大小的 4 级和 5 级则对应粗晶范围，通常的探伤频率将引起较大的散射和吸收，使探伤困难。

大多数球墨铸铁件，特别是需要探伤的球铁铸件，对石墨的大小都有一定要求，所以球墨铸铁件对超声波的衰减都很小，它们的探伤并不困难，本实例即证明了这一点。

不但球墨铸铁件可以作探伤检查，而且具有厚片状石墨的冷硬铸铁轧辊的宏观缺陷也可以用超声波探伤检查。有资料指出，当石墨呈厚片状或蠕虫状分散分布，其长度在 0.03~0.15mm 时，低频率探伤也具有较好的透声性能。

6.3.3.1　概况

名称：箱体；材质：QT-60-2；表面粗糙度；3.2μm；机油耦合；探伤仪：CTS-

4B；探头：2.5MHz，Φ20 直探头；灵敏度：CS－I型试块 100 深 Φ2 孔，反射波高 80%，"通常"档。工件尺寸见图 6－11。

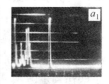

图 6－11 箱体尺寸及缺陷位置示意图

6.3.3.2 超声波探伤波形

一批共探三件，其中一件底波反射次数很少，有缺陷；另外两件多次反射 4～8 次，无缺陷波（见图 6－12 中的 1）。有缺陷的工件底波只有 1～2 次（见图 6－12 中的 2），有的部位底波消失（见图 6－12 中的 3），只有杂乱的缺陷波。将一次底波拉开到水平基线 4 格处并降低灵敏度，图 6－12 中 a_1 是有一次底波的情况，a_2 是无底波只有缺陷反射波的情况。

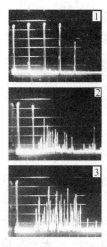

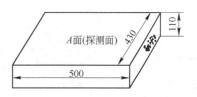
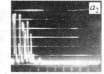

图 6－12 箱体蜂窝缺陷探伤波形

7   白点的超声波探伤

白点是钢中最危险的缺陷之一。钢中白点的存在破坏了钢的连续性，并形成严重的应力集中，经常使工件在热处理中开裂或在使用中突然破断造成人身设备事故。因此，白点的检验工作十分重要。

过去检验白点一般采用低倍组织检查和断口检验，它必须在坯料或工件上规定部位截取试片，费工费料，而且有可能漏检。

近年来，随着无损检测技术的发展，特别是超声波探伤技术的广泛应用，白点缺陷的检测有了新的可能。但是目前的超声波探伤仪大都是利用 A 型脉冲波形对缺陷进行判断，不够直观，难于定性。本章在介绍白点的波形特征和分布规律基础上，提出了白点的超声波探伤判定方法，并列举了不同分布形式白点的探伤实例。

7.1   白点的波形特征

7.1.1   白点的特点及反射特性

白点是钢中的不允许缺陷，它是以脆性断裂形式的群集裂纹。白点裂纹呈锯齿状，这些凸凹不平的尖角必然会造成声波的大量散射，从而大大减少了声波在白点处的反射强度，使其伤波反射幅度低下。通常白点的伤波高度要比相同大小的人工平底孔的反射波高低得多。大量的解剖结果表明，$\phi 4mm$ 平底孔的检测灵敏度根本发现不了 $\phi 4mm$ 大小的白点，甚至连 $\phi 8mm$ 白点有时也难以发现。

为了弄清白点缺陷对伤波幅度的影响，有人从解剖出来的白点试片中切取出单个白点，尺寸约为 $\phi 6mm$，做成 $\phi 60mm \times 250mm$ 的试棒，采用逐层切削探伤，每次切削 5 ~ 10mm 后探伤，记录伤波与声程的关系。然后再制取 $\phi 6mm$ 的平底孔试棒，按同样条件逐层切削探伤试验，得到了图 7 - 1 的结果。从图中可以看出二者伤波高度的差异，白点伤波的幅度远低于人工平底孔，并随探伤距离

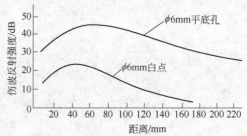

图 7 - 1   白点与相同大小平底孔
伤波幅度的比较

的增加，其差距也愈大。因此对于大型锻钢件来说，白点的探测要比小型零件困难得多。在实际探伤中为了可靠地发现白点，避免漏检，通常要采用较高的灵敏度探伤。一般是将以人工平底孔校准的探伤基准灵敏度再提高一定的灵敏度，以弥补因白点这种缺陷性质造成的伤波幅度的降低量。灵敏度的提高大约为 15 ~ 20dB 左右。另外探伤时，仪器还应保持有足够的探伤灵敏度余量，以便使其他因素影响所造成的伤波幅度降低量可以得到补偿。

前面已讲到，白点多以群集形式出现，因此白点波形的研究应建立在群集形式的基础

上来探讨其波形特征及规律性，因为在大型锻件中，单个白点的出现几乎是不可能的。

7.1.2　白点的波形特征

白点的波形特征之一是伤波的幅度不高，为了观察，必须采用较高的探伤灵敏度（例如 $\Phi2$ 或更高），白点缺陷波形尖锐，彼此独立，伤波数量较多，在水平扫描基线上分布比较均匀。移动探头，伤波此起彼伏，交替变化，其变化速度较慢。

在较低灵敏度探伤时，常常既无伤波又无底波。前已述及白点是一种脆性断裂，其低倍形态呈锯齿状裂纹，由于白点缝隙中存有气体，因此必将引起声波的强烈反射。虽然声波在白点表面的几何散射损失了相当一部分声能，伤波幅度低下，但探伤时依然能明显地感到白点的缺陷波反射强烈。试验表明，白点表面组织并没有任何异常，白点部位的材质，无论是显微组织还是化学成分都与邻近部位毫无两样。白点裂纹周围纯净无杂质，这使得白点的波形尖锐而清晰，即使提高仪器灵敏度也不会出现群集夹杂高灵敏度时图像模糊、波峰连成一线的情况。

白点的波形特征之二是白点伤波幅度虽低，但对底波反射幅度与反射次数有明显影响。

白点裂纹的宽度很小，一般零点几毫米或更小，它可以看作是钢中的异介质薄层，但由于白点裂缝中存在着气体，因此白点实际上是一种很好的隔声材料，声波在白点处全部反射（包括散射），而声波的透过系数几乎为零。同时白点的数量多，而且分布较均匀，这就使得声波很难穿过缺陷区到达工件底部，因此就造成底波幅度下降，底波反射次数减少。白点严重时，通常无底波。根据经验，对于中、小型锻件无位向分布的白点，白点级别小于2级时，通常探伤灵敏度可出现 3~4 级底波；2~3 级的白点，可出现 1~2 次底波；3 级以上的白点出现一次底波或无底波。当提高探伤灵敏度时，底波反射次数并无明显增多。需要指出的是，白点对底波反射次数的影响不适用于轴内纯径向分布的放射状白点，因为放射状分布的白点在圆周探伤时，白点裂纹面与声束平行，其实际声影面积很小，不具备遮蔽主声束的条件，因此它对底波幅度及底波反射次数的影响并不明显。纯径向分布的白点是白点中的一种特殊分布形式，在实际探伤中比较少见。径向分布的白点沿圆周曲面探伤时，伤波幅度更低，甚至难以发现，需进一步提高探伤灵敏度。在实际探伤中，通常见到的径向分布的白点，大都伴有一部分无位向分布的白点，这时的底波及底波反射次数也要受到一定的影响。

白点的波形特征之三是随仪器灵敏度的降低，白点的伤波下降速度迟缓，特别是伤波高度降低到垂直高度的 15% 以下时，伤波迟迟难以消失，这时多见波形模糊，而伤波的辉度增强。

白点的这一波形特征，如果与同数量级的分散性夹杂物波形相比是非常显著的。如果在高灵敏度时底波高于伤波或两者相等，但降低灵敏度时，底波首先消失，而白点伤波却消失迟缓。白点伤波消失的迟缓特性与交混回响的作用有关，如图 7-2（b）所示，但是底波 B 仍然遵循着图 7-2

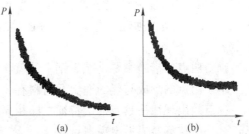

图 7-2　具有不同斜率的伤波衰减曲线

(a) 所示的衰减规律，因此在探伤波形图上仅出现白点伤波的迟缓特性，使得伤波的下降速度慢于底波。但是应该指出，白点的表面并不完全一样，因此这种伤波下降的迟缓特性，在不同的白点试样上表现的程度是不相同的。伤波与底波相比，有时这种迟缓特性并不那么明显，但白点伤波与同数量的夹杂物相比，这种迟缓特性便很明显。此外，由于混响所造成的回波延迟，必然会降低音质的清晰度，使伤波模糊。

白点波形特征之四是白点的波形为丛状波，它彼此独立，挺拔排立。

由于白点在钢中分布比较均匀、分散并彼此尺寸相差不大，因此白点的伤波呈现彼此独立，分布均匀的波形特征。在较高灵敏度下观察，白点伤波犹如远山中的松林，挺拔排立，连绵不断。林状波是白点固有的波形特征，它与粗晶模糊的草状波根本不同。

白点的波形特征之五是斜探头对白点很敏感。当斜探头在轴的圆周方向或纵向探伤时，只要入射角合适，常在相应深度上出现彼此独立的数个伤波，稍微转动探头角度，缺陷波便迅速切换；前后移动探头，伤波会在水平基线上前后移动一定距离并消失，在这几个波消失的同时，差不多在相同深度上又会出现另外几个缺陷波。

斜探头高灵敏度探伤时，疏松和粗晶也会出现草状波，这时的波形模糊、虚幻、波形并不彼此独立，移动探头变化速度很快，与白点波形容易区别。

除以上五个特征之外，轴类工件中的白点圆周分布上只有心部和环状分布两大类，所以它还具有圆周各处波形均相类似的特征。

7.2　白点在钢中的分布规律

7.2.1　白点的产生及出现规律

超声波探伤虽然不够直观，但是它能提供缺陷在工件中的立体分布，并且可以提供缺陷大小的当量概念。所以白点在钢中的分布规律以及白点在不同钢种的出现规律对白点的判定有很大意义，因此先作一介绍。

首先，不同的钢种对白点的敏感性不同。含碳量 0.30% 以上的碳钢和合金结构钢、合金工具钢都可能产生白点。实践证明，合金钢的白点敏感性比碳素钢大，并且以含铬、镍、锰等元素的合金结构钢、合金工具钢的白点敏感性最大，而奥氏体钢、铁素体钢及莱氏体钢中没有白点。

关于白点的形成机理有许多种假说，但比较有说服力的几种观点都认为与钢中含有较多的氢有关。实践证明，钢中氢含量低于每 100g 铁 2.0mL 便不产生白点。普遍接受的观点是钢中原子状态的氢使钢变脆，钢在轧制后冷却时的应力，例如热应力、组织应力、形变应力、原子氢变为分子氢产生的压力等是使钢破裂的动力。这些应力可能是共同起作用，也可以是单独起作用。在氢和破裂动力作用下，形成了钢中内部的裂纹群——白点。

预防白点的措施主要是减少钢中的氢含量，其中使氢从钢中逸出是很重要的环节。

鉴于白点的形成与氢的逸出及材料有关，因此白点在钢中的分布有以下几个特征。

白点的出现往往具有批量特征，即相同冶炼炉次，相同处理工艺，相同锻件及锻后冷却工艺，往往都会成批出现白点。

白点容易产生在大截面的部分。由于氢的扩散外逸，靠近锻坯端头及表面都不会产生白点（经机加工后白点露至表面的情况例外）。在轴锻件中，白点多分布在轴心或轴横截面上 1/3 ~ 1/2 半径的环状范围内。对于阶梯轴而言，白点多出现在直径大的部位，轴的直径越大，白点越多。轴的直径减小，白点的分布范围和数量也相对减少。在同一个轴锻件上，白点的分布范围随轴的直径变化而变化。当白点较少时，通常只发生在直径大的部位。白点严重时，其分布范围就由大直径向小直径部位扩展，白点越严重其扩展的范围越大。然而在不同直径上白点距离轴表面的深度几乎变化不大。

在大型锻件中，白点多产生于锻件偏析区。

7.2.2 白点在不同形状锻件中的分布规律

根据白点的出现规律，概括起来，白点在钢锻件中的分布主要有以下几种形式（为清晰起见，剖面部分剖面线省去）。

7.2.2.1 圆饼形锻件中白点分布形式

圆饼形锻件是指盘、轮、盖等形状似饼的锻件，它单向锻比大，金属流线多平行于上、下平面，因此白点裂纹一般也平行于上、下平面，如图 7 – 3 所示。

7.2.2.2 厚壁管形锻件中白点的分布形式

厚壁管形锻件中的白点主要有以下两种分布形式，第一种是平行于内外表面以同心圆状分布或者呈无位向分布，但内外表面都没有白点，白点一般离内壁较近，离外表面较远，并且随着内孔直径的减小白点越接近内壁，如图 7 – 4 所示。

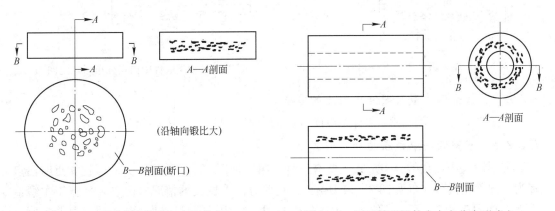

图 7 – 3 圆饼形锻件中白点的分布　　图 7 – 4 厚壁管形锻件中白点分布形式之一

第二种是在切向应力作用下形成的放射状分布的白点，白点同样离内外表面有一定距离，如图 7 – 5 所示。

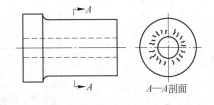

图 7 – 5 厚壁管形锻件中白点分布形式之二

7.2.2.3 轴类锻件中白点的分布形式

轴类锻件中白点的分布形式多种多样，常见的有分布在阶梯轴的大直径部分（如图7-6、图7-7所示）；无位向白点呈环状分布（如图7-8所示）；放射状白点呈环状分布（如图7-9所示）等。

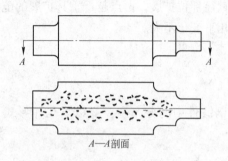

图7-6 轴类锻件中白点分布形式之一

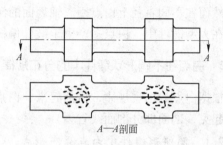

图7-7 轴类锻件中白点分布形式之二

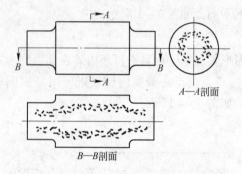

图7-8 轴类锻件中白点分布形式之三

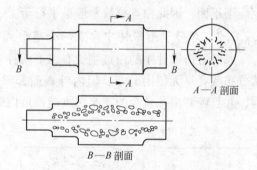

图7-9 轴类锻件中白点分布形式之四

7.2.2.4 长条形方截面锻件中白点的分布

长条形方截面锻件内常常有无位向分布的白点（如图7-10所示）。

7.2.2.5 方型锻件中白点的分布形式

方形锻件中白点的分布形式主要有三种。第一种形式是锻件三个方向锻比相近时白点多为心部无位向分布（如图7-11所示）；在单方向锻比大的情况，白点多平行于主锻造平面（如图7-12所示）；合金钢大锻件中有时会发现，锻件心部白点很少，白点主要分布在平行于主锻造平面的两个条带中（如图7-13所示）。

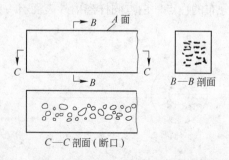

图7-10 长条形方截面锻件中白点的分布

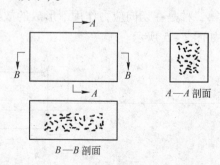

图7-11 方形锻件白点的分布形式之一

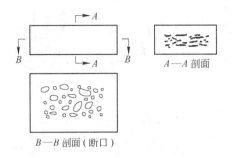

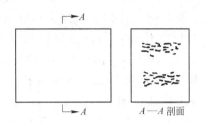

图 7 - 12　方形锻件白点的分布形式之二　　　图 7 - 13　方形锻件白点的分布形式之三
（单方向锻比大）　　　　　　　　　　　（合金钢方形大锻件）

除上述分布形式之外，有时因特殊的冷却条件，白点也可能分布在工件长度的一半上或在圆形截面的半个圆上，但比较罕见。

白点的上述分布特征是我们判定白点的重要依据。

7.3　白点的超声波探伤

白点缺陷的超声波探伤可以使用带衰减器的仪器，也可以使用不带衰减器的仪器。为使不同深度的缺陷在示波屏上有相同的反射幅度最好使用带深度补偿的仪器，或者带有距离—幅度—补偿（DAC）的仪器，对于观察波形特征来看，使用电子管仪器较好，并且"抑制"通常置"开"，探伤灵敏度一般使用 $\Phi2$ 或稍高灵敏度，横波探伤可酌情用入射角30°、40°及50°斜探头，灵敏度一般用 CSK - Ⅲ 或 CSK - Ⅲ A 试块调整，使相应深度的 $\Phi1$ 孔反射波高为垂直刻度的80%。

白点的探伤一般应在锻造、轧制后停放一定时间，白点形成之后进行。

7.3.1　心部无位向分布白点的探伤

心部无位向分布的白点比较多见于碳钢和合金钢中、小型锻件中，下面就轴类锻件和方形锻件的探伤方法加以叙述。

7.3.1.1　轴类锻件

白点的分布形式如图 7 - 14 所示，它的探伤过程如下。

直探头粗探伤，灵敏度调好以后，先在外圆探伤，观察多次底波反射。A 段无白点，多次反射良好并无缺陷波；从 B 段开始底波突然减少并伴有丛林状缺陷波；C 段底波更少并伴有缺陷波；D 段靠 C 段部分情况基本同 B 段，D 段端头部分一段长度（靠锻坯距离一般 100～200mm 不等）内多次反射又恢复正常，并且这段内一般无缺陷波。

精探伤，一般情况用一次底波或两次

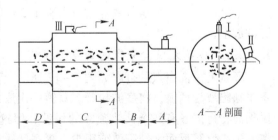

图 7 - 14　心部无位向白点的探伤

底波观察，缺陷波分散分布在相应深度上（如图7－15（a）所示）。当白点严重时底波幅度一般较低（见图7－15（b））。直探头从轴端头入射，也可以看到杂乱分布的白点反射波（见图7－15（c）），这时声波穿透困难，不易出现底波。

用斜探头圆周探伤或纵向探伤，一般都有敏锐的缺陷波（见图7－15（d）），前后移动探头时，缺陷在水平基线上移动一定距离，在这几个波消失的同时，又会在相应深度上出现几个缺陷波。转动探头，缺陷波便迅速切换。当探头移动到无缺陷部位时，便不再出现缺陷波。

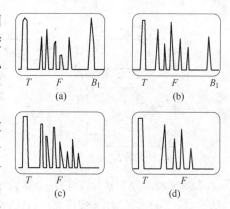

图7－15　轴类心部无位向白点的波形

7.3.1.2　方形锻件

方形锻件无位向白点的分布如图7－16所示。在方形锻件中常遇到两种分布形式，一种是白点只在方锻件心部，离边缘一定距离都没有白点；另一种是白点也在心部，但端头暴露于表面，这种情况是由于原锻坯是一个长条形方截面锻件，在白点形成后又用冷加工方法切成许多段，因而白点外露表面（见图7－16（b））。

第一种情况粗探伤时，A面边缘多次反射良好，无缺陷波；心部底波次数明显减少并伴有缺陷波，由于上表面与底表面都无缺陷，因而伤波只在底波与始波之间的中心位置，靠近始波及底波都无伤波。B面和C面探伤基本同A面，但由于工件的形状和白点的方向的影响，底波次数和伤波幅度可能不完全相同。

第二种情况与第一种情况的不同点在于，A面探伤时，边缘无缺陷区只是两侧条带，而且从C面探伤时，四个边缘一定区域内底波多次反射良好，心部白点区缺陷波一般从始波开始，而底波难于出现或次数很少。

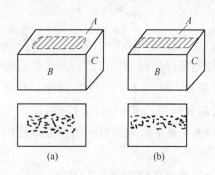

图7－16　方形锻件无位向白点的分布
（a）白点分布在锻件心部；
（b）白点端头暴露于表面

无论是哪种情况，也无论是从哪一方面入射，斜探头探伤都容易出现缺陷波，这是无位向白点的一个特征。

7.3.2　合金钢环状分布的白点的探伤

合金钢大、中型锻件白点常分布在1/2～1/3半径的一个环形带内，这时就会出现特殊的波形，下面分别叙述。

7.3.2.1　环状无位向分布的白点的探伤

环状无位向白点的分布如图7－17所示。直探头粗探伤情况与心部无位向白点相近，不过缺陷波为两撮，将底波拉开，观察一次底波前的情况，发现在始波后和底波前都有一撮伤波，每撮各有几个彼此独立的伤波，但这两撮波都分别与始波和底波保持有一定距离，中心位置反而无缺陷波或很少，提高灵敏度后，这一特征比较明显，如图7－18（a）所示。探伤大型工件或者白点特别严重时，常常只出现始波后的那撮伤波，而底波前的很低或难以出现，但圆周一圈都是如此，说明缺陷依然是环状分布，如图 7-18（b）所示。

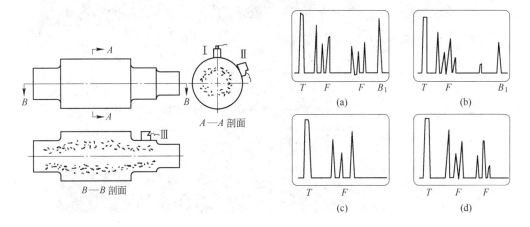

图 7-17　环形无位向白点的分布与入射方向　　　　图 7-18　环形无位向白点的探伤波形

斜探头探伤依然很敏感，无论是位置 Ⅱ 还是位置 Ⅲ。横波因速度较慢，相对来说穿透能力较纵波差，一般情况只能探着一撮伤波，如图 7-18（c）所示；但是有时入射方向合适并且工件不太大时，也会出现两撮伤波，如图 7-18（d）所示。

7.3.2.2　环形放射状白点的探伤

环形放射状白点的分布如图 7-19 所示。图 7-20 就是 50Mn2 钢齿轴环形放射状白点的纵向断口。

直探头在 Ⅰ 位置多次反射良好。当在 Ⅱ 位置时，虽对底波有一定影响，但影响不大，同时低灵敏度时也无缺陷波，提高探伤灵敏度才能发现环状白点的波形。斜探头 Ⅲ 位置的入射方向同样也难发现缺陷，但将探头左右摆动一定角度时会出现白点伤波。斜探头在 Ⅳ 位置对白点最敏感。

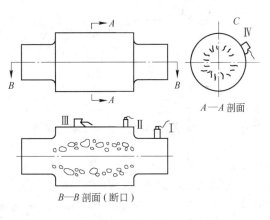

图 7-19　环形放射状白点与探伤入射方位

7.3.2.3　厚壁管形锻件放射状白点的探伤

厚壁管形锻件的探伤与轴中环形放射状白点探伤一样，直探头外圆及端面探伤都不易发现缺陷；斜探头纵向放置也不易发现缺陷，只有圆周方向探伤比较敏感（见图 7-21）。

7.3.2.4　合金钢大型方锻件中白点的探伤

合金钢大型方锻件有时会产生类似轴中环形分布的白点的分布情况，如图 7-22 所示。对于锻件中心部白点裂纹没有或者很少的情况，有人曾作过如下解释：即钢在冷却并有扩散能力时氢外逸，由内层跑向外层，当跑到外层一定距离时，由于外层组织比较致密，又加外层温度降低，扩散氢的能力变弱，在此情况下，大量的氢便集聚在 1/2 ~ 1/3 半径相对应的区域，这样就形成了白点的特殊分布形式。至于合金钢中这种分布形式较多，

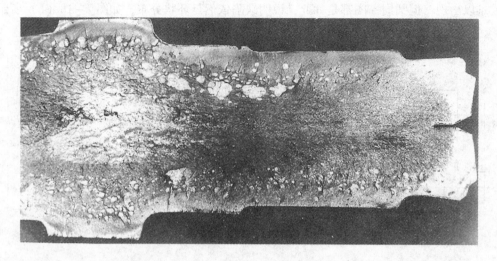

图 7 - 20 50Mn2 齿轮轴纵向开裂断口上的白点

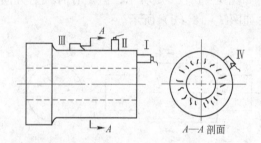

图 7 - 21 厚壁管形锻件放射状白点的探伤

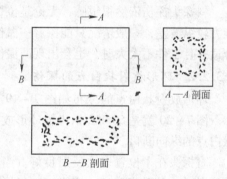

图 7 - 22 合金钢大型方锻件中白点的分布

这与合金钢导热系数小、内外温差大和合金钢表层组织致密有关。

合金钢大型方锻件中白点的探伤与轴类中环形分布白点的探伤类似，当边缘探伤时，四周因无白点多次反射良好。白点区域的伤波则呈现两撮的形式。当然中心部位一般也不会绝对没有白点，因此中心部位也会出现伤波，有时环状分布的白点的波形也不一定那么典型，即两撮伤波并不同时出现，但是在移动探头时缺陷波都在相对应深度上出现。

7.3.3 饼形锻件白点的探伤

7.3.3.1 圆饼形锻件白点的探伤

圆饼形锻件，由于单方锻比较大，因而白点方向多平行于上、下平面，同样离外圆一定距离和离上、下表面一定距离内无白点（见图 7 - 23）。

直探头在平面上探伤，边缘多次反射良

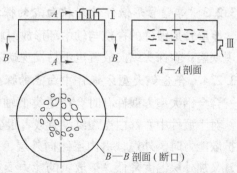

图 7 - 23 圆饼形锻件白点的探伤

好，无缺陷波。心部底波很少并有中心部位林状缺陷波。直探头在圆周方向难于发现缺陷，高灵敏度时才能见到伤波。斜探头圆周移动探头，同样由于白点裂纹与声束平行，难于出现伤波，但用折射角较小的斜探头，纵向探伤会出现较强的缺陷反射。

7.3.3.2 方饼形锻件的探伤

在单向锻比大的方形锻件上，也会出现平行于上、下表面的白点。这时探伤情况与圆饼形锻件基本相似，不再赘述。

7.3.4 白点与夹渣并存时的探伤

在大、中型锻件探伤中，常常出现白点与夹渣共存的情况。白点都分布在锻坯内部，夹渣大都分布在锻件的一个端头——冒口端，两种缺陷混在一起，使探伤判定变得困难。下面以长条形方锻件为例加以讨论。

缺陷分布区域及探伤情况如图7－24所示。探伤时，除具有方形锻件中无位向分布的白点特征外，还发现缺陷波一直延伸到锻坯的端头，这与白点的生成规律有矛盾。除此之外，缺陷的其他特征都符合白点的波形。仔细观察我们会发现，A面探伤时底波的情况分三个区域（见图7－24），即底波多次反射正常区、底波多次反射衰减区（夹渣引起，其范围与白点不完全一样）和底波严重衰减区（白点引起）三种情况。底波衰减区伤波虽高，但对底波影响比白点小，而且当提高灵敏度时底波次数明显增加。

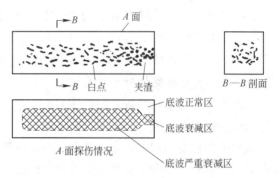

图7－24 白点夹渣共存时的探伤

斜探头探伤，白点区伤波反射强而敏感，而夹渣区伤波难于发现。

7.3.5 白点与偏析共存时的探伤

前面讲过，在大型锻件中，白点的出现往往与偏析点有一定的关系，即白点裂纹往往穿过偏析点而形成，这可能与偏析部分碳、硫、磷和合金元素含量较高以及这里富集有包括氢在内的气体有关。

大锻件中的点状偏析超声波探伤中也能够发现，但它要比白点缺陷的当量小得多。偏析与白点共存也使超声波探伤时的定性判断变得复杂。但是大型锻件中的白点裂纹实际尺寸比较大，而且由于探头离缺陷较远，探伤中缺陷位于声束范围内的时间较长，因而探伤时白点伤波有比较明显的面积感觉，即发现缺陷时探头能移动一段距离伤波才消失。这种现象在斜探头探伤时尤为明显。偏析则没有上述特征，即斜探头难于发现伤波，即使发现，探头移动时便迅速消失。

7.3.6 白点缺陷的判伤失误分析

尽管我们前面讲述了白点的波形特征，但初学者还是经常发生错误判断，这主要是某些缺陷之间有许多共同点。如果不能全面掌握白点的波形特征，而强调一两个特点，其结果必然造成错误的定性判断。下面举几个常见的例子。

7.3.6.1 误把锻件中的中心疏松当成白点缺陷

中心疏松在分布位置上与心部无位向分布的白点相同，又加之疏松的波形和白点的伤波都是成撮分布，因此许多人把中心疏松当成白点。

可以从以下几个方面对它们加以区分：

（1）能够发现白点与能够发现疏松伤波的灵敏度不相同。疏松只有在高灵敏度探伤时才能发现。比如，一般探伤白点的灵敏度调为能发现 $\Phi 2$ 人工平底孔，但在这个灵敏度下，一般锻件中的中心疏松则根本不能发现。

（2）白点与疏松对底波的影响不同。白点的存在对底波多次反射影响十分严重，而中心疏松则没有什么影响。例如，白点三级时通常灵敏度只有 1~2 次底波，而三级的中心疏松对底波次数没有什么影响，一般 $\phi 300mm$ 以下锻件可有 8~10 次以上。

（3）移动探头时两种缺陷波变化不同。探头移动时，白点波形变化较慢，有一种面积感；而疏松的波形则频繁跳跃。白点波形真切，有一定宽度，疏松波形则较窄。

（4）白点对斜探头很敏感，而疏松的伤波斜探头难于发现。

7.3.6.2 误把方框形偏析当作白点

方框形偏析或锭形偏析在锻件横截面上基本成环状分布，其波形也成撮状，因而也会将框形偏析误判为白点。

区分框形偏析与白点的方法基本上与区分疏松与白点相同，即可以从探伤灵敏度、缺陷对底波的影响、移动探头时波形的变化以及缺陷是否对斜探头敏感四个方面区分。在以上四个方面所表现的特征疏松与偏析基本相同。

7.3.6.3 在钢板中误把夹层当作白点

钢板中常有夹层缺陷出现，夹层主要是钢锭中的夹杂物、气泡在轧制后形成的。钢板中也偶尔会产生白点，而白点与夹层的波形又非常类似，因而也容易产生误判。

区分两者之间的差别主要有四个方面：

（1）白点只产生在白点敏感性高的钢制中、厚板中，在碳钢薄钢板中不会产生白点。

（2）夹层缺陷往往面积较大，而白点单个裂纹面积较小。

（3）夹层的分布无一定规律，而白点分布具有规律性，一般在钢板表面和边缘不会有白点。夹层都平行于钢板表面，而白点裂纹常常与表面有一定角度。

（4）用斜探头在钢板表面探伤，白点比夹层敏感得多。

7.3.6.4 如何区分白点与晶粒粗大

在使用 2.5MHz（或更高频率）探伤时，晶粒粗大对底波影响严重，这时既无底波（或次数很少）也无伤波，在提高灵敏度后会出现丛状波。以上这两点都与白点波形相似，如何区分白点与粗晶呢？

（1）白点与粗晶的探伤灵敏度不同。同疏松偏析一样，晶粒粗大只有在高灵敏度探伤时才能见到伤波，而且在降低灵敏度时，伤波迅速消失。

（2）改换探伤频率时，白点伤波无多大变化，而降低探伤频率后，晶粒粗大不再出现伤波，而且多次反射次数恢复正常。

（3）粗晶伤波模糊不清晰，波与波相连难于分清；白点伤波彼此独立、挺拔排立。

（4）移动探头时，粗晶伤波跳跃频繁，变化很快，白点伤波则变化较慢。

7.4 白点工件的探伤实例

以下解剖实例中未加注明的照片均属热酸腐蚀的低倍照片。

7.4.1 40钢车轴心部无位向白点的探伤实例

这是一个碳素钢中型锻件心部无位向白点的探伤实例，该例中白点位于轴心，裂纹多而短。

7.4.1.1 概况

名称：渣罐车车轴；材质：40钢；锻坯尺寸：φ250mm×2800mm。探伤时尺寸见图7-25。

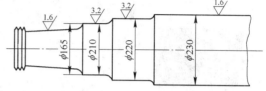

图7-25 车轴尺寸示意图

按照技术条件规定，该轴的两端部要作磁粉探伤检查。探伤时有12根在车轴的φ165mm段发现有不同程度的发裂，多者一根轴有60~70条，少则5~6条，长度在2~10mm范围内。缺陷磁粉密实，裂纹两端尖锐，裂纹方向不完全与轴线平行，有的则呈现30°角，这与夹杂物形成的发纹明显不同。后经超声波探伤，发现内部有较严重的白点，经钢厂查证，这批车轴中有违反工艺，锻后未经缓冷的问题。

探伤仪器：JTS-3型，CTS-4B型；探头：2.5MHz，φ12mm直探头和2.5MHzφ20mm直探头；探伤灵敏度：CS-Ⅰ型试块深150mmΦ2平底孔，反射波高为80%。

7.4.1.2 超声波探伤情况

用JTS-3型超声波探伤仪在φ230mm直径处探伤，无白点轴多次反射8~10次无伤波；白点轴底波严重衰减。在φ165mm段，正常轴因两面不平行底波也较少，但有两次底波并且三角回波清晰可见，如图7-26（a）所示。有白点的轴则只有一次底波并且在一次底波前和一次底波后有丛林状缺陷波，三角回波难于分辨（见图7-26（b））。

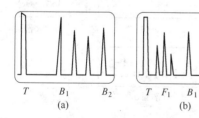

图7-26 有无白点车轴波形比较
（a）无白点时波形；（b）有白点时波形

用CTS-4B型探伤仪在φ230mm一段切取试片处探伤波形情况如下（详见图7-27）。

无白点轴多次反射良好且无缺陷波（见图7-27中的1）；白点车轴底波只有两次（见图7-27中的2）。图7-27中a_1、a_2、a_3的波形为圆周不同位置的伤波，图中一次底波在4格，a_1为置"近场"时的波形，其余置"通常"。

7.4.2 45方钢中白点的探伤实例

这是一个长条形方截面锻件中白点探伤解剖实例。

7.4.2.1 概况

锻压车间用300mm×300mm×500mm的长条形方钢锻制齿轮毛坯时，发现内孔及外

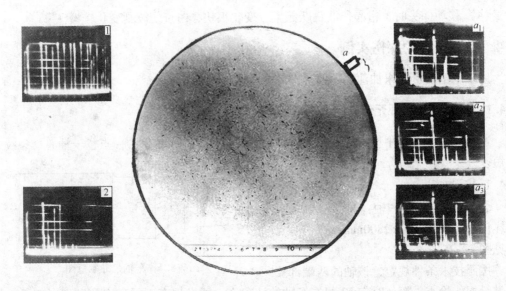

图 7 – 27　40 车轴钢心部无位向白点探伤波形

表都出现裂纹，材质是 45 钢，经超声波探伤检查，判定原材料有白点。

探伤表面用砂轮打磨，粗糙度 6.3μm，用 JTS – 3 型仪器，探伤发现方截面心部有丛生缺陷波，底波只有一次。而在边缘部位底波反射多次，无伤波。改换 90°探伤，中心部位底波稍少，但难于出现伤波。

探伤灵敏度，2.5MHz，ϕ12mm 和 ϕ20mm 直探头 CS-I 试块深 200mmΦ2 孔，反射波高 80%。

7.4.2.2　探伤情况

缺陷形态及探伤方位见图 7 – 28。

用 CTS – 4B 型探伤仪在截取试料上探伤并记录切片处的探伤波形如下，探伤表面加工粗糙度为 3.2μm，机油耦合，从主探伤面 A 面探伤，容易发现缺陷，从 90°方向探伤则难于发现伤波。图 7 – 29 是解剖位置的缺陷及波形，其中图 7 – 29 中 a、b、c、d 是直探头在图示相应位置的波形，一

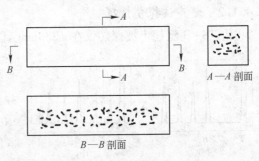

图 7 – 28　45 方钢中缺陷的分布

次底波在水平基线的 10 格附近，探头 a、d 因靠边缘而没有伤波，图中的低倍照片只是局部。图中 e、f 是纵向放置 40°斜探头探伤波形。

7.4.3　38CrSiMnMo 钢主动轴白点的探伤实例

这是一个合金钢中型锻件环状分布放射状白点的探伤实例。

7.4.3.1　概况

名称：4m³ 电铲主动轴；材质：38CrSiMnMo 锻件，锻坯尺寸 ϕ250mm × 1500mm，锻后空冷，共 5 件。其中三件有白点，调质处理后探伤。表面粗糙度 3.2μm；仪器：CTS – 4B 型；探头：2.5MHz，ϕ20 直探头；灵敏度：CS – I 型试块深度 200mmΦ2 孔，反射波

图 7 - 29 45 方钢中的白点探伤波形

高为 80% ,"通常"档。

7.4.3.2 探伤情况

由于白点呈放射状,对底波多次反射的影响不明显,探伤感觉是圆周各处探伤波形均相类似;伤波出现的位置与缺陷位置相对应;斜探头(折射角大些)圆周探伤易于发现伤波。

图 7 - 30 是主动轴白点的低倍和波形,其中图 7 - 30 中的 1 是白点轴的多次反射情况,虽然一次底波前有伤波,但多次反射仍不少;图 7 - 30 中 a_1、a_2、a_3 是直探头圆周各处的探伤波形,其中 a_1 是低灵敏度下拍的,这时一次底波(在水平线 10 格处)幅度仍很高。

7.4.4 40CrMnMo 连接轴白点的探伤实例

这是一个合金钢大型锻件中白点兼有偏析的探伤实例。

7.4.4.1 概况

名称:连接轴;材质:40CrMnMo 锻件,调质状态探伤,表面粗糙度:3.2μm;耦合剂:机油;仪器:CTS - 11,CTS - 4B;探头:1.25MHz 和 2.5MHz,ϕ20mm 直探头;灵敏度:CS - Ⅰ试块 200mm 深 Φ2,反射波高调 80%,工件尺寸及切片位置如图 7 - 31 所示。

7.4.4.2 探伤情况

整轴探伤情况:直探头探伤,A 段底波 3 次以上无伤波,与 A 段同直径的 B 段则底波

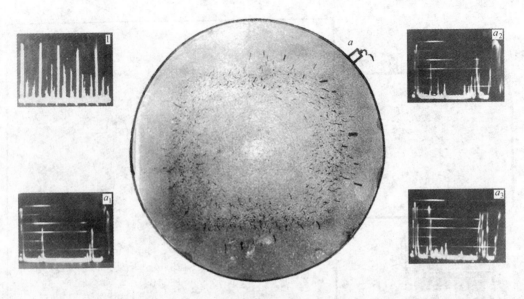

图 7 - 30　38CrSiMnMo 钢主动轴环状分布白点的探伤波形

突然变成一次或根本无底波，只有环状分布的缺陷波，波形见图 7 - 32（a），圆周各处探伤波形均相类似。细直径的 C 段也只有一次底波，伤波也呈环状分布，但在波形图中可以看到两撮伤波（见图 7 - 32（b）），D 段基本同 B 段。

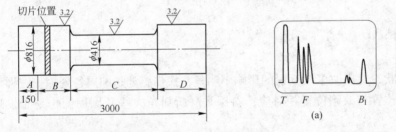

图 7 - 31　连接轴尺寸及切片位置　　　　图 7 - 32　连接轴白点波形

按水平基线与实际尺寸 1：100 调整，测定伤波出现位置，缺陷深度出现在 130 ~ 270mm 的环形带内，用斜探头深度 1：50 调节，横向探伤，缺陷出现在 117 ~ 170mm 范围内。

提高探伤灵敏度，丛林状伤波会迅速增加，增加的伤波移动探头时变化较快，伤波没有面积感，这些属于偏析的反射波。

1.25MHz 直探头探伤情况基本同 2.5MHz 探伤情况，只是无缺陷部位反射次数稍有增加。

图 7 - 33 是连接轴的低倍组织与探伤波形。低倍组织除疏松与点状偏析外，还有环状无位向分布的白点，其中 55mm 长白点裂纹 1 条，35mm 长 1 条，20 ~ 30mm 长 7 条，10 ~ 20mm 长 21 条，5 ~ 10mm 长 180 条左右。

图 7 - 33 中的 1 是端头无缺陷部分 1.25MHz 的多次反射波形。a_1、a_2 是 2.5MHz 探伤

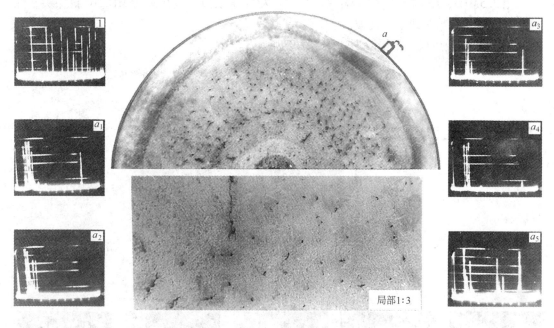

图7-33　40CrMnMo连接轴白点的探伤波形

波形，其中 a_2 无底波；a_3、a_4 是 1.25MHz 的探伤波形，其中 a_4 无底波；a_5 是提高灵敏度后，底波前有两撮伤波的情况。

7.4.5　40Cr 方形大锻件白点的探伤实例

这是一个合金钢方形大锻件中类似环状分布白点伴有粗晶时的探伤实例。

7.4.5.1　概况

名称：650 轧机鞍形座；材质：40Cr 锻件，毛坯重 4800kg，共 4 件全部有白点，锻后退火状态探伤；表面粗糙度：3.2μm；耦合剂：机油；使用仪器：CTS-8A，拍波形用 CTS-4B；探伤灵敏度：2.5MHz，ϕ20mm 直探头，CTS-8A 仪器按 8AZ2 底波调整后提高 10dB，CTS-4B 型仪器按 CS-I 试块，200mm 深 $\Phi2$，反射波高 80% 调整，探伤时尺寸及取样位置见图 7-34。

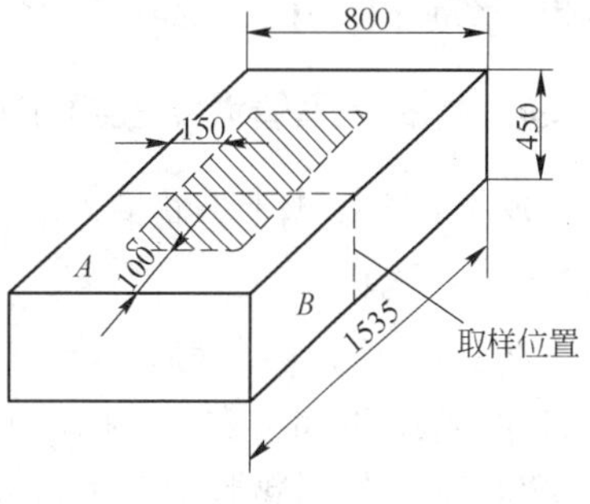

图7-34　鞍形座毛坯尺寸及取样位置

7.4.5.2　探伤情况

用 CTS-8A 探伤仪，2.5MHz 从 A 面探测，在图示阴影范围内，底波反射一次，有的部位底波消失，只有缺陷波，缺陷最大当量 ϕ8mm。底波深度为 450mm，缺陷出现在离 A 面 100~200mm 深度上，分散分布。在阴影以外的边缘区域底波多次反射 5~6 次。从 B 面探伤，缺陷情况基本同 A 面。

提高灵敏度，有粗晶反射波形。

改用 1.25MHz 探伤，除边缘多次反射稍多以外，基本与 2.5MHz 相似。

用 2.5MHz，K1 斜探头在 A 面探伤，只见粗晶草状波，改用 1.25MHz30°斜探头，除粗晶反射外，有单个或多个伤波。

用 CTS -4B 型仪器拍摄波形如图 7 -35 所示。

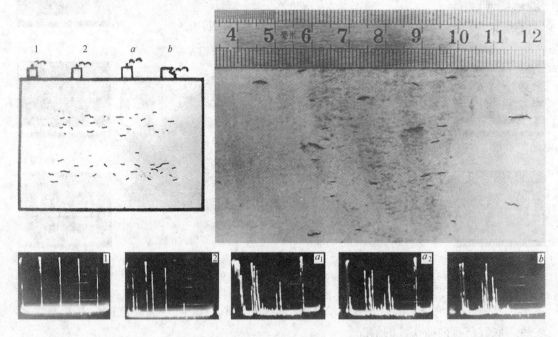

图 7 -35　40Cr 合金钢方形大锻件白点的探伤波形

其中图 7 -35 中的 1 是 1.25MHz 边缘区，多次反射底波 8 次以上无缺陷；图 7 -35 中的 2 是白点区的底波次数，只有两次底波；a_1、a_2 是 A 面探伤波形，b 是 1.25MHz30°斜探头探伤时白点伴有粗晶的波形。

7.4.6　45 钢大型管锻件白点的探伤实例

这是一个碳钢大型管锻件的白点探伤实例。

7.4.6.1　概况

名称：柱塞体；材质：45 钢锻件；工件净重：6373kg；锻坯尺寸：外径 ϕ690mm，内径 ϕ320mm，长 4300mm；外圆粗糙度：3.2μm；内圆为锻坯未加工；锻后退火状态探伤；耦合剂：机油；仪器：

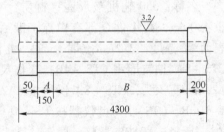

图 7 -36　柱塞体尺寸示意图

CTS -11 型和 CTS -4B 型；探头：2.5MHz，ϕ20mm 直探头，2.5MHz30°斜探头；灵敏度：直探头 CS - Ⅰ 型试块，150mm 深 Φ2 孔，反射波高 80%；斜探头 CSK - Ⅲ 试块深 120mmΦ1 孔，反射波高 80%，柱塞尺寸见图 7 -36。

7.4.6.2　探伤情况

对柱塞体一件超声波探伤情况如下：

直探头外圆探伤，A 段 4 次底波无伤波（因内孔未加工，比较粗糙而次数较少），图 7 -37 中的 1 是多次反射波形。B 段底波次数 1~2 次有丛生林状波（见图 7 -37 中的 2），

a_1、a_2是不同部位的白点波形，一次底波在水平基线 4 格左右。30°斜探头纵向与圆周方向都有伤波，但纵向放置探头可以打着内壁并产生反射，在图 7 - 37 的 b 中水平基线的 5格处，探伤中底面波位置不变。转动斜探头伤波迅速切换，白点的波形特征比较明显。

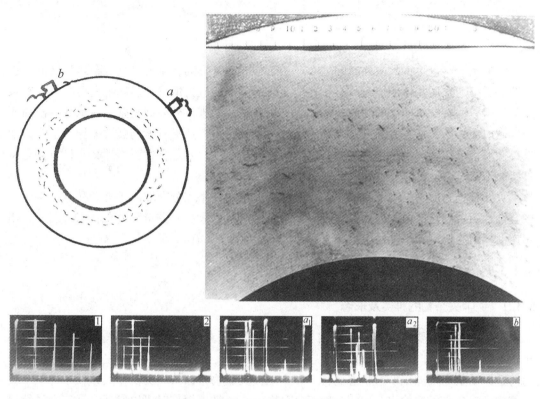

图 7 - 37　大型管锻件白点的探伤波形

8 夹杂物的超声波探伤

钢中夹杂物也是钢的主要缺陷之一。夹杂物的有害影响，主要是它与金属晶格的不连续性，破坏了金属基体的连续状态，并能使局部范围的应力值增加。在某些情况下，夹杂实际就是一种有缺口效应的裂纹。例如承受交换载荷的零件外表面夹杂，或承受冲击高压的炮膛内壁夹杂，特别是当这些夹杂的形状为片状时，其危害程度与裂纹无异。但是，如果夹杂形状呈球状，且位于大轴的心部或炮管外表面处，其危害性就不那么明显，甚至可以忽略不计。因此，对于夹杂的有害影响不能一概而论。

夹杂是材料应力集中的来源之一，其应力集中的大小和分布取决于夹杂和金属基体的密合性、两者弹性性质的差异，以及夹杂本身的形状、大小、数量和分布状态。因此，用超声波探伤法检测钢中夹杂也是十分重要的。

8.1 夹杂物在钢中的形态及分布规律

8.1.1 钢中夹杂物的种类及形态

钢中夹杂物主要影响到钢的纯洁度，它包括内在夹杂（炼钢反应产物，氧化及脱溶析出产物），外来非金属夹杂（又叫夹渣）和异金属夹杂三类。夹杂物在钢中的形态可分为铸造原始状态及加工变形状态两种。以上三类夹杂物中，第一类由于尺寸较小，单个夹杂物超声波探伤无法检出，但它一般密集分布，高灵敏度探伤时可以发现。第三类虽然尺寸较大，但与钢声阻抗无明显差别，难于检出，只有当熔合边界有异物或未熔合时才有缺陷波出现。第二类缺陷由于其尺寸较大，与钢声阻抗差异又大，因此它是超声波探伤的主要对象。

8.1.2 夹杂物在钢中的分布

8.1.2.1 内在夹杂物在轴锻件中的分布规律

前已述及，内在夹杂物主要指炼钢中的反应产物、冷却过程中的脱溶析出产物及二次氧化产物等。

内在夹杂常以群集形式出现，它在轴锻件中的分布规律常与钢锭中的偏析有关。内在分散夹杂常与钢锭中的"V"形、"Λ"形和锥形偏析相对应。除此之外，还与轴在钢锭上的切取部位及其锻造条件的选择有关。图 8 – 1 是夹杂物在大型轴锻件中的分布形式。

在大型轴锻件中，通常是一锭一轴，因此钢锭中夹杂的原始分布状态，几乎原封不动地保留在锻件中。它们有时在轴中只有一种分布形式出现，有时则以数种形式共存。

在一锭多轴的锻件中，缺陷在轴中的分布形式与在钢锭上的切取部位有关。轴在钢锭上的切取部位，对缺陷的分布规律不产生根本性的影响，只是夹杂在轴上残余的部位发生相应的位置变化，实际上只不过是将钢锭中的夹杂分为若干段，各残存某一轴内罢了。

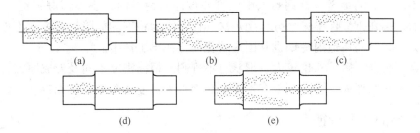

图 8 - 1   夹杂物在大型轴锻件中的分布形式
（a）圆锥体形分布；（b）喇叭形分布；（c）环形分布；
（d）轴心分布；（e）复合形式分布

锻造条件的选择，则会导致夹杂分布状态的畸变。图 8 - 2 展示了锻造比对夹杂分布状态的影响。在钢锭内，夹杂的原始分布状态是呈喇叭状，即倒 "V" 形偏析区分布的群集夹杂。但由于轴在 A、C 段锻造比大于 B 段，从而使得夹杂在 m、n 轴颈处的分布产生跳跃，破坏了夹杂分布的连续状态，使人们容易产生错觉，我们探伤时应注意这种情况下波形的变化。锻造比大的部位，夹杂的分布范围应

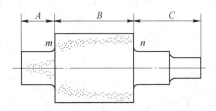

图 8 - 2   锻造比对夹杂
分布形态的影响

相应减小。同时这类夹杂本来尺寸就不大，又加容易打碎细化，超声波探伤时，在 A、C 段夹杂的伤波数量减少和伤波幅度降低，甚至夹杂被打碎细化到使得超声波无法检测出来的程度。即在 A、C 段无伤波，仅能在 B 段看到呈环状分布的夹杂波形。

8.1.2.2   外来非金属夹杂（夹渣）在工件中的分布

外来非金属夹杂物，又叫夹渣，它与异金属夹渣都属于低倍夹杂。所谓低倍夹杂是指酸蚀试片上肉眼或借助于 5～10 倍的放大镜可见的耐火材料、炉渣及其他非金属夹杂物。夹渣一般尺寸较大，其形状不规则，通常保持固有的颜色。夹渣在低倍试片上并不难分辨，有时试片上只看到一些成群出现，被拉长了的、海绵状的空洞，这是碱性夹杂物，在酸蚀时被侵蚀掉形成的。夹渣的来源主要是冶炼和浇注设备上剥落或侵蚀下的耐火材料。浇注系统吹、吸风不干净，泥沙、耐火材料、碎块等进入锭模未浮起，浇注过程中冒口掉泥或保护渣被卷入钢水未浮起等原因引起。

外来非金属夹杂物在锻件中的分布无一定规律，在单个分布在锻件中，有成撮或分散分布的；它们的尺寸有大有小，从零点几毫米到几十毫米甚至更大；它们的分布位置也无一定规律，可以出现在水口端，也可分布在冒口端。大量统计的结果，冒口端、铸造拐弯处和热节处出现机会较多。在超声波探伤中，根据锻件在钢锭上的部位不同，夹杂物有的出现在轴的一个端头，有的则布满整个锻件。

8.1.2.3   异性金属夹渣的分布规律

钢中的异性金属夹杂，在酸蚀试片上呈色泽、性质与基体金属明显不同的金属块，形状不规则，但边缘比较清晰，周围常有非金属夹杂物伴随出现，异金属夹杂的主要形成原因是补加铁合金到出钢的时间太短，或在出钢过程中铁棒（块）掉入，不能全部熔化，

浇注过程中浇口下的结瘤、凝钢落入中注管并被冲入锭模内，小型镇静钢锭（带帽）浇注完成以后，插在钢液保温帽部分标明炉次和便于吊运钢锭的马蹄形标签，不小心掉入钢锭模内。另外，有些铸造内冷铁也常因未熔化而存在于工件中。

异性金属夹杂一般尺寸也较大，形状也不规则。根据密度不同及形成原因不同，冒口处常有硅铁和马蹄形铁；锭底部常有未熔的高熔点大密度合金铁，例如钨铁、钼铁等。

8.2　夹杂物的波形特征

8.2.1　夹杂的声学反射特性及探伤灵敏度选择

超声波探伤时，通常是用人工平底孔的大小来作为选择探伤灵敏度的基准。但是人工平底孔与自然缺陷毕竟有许多不同。仅以锻件中常见的平面圆片状夹杂和球状夹杂为例，虽然这两种夹杂形状较规则，与人工平底孔和球形孔的几何形态相似，但是夹杂物的表面远不及人工孔表面平整光滑。夹杂表面的凸凹不平，必然会造成声波的大量散射，使缺陷的回波信号幅度减小，因而夹杂的伤波高度，必然低于同样大小的人工孔的反射波高度。

关于夹杂表面形态对伤波幅度的影响，有资料曾做过水声场模拟对比试验，试验结果如图 8 - 3 所示。从图中可以看出，虽然平面圆片状夹杂、球状夹杂、平面圆钢片和钢球的尺寸都是选用 $\phi7mm$，2.5MHz$\phi14mm$ 探头垂直入射，但是伤波的幅度却相差很大。平面圆片状夹杂的伤波反射幅度比平面圆钢片要低 8 ~ 13dB，而球状夹杂的伤波更低。从图中还可以看出，球状夹杂与钢球的情况相差不大。

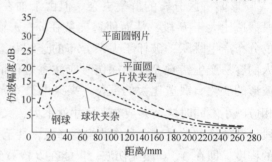

图 8 - 3　夹杂几何形态与埋藏深度
对伤波幅度的影响

在远声场区，球状夹杂伤波幅度高于钢球，并且与平面圆片状夹杂伤波幅度曲线趋于重合，其原因正是由于夹杂表面凸凹不平所造成，弄清这个问题对于实际探伤很重要。因此在选择探伤灵敏度时，可以采用人工平底孔的大小进行校准。校准后，到实际探伤时，还须将校准好的灵敏度基准再提高一个量程，以消除夹杂表面形态对伤波幅度的影响。

通过大量的探伤解剖试验，可以得出如下的经验数字，在近场区，对于平面圆片状夹杂，仪器的灵敏度应提高 10dB；对于球状夹杂，仪器灵敏度应提高 13 ~ 15dB。对于远场区，球状夹杂与平面圆片状夹杂，仪器灵敏度应提高的分贝数相同。这就是说，要检出 $\phi2mm$ 的平面圆片状夹杂，在用 $\phi2mm$ 人工平底孔试块校准好仪器之后，应再将仪器灵敏度提高 10dB，作为实际探伤时的灵敏度。此外，实际探伤时，缺陷的分布位向、零件的表面粗糙度、材料的晶粒度等因素的影响，也会使伤波幅度减小，因此仪器的灵敏度还应保持有最少 5 ~ 10dB 余量。

8.2.2　夹杂波形的基本特征

在锻件中，单个小夹杂的存在是少见的，它常以群集形式出现。因此，我们在研究夹杂基本波形特征时，着重研究群集形态夹杂的波形特征。

夹杂的基本波形特征之一是由一系列高低不等、疏密不均的伤波所组成，波峰分枝，波头圆钝不清晰。当探头移动时，伤波此起彼伏、变化迅速，如图8-4所示。

夹杂与其他缺陷相比，具有良好的反射特性，因此一般伤波反射幅度较高。在夹杂周围往往伴有许多微小夹杂物，如图8-5所示。这些夹杂物一般尺寸较小，虽不能构成独立的伤波，但对大夹杂物的伤波波形却有着直接的影响，造成波峰分枝，波头圆钝，清晰度降低，并使伤波脉冲宽度加大。

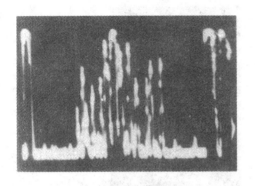

图8-4 夹杂物的波形特征

图8-5 大夹杂物附近的小夹杂物

伤波的数量取决于锻件中夹杂物的含量及仪器的检出能力。当提高仪器灵敏度时，伤波的数量迅速增加，甚至增益提高一分贝，伤波数量就增加许多，但伤波的清晰度随着仪器灵敏度的提高而越加模糊。伤波的高低不等、疏密不均，主要是因为夹杂的大小不等，分布位向不同，同时由于波的干涉和叠加等因素的影响，使得夹杂声波反射的能量差别较大所造成。当探头移动时，从各个夹杂表面反射的声波能量急剧发生变化，从而构成了伤波此起彼伏、变化迅速的波形特征。

夹杂波形的基本特征之二是，虽然群集夹杂的伤波数量多，波幅高，范围大，但是相对于同数量级的其他缺陷，如裂纹、气孔、缩孔、白点等，夹杂对底波幅度和底波反射次数的影响不十分显著。

夹杂物，特别是内在夹杂物，它是钢水与炉渣或脱氧剂的化学反应产物，如硫化物、氧化物和硅酸盐等。这些夹杂不可能把它完全去除，只有在冶炼过程中尽可能把它们控制在最小范围内，因此它是钢中的固有缺陷。由于内在夹杂与金属基体有着较好的密合性，因此声波在夹杂处，除了部分能量反射之外，还有一部分能量将穿过夹杂继续向前传播，从而使得底面回波具有较多的能量。因而夹杂的存在对底波幅度和底波反射次数的影响不显著，甚至看不出什么影响。

夹杂的基本波形特征之三是，夹杂物伤波幅度虽然较高，但在降低仪器灵敏度时，伤波幅度下降很快，其衰减量通常只有几个分贝。

图8-6是从锻件上切取下来的 $\phi4mm$ 平面圆片状夹杂与同等灵敏度下探测 $\phi1mm$ 人工平底孔的伤波幅度进行比较。虽然夹杂的尺寸大于人工平底孔，但降低灵敏度时，夹杂的伤波却很快消失了。图中未采用同等大小的平底孔与夹杂波形进行比较，其原因是如果

采用 ϕ4mm 平底孔作为探测灵敏度的基准，则 ϕ4mm 的夹杂根本看不到伤波，无法进行比较。

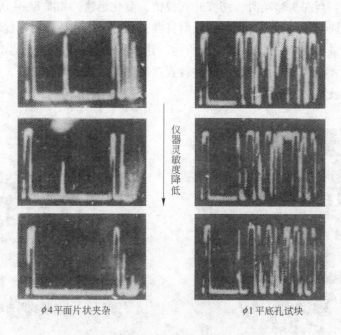

仪器灵敏度降低

ϕ4平面片状夹杂　　　　　　　ϕ1平底孔试块

图 8-6　降低灵敏度时的波形变化

在实际探伤中，如果将夹杂与同数量级的裂纹、缩孔等缺陷进行比较，夹杂物伤波随仪器灵敏度降低而下降速度快的特征更为突出。然而这种比较在实际生产中是不现实的，通常是采用夹杂的伤波与底波进行比较。图 8-7 是球状（或点状）夹杂的解剖实例，夹杂呈分散型分布，单个尺寸一般在 ϕ（1～4） mm，少数部位夹杂堆积，夹杂断口处有白色粉末状物质。夹杂的数量多，伤波一大堆，但对底波幅度的影响并不明显，如图 8-8 所示。

图 8-7　球状夹杂解剖实例

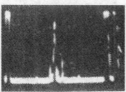

仪器灵敏度降低 ——→

图 8-8　降低灵敏度时球状夹杂伤波与底波的比较

8.3 夹杂物的超声波探伤

8.3.1 群集夹杂物的超声波探伤

8.3.1.1 群集夹杂物的波形及变化规律

群集夹杂物的波形与它在锻件中的分布位置相对应，现以轴锻件为例，说明夹杂物的波形与探伤时的变化规律。

圆锥体形分布的夹杂物，其波形是心部丛状缺陷波，缺陷波的分布范围冒口端较宽，探头向水口端移动时范围变窄（见图 8-9 (a)）。呈喇叭状分布的夹杂物，在冒口端是心部一定范围的丛状缺陷波，探头向水口端移动，伤波变为两撮，并随移动距离的增加，两撮伤波的距离也增加（见图 8-9 (b)）。环状分布的夹杂物，靠冒口端时，缺陷波两撮，这时伤波距离较近，移动探头每撮伤波的范围变窄，两者距离变远（见图 8-9 (c)）。轴心分布的夹杂物，一般冒口端较多，伤波范围较大，探头移向水口端，伤波数量变少，范围变窄（图 8-10 (a)）。复合分布形式的夹杂物，在冒口端时波形与喇叭形分布的相似，在水口端时则与轴心分布的夹杂物相似（图 8-10 (b)）。

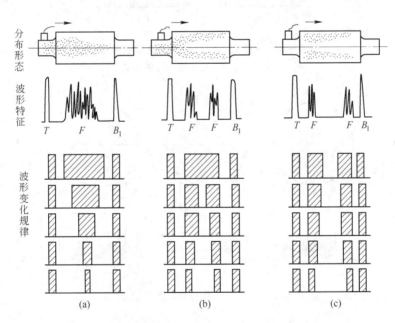

图 8-9 夹杂物的波形特征及变化规律之一

(a) 圆锥形分布；(b) 喇叭形分布；(c) 环形分布

以上讲到的是几种典型分布形式，有时夹杂物分布也不一定那样典型，但它们的伤波一定与其分布相对应并且波形特征符合上面所讲的夹杂物的基本波形特征。

8.3.1.2 群集夹杂物的范围测定

群集夹杂在轴横截面上的分布范围的测定如图 8-11 所示。在计算时，不能用波伤在时间扫描基线上所占据的范围 X 来确定夹杂的实际分布范围。这是因为波的干涉、伤波的迟到讯号可能使得 X 的范围变宽。超声波的衰减或材料的声吸收又会使得 X 的范围大

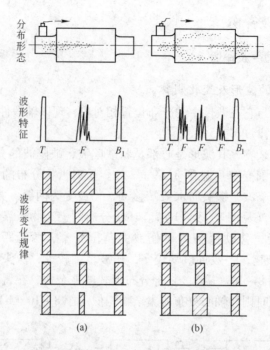

图 8 - 10   夹杂物的波形特征及变化规律之二
(a) 轴心分布；(b) 复合形式分布

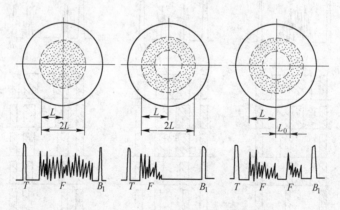

图 8 - 11   夹杂物分布范围的测定

大缩小。

图 8 - 11 所示的环形分布缺陷，由于材料的声吸收较严重，往往看不到环后部位的伤波，或者环后部位的伤波较环前部位数量少、幅度低，这在大直径锻件中尤为常见，所以 X 并不能代表缺陷的真实范围。因此实际探伤时，通常是以第一个有代表性的伤波到 T（始波）、B（一次底波）波中线之间的时间间隔 L 的两倍（即 $2L$）来求出缺陷的最大分布范围。对于环状夹杂，除了确定缺陷的最大分布范围外，还应求出轴心无缺陷部位的最小范围。为了避免材料声吸收的影响，应提高仪器灵敏度使环后部位的伤波具有一定的高度，再以环后第一个有代表性的伤波到 T、B_1 波中线的时间间隔 L_0 的二倍，求出轴心无缺陷的范围。

8.3.2 单个夹杂的超声波探伤

单个夹杂的探伤并不困难，只要我们弄清了群集夹杂的波形特征，单个夹杂就可以作为它的一种特殊情况来处理。但是较大的单个夹杂，特别是形状极不规则的大块夹杂，还有其独特的探伤特点。

形状不规则的大块夹杂多位于轴的心部。由于这类夹杂熔点高，质地坚硬，锻造时无法消除这类夹杂的三维空间容积性的几何形态。相反，锻造反而使得夹杂的形状更不规则，产生锻造缝隙，从而导致了夹杂与金属基体的密合性遭到破坏，降低了声波的穿透能力。但是，声波在夹杂处的反射能力却得到了增强。因此伤波的反射幅度增强，底波幅度和底波反射次数也相应地有所减少。然而将夹杂与同样大的裂纹、气孔、缩孔等缺陷相比，夹杂的伤波仍不及后者强烈，对底波幅度及底波反射次数的影响仍不算十分显著。

形状不规则的大块夹杂物，其伤波幅度高，脉冲宽度大，成束状，波峰圆钝有小分枝，峰尖不清晰，常呈现单一的主束状伤波，位于始波与底波之间的中线附近。提高仪器灵敏度，脉冲宽度无明显变化。移动探头，伤波主束不变，仅波峰分枝变化，没有瞬起瞬落波形特征，但伤波前后位置有微量变化。大块夹杂的伤波幅度高，通常具有较大的衰减量。如果夹杂的锻造缝隙较大，往往会使伤波和底波的衰减量接近。伤波幅度较高，有时也会出现伤波的二次反射，但是伤波的二次反射的幅度却较第一次伤波急剧减少，这也是夹杂区别于其他缺陷的一个重要特征。同时这种夹杂无论是纵波探伤还是横波探伤，其波形特征类同。平面圆片状夹杂、条状夹杂沿轴表面作纵向横波探伤是很难看到伤波的。虽然横波可以发现球状夹杂，但伤波变化迅速，这与大块夹杂波形截然不同。

大块夹杂在轴锻件中，往往具有较大的轴向长度，在实际探伤中呈现断续或连续状态，这与缩孔残余却有着明显的不同。

8.3.3 夹杂物缺陷的判伤失误分析

夹杂物缺陷的探伤容易造成两种错误判断，即容易把分散性夹杂物误判为白点和把轴心部位的夹渣误判为缩孔残余。

8.3.3.1 如何区分分散性夹杂物与白点

无论是心部的还是成环状的分散性夹杂物，其分布位置与形态都与白点相类似，因而很容易造成误判。区分它们必须紧紧抓住两者波形特征的不同：

（1）夹杂物与白点对底波反射次数的影响不同。分散性夹杂物虽然伤波数量多，但对底波次数影响不大，而白点则对底波反射次数影响很大。当提高探伤灵敏度时，白点缺陷的底波次数无明显增加，而夹杂物的底波次数却明显增多。

（2）夹杂物与白点的波形不同。夹杂物是一系列高低不等、疏密不均的伤波，波峰分枝，波头圆钝不清晰，而白点的波形是彼此独立，挺拔排立，波峰尖锐，边缘清晰。

（3）降低探伤灵敏度时所表现的特征不同。降低仪器灵敏度时，伤波下降速度与底波相比，夹杂物缺陷比底波快，其衰减量一般只有几个分贝，而白点缺陷一般比底波下降慢。

8.3.3.2 如何防止把夹渣误判为缩孔残余

轴心部位的夹渣因锻造被延伸，在轴向有一定的长度，它又常常出现在冒口端，因而常和锻件中的缩孔残余相混。区分办法是：

（1）观察缺陷对底波的影响。前已述及，夹渣缺陷对底波影响不大，而缩孔残余则影响严重。例如，缩孔残余 2 级，底波次数只有 2～3 次，缩孔残余 3 级则无底波或只有一次底波。

（2）缩孔残余的伤波具有连续特征，即它往往是连续的，并一直延续到轴的端头。而夹渣缺陷一般不连续，在纵向移动探头时，伤波常常出现波形切换。

（3）夹杂物波形圆钝不清晰，而缩孔残余波形脉冲强烈，前者很少出现伤波的二次反射，而后者往往在一次底波前出现伤波的二次反射。仪器灵敏度降低，缩孔残余伤波降低速度较慢，而夹杂物伤波降低较快。

8.4　夹杂物的超声波探伤实例

8.4.1　40Cr 轴中聚集夹杂物的探伤实例

8.4.1.1　概况

名称：轴；材质：40Cr 锻件；尺寸 ϕ180mm；状态：锻后退火；粗糙度：1.60μm；探伤仪器：CTS – 4B 型；探头：2.5MHz，ϕ20mm 直探头；灵敏度：CS – Ⅰ型标准试块 150mm 深 Φ2 孔，反射波高 80%；耦合剂：机油。

8.4.1.2　探伤与解剖情况

锻件中的缺陷在纵向存在一定长度。正常灵敏度下，伤波反射幅度虽高，但对底波及底波反射次数影响不大，降低探伤灵敏度时，缺陷波下降速度比底波快。聚集夹杂物的伤波多以一个波或几个波的形式出现，一般不像白点波形那样均匀丛生；在探头纵向移动时，波形相对比较稳定。

解剖实验证明，聚集夹杂物对钢的横向力学性能有较大的影响，在拉伸断口上呈现层状断口。

从探伤所切低倍试片上 1/2 半径位置切取横向力学性能试棒，数据见表 8 – 1，其力学性能与重型机械行业标准相差较多。

表 8 – 1　有层状断口的 40Cr 钢力学性能

序　号	σ_b/MPa	σ_s/MPa	δ_5/%	ψ/%	α_K/J·cm^{-2}	HB	断口形式
1	506	256	3.8	1.6	36.3	179	50% 层状
2	516	259	4.4	3.9	37.3	约 183	40% 层状
标准值（GB/T 3077 —1999）	980	785	9	45	47	207	

拉伸试棒上有层状断口，它对材料的强度及塑性都影响很大，其断口形式如图 8 – 12 所示。

在缺陷处取样做金相观察，夹杂物属条带状分布的氧化物夹杂（图 8 – 13）。

图 8 – 14 是 40Cr 轴夹杂物的超声波探伤波形。图中 a 是探头所示位置的波形；a_1、a_2 是纵向其他位置的波形；a_3 是提高灵敏度以后的波形，以上波形图中一次底波在 4.5 格处。

图 8 – 12　拉伸试棒上的层状断口

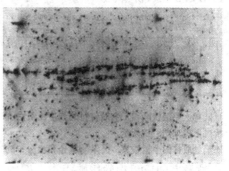

图 8 – 13　层状断口处的夹杂物（60×）

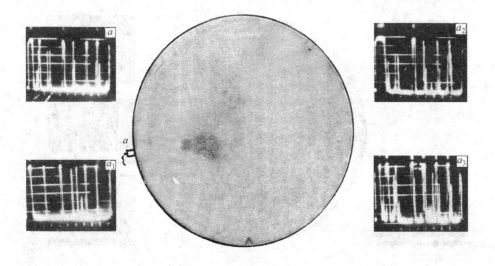

图 8 – 14　聚集夹杂物的探伤波形

8.4.2　渣罐车车轴中分散性夹杂物的探伤实例

8.4.2.1　概况

名称：渣罐车车轴；材质：车轴钢锻件；状态：正火；粗糙度：3.2μm；仪器：JTS – 3，CTS – 4B；探头：2.5MHz，φ14mm、φ20mm 直探头；灵敏度：CS – Ⅰ 试块 200mm 深 Φ2 孔，反射波高 80%。车轴尺寸见图 8 – 15。

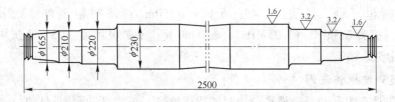

图 8 – 15　渣罐车车轴尺寸示意图

8.4.2.2 探伤情况

该轴探伤时在 φ165mm 段发现有缺陷波，在 230mm 处及轴的另一端均有类似的缺陷波。沿圆周方向探伤时伤波有方向性，即与伤波反射强烈的部位呈 90°角的位置上伤波幅度较低，甚至看不到伤波。波形彼此也独立，但波峰圆钝不尖锐。在 φ230mm 段观察多次反射，缺陷波虽高，对底波及底波反射次数却影响不大。降低灵敏度时，缺陷波下降较快。在所探 16 根车轴中，有 5 根属这种情况。

8.4.2.3 探伤波形

图 8-16 中的 1 是 φ230mm 段上的多次反射情况。从图中看出，伤波幅度虽高，但对底波及底波反射次数影响很小。图中 a、a_1、a_2 是圆周探伤时的夹杂物波形，其中一次底波在水平基线的 5 格处。在有些部位，圆周探伤时有方向性，图中 b 是转动 90°后的波形。伤波幅度低，数量少。

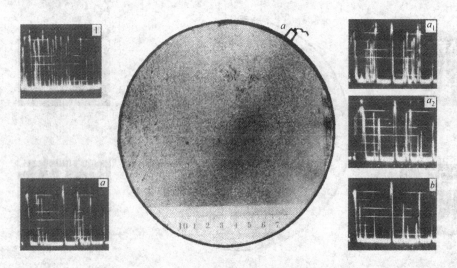

图 8-16 分散性夹杂物的探伤波形

8.4.3 铸钢耳轴有异金属夹杂时的探伤实例

这是一个既有粗晶又有异金属夹杂的探伤实例，前面已经提及，由于异金属与钢的声阻抗差异很小，因而在异性金属处一般很少有声波返回探头。但是，在实际工作中往往因异金属与钢交界处常有夹杂物或焊合不良现象，因而也常常在异金属边界上产生反射回波，其反射回波的当量常比实际异金属夹杂小得多。

8.4.3.1 概况

名称：钢包耳轴；材质：ZG45；尺寸：φ150mm；外圆粗糙度：3.2μm；仪器：CTS-4B 型，探头 2.5MHz（1.25MHz），φ20mm 直探头；灵敏度：CS-I 试块 200mm 深 Φ2 孔，反射波高 80%。

8.4.3.2 超声波探伤波形

图 8-17 是有粗晶和异金属夹杂物时的探伤波形。正常耳轴圆周探伤时，多次反射良好无缺陷波（图 8-17 中的 1）；该耳轴 2.5MHz 探伤，只有一次底波并伴有缺陷波（图

8-17中的2）；改用1.25MHz探伤，多次反射可出现三次底波（图8-17中的3）。2.5MHz探伤除粗晶波之外，还发现有脉冲较高的单一伤波，探伤时判定为非金属夹杂物，缺陷最大当量$\Phi 4$，其波形见图8-17中的a、b_1，b_2是提高灵敏度后，又有粗晶又有单一伤波的情形。解剖后发现在单一伤波位置处是异金属夹杂物。

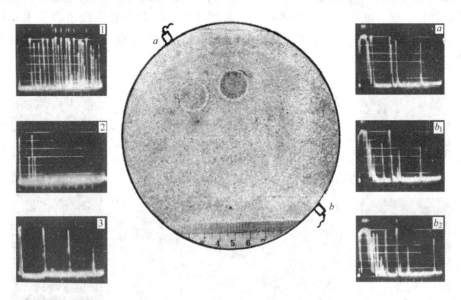

图8-17 异金属夹杂物的探伤波形

8.4.3.3 力学性能及金相分析

在异金属夹杂处取力学性能试棒，发现该处的材料强度低，塑性好，试棒断于异金属处，无异金属部位受粗晶影响，强度塑性都差，断口上有60%面积的结晶状断口，扫描电子显微镜观察，这部分属解理脆断。各处的性能值示于表8-2。

表8-2 耳轴的力学性能

试样部位	σ_b/MPa	σ_s/MPa	$\delta_5/\%$	$\psi/\%$	$\alpha_K/J \cdot cm^{-2}$	断口情况
异金属试样	398	222	20	60.0	33.3	断在异金属处
无异金属试样	544	270	7.0	9.4	49	断口有60%结晶状

从拉伸及冲击试样上取样作金相分析，发现奥氏体晶粒粗大，其级别评定为-2~-3级，并有魏氏组织和长条带粗大铁素体。从金相照片上还可看出转变后的铁素体晶粒度也较粗大。在心部所取试样上还看到了较严重的缩松。

8.4.4 铸钢中夹渣、缩孔、缩松并存时的探伤实例

这是一个在圆形截面的铸件中，有夹渣同时又有缩孔、缩松时的探伤实例。

8.4.4.1 概况

名称：圆形铸件；直径：$\phi 150mm$；外圆粗糙度：$3.2\mu m$；材质：C 0.86%，Si 0.29%，Mn 0.80%，P 0.023%，S 0.013%；探伤仪：CTS-8A，CTS-4B；探头：

2.5MHz，ϕ20mm 直探头；灵敏度：CS - Ⅰ 试块 150mm 深 Φ2 孔，反射波高80%。

8.4.4.2　超声波探伤波形

以上灵敏度探伤，无缺陷部位多次反射较好，但没有三角回波（图8 - 18 中的1）；有缺陷部位无底波，只有杂乱的缺陷波（图8 - 18 中的2），图中一次底波位置在闸门前沿。多数部位，既有底波又有缺陷波，提高灵敏度后，底波次数可以增多（图8 - 18 中的3）。图8 - 18 中的 a、b、c、d 为切片上相应探头位置的波形，一次底波位置在水平基线4格，闸门前沿。

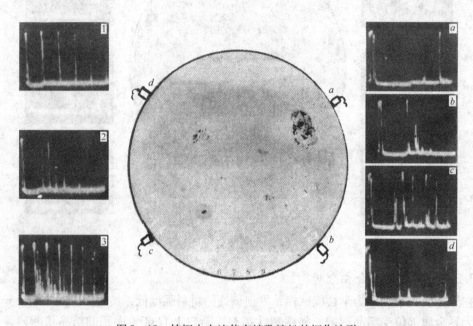

图8 - 18　铸钢中夹渣伴有缩孔缩松的探伤波形

9 缩孔与缩孔残余的超声波探伤

锻件通用技术条件中规定，缩孔残余与裂纹、白点一样，都属于不允许缺陷，因而用超声波探伤方法来确定缩孔与缩孔残余有很重要的现实意义。本章从分析缺陷的出现规律和低倍特征入手，介绍了缩孔与缩孔残余的波形特征，列举了实际探伤的例子，并提出了根据超声波探伤波形划分锻件中缩孔残余级别的设想。

9.1 缩孔、缩孔残余的分布及特征

9.1.1 缩孔、缩孔残余的产生与分布规律

9.1.1.1 缩孔的产生

铸件或铸锭中缩孔的产生过程是这样的，当液态钢水倒入型腔或锭模之后，随着温度的降低便产生体积收缩，钢的总体收缩包括液态收缩、凝固收缩和固态收缩三部分。由于液态收缩和凝固收缩得不到补充，在钢液最后凝固的部位形成的空洞叫作缩孔。深入钢锭内部与缩孔不相通的孔洞叫作二次缩孔。

在铸件中，缩孔一般出现在热节处或冒口下方，即钢液最后凝固并补缩不良的地方。在沸腾钢锭中，由于沸腾钢是一种不完全脱氧的钢，冶炼时钢中控制着一定数量的氧含量，浇注时钢水中的碳和氧发生化学反应，生成一氧化碳气体，使钢液产生沸腾现象。钢沸腾的结果，钢锭在凝固过程中的收缩，很大程度被分散的、有规律分布的一氧化碳气泡所填充，因此一般没有缩孔。沸腾钢锭的成材率较高，约90%以上，它比较经济，但钢材质量较差。对于合金钢或大型锻件，大都用镇静钢，它的锭型是上大下小，其目的是让钢液自下而上顺序凝固，因此镇静钢锭的缩孔都出现在钢锭的上部——冒口端。

9.1.1.2 缩孔残余的产生及出现规律

前已述及，钢在凝固过程中的收缩是不可避免的，因而在镇静钢锭中出现缩孔同样也不可避免。在生产中人们尽力争取让缩孔只出现在冒口端很浅的深度内，以便切冒口时把它去掉。尽管人们作了很大的努力，例如，设计合理的锭型，安放保温帽等措施，在实际生产检验中仍然常常碰到缩孔残余缺陷。

锻件中的缩孔残余一般常由以下两种原因引起：一种是铸锭中的缩孔虽不太深，但由于锻件成材率高，锻件中尚有一部分缩孔没有切除干净而残留在工件内部。对于钢锭的利用率，根据零件的重要性有不同的规定，表9-1列出了不同锻件的钢锭利用率，从表中看出，钢锭利用率最高为74%，最低只有45%。如果随意提高钢锭利用率，则锻件质量就难以保证，以至于产生缩孔残余缺陷。另一种情况是，锻件虽然按照规定比例切除冒口，但是因工艺不当，钢锭中的缩孔过深或产生了二次缩孔，从而形成了锻件的缩孔残余。

表 9 – 1　钢锭的利用率 　　　　　　　　　　（%）

锻件名称	钢锭利用率	锻件名称	钢锭利用率	锻件名称	钢锭利用率
圆光轴	57～74	汽轮机主轴	45～64	锤头	50～64
长颈轴	55～70	热轧辊	56～64	平板	53～68
短颈轴	52～68	冷轧辊	55～66	叶轮、齿轮	54～65
法兰轴	50～66	曲轴	50～62	圆长筒、水缸	53～65
发电机转子	48～64	模块	55～64	护环	54～60

缩孔残余在锻件中的分布与锻件在钢锭上的截取位置有关。在一锭一件的锻件中，缩孔残余一般出现在冒口端一定深度内，其深度也不相同，浅者有几十毫米，深者可达几百毫米或更长。在一锭多件的锻件中，缩孔残余多数产生在冒口端的锻件上，其深度相对较大，有的甚至贯穿整个工件。

缩孔残余常常出现在锻件的一个端头，并且是连续的，但是遇到有二次缩孔时，缩孔残余也不一定连续，即它不一定一直延伸至零件的端头。

9.1.2　缩孔及缩孔残余的特征

缩孔的形态随着它出现在工件部位的不同而不同，当它出现在丁字形热节处时，缩孔常常是各方向相等的空洞；当它产生在窄长工件中心轴线处时，缩孔往往是沿轴线方向的断续或连续的孔洞；铸锭中的缩孔通常是冒口端盆腔式空洞，有的则表现为纵向有一定长度的管形孔腔，因而有人也称作缩管。

缩孔的内壁凸凹不平，由于最后凝固的钢液在孔腔内可以自由生长，因而这儿的树枝晶特别发达（见图 6 – 3）。缩孔又是钢液最后凝固的地方，这里常伴随有夹渣、低熔点杂质、疏松和晶粒粗大。

缩孔宏观尺寸较大，一般不用低倍腐蚀就可以看到。

缩孔残余在横向酸浸低倍试片上的特征是：它是出现在心部附近的、变形过的孔洞或裂纹，它的周围同样伴随有夹渣、夹杂物和疏松缺陷。缩孔残余的形状与锻造条件有关，当锻比较小时，缩孔残余可以是圆形孔洞或不规则的空隙；当锻比较大时，缩孔残余则变成十字形、鸡爪形、人字形或一字形裂纹形状（见图 9 – 1）。

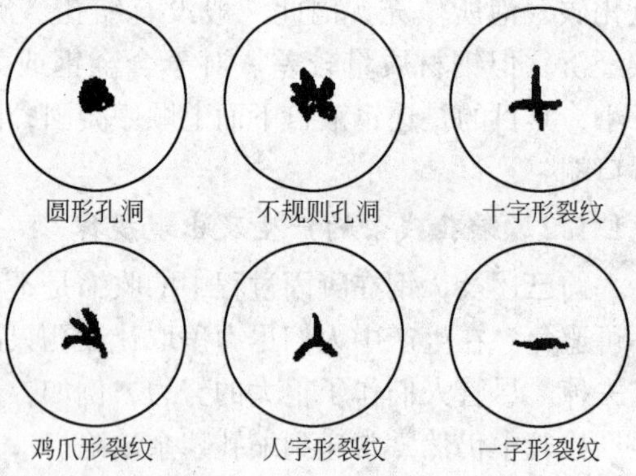

圆形孔洞　　不规则孔洞　　十字形裂纹

鸡爪形裂纹　　人字形裂纹　　一字形裂纹

图 9 – 1　缩孔残余的各种形状

缩孔残余的纵向断口特征表现为心部宽度不等的条带。因经纵向延伸，断口上常出现类似木纹状断口的特征，有时则因缩孔中有夹渣或夹杂物，断口上呈现绿色或灰色。经变形过的缩孔残余已很难看到树枝状晶的形态。

缩孔残余虽属不允许缺陷，但实际生产中也不是一律报废。例如，粗车探伤时发现的纵向长度较浅的缩孔残余，经调整后可以避开缺陷仍不影响零件的加工；对于级别较轻的缩孔残余，如果用于承受扭转或弯曲的零件上，征得有关技术部门的同意，也可以在心部掏孔把缺陷全部加工掉。这样做也不会对使用寿命带来多大的影响。

9.2 缩孔、缩孔残余的波形特征

9.2.1 缩孔、缩孔残余的声学反射特性

缩孔的内壁凸凹不平，有着发达的树枝状晶，即便是宏观上看去较平坦的内壁，在扫描电子显微镜下也高低不平，存在有大量乳头状枝晶末梢，或叫自由表面（见图9-2）。缩孔的这一特征使声波在此处的散射增多，反射回的声能相对减少，其反射声压比相同直径的平底孔反射声压小得多。

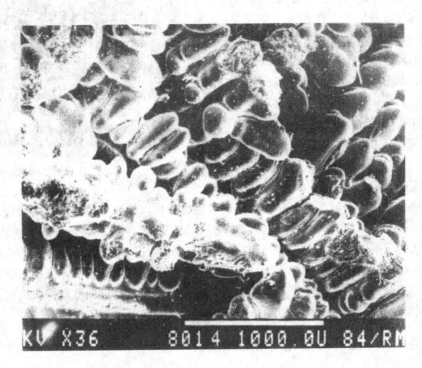

图9-2 缩孔处的自由表面 扫描电镜（36×）

缩孔残余经锻轧等变形，表面变得较为平整，且具有一定的方向性，它的声压反射特性接近于裂纹，特别是当锻轧比较大时，缩孔残余与轴心内裂纹已难于区分。关于裂纹的声压反射特性，我们将在第10章中详细讨论。

9.2.2 缩孔、缩孔残余的波形特征

缩孔与缩孔残余的波形特征与它的分布规律和低倍特点相联系。

缩孔、缩孔残余的波形特征之一是，伤波呈束状，波底宽大，主伤波附近伴有许多小伤波。这一波形特征主要是由于缩孔内壁凸凹不平，虽然声波在界面上的散射严重，但在同一波阵面上的反射体仍能形成较强的反射讯号。因此伤波脉冲强烈，主伤波1~2个。又因缩孔周围常伴有夹渣、夹杂物和不同波阵面反射回波的时间不同，在主伤波附近形成了许多小伤波，同时造成了波峰分枝的特征。缩孔的探伤波形周围各方向都基本类似，锻

件中的缩孔残余有的则因锻造时缩孔被打扁而出现明显的方向性，即圆周各方向的反射波幅不完全相同。

　　缩孔及缩孔残余的第二个波形特征是，缺陷对底波及底波反射次数影响严重。缩孔表面大量的树枝状晶和凸凹不平的表面，造成了大量声波被漫反射，这是引起底波衰减的因素之一；引起底波衰减的原因之二是缩孔或缩孔残余的空隙中一般存有气体，其声压透过率几乎为零。又加缩孔及缩孔残余大都位于轴心附近，这就使超声波束难以射到底面，因而对底波影响较大，轻者出现 2 ~ 3 次底波，重则一次底波或无底波。

　　缩孔残余的第三个波形特征是，缺陷波出现在始波与底波的中间位置或稍微偏前，有时会在底波前出现缺陷的二次回波（如图 9 - 3 所示）。由于轴类锻件中缩孔残余的反射脉冲较强，又加出现在中心附近，因而容易误判为第一次底波。区分是缩孔残余伤波还是第一次底波的方法是，底波的波形清晰，波的前后都无杂波，而缩孔残余的伤波则与此相反；另一个方法是用深度定位法来确定，底波出现在与直径相对应的深度上，缩孔残余伤波则出现在与半径相对应的深度上。

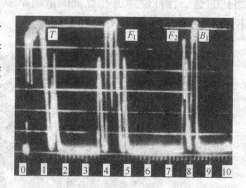

图 9 - 3　缩孔残余的波形

　　缩孔残余的第四个波形特征是，缺陷具有连续特征。轴心部位也常常出现夹杂物，但在直探头纵向移动探伤时，夹杂物（或夹渣）的缺陷波一般不连续，常常出现波形切换；而缩孔残余的反射脉冲则纵向延伸一定长度，除二次缩孔以外，往往延伸至轴的端头。缩孔残余因被打扁圆周各处反射幅度不尽相同，打扁的方向与钢锭初锻方向或压下量较大的方向有关。按照锻造工艺常常是在同一个方向上被打扁，但是纵向移动探头探伤时，伤波幅度还是常有时高时低的变化，这可能是原缩孔的纵向各处形态不同引起的。

9.3　轴类工件中缩孔及缩孔残余的探伤

9.3.1　缩孔的探伤

　　缩孔只存在于铸件中，现以铸钢轧辊中的缩孔为例介绍其超声波探伤特征。

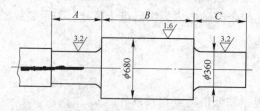

图 9 - 4　650 轧辊尺寸及探伤部位

　　图 9 - 4 是 650 轧机铸钢轧辊的尺寸示意图，其中有一个端头有缩孔，因冒口尚未切除难于判定工件上有无缩孔。超声波探伤过程如下：

　　对于大型铸钢轧辊，因组织不致密，多采用大功率电子管探伤仪（例如 CTS - 11 型仪器）和低频率探伤（例如 1.25MHz 直探头），探伤安排在正火或调质细化晶粒之后，表面粗糙度达 1.6 ~ 3.2μm，接触法探伤，机油耦合，分粗探伤和精探伤两步进行。

　　粗探伤：按照规定的探伤灵敏度调好仪器，调整深度调节，使底波多次反射出现几次

（以水口端反射的最多次数为准，一般对 650 轧辊 5 ~ 6 次以上）。粗探伤沿圆周各处扫查，观察多次反射底波、始波与一次底波之间有无伤波以及三角回波有无等情况。当探头

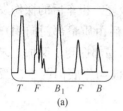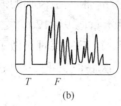

移至大直径（B 段）时，底波次数可能减少，一般也应有 3 ~ 4 次，且无伤波；当探头移至 A 段时底波次数比 C 段应少些。因为 A 段冒口端疏松夹杂物多，晶粒粗，但不应少于 B 段，当探头移至缩孔处时，底波突然严重衰减，甚至消失，在始波与底波中心附近出现如图 9 - 5 所示的缺陷波，其中图 9 - 5（a）是有底波的情况，（b）是无底波的情况。

图 9 - 5 缩孔的波形

（a）有底波时；（b）底波消失时

精探伤：精探伤包括两个程序，第一是确定有伤波的位置，缺陷的深度、大小、长度或分布范围。该例中就是要确定缩孔内孔径大小，缩孔的纵向长度等。第二是用斜探头或直探头纵向贯穿入射来确定有无横向缺陷或径向缺陷。特别是经热处理产生的横向内裂纹，在粗探伤时很容易漏检，而这种缺陷在大型铸钢件中并不少见。

9.3.2 缩孔大小的测定

缩孔大小的测定在实际生产中有现实意义，根据探伤提供的尺寸有关技术部门可以采取相应的改进措施。

在轴类工件的圆周方向对缩孔用当量法测定是不合适的，因为这会带来很大的误差。在实际探伤中可靠的测定方法是采用直探头轨迹作图法，即在轴的圆周方向诸点（A、B、C、…）分别测定缩孔缺陷的最早回波离表面的距离 AA'、BB'、CC'、…（见图 9 - 6），按照 1 : 1 作图，依据测得的深度标注上 A'、B'、C'、…，连接 A'、B'、C'、D'、…各点，该折线所包围的范围就是缩孔的大小。

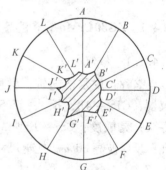

图 9 - 6 用轨迹作图法测缩孔大小

9.3.3 缩孔残余的探伤

缩孔残余与缩孔的探伤程序并无多大差别，只是因为工件经锻打，缺陷与基体都有了变化，相应的探测条件也有所变化罢了。首先，由于锻造，工件变得致密，因而探伤频率一般用 2.5MHz。其次，缩孔残余有明显的方向性，圆周各处探伤时波形变得有很大不同。

缩孔残余工件有时伴有晶粒粗大，即在示波屏上既有草状波又有单一强脉冲，这时可以改换低频率，草状波将消失，缩孔残余的波形特征就完全暴露出来。

缩孔残余工件探伤时也会与夹渣波形相混，可以用观察缺陷对底波的影响来区分，夹渣对底波影响较小，而缩孔残余则影响较大；另外夹渣缺陷无连续特征，即伤波在纵向移动探头时不连续，而缩孔残余则与此相反。

9.3.4 缩孔残余缺陷的判伤失误分析

在缩孔残余的探伤中容易把它误判为夹渣或把夹渣误判为缩孔残余，大家知道，夹渣

在一般锻件中允许有一定当量的缺陷存在，而缩孔残余则绝对不允许，因此必须很好地对它们作出准确的定性判断。这一点在第 8 章中已作过详细介绍，这里不再赘述。

在实际工作中常发生误判，例如：用户供应的一根人字齿轴的锻坯，粗车后的探伤发现在轴的一端有缩孔残余缺陷（解剖后的照片见本章图 9 – 12）。之后由质量部门向用户提出质量疑义，用户随即派两名探伤人员来复探。由于复探时只做了局部探测，又加上未对水平基线进行标定，误把缩孔残余回波当作一次底波，把一次底波当作底面的二次反射，其结果是误判该轴没有缺陷。

怎样避免犯上述判断错误呢？

（1）探伤者必须把整轴作了探伤之后才能下结论。如果探伤者把相同直径、无缩孔残余的部位也作了探伤的话，他就会发现矛盾，也就发现自己的错误了。

（2）探伤前必须对水平扫描基线进行标定，若水平基线已标定，那么底波应出现在与直径相对应的深度上，而伤波是在与半径相对应的位置上。

（3）只要认真观察，波形也不相同。底波的波形清晰，波的前后都无杂波；而缩孔残余的伤波波根不清，主波束前后常伴有小伤波。

（4）底波多次反射次数不同。缩孔残余的存在严重影响底波次数，而无缺陷时底波次数正常，且轴类锻件中有三角回波出现。

9.4 缩孔与缩孔残余探伤实例

9.4.1 ZG80CrMo 轧辊的超声波探伤实例

9.4.1.1 概况

名称：皮尔格轧辊；材质：ZG80CrMo；表面粗糙度：3.2μm；热处理状态：正火；仪器：CTS – 4B；探头：2.5MHz，ϕ20mm 直探头；灵敏度：CS – Ⅰ型试块 200mm 深 $\varPhi$2 孔，反射波高 80%。轧辊尺寸及缺陷位置见图 9 – 7。

9.4.1.2 探伤情况

用 2.5MHz 直探头圆周探伤，水口端底波多次反射 8 次以上，三角回波清晰可见且无缺陷波（图 9 – 8 中的 1）；冒口端离端头 A150mm 内一段无底波，只有中心部位的束状缺陷波；150mm 至 350mm 段有一次底波伴有

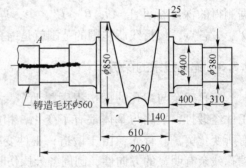

图 9 – 7 皮尔格轧辊粗车尺寸及缺陷位置

缺陷波；350mm 至 450mm 段又无底波，只有缺陷波。450mm 到轧肩根部无缺陷波，多次反射底波有 3 次（图 9 – 8 中的 2）。图 9 – 8 中的 a、b_1、b_2 和 b_3 分别是探头在 a 与 b 位置的波形，其中 b_3 是提高灵敏度后的波形，图中一次底波在闸门前沿位置。

1.25MHz 探伤情况与 2.5MHz 基本相同，底波反射次数稍有增多。

1.25MHz，30°斜探头探伤，灵敏度在 CSK – Ⅲ试块上调节深 120mm 处 $\varPhi$1 孔，反射波高为 80%，无论是纵向放置探头还是圆周方向放置探头，都很难发现伤波。

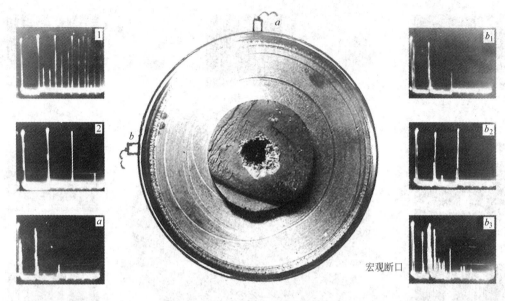

图9-8 ZG80CrMo轧辊缩孔探伤波形

9.4.2 40Cr轴二次缩孔的探伤实例

9.4.2.1 概况

名称：轴；材质：40Cr毛坯圆钢$\phi170mm$；粗糙度：$3.2\mu m$；探伤仪：CTS-8A，CTS-4B；探头：2.5MHz，$\phi20mm$直探头；灵敏度：在CS-Ⅰ型试块150mm深$\Phi2$孔，反射波高调80%。锻件尺寸及缺陷位置见图9-9。

9.4.2.2 探伤波形

在$\phi120mm$段探伤，多次反射良好，底波10次以上（图9-10中的1），多数部位无缺陷波，偶尔出现心部伤波，但缺陷

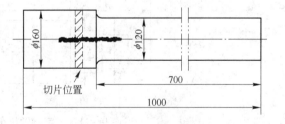

图9-9 40Cr轴粗加工尺寸及缺陷位置

对底波次数影响不大，判为夹渣缺陷。在图示缺陷位置出现中心部位的伤波，伤波反射强烈，纵向移动探头伤波连续，且对底波反射次数影响严重，只有两次底波（图9-10中的2）。圆周各方向探伤伤波基本相同。图9-10中的a、b、c、d、e是圆周各处探伤时的波形。

9.4.3 人字齿轴缩孔残余的探伤实例

9.4.3.1 概况

名称：2300冷轧机650齿轮座下人字齿轴；材质：40CrMnMo锻件；粗糙度：$1.60\sim3.2\mu m$；状态：锻后退火；探伤仪：JTS-3型、CTS-4B型；探头：2.5MHz、1.25MHz，$\phi20mm$直探头；灵敏度：CS-Ⅰ试块200mm深$\Phi2$孔，反射波高50%。工件尺寸及缺陷位置见图9-11。

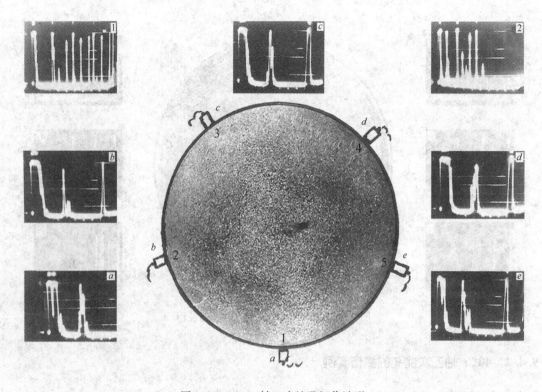

图 9 - 10　40Cr 轴二次缩孔探伤波形

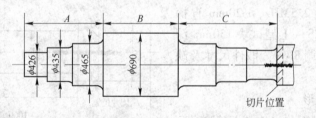

图 9 - 11　人字齿轴粗车尺寸及缺陷位置

9.4.3.2 超声波探伤

用 JTS - 3 型仪器 2.5MHz 探伤, A 段 2 ~ 3 次底波无伤波。B 段无底波, 只有草状回波, 系粗晶反射, 偶尔有单个较强反射讯号系小块夹渣反射。C 段从 φ426mm 中部开始到端头, 中心缺陷反射强烈, 伤波有二次反射。底波有的部位消失, 有的部位只有一次, 伤波连续, 圆周各处探伤, 波形基本类似。探伤时判定为缩孔残余。改用 1.25MHz 探伤, 粗晶引起的草状波消失。

用 CTS - 4B 型仪器拍摄波形如下 (1.25MHz):

同直径无缺陷部位多次反射良好 (图 9 - 12 中的 1), 缩孔残余部位底波严重衰减并杂乱 (图 9 - 12 中的 2)。a_1、a_2 为纵向不同部位的缺陷波形; a_3 是有伤波二次反射时的波形; 降低灵敏度时, 底波下降比伤波快, a_4、a_5 是降低灵敏度时的波形。

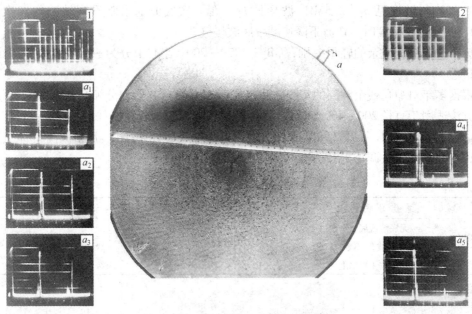

图 9 – 12 人字齿轴缩孔残余探伤波形

9.4.4 42CrMo 轴缩孔残余的探伤实例

9.4.4.1 概况

名称：轴；材质：42CrMo 锻件；毛坯尺寸：$\phi400\text{mm}$；粗糙度：1.60μm；热处理状态：调质；探伤仪：CTS – 11 型，CTS – 4B 型；探头：1.25MHz、2.5MHz，$\phi20\text{mm}$ 直探头；灵敏度 CS – Ⅰ 型试块深 200mmΦ2 孔，反射波高 80%。

9.4.4.2 探伤情况

该轴无缺陷部位多次底波 10 次以上，缺陷对底波影响很大，缺陷处底波只有一次（图 9 – 13 中的 1），探头在 a 位置时 1.25MHz 波形见 a_1，2.5MHz 波形见 a_2；探头在 b 位

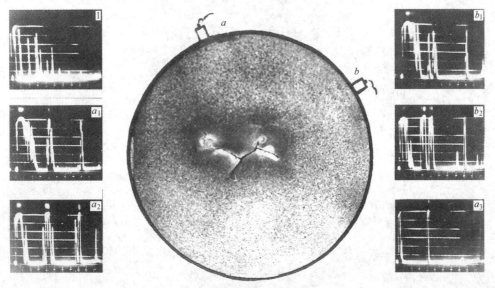

图 9 – 13 42CrMo 轴缩孔残余探伤波形

置时 1.25MHz 波形见 b_1，2.5MHz 波形见 b_2。在一次底波前沿常看到缺陷的二次反射（见 a_2），降低灵敏度时，伤波下降速度较底波慢（见 a_3）。

为了区分缩孔残余的轻重差别，GB/T 1979—2001 标准中分为三级，其中一级最轻，三级最重。

根据多年对缩孔残余解剖的实践，我们提出如下根据波形划分缩孔残余级别的设想。以下方法适用于直径 200~400mm 锻件，热处理状态为正火或调质（即不存在晶粒粗大缺陷），表面粗糙度：1.6~3.2μm，探伤灵敏度以工件底面处 $\Phi2$ 孔，反射波高 80%（或以相应深度的标准试块调正）。缩孔残余划分级别见表 9-2。

表 9-2　缩孔残余划分级别

缩 孔 处 底 波 次 数	缩 孔 残 余 级 别
无底波或底波 1 次	3 级
底波 2~3 次	2 级
底波 4 次以上	1 级

10 裂纹的超声波探伤

10.1 大型锻件内裂纹的超声波探伤

10.1.1 裂纹的超声波探伤特征

脉冲反射式超声波探伤仪伤波的幅度和形状，与缺陷的表面状态、大小、位向、缺陷对声波的实际有效反射面积，以及介质与缺陷的声学性质有关。因此，不同性质的缺陷，其伤波的形状和幅度也不相同。

无论什么样的裂纹，都是由于材料内部应力过高或过于集中而导致的组织撕裂缺陷，它的表面形态均呈撕裂状断口。"犬齿交错"的表面特征，是构成裂纹不同于其他类型缺陷的重要特征。裂纹的缝隙呈锯齿状，断口表面如披刺绒。裂纹的这种表面几何特征，是造成声波在裂纹缝隙处大量散射和吸收的重要原因。因此超声波在裂纹表面上的声波反射率，必将大大低于光滑平整表面（见图10－1）。

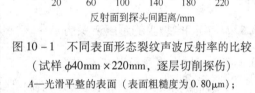

图10－1　不同表面形态裂纹声波反射率的比较
（试样 φ40mm×220mm，逐层切削探伤）
A—光滑平整的表面（表面粗糙度为0.80μm）；
B—脆性断口裂纹表面；C—塑性断口裂纹表面

从图10－1中可以明显看出，不同表面状态的裂纹对反射回波幅度的影响是十分明显的。其他表面状态的裂纹试验结果表明，多数声波反射幅度曲线均位于 B、C 曲线之间。从图10－1还可以看出，要保证裂纹在探伤时不被漏检，应该把原来以人工平底孔（如 φ2mm）校准的探伤灵敏度基准，至少应提高20dB。但是解剖分析表明，随着裂纹面积的增大，其缺陷表面的粗糙度将相应降低，伤波的反射幅度增高。因此，大裂纹是易于发现的，它与光滑平整表面的声波反射幅度有时仅差十个分贝左右。反之裂纹越小，则差值越大。在入射声波与裂纹表面不垂直的情况，"犬齿交错"的裂纹表面比光滑表面的反回声压要大得多，因而横波探伤，裂纹并不难发现。

"犬齿交错"的裂纹表面，能引起伤波反射的是正对着声源一侧的裂纹边壁和裂缝附近的细小发裂。裂纹壁上的凸凹尖角都可以引起声波反射，处于同一波阵面上的尖角，可以构成一束较强烈的伤波反射信号，但众多的尖刺又可使超声能量大量地被裂纹狭缝所吸收。因此，伤波的幅度一般较低。裂纹伤波的峰尖都呈分枝状，分枝的原因是裂纹面上的尖角并不完全处于同一个波阵面上。加之仪器的分辨能力有限，因此构成了裂纹的第一个波形特征：伤波呈束状，波底宽大，波峰分枝，伤波幅度通常不高，但反射强烈，波峰尖锐清晰（见图10－2）。

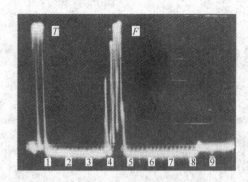

图 10 - 2 裂纹的波形特征

裂纹伤波第二个基本特征是：伤波的出现，对底波和底波反射次数的影响比较显著。探伤时尽管伤波幅度较低，甚至很难看到伤波，但底波和底波反射次数却显著地降低或减少。例如在探伤某工件时，正常无缺陷可以看到七次以上底波反射，但当轴内有裂纹时，虽然伤波幅度不高，但底波反射却只有一次，有时甚至看不到底波反射。造成裂纹对底波影响严重的原因是由于裂纹的缝隙为真空状态或由析出的某种气体（如氢气、氮气等）所填充，因此声波在缝隙处的透过率几乎为零。同时裂缝附近的细小发裂也能使声吸收增大，从而大大削减了到达工件底部的能量，造成底波反射幅度的锐减。

裂纹伤波的第三个基本特征是：降低仪器灵敏度时，伤波的下降速度比底波或其他类型的缺陷波迟缓得多。特别是与夹杂物伤波相比，这个特征尤为显著。

裂纹表面尖刺越多，伤波下降速度的迟缓特征就越显著。降低仪器灵敏度，伤波迟迟难以消失的原因与裂纹的表面几何状态有关。裂纹表面越平整，散射体数量相对减少，伤波消失的迟缓特性就不明显，特别是巨大的脆性断口裂纹，伤波与底波的下降速度几乎相同。

10.1.2 横向内裂纹的超声波探伤

10.1.2.1 横向内裂纹的探伤特征

裂纹面与轴线相垂直的裂纹称作横向裂纹。这种裂纹在铸造、锻造及热处理过程中都可能产生。横向裂纹在轴的纵截面上呈"一字形"，而在轴的横断面上大都近似圆形。

横向裂纹探伤时有以下特点：

（1）在一般探伤灵敏度下，纵波探伤（指圆周探查）难以发现横向裂纹缺陷。只有当超声波束中心与裂纹相重叠时（见图 10 - 3），仅能看到底波幅度的降低或底波反射次数减少。但是，A 点的范围一般是非常狭窄的，当探头稍稍向两侧移动，底波幅度或底波反射次数将迅速恢复正常。因此，纵波探伤时特别是移动速度快或采用一次声程观察，若一次底波幅度无明显降低（但底波反射次数显著减少）时，横向裂纹可能被漏检。提高仪器灵敏度可在 A 点附近看到一系列小伤波，但伤波幅度很低。这时如果采用当量法或 AVG 曲线评定伤波幅度，其伤波幅度均远远小于 ϕ2mm 当量。即使是巨大的横向裂纹，其伤波幅度也不过相当于 ϕ2 ~ 3mm。因此，不能采用纵波探伤确定横向裂纹的大小，在这里当量法或 AVG 法均不适用。

（2）横波探伤易于检出横向裂纹，其伤波明显清晰、波底宽大、波峰尖锐、分枝呈束状。主伤波都呈单一型，波幅较高，随着仪器灵敏度的下降，伤波消失迟缓。主伤波根部有时伴有细小伤波。当探头沿轴向移动时，伤波游动且游动速度大致相同。若探头由 B_1 向 B_2 方向移动，则伤波向始波（T）方向游动。B_2' 方向探测的波形变化与 B_2 方向探测时一样。

（3）横向裂纹的波形具有对称性，它以裂纹的延伸方向为对称轴。无论是纵波或横

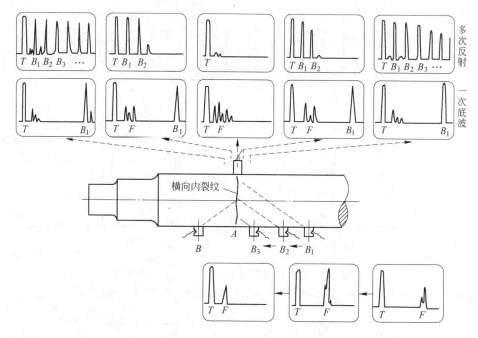

图 10 - 3　横向裂纹的波形分析

波探伤，裂纹两边波形相对应。探头在同一横截面上作圆周移动时，波形也大致相同。

10.1.2.2　横向内裂纹的位置确定

根据横向内裂纹的探伤特点，它的位置确定可以用以下三种方法。

根据纵波圆周探伤时裂纹处底波减少或消失的特点，可以确定裂纹的大概位置，但是这种方法只适用于横裂纹不在台阶处时。

第二种方法是使用纵波从轴的两端面探伤，这时伤波明显易见，只要严格校准仪器的时间轴（或称距离标志），缺陷隐伏的位置还是比较容易确定的。隐伏在台阶轴直径变化较大的拐角处的横向裂纹，伤波与台阶反射波容易混淆，如果明了无缺陷轴在正常状态时各棱台波出现的位置及波形特征，并与两端面探伤的波形加以比较，其伤波便易于识别，图 10 - 4 所示 a、a' 是分别从 A、B 两端面探伤无缺陷轴的正常状态波形。从端面 A 探伤，通常可见 W_3、W_5、W_6 棱台的反射波，W_1、W_2、W_4 棱台不应有反射讯号；从端面 B 探伤，通常可见 W_1、W_2、W_4 棱台反射波，棱台 W_3、W_5、W_6 则无反射讯号。当横向裂纹位于 W_4 棱台时，从端面 B 探伤，由于伤波 F 与棱台 W_4 的反射波重合，无法判定缺陷的存在。从端面 A 处探伤，W_4 棱台波本不应出现，但如果在这个部位出现反射讯号，则可疑为横向裂纹隐伏的位置，在排除其他影响因素后，该处的反射波可视为伤波。

隐伏在轴内的横向裂纹，当裂纹尺寸较小时，除伤波可见外，通常棱台反射波均可看到，底波反射次数稍受影响。但当尺寸较大时，伤波明显增大，就像底波，并呈现多次反射，而底波反射次数明显减少甚至消失。棱台波的可见度视具体情况而定。图 10 - 4c 中 W_3 棱台可见，W_5、W_6 棱台波则被缺陷遮蔽而不可见。图 10 - 4 的 c' 中，除 W_4 棱台波与伤波重叠外，W_1、W_2 棱台波均消失。

第三种方法是用横波探伤，对称中心定位法确定裂纹位置。这种方法如图 10 - 5 所

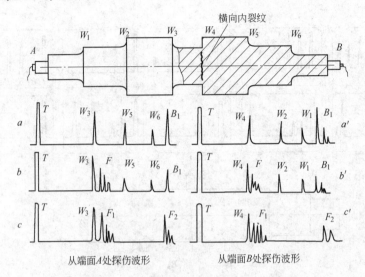

图 10-4　隐伏在台阶处的横向内裂端面探伤图

a, a'—无裂纹时的波形；b, b'—裂纹较小时的波形；c, c'—裂纹较大时的波形

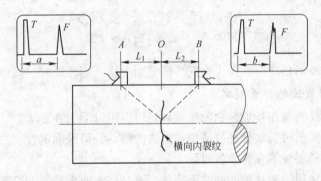

图 10-5　用横波对横向内裂纹的对称中心定位

示。探头沿轴的圆柱面作轴向移动，发现伤波后，记下探头所在位置 A，伤波 F 与 T 之间的标距为 a，然后将探头旋转 180°，在探头 A 的前方移动探头，找出伤波，并使伤波 F 与始波 T 之间的标距 b 等于 a，记下探头所在位置 B，则探头 A、B 两点之间的平分中心点 O（即 $L_1 = L_2$），就是缺陷隐伏的位置。

10.1.2.3　横向裂纹尺寸的确定

为了精确地确定横向裂纹的尺寸及几何形状，探伤前需对斜探头的入射点及折射角做仔细的测试和校正。

横向内裂纹在轴内存在的几何形状，其轴向投影，多为一近似的圆形，探伤时只需求出其最大与最小直径尺寸即可。

横向内裂纹的尺寸计算参看图 10-6，并按下式计算：

$$D = L \cdot \cot\theta \tag{10-1}$$

式中　D——裂纹的纵截面长度或横截面直径；

　　　L——探伤时探头轴向移动可见伤波的探头位移量；

　　　θ——横波在钢中折射角。

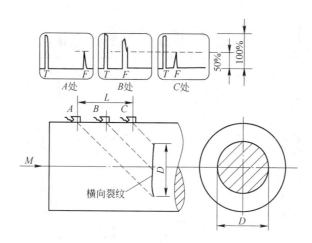

图 10 - 6 横向内裂纹的尺寸确定

在图 10 - 6 中，当探头位于 B 处时，调整仪器使其伤波高度刚刚饱和满刻度，令其波高为 100%，则 A、C 两处的伤波高度为 B 处伤波高度的一半（即 50%）。

如果采用 K1 探头，则可以省去计算，即 D = L。

根据第 3 章所讲，横向内裂纹往往距表面一定距离（20 ~ 60mm 不等），我们可以在 CSK - ⅢA 试块上按深度 1∶1 调整水平扫描基线（即水平扫描线上的 10mm 相当于钢的深度 10mm），然后按上述的半波高度法调整仪器的灵敏度，根据离表面最近处能使波高 50% 的波在水平线上的位置，直接读出裂纹离表面的深度。照同样方法，若圆周测量一圈并记下各处深度，就可以计算出横向内裂纹的面积、形状。

10.1.3 纵向裂纹、倾斜状裂纹及树枝状裂纹的探伤

10.1.3.1 纵向裂纹的探伤

裂纹面与轴线方向平行的裂纹称作纵向裂纹。纵向裂纹在横截面上的几何形状为一字形，并且大多通过轴心。因此在横截面上圆周探伤时，波形有明显的对称性。其波形特征概括如下：

（1）当超声波传播方向垂直于裂纹面时，若探头在图 10 - 7 的 a、c 两点探测时伤波最大、波底宽、波峰尖锐成集束状，并且可见到二次甚至三次伤波讯号。随着仪器灵敏度的降低，伤波消失迟缓。但须注意此时无底波，由于裂纹多位于轴心，故伤波的二次反射（F_2）容易被误认为是底波（B_1）、a、c 两点处的伤波波形相似。当探头从 a、c 两点分别向两侧移动时，伤波幅度逐渐降低，并从单一的主伤波束变成一系列尖锐的彼此独立的小伤波。

（2）当探头位于 b、d 两点时，由于波束与裂纹面平行并重合，这时声能大多被裂纹衰减，因此底波也很微弱，大多消失。通常此处难以看到伤波，且伤波幅度较低。为了便于观察，此时往往需要提高仪器的灵敏度。由于 b、d 处裂纹最靠近始波（T）所以常以此确定纵向裂纹的最大径向宽度。裂纹的缝隙宽度，则从 a、c 两点处确定。

当探头稍稍偏离 b、d 位置，底波即迅速恢复，并可出现底波多次反射。随着探头继

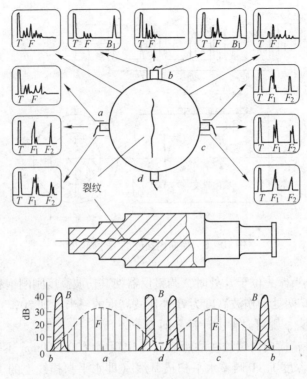

图 10 - 7　纵向裂纹探伤波形分析

续向两侧移动，底波又迅速降低并消失。形成底波（B）在 b、d 处的双峰图像，凹点为 b、d 点，凹陷的深度取决于裂纹的大小。

（3）当探头从 a、b、c、d 诸点沿轴向移动，其波形均无多大变化。

（4）使用横波斜探头沿圆周探伤（例如从 a→b）缺陷波易见，脉冲宽大。快移至 b 点缺陷波消失。其他各象限类同。

10.1.3.2　倾斜状裂纹的探伤

裂纹面与轴线或探伤面呈倾斜角度的裂纹，称为倾斜状裂纹。倾斜状裂纹的产生，往往与零件的几何形状相关。在方钢坯或方形锻模中，裂纹易沿对角线方向开裂。在阶梯轴中，裂纹的延伸方向常常指向棱角。

（1）无论以纵波或横波探伤，倾斜状裂纹的伤波都明显清晰，符合裂纹的基本波形特征。纵波探伤时，底波消失，伤波有时呈现多次反射。

（2）采用纵波或横波探伤时，伤波都游动，并且波形以裂纹中点呈中心对称。纵波探伤虽可确定裂纹的尺寸和形状，但由于其波束扩散角较大而不利于判断，故通常采用横波法确定缺陷大小。测定时先求出裂纹两端点的坐标位置，然后画出裂纹的延伸方向及长度。

倾斜状裂纹的伤波游动速度，比横向裂纹伤波游动速度要慢。伤波游动速度与裂纹的倾斜角度有关，裂纹与轴线的夹角越大，伤波的游动速度越快（见图 10 - 8）。

实际探伤中纵向裂纹、横向裂纹或倾斜状裂纹以单一形式出现比较常见，但有时会也以复合形式出现在同一零件中。判别这种并存状况并不复杂，不过是上述三种判别方法的

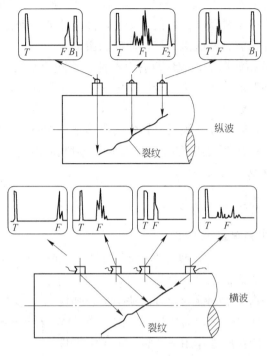

图 10 - 8 倾斜状裂纹探伤波形

综合运用。

10.1.3.3 树枝状裂纹的探伤

树枝状裂纹形状都不规则，无论是纵、横剖面上裂纹都像树枝丫杈，故称树枝状裂纹（见图 10 - 9）。

树枝状裂纹有以下探伤特征：

（1）纵波探伤伤波呈束状，都有波幅较高的主伤波，有时还会出现主伤波的二次反射。在主伤波前后，常伴有一些波幅较低的小伤波。随着探头的移动，这些小伤波瞬起瞬落，变化较快。主伤波则随探头的移动而时快时慢地游动，忽前忽后连绵不断，其伤波波形符合裂纹基本波形特征。观察主伤波的变化，并逐点记录主伤波与探头移动的相对位置，用作图法可描绘出缺陷粗略的外部形状。纵波探伤通常无底波。

（2）横波探伤伤波特征与纵波相似，但随着探头移动，伤波的游动方向有一定规律性。探头向前移动，伤波总是向始波（T）方向移动，反之，伤波背离始波方向游动。伤波的游

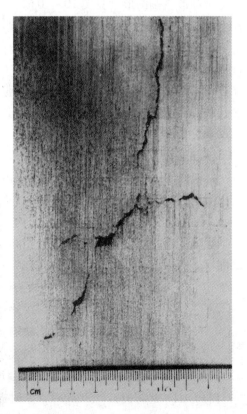

图 10 - 9 工件中的树枝状裂纹

动速度时快时慢，时长时短，和横向裂纹或倾斜状裂纹伤波接近匀速游动的状况显然不同。主伤波游动时的变换呈跳跃状，在前一个主伤波向始波游动并即将消失的同时，在它的后面又将出现一个主伤波，并随探头移动而向前游动。

（3）无论是纵波或横波探伤，波形没有对称性，不同探伤位置的伤波均无重现性。

上述树枝状裂纹的波形分析，是在金属基体比较纯净无其他缺陷的情况下进行的。在大裂纹附近伴有大量的小裂纹时，由于这些小裂纹的数量较多尺寸较大，从而使得声波无法到达大裂纹主体，探伤时只能看到反射较强的小伤波群而不见主伤波。对于这种现象只能作出工件内存在白点或其他类似密集缺陷的判断。但底波消失则说明，工件内部存在严重松裂，可能有大裂纹或大孔穴存在。

10.1.4　方形工件中内裂纹及探伤

10.1.4.1　方形锻件中内裂纹的形态

在大、中型方形锻件（包括大型方形截面铸件）中也会出现各种形态的内裂纹。若把方锻件的长边叫纵向的话，也可以分为纵向裂纹和横向裂纹。其中纵向裂纹是由于沿钢锭延伸方向缺陷多、强度低，在内应力作用下形成的开裂；而横向裂纹则是由于淬火残余应力过大而在纵向拉应力作用下开裂。由于大工件淬火应力的特殊分布，裂纹在尖角处呈圆弧过渡而使内裂纹呈现圆形或椭圆形（见图 10－10）。

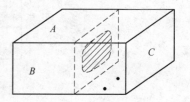

图 10－10　方形锻件中的
横向裂纹

10.1.4.2　方形锻件中内裂纹的探伤

方形工件中的内裂纹探伤时波形同样具有裂纹的一切波形特征，并且当直探头在裂纹处平行于裂纹方向入射时，往往既无伤波又无底波，而当超声波束垂直于裂纹入射时，缺陷反射强烈，常会出现裂纹的多次反射。横波探伤时同样有伤波明显清晰、波底宽大、波峰尖锐分枝呈束状等特点。探头平行于裂纹方向移动，伤波出现位置变化不大。

10.1.4.3　方锻件中内裂纹的测定

一般情况，我们讨论的裂纹都大于声束直径，因此当量法在此都不适用。我们可以采用以下三种方法确定裂纹大小。

A　横波斜探头

如果内裂纹离工件表面只有 20～60mm，这时可用横波斜探头测出裂纹末端离表面距离即可。

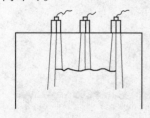

图 10－11　缺陷半波
高度法

B　缺陷波高衰减 6 分贝法

当裂纹远远小于工件截面，而且裂纹表面比较平整时，我们可以用缺陷波高衰减 6 分贝法，也即通常所用的半波高度法确定裂纹的大小（见图 10－11）。这个方法是首先找出缺陷反射波的最大幅度，并调至荧光屏垂直刻度的某一高度（例如30mm），这时提高灵敏度 6dB，用这个灵敏度探伤，裂纹波高30mm 处探头中心线的轨迹，就是裂纹的大小。半波高度法也是首先找出缺陷反射波的最大幅度，然后向四周移动探头，使波幅下降一半并记录下此时探头的中心位置，该点即缺陷边缘在探测面上的投影，探头中心位置的轨迹，就是缺陷的大小。它与缺陷波高衰减 6 分贝法是一样的，只是那些垂直线性差的仪器，这种方法的测量误差较大。

C 底波衰减 6 分贝法

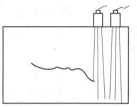

上面我们讲的半波高度法是缺陷（裂纹）比较平直的情况，但实际上缺陷形状是各式各样的，像缺陷不与探测面完全平行，缺陷反射面不规则（见图 10 - 12），这时缺陷波幅度下降一半不一定就是缺陷边缘，而缺陷半波高度法仅以缺陷反射的强弱来决定缺陷的边缘，这就显得不合理。为了解决这个问题，当工件底面与探测面平行时，可以用底波衰减 6 分贝法测量缺陷大小。

图 10 - 12 底波半波高度法

这个方法是，探伤若发现大于声束直径的缺陷，则应先将底波在无缺陷处调到一定高度（例如 30mm），再用衰减器将仪器灵敏度提高 6dB，然后在接近缺陷处探测。当没有缺陷遮挡，声波由底面全反射，波高不会降低。当有缺陷遮挡，声波自底部反射被探头接收的声压减少，底波就会降低，当降至 30mm 时（衰减 6dB），那时探头的中心就可以认为是缺陷的边缘（见图 10 - 12）。所以用底波 6 分贝法进行缺陷定量，可以避免因缺陷反射面的影响而造成的测量误差。

使用底波 6 分贝法除了底面与探测面要平行外，还要注意：

(1) 对接近工件边缘的缺陷定量时，要注意工件边角的影响。

(2) 要排除其他造成声波衰减因素的影响。

10.2 锻件中的鸟巢缺陷及其探伤

10.2.1 锻件中的鸟巢缺陷

所谓鸟巢，是指缺陷在锻件中的形状恰似一个鸟窝，因此有人称之为鸟巢。它实际上是钢的内部破裂，其立体形状很像体育用品中的铁饼（见图 10 - 13），随着锻造比的增大，也可能变为其他形状。

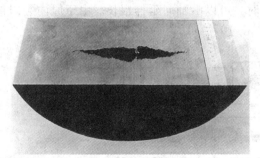

鸟巢缺陷，有时是锻件在淬火过程中出现横向开裂，开裂断口的中心部位两端都是凹陷的；有时是在超声波探伤中发现，锻件在粗加工探伤时表面完好，探伤结果在中段的工件心部存在着一个有一定宽度的横向空洞。

图 10 - 13 锻件中的鸟巢缺陷

对鸟巢缺陷处作化学分析，它的化学成分完全合格。肉眼观察鸟巢内壁，银白色似金属断口，个别部位沿工件轴向伸长凸出内壁，表面有高温塑性拉伸断裂形态，从低倍组织看，鸟巢两侧的组织并无异常，周围无缩孔及夹渣。用扫描电子显微镜观察分析了鸟巢内壁，它属于解理断口，解理扇粗大，在解理断口基体上有大量圆形、六边形和四边形等规则形状的凹坑，并有高温烧损的特征，只有少数部位观察到自由表面——树枝状晶。凸出内壁表面具有塑性拉伸形态的部分，它的左端（与内壁相连）是带有烧损蚀坑的解理断口，它的右边则是带有高温塑性延伸的纤维状流痕。金相观察证明，左边的夹杂物都未变形，右边则有明显的带状组织。

上面的观察与分析说明，鸟巢缺陷不是缩孔，因为缺陷处并无多大偏析，低倍上孔洞两侧均无分散缩孔、缩松、夹渣等缺陷。同时，若是缩孔，则必然会观察到大量的自由表面——树枝状晶。鸟巢内壁大量的解理断口说明，鸟巢孔洞内壁是钢在较低温度、粗大晶粒时的脆性断裂。

对于鸟巢缺陷的形成过程可以作如下描述，合金钢的导热系数较差或钢锭截面较大，浇注后缓冷条件差或加热钢锭时升温速度过快，在热应力（表面受压，心部受拉）作用下，由钢锭心部的薄弱环节（例如缩松处）开始形成横向内裂。带有横向内裂的钢锭，经高温锻打，中心开口变大形成了鸟巢形状。图 10－14 说明了鸟巢形成的示意。而凸出鸟巢内壁表面的部分是内裂产生后少数金属连接处，在高温锻打裂口张开时形成的。鸟巢内壁解理断口上有规则的蚀坑，可以解释为内裂表面经高温烧损或铸态夹杂物从断口表面剥落的痕迹。

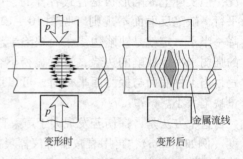

图 10－14 锻造时的横向裂纹
变为鸟巢示意图

根据以上结果，预防鸟巢缺陷的措施应该是采取合理的脱锭缓冷工艺以及控制钢锭加热时的升温速度，特别是对于那些导热系数小的合金钢大钢锭更要注意。减小热应力，预防钢锭及钢坯中的内裂，是防止鸟巢缺陷的根本措施。

10.2.2 鸟巢缺陷的探伤

10.2.2.1 鸟巢缺陷在工件中可能出现的形状

鸟巢缺陷由于锻造方法、锻轧比的不同，可能出现各种形状，当锻造比不足，内裂张口不大时，它可以仍像横向裂纹，随着锻轧比的增大它多呈腔穴状，锻轧比越大，轴向尺寸一般越大，当锻轧（特别是轧制）比很大时，可以沿轴向延伸很长。由于原内裂未被氧化，锻轧比大时也能局部或全部被焊合（见图 10－15）。

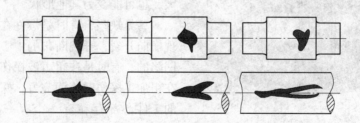

图 10－15 鸟巢在圆形锻轧材中可能存在的形状

鸟巢缺陷可以出现在各类大型工件中，但出现在合金钢轴类锻件和轧材中较多。

10.2.2.2 鸟巢缺陷的探伤特征

鸟巢缺陷的探伤特征有：

（1）由于鸟巢边壁是撕裂断口，因此无论是纵波还是横波探伤，其缺陷回波都具有裂纹的波形特征。

（2）直探头沿轴向探伤，其探伤特点与探测横向裂纹基本相似，但鸟巢缺陷探伤时底波消失范围加大，一般20～40mm，甚至更大。当鸟巢沿轴向延伸很大时，有类似缩孔残余的特征。

（3）横波探伤，其伤波游动速度一般较横向裂纹慢，鸟巢轴向长度越大，伤波游动速度越慢。

10. 2. 2. 3　鸟巢缺陷的尺寸确定

对于鸟巢类腔穴状缺陷，常采用轨迹作图法确定其尺寸。为了精确地确定缺陷的几何形状和大小，一般用横波法测定。横波超声波束具有良好的束向特性，特别是30°入射角的斜探头，声能大都集中在4°～6°的扩散角范围内。同时30°入射角的斜探头具有较高的探测灵敏度。因此，以30°斜探头进行实际探测是适宜的。但通常在用横波作精确测定缺陷前，都先用纵波法作粗略的测定，以辅助和指导横波的测定。

A　纵波粗略测定

在纵波探伤发现缺陷后，首先应将始波前沿对零，以防零点漂移。可以采用水平扫描线刻度标尺定位，将底波的脉冲前沿调至刻度标尺10的位置。这样始波和底波之间的距离，即相当于工件的直径，刻度上的每一格相当于工件直径的十分之一。例如，若被检测工件直径为500mm则每格刻度为50mm。

纵波探伤轨迹作图法，就是将直探头沿工件表面作轴向移动，按图10－16所示分别记录各测点主要伤波出现位置，以及各探测点的坐标位置（如距 W 台阶的距离）。然后将探头沿圆周转180°，从 a'、b' 等各点探测并作好记录。通过计算把伤波至始波之间的刻度值换算成缺陷至探伤面之间的距离长度，按1∶1作图就可以得出缺陷的外部轮廓。显然纵波探伤在图10－16中所画例子中只能描绘出 R、P 两条曲线，它们是两条裂纹还是鸟巢缺陷的边壁还很难确定，还必须验证有没有使 R、P 曲线闭合的 S、T 曲线。图10－16中 e 和 e' 两点的波形都是多个彼此独立的小伤波，它可以表示多个小缺陷，也可能是一个缺陷上几个不同部位的反射点。图10－16中边壁 S、T 的轮廓线是假定的，尚需用横波探伤加以证实。

为了得到缺陷在横断面上的投影图，纵波探伤时探头还沿圆柱面移动，并记录圆周上 A～L 各点伤波出现的刻度值，换算出缺陷在各点距外圆表面的距离长度，用作图法分别画出 a—a'、b—b'、c—c'、d—d'、e—e' 各横截面探测缺陷的外轮廓。这样叠加起来就可以画出缺陷的三维立体图。为了使纵波探伤结果较为准确，通常采用较低的灵敏度观察主伤波的变化，以尽量减少小缺陷和杂波的干扰。降低仪器灵敏度实际上相应地缩小了声束的扩散角。同时尽可能采用密点记录也相应地提高了判别的准确度。

B　横波探伤的轨迹作图法

横波探伤显然对于纵波探伤未能确定的 S、T 边壁可以作最好的验证。从图10－17可以清楚地看出，沿 D_1—D_8 方向探测，伤波游动连绵不断，按记录的探头距 W 台阶的距离和声程的相应长度作图，显示出缺陷的 S、T 边壁是存在的。从 B_1—B_8 方向探测，可以进一步证实 S、T 边壁的存在，并且可以对 D 方向的探测结果进行补充，使 S、T 边壁作图

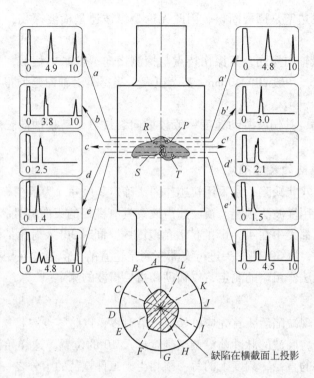

图 10 - 16   纵波探伤轨迹作图法

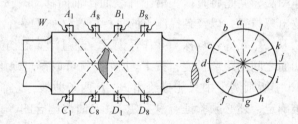

图 10 - 17   横波探伤轨迹作图法

的轮廓更接近实际。比较图 10 - 16 与图 10 - 17 可以看出，斜探头的探头位移量比直探头大得多，再加上横波扩散角度小，更便于密点测定。同样，在探头沿轴向移动时，将不同横截面上各点的波形记录下来，可以仔细地描绘出缺陷的三维立体图像。

实际生产中虽然并不需要如此仔细地弄清缺陷的精确图形，大都只要求大体了解缺陷的形状和尺寸，就可以作出取舍的决定，然而轨迹作图法对于缺陷的研究是比较简便的方法，它不仅在确定缺陷的几何形状时，给出了缺陷的尺寸，而且对缺陷性质的判断也提供了有力的证据。

10.3   表面裂纹的探伤

在无损检测方法中，检查表面裂纹的方法很多。例如常用的磁粉探伤、液体渗透探伤等，它们操作简单，缺陷显示直观。但是，它们的使用都是有条件的，最主要的是被检查的部位要暴露在外表面。有些情况，表面裂纹被其他零件盖在里面，或者机器正在运转需要不拆机或不停机检查，这时上面讲到的两种方法就无能为力了。另外，在生产中常常提出这样的问题，已经看到有表面裂纹，需要确定裂纹深度以便决定取舍。这两个问题我们都可以用超声波探伤方法得到解决。

10.3.1 疲劳裂纹的探伤

10.3.1.1 疲劳裂纹的发生

由第3章知道，有许多机器零件或构件在使用过程中会受到多次交变应力的作用。金属受到低于屈服点的应力作用，如果只有几次，倒不会发生什么变化，但是经过几千次乃至上万次的反复作用，就会产生小裂纹。在应力的反复作用下，裂纹会逐渐变大，当裂纹大小达到一定临界尺寸时，就会发生突然断裂。这一过程就是疲劳裂纹的发生、发展和断裂的过程。

疲劳裂纹的发生部位，除特殊情况（例如杆件拉压疲劳）外，多数发生在零件表面，并且裂纹大都与零件或构件表面相垂直，也与主应力方向相垂直。要预防断裂事故，就要在疲劳裂纹刚发生或者在发展过程中把它检出来。

10.3.1.2 疲劳裂纹的探伤

现以火车车轴为例，说明超声波探伤检测疲劳裂纹的方法。由于车轴常在不退轮的情况下要求检查，超声波探伤比较有效。实践证明这是检测轮轴内部缺陷，轮轴镶入部裂纹的有效方法，是防止断轴事故、保证行车安全的有力措施。

A 裂纹发生的部位及走向

机车的煤轴和从轴，几何形状相似，受力情况基本相同，因此两者裂纹的部位及走向也相同。根据对裂纹轴的大量解剖，机车煤轴、从轴镶入部位的裂纹大都是横向裂纹，集中在距镶入部外边缘 10~35mm 和距内边缘 0~35mm 的两条带区。裂纹平面多与轴侧面法线成 10°~25° 的夹角，且极有规律地外侧向内、内侧向外倾斜（见图 10-18）。

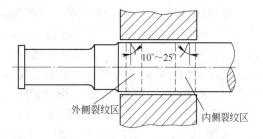

图 10-18 机车煤轴、从轴裂纹部位及走向

B 小角度纵波探伤

小角度纵波探伤法就是在直探头前加一有机玻璃楔块，使纵波以 6°~10° 的角度斜入射至钢中，用以检测镶入部表面疲劳裂纹。一般使用 2.5MHz 频率，探伤灵敏度用轴头实物（人工试块）在裂纹区作人工锯口的方法调正，外侧裂纹区按 0.5mm 宽、0.5mm 深的锯口，内侧裂纹区按 0.5mm 宽、1.0mm 深的锯口，探伤时，先将仪器在上述试块调节好灵敏度，即将锯口反射波调至规定波高，然后将探头移至被探车轴，如果使用 8° 入射角的纵波探头，探头由轴端中心孔移至外圆时，超声波正好从镶入部外侧检查到内侧（见图 10-19）。在纵波入射车轴的同时，尚有变形的

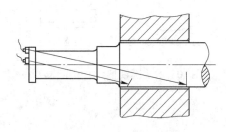

图 10-19 小角度纵波探测镶入部裂纹

横波进入，但由于横波速度慢，且能量较低，因此它们同时进入车轴不会干扰裂纹的判断。

镶入部疲劳裂纹的反射波形的特征从波形上看，裂纹波脉冲尖锐、强烈、波峰陡峭，而腐蚀沟、夹渣等缺陷波低、波底较宽，有时呈树枝状。从动态波形图上，当探头移动时裂纹波波形图有一定长度，变化平滑，有规律，单调递增到递减，腐蚀沟则曲线起伏大，忽高忽低，无一定规律（见图 10 - 20）。腐蚀坑则曲线很短，探头稍微移动，波即消失。

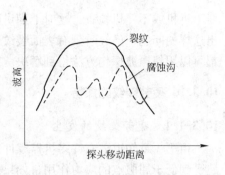

图 10 - 20 裂纹与腐蚀沟的
动态波形图

对于裂纹深度的测量，如果裂纹较浅，则可用试块对比法，即在实物试块上内外侧裂纹区作不同深度的人工锯口（一般可取 0.5mm、1.0mm、2.0mm、3.0mm、4.0mm、5.0mm 或更多些），使裂纹处波高与人工锯口波高相等，我们则认为该裂纹的深度与那个锯口深度相当。如果裂纹深度较大，则可用半波高度法确定裂纹的内边缘。

C 横波探伤法

小角度纵波探伤是轮轴不解体探伤的一种好方法，虽然有很多优点，但仍有不足之处。例如，由于外轴肩的遮蔽，外侧裂纹区的外边缘就探测不到。又例如，当内侧裂纹距镶入部内侧边缘很近时，两个反射波不易分开，容易造成误判，当从轴是空心轴时，就无法使用这个方法，因而车轴探伤也常使用横波探伤法。

横波探伤法如图 10 - 21 所示。在探伤外侧裂纹时，探头放在轴颈上，探内侧裂纹时，探头放在轴身上。轴身往往粗糙度较高，需要打磨后才能探。对实心轴一般用一次声程，对空心轴则用二次声程。探伤频率一般用 2.5MHz，斜探头入射角选 30°~40°。起始灵敏度用试块调整，取晶粒度合格的车轴作实物试块，在内外侧裂纹区分别做 0.5mm 深的人工锯口。探伤时，用斜探头在试块上探测 0.5mm 人工锯口，使反射波高到规定高度，以此作为起始灵敏度。日本目前车轴横波探伤灵敏度的调整，是用水玻璃把国铁Ⅲ - Ⅰ型试块（见图 10 - 22）贴在轴身的下部，从轴身上部探测，把试块的回波调至适当高度（如 40%）。用这种试块产生的回波高度与深 1mm 的锯齿形缺陷产生的回波高度大致相同。

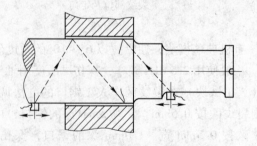

图 10 - 21 车轴横波探伤示意图

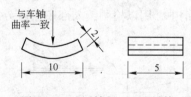

图 10 - 22 国铁Ⅲ - Ⅰ型试块

10.3.2 表面裂纹的深度测定

10.3.2.1 半波高度法

对于裂纹深度及面积都较大的表面裂纹，仍然可以使用半波高度法或衰减 6 分贝法，只不过现在是用在斜探头上。探伤时，先将斜探头对准裂纹，前后移动探头，找到反射最高点，这时调整仪器灵敏度，使反射波高为规定高度（例如30mm），提高灵敏度6dB，继续后移探头，当缺陷波高再降至30mm时，声束中心对准的就是裂纹的边缘，通过三角计算可以测得裂纹深度（见图10-23）。

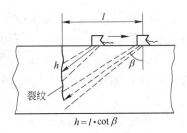

图 10-23 用半波高度法测裂纹深度

$$h = l \cdot \cot \beta$$

如果斜探头后移过程中波高并不是一个峰值，而是多峰，我们则取最后一个峰值的一半，或叫端部半波高度法，也有叫端部6分贝法。

10.3.2.2 棱边峰值波法

A 异质界面的波型转换及棱边峰值波

众所周知，声波在异质界面处发生波型转换。在实际探伤中，缺陷对基体也是一种异质界面。为了寻求声波的转换对缺陷定量定位的影响和验证棱边峰值波的存在，我们做如下几个试验。

第一个试验如图10-24（a）所示，做一人工倾斜试块，使50°斜探头发射的横波与底面垂直。将50°斜探头在AB面上发射横波，在CD面上直探头或表面波探头都可以收到较强烈的纵波信号和表面波信号。用表面波探头在AB面上接收，同样可以收到较强的表面波信号。在同样灵敏度下，用单斜探头时底波高达41dB。斜探头发射，直探头接收时，底波达28dB值。

第二个试验如图10-24（b）所示。这是一块有人造表面裂纹的试块，裂纹深度为AO，从O点到A、B、C三点距离相等。采用双探头法探测，斜探头发射，平探头在A、B、C三点接收。B、C两点收到等距离、等幅度的纵波信号。在A点也能收到较强的纵波信号，但距离有所变大，可能是裂缝表面影响所致。

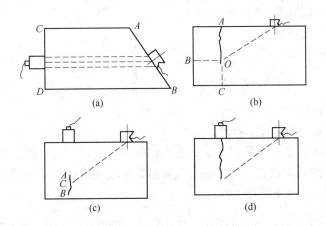

图 10-24 异质界面波型转换及棱边波试验
（a）试验一；（b）试验二；（c）试验三；（d）试验四

第三个试验如图10-24（c）所示。这是一块有内部垂直裂纹的试块。用两种方法探测：（1）斜探头在上表面扫查，可收到AB上各点信号，其幅度A、B两点最强，其他各点各不一样。(2) 用双探头探测,斜探头发射,直探头在同一面内接收。当横波主声束射在裂纹的端点 A、B 时,收到的信号较之其他各点都强,而 A、B 两点信号幅度不一样。

第四个试验如图 10 - 24(d)所示。它是一块深度为 h 的表面裂纹试块。用两种方法探测:(1) 单斜探头测量,主声束射在裂纹端点时,收到较之其他任何点都强的横波信号。(2) 双探头探测,横波探头发射,直探头在裂纹的开口处接收。横波的主声束射在裂纹表面的端点时,收到的纵波信号最强。用双斜探头探测,同样在裂纹端点信号幅度最高。

以上四种试验表明,声波在传播过程中,遇到异质界面不仅发生反射和透过,而且产生新的波形。不管入射角度如何,三种波形都是存在的,同时声波的性质也发生变化,由平面波振动转换成球面波振动。声波在异质界面处的这一性质,在实际探伤中,对于缺陷定量定位带来一定困难。但是在异质界面的端点产生最大信号,又为裂纹类缺陷的测定提供了有利条件。

B 利用棱边波测量表面裂纹深度

有人曾利用棱边波的特性测量表面较浅裂纹的深度取得了满意的效果,测量误差一般不超过 2mm。下面我们简单介绍测量方法。

探伤灵敏度的选择,利用宽 10mm,深 10mm 的表面裂纹试块,把端点反射波高度调节到屏高 50% + 10dB,作为探伤灵敏度。

测试方法可以用纵—横波测试法和横波端部最高信号法两种。纵—横波法采用双探头,如图 10 - 24(d)所示。探测时,作为接收用的直探头放在裂纹开口处。斜探头靠近直探头并发射横波。移动斜探头时,示波屏上显示出缺陷反射信号,观察缺陷波形的变化,找出峰值波探头位置。这时固定斜探头,移动直探头,找出最强缺陷信号位置。测量斜探头入射点到直探头中心的距离 l 值,斜探头 K 值已知,据此可以计算出裂纹深度 h 值,直探头中心点对应裂纹端点位置。对于平面工件:

$$h = \frac{l}{K} \quad 或 \quad h = l \cdot \cot\beta \qquad (10-2)$$

式中 β——斜探头折射角;

  K——折射角正切值。

对于轴类工件:

$$h = R \cdot \left(1 - \frac{K}{\sin\alpha + K \cdot \cos\alpha}\right) \qquad (10-3)$$

式中 R——工件半径;

  α——两探头的弧长对应的圆心角。

横波端部最高信号法采用单斜探头,先将斜探头放在裂纹开口处,移动斜探头,找到裂纹端部反射信号的最高位置。测出探头入射点到裂纹端点的声程 S 或水平距离 l 值,然后计算出裂纹深度 h。对于平面工件:

$$h = \frac{l}{K} \quad 或 \quad h = S \cdot \cos\beta \qquad (10-4)$$

对于轴类工件:

$$h = R - \sqrt{R^2 + S^2 + 2RS\cos\beta} \qquad (10-5)$$

式中 R——工件半径;

  β——折射角。

在实际测量中要注意以下问题：

（1）要注意 K 值的选择，对于较深的表面裂纹（大于 20mm），斜探头的 K 值要选择小一些，通常选 $K1.0$ 或 $K0.5$；较浅的表面裂纹，K 值要选择大一些，可采用 $K3.0$ 的斜探头。

（2）有些形状较复杂的表面裂纹，某一点上的反射信号幅度可能大于裂纹端部反射信号幅度，这时应选择最后一个峰值波作为裂纹端部反射波。

（3）裂纹开裂有时不垂直于探测面，这时可采用两侧都扫查的小法，以便减小误差。

10.3.2.3 轴类表面纵向裂纹的深度测定

在应用横波探测轴类纵向裂纹深度时，如果采用一般的斜探头，由于探头与轴的外圆处于线接触状态，探头移动时难以使其入射角固定不变，直径越小的轴越难保证。如果把斜探头楔块磨制成与测轴相同的曲率，就要磨制各种不同曲率的探头，这是很不经济的。

在楔块前沿装上一根 M4 的螺柱，调节该螺柱就可以使探头的入射点处于探头与轴的外圆相切的切点上，从而使探测时入射角保持不变，提高了裂纹的测量精度。

螺柱产生的反射回波是固定不变的，可很容易与游动的裂纹回波相区别。

改制后的探头可先根据轴的直径采用作图法，量出探头前沿与工件外圆的距离。然后将 M4 螺柱旋出，调节至所需长度，再进行裂纹深度的测量。具体作图方法如下（参看图 10-25）：

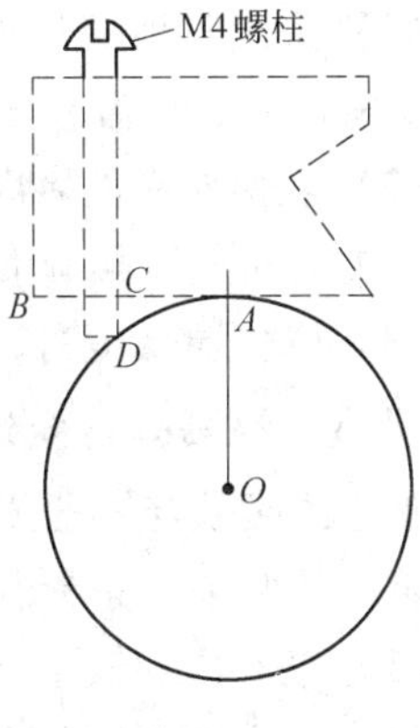

（1）以被测轴半径作圆。

（2）作任意半径 OA 交于 A 点。

（3）过 A 点作 $AB \perp AO$，在 AB 上截取 AC，使 AC 等于探头入射点至螺柱边缘的最短距离。

（4）过 C 点作 $CD \perp AC$，交圆于 D。CD 的长度便是 M4 螺柱应旋出的尺寸。

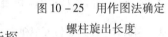

图 10-25 用作图法确定
螺柱旋出长度

测量时，可根据探头 K 值、探头所处位置的尺寸及轴的直径，用作图法或计算法求出裂纹的深度。

10.3.3 裂纹缺陷的超声波探伤工艺安排

下面我们谈一谈裂纹缺陷的超声波探伤工艺安排问题，也就是说安排在什么时候探伤最合适。一般说来，探伤工序的安排应根据检测目的和要求。例如为了检查钢锭中有无裂纹，一般应放在钢锭脱模或退火之后，即裂纹已可能形成之后。又如，为了检查锻造后是否形成裂纹，一般应放在锻件退火之后进行探伤。为了检查工件出厂前有无裂纹，应在工件最终热加工之后进行探伤。有些工厂和单位，为了检查进厂锻件的质量，在热处理前粗加工后安排一次超声波探伤（我们称作工艺探伤）。这次探伤不能作为出厂依据，因为可能产生裂纹的热处理工序尚未进行。当然在有条件的地方，也可以在可能产生缺陷的每道工序后面都安排一次探伤以便及时把不合格品挑出。

10.3.4 裂纹超声波判伤失误分析

裂纹的超声波探伤，波形脉冲强且波形单一，因而在实际探伤中并不难判定。但是若掌握不好也会产生误判，主要有以下三种情况。

10.3.4.1 轴类锻件中的横向内裂纹

用直探头沿轴的外圆作探伤检查时，若不仔细，横向内裂纹会被漏检。原因是在对轴作粗探伤时，首先观察底波多次反射次数，内裂纹处底波会很少，但其范围（指沿轴向）很小，探头移动快时一闪而过，探伤者往往认为是探头接触不好造成的。为使横向内裂纹不漏检，采取的办法是增加轴向纵波贯穿入射或增加斜探头横波探伤。

10.3.4.2 把内裂纹当作夹渣缺陷

当裂纹表面与探测面不平行时或者裂纹与声束入射方向相同时，纵波探伤伤波较低，若用 AVG 方法测定当量只有 Φ （2～6），这样就容易把内裂当成了夹渣。区分的办法是：

（1）采用各种探伤方法对缺陷进行全面检测。比如采用斜探头探伤就很容易发现，当探头移动时，伤波在水平基线上游动。

（2）观察对底波多次反射的影响。裂纹当量虽不大，但对底波影响严重，甚至无底波，而夹渣对底波影响不大。

（3）降低灵敏度时，裂纹伤波下降很慢，而夹渣伤波下降较快。

10.3.4.3 把轴心内裂纹判为缩孔残余

轴心内裂纹与缩孔残余常常难于分辨，它们的分布位置、缺陷形态都非常相似。区分它们可以从两个方面考虑：

（1）轴心内裂纹不一定出现在冒口端头。

（2）轴心内裂纹的方向性比较明显，而缩孔残余缺陷的方向性不那么明显。

10.4 钢中裂纹探伤实例

10.4.1 延伸机轧辊探伤实例

这是一个在大型锻件中既有纵向内裂、又有横向内裂而且工件中又有白点的探伤实例。

10.4.1.1 概况

工件名称：延伸机轧辊；材质：35CrMo 锻件；工件重量：3745.5kg；超声波探伤仪：CTS -4B 型；使用探头：直探头 2.5MHz，ϕ20mm；斜探头 30°、40°；灵敏度：直探头在 CS - Ⅰ 型试块上使 200mm 深 Φ2 孔，反射波高 80%；表面粗糙度：3.2μm；工件在调质处理后探伤，机油耦合，接触法探伤。

工件尺寸及内裂部位如图 10 - 26 所示。

工件热处理为调质，850℃保温 4.5h，采用水—空间歇淬火，600℃保温 24h 回火。其淬火工艺为：预冷时间 2min—水冷 6min—空冷 2min—水冷 5min—空冷 2.5min—油冷 70min—空冷 6min—油冷 45min。从出淬火炉到回火入炉间隔 7h，其间曾听到几次裂响，但未发现裂纹。

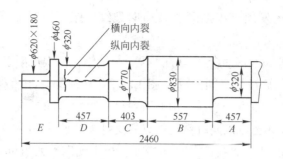

图 10 – 26 延伸机轧辊尺寸及内裂位置

10.4.1.2 超声波探伤

除 E 段粗糙度较差无法探伤外，其他各段探伤情况如下：

细直径的 A 段多次反射良好，无缺陷波（见图 10 – 27 中的 1）。B 段靠 A 端头有三次底波，无缺陷波，B 段其他部位外圆探伤均可见呈环状分布的缺陷波，缺陷当量 Φ (2 ~ 6)，缺陷呈丛状，离表面深度在 160 ~ 250mm 范围内。C 段情况基本同 B 段。D 段虽然外径也只有 320mm，但多次反射只有两次，并伴有丛状缺陷波（D 段毛坯直径为 ϕ550mm 后加工成 ϕ320mm），以上这些缺陷被判定为白点。

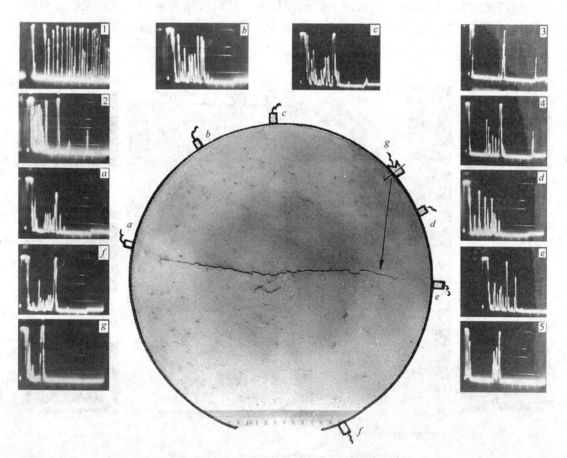

图 10 – 27 延伸机轧辊纵向内裂纹探伤波形

在 D 段探伤时，还发现有纵向裂纹及横向裂纹，探伤情况如下，纵向裂纹参看图 10 - 27。

直探头探伤与 D 段裂纹区直径相同的 A 段，无缺陷，多次反射正常（见图 10 - 27 中的 1），D 段因有白点，底波只有两次（见图 10 - 27 中的 2）。当直探头移进纵向内裂区时，多数部位底波消失，垂直于裂纹入射时可看到心部缺陷的二次反射（见图 10 - 27 中的 3），提高灵敏度 10dB 也可以同时看到白点的反射波（见图 10 - 27 中的 4），缺陷虽严重，但当量并不大。用 AVG 曲线板在 CTS - 8A 仪器上测定最大当量 $\Phi6$。图 10 - 27 中 a、b、c、d、e、f 六张是沿外圆不同位置时的波形图（一次底波在 8 格闸门前沿）。图 10 - 27 中的 g 是 30°的斜探头沿外圆移动时的波形，当探头向裂纹方向移动时，缺陷波也连续向前移动。斜探头在垂直于纵裂纹的外圆上沿纵向移动探头，裂纹反射波在扫描线上前后移动不大（见图 10 - 27 中的 5）。

横向内裂纹探伤参看图 10 - 28。在距 E 段 30mm 处的 D 段上，斜探头纵向移动探伤时发现有大面积横向内裂，内裂距表面 20 ~ 30mm，判定为热应力型内裂。直探头在裂纹处无底波，只有分散的缺陷反射（见图 10 - 28 中的 a），移出裂纹区可恢复到两次底波（见图 10 - 28 中的 b）。用 40°斜探头探伤，在外圆纵向移动探头，探头移近裂纹。缺陷波前移；探头远离裂纹时，缺陷波后移。缺陷波脉冲强烈，波根宽大，有时也会出现白点反射，但与裂纹波不同。图 10 - 28 中 c、d、e 就是斜探头远离裂纹时的波形。

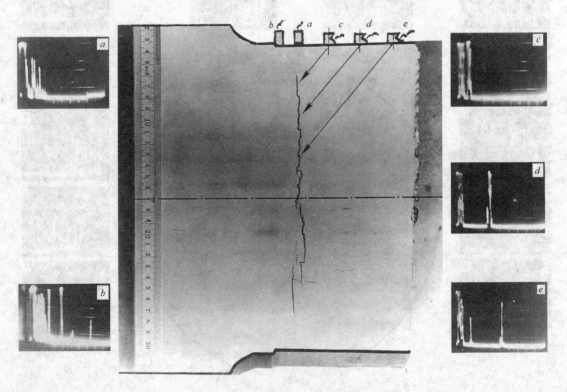

图 10 - 28　延伸机轧辊横向内裂纹探伤波形

10.4.2 铸钢轧辊横向内裂纹探伤实例

10.4.2.1 概况

工件名称：皮尔格轧辊；材质：ZG80CrMo；重量：3000kg；超声波探伤仪；CTS-4B、CTS-8A 型；探头：直探头 1.25MHz，斜探头 40°；灵敏度：直探头在 CS-Ⅰ型试块 200mm 深 $\Phi2$ 孔，反射波高 80%，斜探头在 CSK-Ⅲ试块上使 120mm 深 $\Phi1$ 孔，反射波高 50%。

工件先行 950℃高温扩散退火，退火后粗车加工，在粗车时因加工量大，内裂有时暴露出来，呈现局部圆周方向裂纹。经超声波探伤确定为横向内裂纹。这种裂纹往往发生在冒口端轴颈处（见图 10-29 中的 1），有时在出厂前发现，有时则在使用时断裂。断口上可以看出，内裂离表面尚有一段距离（见图 10-29 中的 2），经用扫描电子显微镜对不同部位断口的观察确定，横向内裂发生在浇注后到扩散退火相变之前期间内。

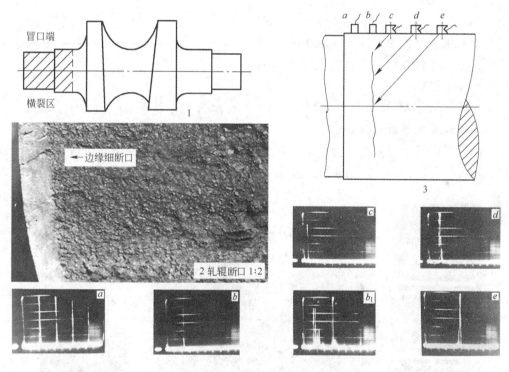

图 10-29 铸钢轧辊横向内裂纹探伤波形

10.4.2.2 横向内裂纹的探伤

由于铸钢件组织较粗，特别是冒口端更是如此，所以探伤频率通常选择较低，多用 1.25MHz，有的轧辊也可用 2.5MHz 探伤。直探头在圆周上探测，当移到裂纹上时，往往底波突然消失，同时也无缺陷波，有时只有一次底波（见图 10-29 中的 b），提高灵敏度可以看到裂纹侧壁的反射（见图 10-29 中的 b_1）；从裂纹部位移向两侧，底波会马上恢复正常（见图 10-29 中的 a）。用斜探头探伤，同样有缺陷脉冲强烈等裂纹波形特征。斜探头对着裂纹纵向移动探头，缺陷波连续并且同样有缺陷波前后移动的现象。

由于声波的衰减，当探头远离裂纹时，尚未打着对面裂纹的端点，缺陷波已消失，用深度1∶1调节扫描基线可知，横向裂纹已超过中心轴线。斜探头沿圆周各处探伤，情况基本相同，这说明内裂是贯穿中心轴线的。用端部半波高度法可以大概测出内裂离表面的距离。

图10-29中c、d、e是斜探头后退时的波形。

当有条件时，横向内裂纹的探伤也可用直探头在轧辊端面进行，这时可以发现内裂纹的反射像底波，只不过裂纹反射波没有底波单一，它往往是多峰的一撮波。

10.4.3 柱塞纵向内裂纹探伤实例

10.4.3.1 概况

工件名称：630t打包机主柱塞；材质：45锻件；重量：7t；超声波探伤仪：CTS-4B型；探头：直探头2.5MHz，φ20mm；斜探头2.5MHz，30°、40°；灵敏度：直探头在CS-I试块200mm深Φ2孔，反射波高80%+6dB，斜探头在CSK-Ⅲ试块上深120mmΦ1孔，反射波高50%。工件探伤时表面粗糙度6.4μm。调质处理后探伤。

工件尺寸及裂纹部位见图10-30。

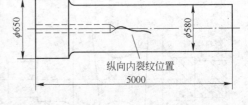

图10-30 柱塞尺寸及裂纹位置示意图

10.4.3.2 纵向内裂纹的探伤

直探头无缺陷柱塞多次反射正常（见图10-31中的1），内裂纹部位底波只有一次（顺裂纹入射，见图10-31中的2），直探头在垂直内裂的a位置探伤无底波，只有裂纹

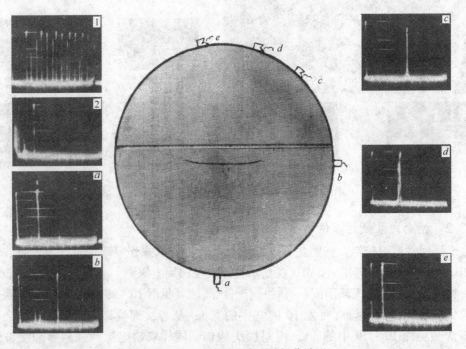

图10-31 柱塞纵向内裂纹探伤波形

的二次反射（见图 10 – 31 中的 a），由于内裂多位于中心，缺陷的二次反射常被误认为是底波。顺裂纹入射只有一次底波，并伴有裂纹侧壁的反射（见图 10 – 31 中的 b）。

用 50°斜探头探伤，因折射角较大探不着内裂纹。用 40°、30°斜探头都很容易打着裂纹，并且随探头在圆周方向移动而前后移动，在移动过程中缺陷波连续。

图 10 – 31c、d、e 是 30°斜探头从 c 点移到 e 点时的波形。

10.4.4　接轴轴心部位裂纹的探伤实例

10.4.4.1　概况

工件名称：接轴；材质：40CrMnMo；锻件热处理状态：锻后退火；粗糙度：3.2μm；探伤仪：JTS – 3 型，CTS – 4B 型；探头：直探头 2.5MHz，ϕ20mm，0.63MHzϕ40；探伤灵敏度：2.5MHz 在 CS – Ⅰ型试块 150mm 深 ϕ2 孔，反射波高达 80%，0.63MHz 在 CS – Ⅰ型试块 250mm 深 ϕ4 孔，反射波高达 80%。

工件探伤尺寸及缺陷位置示于图 10 – 32。

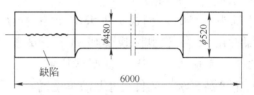

图 10 – 32　接轴粗车尺寸及缺陷位置

10.4.4.2　轴心部位裂纹的探伤实例

该件在探伤时发现 ϕ520mm 大直径上有心部连续缺陷，缺陷并未延伸到端头，圆周探伤缺陷有方向性，说明缺陷是扁状，当时判定为二次缩孔在锻造时被打扁所致，解剖后是心部裂纹，其中最长的一条为 60mm，另一条为 13mm。

由于锻件较大又是锻后退火状态，纵波探伤在无缺陷部位底波也较少，只有 3 次（见图 10 – 33 中的 1）；缺陷部位顺内裂方向可有两次底波不见缺陷波（见图 10 – 33 中的 b），垂直于裂纹方向探伤底波消失（见图 10 – 33 中的 a_1），有的部位可出现一次底波（见图 10 – 33 中的 a_2），有时底波虽出现，但在一次底波后仍有缺陷的二次波（见图 10 – 33 中的 a_3）。降低探伤灵敏度时缺陷波下降较底波慢。改用 0.63MHz 探伤仍有缺陷反射，这时底波也能出现（见图 10 – 33 中的 4）。以上图 10 – 33 中 a_1、a_2、a_3、4 都是从 a 方向

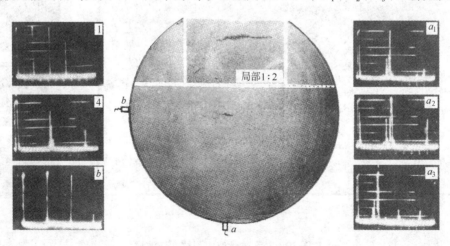

图 10 – 33　接轴心部裂纹探伤波形

纵向移动探头，不同位置的波形，若沿圆周移动探头90°，则都难出现缺陷波。这明显的方向性，说明缺陷是扁状缺陷。

10.4.5　轴承座内裂纹探伤实例

轴承座是一个较大型的方锻件，由于热处理不当或者工件本身带有缺陷，它也能产生内裂纹，下面的第10.4.5节、10.4.6节就是这样的例子。

10.4.5.1　概况

工件名称：2800热轧机上工作辊轴承座；材质：35CrMo锻件；重量：1780kg；调质后探伤；粗糙度：3.2μm；使用仪器：CTS-8A、CTS-4B；使用探头：直探头2.5MHz，斜探头2.5MHz40°；探伤灵敏度：直探头在CS-Ⅰ型试块200mm深Φ2孔，反射波高80%，斜探头在CSK-Ⅲ型试块使120mm深Φ1孔，反射波高80%。工件尺寸及缺陷位置示于图10-34。

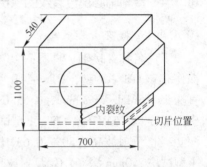

图10-34　轴承座尺寸及内裂位置示意图

10.4.5.2　内裂纹的超声波探伤

直探头在无缺陷边缘探伤，多次反射良好并无缺陷波（见图10-35中的1）。当直探头垂直于裂纹探伤时无底波，可见裂纹的二次反射（见图10-35中的a），当声束在裂纹处平行入射时无底波，只有裂纹侧壁的反射波（见图10-35中的b）。改用40°斜探头探伤，扫描线每格相当于钢中垂直距离20mm，从发现裂纹的c位置开始，后移探头时的波形示于图10-35c、d、e。

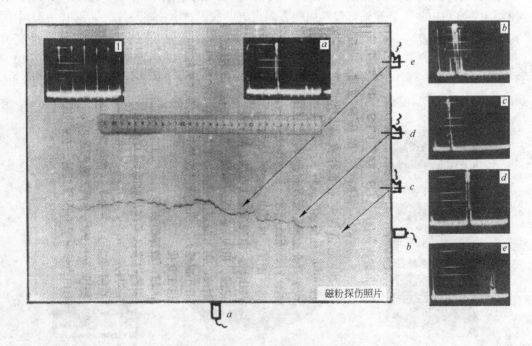

图10-35　轴承座内裂纹探伤波形

10.4.6　瓦座的超声波探伤实例

瓦座是既有内裂又有白点的探伤实例。

10.4.6.1　概况

名称：400 轧机瓦座；材质：45 钢锻件；重量：110kg；锻坯尺寸：500mm ×
300mm×250mm；表面粗糙度：3.2μm；锻后坑冷，调质处理后探伤；热处理工艺：
840℃保温 2h 水冷，530℃保温 5h 回火；超声波探伤仪：CTS – 8A，CTS – 4B；探头：
2.5MHzϕ20 直探头，2.5MHz30°斜探头；探伤灵敏度：直探头在 CS – Ⅰ型试块 200mm 深
Φ2 孔，反射波高 80%，斜探头在 CSK – Ⅲ试块深 100mmΦ1 孔，反射波高 80%。

超声波探伤主要在瓦座厚度方向进行，当直探头在边缘扫查时多次底波反射良好，无
缺陷波，往内移动探头，底波明显减少并有丛林状缺陷波出现，再往内移动探头便在有白
点反射的同时也有内裂强脉冲出现，内裂反射波连续。缺陷波虽不高，但降低灵敏度时下
降很慢。用 30°斜探头在同一面上探伤，内裂纹处有固定深度的反射波，但与白点反射波
相比并不高（波高相差一倍，但裂纹波并不满幅），白点反射波是多根，在探头前移时此
起彼伏，深度也在变化。

10.4.6.2　瓦座的超声波探伤波形

无白点内裂的边缘区多次反射良好（见图 10 – 36 中的 1），图 10 – 36 中的 a、b、c、
d、e 是对应 a、b、c、d、e 五个位置直探头探伤波形，一次底波在闸门前沿（8 格），除 e
之外其他四张波形图都有内裂反射波。图 10 – 36 中的 f、g 两张波形图是 30°斜探头探伤
情况。在 f 处时，既有白点反射又有内裂反射，在 g 处时则只有白点反射。

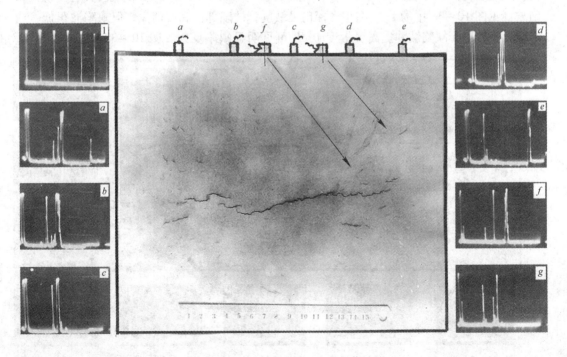

图 10 – 36　瓦座内裂纹、白点探伤波形

10.4.7　鸟巢缺陷的超声波探伤实例

10.4.7.1　概况

名称：人字齿轮轴；材质：35SiMn 锻件；重量：670kg；由 2.1t 钢锭锻制，未经镦粗，锻后退火处理粗加工后探伤；表面粗糙度：3.2μm 探伤仪；CTS－8A，CTS－4B；探头：直探头 2.5MHzφ20，斜探头 2.5MHz，40°、30°；探伤灵敏度：直探头在 CS－Ⅰ型试块 200mm 深 Φ2 孔，反射波高 80%，斜探头在 CSK－Ⅲ型试块上 120mm 深 Φ1 孔，反射波高为 80%。

工件尺寸及缺陷位置示于图 10－37。

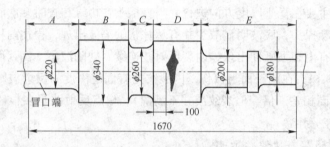

图 10－37　人字齿轴尺寸及鸟巢位置示意图

10.4.7.2　鸟巢缺陷的超声波探伤

粗探伤时发现 D 段有一区域底波消失，这段外圆直径为 φ340mm，未到缺陷时，正常探伤灵敏度可出现三次底波无缺陷波，提高灵敏度 10dB 可出现 4~5 次底波并可出现三角回波（见图 10－38 中的 1）。在正常探伤灵敏度，缺陷部位底波消失，但缺陷波很低，或者既无底波也无缺陷波，提高灵敏度 10dB 可见明显缺陷反射。图 10－38 中的 a、b、c、

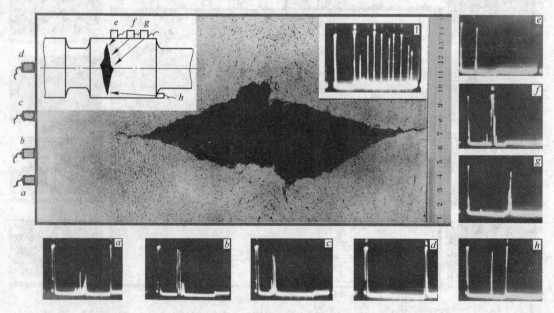

图 10－38　锻件中鸟巢缺陷的探伤波形

d 四张波形图是直探头在 a、b、c、d 对应位置提高灵敏度时的波形，一次底波在闸门前沿。用 40°（或 30°）斜探头沿外圆轴向探伤，其波形类似倾斜状裂纹，缺陷基本连续，偶尔也有波形切换，即当探头轴向移动时波形出现不连续现象。图中 e、f、g 是斜探头远离缺陷时的波形，其中闸门前沿表示离表面垂直深度 120mm 位置。在 D 段与 E 段交接的端面上用直探头探伤，也很容易发现缺陷，这时的探伤波形与横向内裂纹相类似（见图 10-38 中的 h）。

鸟巢缺陷探伤时圆周各处波形基本相同。

11 疏松、偏析、晶粒粗大的超声波探伤

11.1 疏松、偏析、晶粒粗大的探伤特征

11.1.1 疏松、偏析、晶粒粗大的分布特征及声学反射特性

11.1.1.1 疏松

疏松是锻件不致密、不纯净的表征。它是由低倍上的黑色（或褐色）点和小针孔组成，这些点是由于该处含碳和其他杂质较高，经腐蚀后形成的，它的纵向延伸较短。解剖验证，40Cr钢和20CrMnTi钢低倍试片上一般疏松上的暗点处与无暗点处的基体并无大的区别，只是前者珠光体量较多，且该处硬度较高。因此，暗点处的声学反射特性较差，反射波幅度很低，甚至难于出现伤波，低倍试片上的针孔是由于非金属夹杂物被腐蚀掉或者收缩疏松未被锻合而形成的。对试棒的拉力试验证明，暗点与针孔同时存在时，断裂多发生在针孔（或空隙）处。针孔的声学反射特性稍好，相对于暗点的反射波幅度较高。

疏松按照在锻件横截面上的分布分为一般疏松和中心疏松两种，一般疏松的暗点或空隙均匀地分布在整个截面上，中心疏松则集中在中心附近。

在一般锻件中疏松属于允许的缺陷，但在某些重要零件的技术条件中对它也有级别的要求，如果超过标准所要求的级别，则要判废或改作其他用途。

11.1.1.2 偏析

偏析是结晶过程中形成的不纯净和不均匀在锻轧后未消除而形成的。低倍试片上的偏析与钢锭中的"V"形偏析和"Λ"形偏析有关。根据偏析的分布和形态分为锭型偏析和点状偏析两大类。锭型偏析在酸蚀横向低倍试片上为腐蚀较深、由密集的暗色小点所组成的偏析带，其形状与锭模有关，因此叫作锭型偏析。对于方截面的钢锭，偏析带为方形，也叫方框形偏析。

偏析带中的易腐蚀点反映这里的碳、硫、磷较基体高，而和基体颜色不同的小点则反映了其他元素含量和基体的差别。通常根据受蚀的深度、孔隙的连续性和框的宽度来评定级别，孔隙密排连续成线，对钢的使用性能影响较大，评级时级别高；孔隙排列松散，框较宽，偏析是逐渐过渡的，对钢的性能影响较小，级别应低。

点状偏析在热酸腐蚀横向试片上呈暗黑色的斑点，一般较大，其形态大体可分三种：第一种是形状不规则的点；第二种为颜色比基体稍深，略为凹陷的，椭圆形、瓜子形或圆形的点；第三种是在第二种的基础上又加上未焊合的气泡。

根据在断面上的存在部位，点状偏析分为一般点状偏析和边缘点状偏析两种。前者在试样上呈不规则分布，后者大致顺着试样各周边分布并距表皮有一定距离。

偏析的声学反射特性基本与疏松相同，需要强调指出的是，有些点状偏析同时伴有气

泡或打扁的气泡，这时的反射回波就比较明显。

11.1.1.3 晶粒粗大

在钢铁材料中，一般把晶粒度的 1~4 级称做粗晶粒，5~8 级称做细晶粒。由于加热温度过高或保温时间过长，在大锻件或退火后的工件上常常出现晶粒粗大。晶粒粗大属于"全身性"缺陷，即往往在工件各处都存在，由于某种特殊原因，晶粒粗大有时也只产生在工件的一头或锻件上的大直径部位。

粗大晶粒晶界的反射特性与晶粒的平均直径（d）和超声波长（λ）有关。声波在晶界处的散射取决于晶粒的平均直径与波长之比。当 $d \ll \lambda$ 时，散射衰减与 d 的三次方、超声波频率的四次方成正比；当 $d \approx \lambda$ 时，散射衰减与 d、超声波频率的二次方成正比；当 $d \gg \lambda$ 时，晶界上的散射几乎已为反射所代替，散射衰减与 d 成正比，这时晶界处的反射增强、散射减弱。

除了晶粒大小对超声波的衰减有决定性的影响之外，有资料还认为，超声波在材料中的衰减与铁素体及珠光体的片层间距离有关。该观点认为：在晶粒大小不变的情况下，珠光体组织中的超声波衰减取决于珠光体的片层距离，并且这个衰减随片层间距的增大而增加。同时如果晶粒大小不变，则衰减随组织中铁素体比例增大而增加。铁素体含量对衰减起重要作用的原因是，超声波在传播过程中，铁素体以封闭珠光体团的连续网状形式存在，从而大大增加了衰减。

11.1.2 疏松、偏析、晶粒粗大的波形特征

11.1.2.1 共同特征

疏松、偏析、晶粒粗大的波形具有以下共同特征：

（1）正常探伤灵敏度难发现缺陷，即使有反射波出现，也不是某一个反射体单独作用的结果，而是同一波阵面上的反射体共同作用的结果。

（2）比正常探伤灵敏度提高 20~30dB 后才能出现典型的缺陷波形。

（3）三者的波形特征都系草状回波，即波形虚幻，顶部不清晰，波与波之间难于分辨，移动探头时，波形变化迅速。

11.1.2.2 不同特征

A 疏松与偏析

严重的疏松（特别是铸件中的疏松）、偏析对底波有一定影响，会使底波明显减少。提高探伤灵敏度，底波反射次数会明显增加。这两类缺陷中，暗点对底波影响较小，孔隙则影响较大。实践证明，锻件中三级以下疏松偏析对底波反射影响不大。伴有气泡缺陷的点状偏析对锻件性能影响较大，它的伤波相对较高，对底波影响也较大。

B 晶粒粗大

粗晶对底波影响严重，一般情况底波只有 1~2 次，但提高灵敏度时，它的底波反射次数并不增加，而降低探测频率，底波反射次数则明显增多，并且不再出现缺陷波；如果晶粒过粗，改换低频率后可能仍有伤波，但底波次数依然有所增加。

11.2 疏松、偏析及晶粒粗大的探伤

11.2.1 疏松的探伤

11.2.1.1 铸件中疏松（缩松）的探伤

探测铸件的方法，常采用多次脉冲反射法，它是利用声波在缺陷处的反射和缺陷对声波衰减的原理进行探测的。对于较厚且形状简单的工件，用此方法探伤是比较适宜的。现以探测疏松为例，当工件内部无缺陷时，则在荧光屏上出现按指数曲线递减的多次反射回波（见图 11-1 (a)）；当工件内部存在疏松时，会造成声波散射，使声能衰减，则底波反射次数减少，（见图 11-1 (b)）；当工件内部存在严重疏松时，则底波很少，甚至消失，只有杂乱的伤波（见图 11-1 (c)）。根据底波的衰减状态，可以判断有无缺陷及其严重程度。

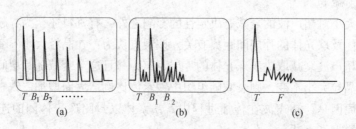

图 11-1 铸件中疏松的探伤波形
(a) 无缺陷；(b) 存在疏松；(c) 疏松严重

11.2.1.2 锻件中疏松的探伤

A 一般疏松的探伤

锻件中 3 级（或 3 级以下）的一般疏松探伤时，正常灵敏度多次反射次数无明显减少，一般无伤波，或偶尔出现幅度很小的单个伤波。提高探伤灵敏度后，底波反射次数有明显增加，并且在一次底波与始波之间出现丛集草状波，如图 11-2 (a) 所示。

B 中心疏松的探伤

中心疏松的探伤与一般疏松基本相同，只是在提高灵敏度后的草状波都集中在心部附近，如图 11-2 (b) 所示。

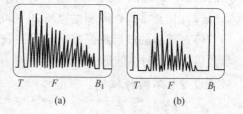

图 11-2 锻件中疏松的探伤波形
(a) 一般疏松；(b) 中心疏松

锻件中的疏松在斜探头探伤时，正常灵敏度都无伤波。

11.2.2 偏析的探伤

11.2.2.1 锭型偏析探伤

图 11-3 是锭型偏析探伤的例子。从图上看偏析所处的位置与环形分布的白点和夹杂物的位置相同，但是偏析的声学反射特性差，因而探测偏析所用的探伤灵敏度要比白点和夹杂物高得多。锭型偏析的探伤还有以下特征：在低灵敏度探伤时同样没有伤波，提高探伤灵敏度后出现环状位置的伤波，在大锻件中只能看到前面那一撮，如图 11-4 所示。圆

周各处探伤时波形均相类似。提高探伤灵敏度时，底波反射次数会增多；改换探伤频率，对底波反射次数无明显影响（相对于晶粒粗大而言）；偏析的波形也属草状波。

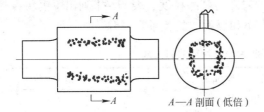

图 11-3 锭型偏析的探伤

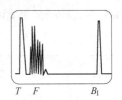

图 11-4 锭型偏析波形

11.2.2.2 点状偏析的探伤

点状偏析的声学反射特性较好，这与偏析点处聚集有夹杂物和气体有关。点状偏析的反射波与其分布位置相对应。通常探伤灵敏度，偶尔会出现一个或几个伤波，只有提高灵敏度才能出现偏析的典型波形。点状偏析的波形在偏析点较少的时候，其波形就不是草状波，而是介于草状波与林状波之间的波形特征。

11.2.3 晶粒粗大的探伤

在讨论晶粒粗大的探伤之前，我们先讨论超声波的衰减与哪些因素有关。

声波在介质中传播时，能量的衰减取决于声波的扩散、散射及吸收。在理想介质中，声波的衰减，仅来自于声波的扩散。所谓扩散衰减，就是声波随着传播距离的增加，在单位面积内声能的减弱。在探测中，由于所用探头的直径及频率的不同，超声波束的扩散也不同。所谓散射衰减，就是声波在各向异性的金属结晶组织的不均匀性或在晶粒粗大的界面上散射，使超声能量衰减。声波的散射，主要是在粗大晶粒的界面上产生，由于晶粒排列不规则，声波在倾斜的界面上将发生反射及折射并同时变换波形，透过去的声波在第二个晶界面上又发生反射及折射，这样声波能量将逐渐衰减。当晶粒的平均直径 d 与波长 λ 的比值为 1/100 ~ 1/10 时，散射很小，可以忽略，当比值大于 1/10 时，散射逐渐增大，以致不能探测。声波的吸收是由介质的导热性、黏滞性及弹性滞后造成的。声波的吸收将声能直接转换为热能。固体中声波的吸收与固体结构有关。在多晶体中，声波的吸收由晶粒尺寸 d 与波长 λ 之比决定，如图 11-5 所示。对于大多数固体和金属而言，声吸收系数可由下式决定

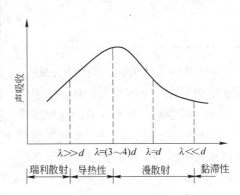

图 11-5 声吸收与晶体尺寸的关系

$$2d = Af + Bf^4 \tag{11-1}$$

式中，A 和 B 为常数，Bf^4 是由瑞利散射引起的，低频时 Af 项是由弹性滞后引起的。

从以上讨论看出，除扩散引起的衰减之外，散射衰减和吸收引起的衰减都与多晶体的晶粒大小有关。一般说来，在探测频率相同的情况下，晶粒尺寸越大，则超声波的衰减越

厉害，当晶粒与波长相比很大时，由散射转为反射，超声的传播变得更为困难。

有资料 介绍了用多次反射法测定平均晶粒度大小的方法。该方法是用超声波探伤仪探测试块，以荧光屏上反射波次数的多少来确定其晶粒度。表11－1列出了铜块在热处理退火温度不同、探测频率5MHz时晶粒大小和反射波的关系。

表11－1 晶粒大小与反射波的关系

退火温度/℃	平均晶粒/mm	反射波次数
477	0.01	16
571	0.03	13
663	0.075	6
732	0.105	3

从第4章中我们知道，钢的晶粒度评级图通常分为8级，粗于1级的晶粒又向外延伸4个级别为0、－1、－2、－3级，它们的晶粒的平均直径见表11－2。

通常的探测频率为2.5MHz，其波长为2.34mm，各级晶粒度的平均直径与波长 λ 之比也列于表11－2。

表11－2 钢的晶粒度与波长的比值

晶粒度号	晶粒的平均直径/mm	晶粒平均直径与波长的比值		
		5MHz	2.5MHz	1.25MHz
－3	1.000	0.854	0.427	0.214
－2	0.713	0.610	0.305	0.152
－1	0.500	0.428	0.214	0.107
0	0.353	0.302	0.151	0.075
1	0.250	0.214	0.107	0.053
2	0.177	0.152	0.076	0.038
3	0.125	0.106	0.053	0.027
4	0.088	0.076	0.038	0.019

从表11－2中看出，当使用5MHz频率探伤时，3～4级的晶粒度已造成大量散射，使探伤变得困难；当使用2.5MHz探伤时，1～2级的晶粒度就呈现晶粒粗大波形；当改用1.25MHz探伤时，大于0级的晶粒就难于探伤。

晶粒粗大工件探伤时，通常灵敏度下1～2次底波无伤波，或者既无底波也无伤波；提高探伤灵敏后，底波次数并无明显增多，在始波与一次底波间出现波形模糊的草状波，如图11－6（a）所示。有时晶粒粗大的工件会伴有夹渣等其他缺陷，这时草状波中会夹

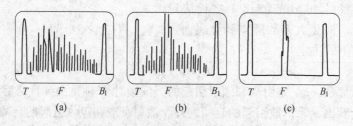

图11－6 晶粒粗大探伤波形

有强脉冲,如图 11 - 6 (b) 所示。改换低频率探伤,多次底波会恢复,并且提高灵敏度后一般不再有草状波,这时只有夹渣缺陷的波形,如图 11 - 6 (c) 所示。

11.3 疏松、晶粒粗大探伤实例

11.3.1 中齿轴中心疏松的探伤实例

这是一个针孔型中心疏松的探伤实例。

11.3.1.1 概况

名称:减速机中齿轴;材质:35CrMo 锻件;重量:6120kg;仪器:CTS - 8A、CTS - 4B;探头:2.5MHz 和 1.25MHz,ϕ20 直探头;灵敏度:CS - I 试块 200mm 深 Φ2 孔,反射波高 80% +10dB。工件尺寸示意图见图 11 - 7。

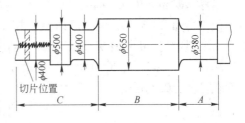

图 11 - 7 中齿轴尺寸及解剖位置

11.3.1.2 探伤情况

A 段多次反射良好,底波多次反射 10 次以上且无伤波。B 段底波 4 ~ 5 次,无伤波。在 C 段图示阴影部分底波减少到 2 次,并且出现中心部位撮状伤波,提高灵敏度 10dB,底波可出现 5 ~ 6 次。伤波彼此不独立,波形模糊不清晰,移动探头时,伤波变化迅速,降低探伤灵敏度时伤波下降较快。30°与 40°斜探头都难于发现缺陷。缺陷波虽有一定幅度但对三角回波无明显影响。

用 CTS - 4B 型仪器拍摄波形见图 11 - 8。

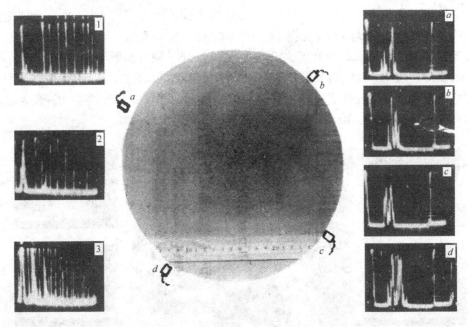

图 11 - 8 中齿轴中心疏松探伤波形

A 段底波多次反射良好,无伤波 (见图 11 - 8 中的 1);缺陷处底波 2 ~ 3 次有伤波 (见图 11 - 8 中的 2);再提高灵敏度时底波次数有明显增多 (见图 11 - 8 中的 3)。

图 11-8 中 a、b、c、d 为直探头圆周不同位置的波形，其中 d 是提高 10dB 后的波形。

11.3.2 托轮轴晶粒粗大的探伤实例

这是一个锻件中只存在晶粒粗大时的探伤实例。

11.3.2.1 概况

名称：$\phi4m \times 100m$ 回转窑托轮轴；材质：50 钢锻件，使用中在 R 附近疲劳断裂，正常轴使用寿命 2~3 年，该轴断时只使用 2~3 个月。为分析断裂原因，了解轴内有无缺陷，对轴进行了超声波探伤，发现有晶粒粗大缺陷。使用仪器：CTS-4B 型；探头：1.25MHz、2.5MHz，$\phi20$ 直探头；灵敏度：CS-Ⅰ试块 200mm 深 $\Phi2$ 孔，反射波高 80%，表面粗糙度：0.80μm；工件尺寸如图 11-9 所示。

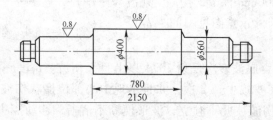

图 11-9 托轮轴尺寸示意图

11.3.2.2 托轮轴的超声波探伤

在 $\phi360mm$ 段超声波探伤情况如下：2.5MHz 探伤，底波只有 1~2 次，无缺陷波或偶尔有少量幅度很低的缺陷波（见图 11-10 中的 1）；提高探伤灵敏度多次反射次数不增加并出现草状回波（见图 11-10 中的 2）；将底波拉开（调至水平基线 10 格），波形见图 11-10 中的 3。圆周各处探伤波形基本类似，都属草状波。改用 1.25MHz 探伤，底波反射次数恢复正常，并且没有草状波（图 11-10 中的 4）。用 2.5MHz 斜探头探伤，在高灵敏度时也会出现同图 11-10 中的 3 类似的波形，只是它没有底波。

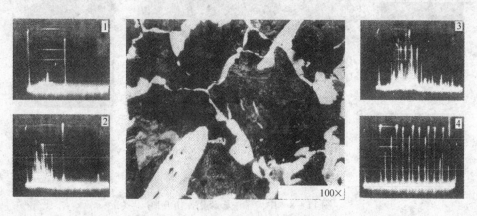

图 11-10 托轮轴晶粒粗大探伤波形

12 各种缺陷的波形特征及超声波定性图解

超声波定性探伤依据探伤者对各种缺陷的深刻了解，很难设想一个根本不了解钢中缺陷的人会对所探缺陷进行定性判断。同时探伤者还必须对从超声波探伤中获得的各种信息（缺陷当量大小，缺陷在工件中的分布、波形特征、改换探伤条件时的变化等）有充分的了解，进而在这两者之间建立起有机的联系，通过综合的分析判定，超声探伤时定性就变得比较有把握了。下面我们作一综合分析及概括的介绍。

12.1 缺陷的综合分析

用脉冲反射法探测缺陷的情况。可用图 12 – 1 所列的形式进行综合分析。

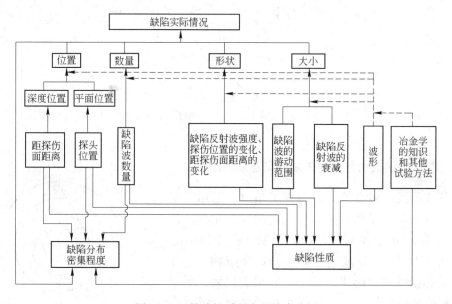

图 12 – 1 缺陷性质判定的综合分析

12.2 动态波形与缺陷性质的关系

缺陷性质的判定，除了掌握各类缺陷的波形特征以外，动态波形图也是区分不同缺陷的重要依据。所谓动态波形图就是移动探头时，绘制的波形变化曲线。缺陷性质不同，其动态波形图也不相同。在正常灵敏度下探测，当发现缺陷时，找出缺陷的最高点，前后左右移动探头，观察缺陷波的变化情况，并以缺陷波高度为纵坐标，探头移动距离或转动角度为横坐标，绘出的波形变化曲线，即为动态波形图。它综合了缺陷形状与分布的特点，绘出了缺陷波变化与探头移动或转动之间的关系，为判定缺陷的性质提供了对比的资料。

根据坐标所代表的参数不同，动态波形图有不同的形式。

12.2.1 探头所处圆周弧度大小与波幅关系的动态波形图

这种波形图用直探头探伤时绘制，适用于轴类零件。图 12 - 2 为轴类锻件中几种缺陷的动态波形图。图 12 - 3 为用极坐标表示的动态波形图。

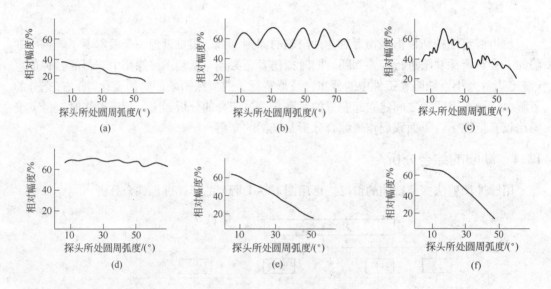

图 12 - 2　弧度与波幅关系的动态波形图

（a）单个夹渣；（b）白点；（c）密集夹杂物；（d）缩孔；（e）孔壁裂缝；（f）中心裂缝

12.2.2 探头移动距离与波幅关系的动态波形图

这种波形图可用直探头或斜探头绘制，适用于平面工件中的缺陷以及圆柱体工件纵向缺陷的定性，波形与图 12 - 2（b）、图 12 - 2（c）相似。从图中看出，由于白点分布规则，密度比聚集非金属夹杂物小，其包络线呈起伏状态，起伏频率小，波幅变化大；而聚集非金属夹杂物则相反，其包络线起伏频繁，波幅变化小。

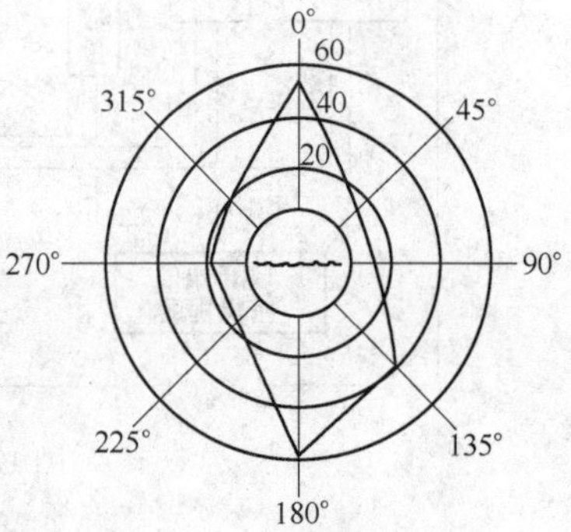

12.2.3 探头转动角度与波幅关系的动态波形图

这种波形图，用斜探头绘出，适用于平面工件中

图 12 - 3　以极坐标表示的动态波形图

具有垂直或倾斜方向缺陷的定性。图 12 - 4 所示为单个点状缺陷和线状缺陷的动态波形图。

从图 12 - 4 看出，单个而较小的点状缺陷，探头稍微转动，则缺陷波立即消失；而线状缺陷（如裂纹），其缺陷波幅随探头转动角度的增大而下降直至消失。所谓转动角度，是指发现缺陷波的最大值处为零，再将斜探头转动至缺陷波消失，则波束中心线与缺陷波最大值时的夹角。

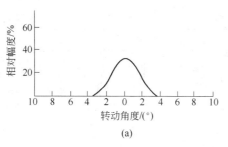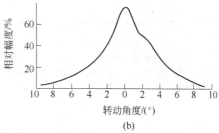

图 12-4 探头转动角度与波幅关系的动态波形图

(a) 点状缺陷; (b) 线状缺陷

12.3 常见缺陷的波形特征

常见缺陷的波形特征见表 12-1。

表 12-1 常见缺陷的波形特征

缺陷名称		波 形 特 征	典 型 波 形 图
白点		缺陷波为林状波,波峰清晰,尖锐有力。伤波出现位置与缺陷分布相对应,探头移动时伤波切换,变化不快,降低探伤灵敏度时,伤波下降较底波慢。白点对底波反射次数影响较大,底波1~2次甚至消失,提高灵敏度时,底波次数无明显增加。圆周各处探伤波形均相类似。纵向探伤时,伤波不会延续到锻坯的端头	
内裂纹	横向内裂纹	轴类工件中的横向内裂纹直探头探伤,声束平行于裂纹时,既无底波又无伤波,提高灵敏度后出现一系列小伤波;当探头从裂纹处移开,则底波多次反射恢复正常。斜探头轴向移动探伤和直探头纵向贯穿入射,都出现典型的裂纹波形,即伤波反射强烈,波底较宽,波峰分枝,成束状。斜探头移向裂纹时伤波向始波移动,反之,向远离始波方向移动	
	中心锻造裂纹	伤波为心部的强脉冲,圆周方向移动探头时伤波幅度变化较大,时强时弱,底波次数很少或者底波消失	
	纵向内裂纹	轴类锻件中的纵向内裂纹,直探头圆周探伤,声束平行于裂纹时,既无底波也无伤波,当探头转动90°时,伤波最强,呈现裂纹波形,有时会出现裂纹的二次反射,一般无底波。底波与伤波出现特殊的变化规律	

缺陷名称		波 形 特 征	典 型 波 形 图
缩孔		伤波反射强烈，波底宽大，成束状，在主伤波附近常伴有小伤波，对底波影响严重，常使底波消失；圆周各处伤波基本类似，缩孔常出现在冒口端或热节处	
缩孔残余		伤波幅度强，出现在工件心部，沿轴向探伤时伤波具有连续性，由于缩孔锻造变形，圆周各处伤波幅度差别较大，缺陷使底波严重衰减，甚至消失	
夹杂物	单个夹渣	单个夹渣伤波为单一脉冲或伴有小伤波的单个脉冲，波峰圆钝不清晰，伤波幅度虽高，但对底波及其反射次数影响不大	
	分散性夹杂物	分散性夹杂物，伤波为多个，有时呈现林状波，但波顶圆钝不清晰，波形分枝，伤波较高，但对底波及底波多次反射次数影响较小。移动探头时，伤波变化比白点快	
疏松		锻件中的疏松，在低灵敏度时伤波很低或无伤波，提高灵敏度后才呈现典型的疏松波形，中心疏松多出现心部，一般疏松出现始波与底波之间。疏松对底波有一定影响但影响不大，随着灵敏度提高，底波次数有明显增加。铸件中的疏松对声波有显著的吸收和散射作用，常使底波显著减少，甚至使底波消失，严重的疏松既无底波又无伤波，探头移动时会出现波峰很低的蠕动波形	
偏析	锭型偏析	锭型偏析在通常探伤灵敏度常常无伤波，提高灵敏度后才有环状分布的伤波出现，它对底波反射次数无明显影响，随着探伤灵敏度提高，底波次数明显增加	
	点状偏析	点状偏析的声学反射特性较好，波形介于草状波与林状波之间，伤波出现位置与偏析点的分布有关	
晶粒粗大		晶粒粗大的波形是典型草状波，伤波丛集，如密生草状，伤波模糊不清晰，波与波之间难于分辨，移动探头时伤波跳动迅速。通常探伤灵敏度，底波次数很少，一般1～2次，无伤波，提高灵敏度后底波次数无明显增多，在一次底波前出现草状波。改换低频率探伤，底波次数明显增多或恢复正常，一般不再出现草状波	

12.4　超声波探伤定性图解

超声波探伤定性图解见表 12-2。

表 12-2　超声波探伤定性图解

粗探伤底波多次反射	伤波有无		波形特征	分布位置	降低探测频率	改变探伤灵敏度	缺陷方向性	备　注	缺陷性质
	通常灵敏度	高灵敏度							
少	无	有	草状波	布满整个工件	底波恢复正常无伤波	提高灵敏度底波无明显增多	无	多产生在大型退火的工件中	晶粒粗大
	有		林状波	符合白点分布特征		提高灵敏度底波无明显增加，降低灵敏度底波下降快	圆周各处探伤无方向性（无位向白点）	出现在有白点敏感性的钢种，白点对斜探头敏感	白点
	有		心部强脉冲	出现在冒口端		提高灵敏度底波无明显增多	铸件无方向性		缩孔
							锻件有明显方向性		缩孔残余
	有		心部强脉冲	锻件心部		提高灵敏度底波无明显增多	有		中心锻造裂纹
时多时少	时有时无		丛状强脉冲	纵向分布			有	对斜探头敏感	纵向内裂纹
				横向分布			有		横向内裂纹
多	有		单个脉冲	无一定规律		降低灵敏度伤波下降快	无		单个夹杂物
	有		多个伤波	多在冒口端或偏析区		降低灵敏度伤波下降快	无		分散夹杂物
	无	有	丛集草状波	符合偏析分布特征		提高灵敏度底波次数增加	无		偏析
	无								工件良好

13 高速铁路及其相关设备的超声波探伤

我国铁路系统瞄准世界铁路先进水平，运用后发优势，博采众家之长，坚持原始创新、集成创新和引进消化吸收再创新，用短短几年时间，推动我国高速铁路技术走在世界最前列。2010 年底，我国铁路营业里程达到 9.1 万公里，居世界第二位；投入运营的高速铁路营业里程达到 8358 公里，居世界第一位；2011 年高铁预计将建成通车 4715 公里，合计 13000 公里以上。现在我国已成为世界上高速铁路系统技术最全、集成能力最强、运营里程最长、运行速度最高、在建规模最大的国家，引领着世界高铁发展的新潮流。

随着高速铁路的快速发展，安全运行就摆上了十分重要的日程，其中超声波探伤的应用就是保障安全运行的重要方面。下面就钢轨的超声波探伤以及相关设备车轴、车轮、轮箍的探伤新工艺新方法作一介绍。

13.1 钢轨的超声波探伤

13.1.1 钢轨探伤车

由于利用了超声波在钢轨中传播的特点，对检测钢轨疲劳裂纹和其他内部缺陷具有灵敏度高、检测速度快、定位准确等优点，目前国内外的探伤车都采用了超声波探伤技术。探伤运行速度一般在 25 ~ 50km/h 之间。英国铁路 1992 年开始采用的钢轨探伤车，在无缝线路区段的探伤速度可达 70km/h。在数据处理方面，均广泛采用了计算机技术，部分国家的生产厂应用了伤损类型识别技术。日本铁路采用钢轨探伤车，对钢轨伤损、磨耗进行检测，每年 2 次。运量特别大的区间，增加检查次数。德国铁路采用 SPZ 型超声波检测车，对钢轨和道岔探伤，每 4 个月 1 次。法国采用探伤车（见图 13 - 1）对钢轨和道岔每年进行 1 ~ 2 次探伤检查。在我国目前线路检测主要内容体现在轨道的检测上和探伤上，铁道部自 1989 年到目前利用外资共引进 15 台探伤车，其中 1 台为澳大利亚 GEMCO 生产，14 台为美国 HTT 公司生产，检测系统采用超声波法，轮式传感器，信号利用计算机处理。探伤车自带动力，自行速度为 100km/h，探伤车检测速度达 40km/h。近期我国将自主研制和引进相结合，进一步地提高探伤速度（见图 13 - 2）。

图 13 - 1 法国探伤车

图 13-2 中国探伤车

13.1.2 我国的轨道探伤

根据日本、法国、德国钢轨探伤检测的实际运营情况,高速线路上(有碴或无碴)的轨道探伤基本上都是采用了探伤车定期检测的模式,检测周期保持了 2~4 次/年的频率,同时日本、德国、法国在基层维修保养单位配备了精密钢轨探伤仪(见图 13-3),进行定点人工探伤检测。我国高速铁路采用国外高速铁路的通常做法,采用探伤车定期检测,在工区配备小型精密探伤设备(见图 13-4),进行人工定点作业。钢轨探伤车的检测周期建议参照德国经验由每年二次增加为每年三次至四次。按铁道部 62 号文规定,也可为每月一次。表 13-1 为国外高速铁路轨道探伤情况一览表。

图 13-3 日本钢轨探伤仪

图 13-4 中国钢轨探伤仪

表 13-1 国外高速铁路轨道探伤情况一览表

内 容		日 本	德 国	法 国
周期/次·a⁻¹	大型检测车	2,运行量大加密	4	1~2
	人 工		3	
设 备	探伤车	探伤车	SPZ 超声波探伤车	SPENO 探伤车
	人 工	探伤仪	精密探伤仪	

13.2 机车车轴超声自动探伤系统

经过五次大规模提速,我国铁路线时速已经迈上了 160km/h 的重要台阶,将向 200km/h 这一世界铁路的提速目标值挺进。为此,在加紧建设线路基础设施的同时,还必须装备满足时速 200km/h 的、安全可靠的、高质量的机车车辆,而车轴是保证机车车辆稳定运行的重要部件,一旦产生损伤并扩大发展将会折损而导致脱轨事故。TB/T 1618—2001《机车车辆车轴超声波检验》规定,新制机车车轴的缺陷探伤,除轴向透声检测外还须进行径向超声探伤。目前我国机车车轴大部分采用手工探伤,不仅检测效率低、劳动强度高,而且探伤可靠性和准确性难以保证,易造成漏探和误探。

有资料介绍了一套基于工控机、PLC(可编程逻辑控制器)和高性能超声探伤电路的车轴自动探伤系统,能实现包括探头扫查、回波记录、缺陷诊断、数据存储和报表打印在内的车轴自动探伤,较好地满足了机车车辆车轴生产和应用的要求。

13.2.1 总体方案与机械设计

综合铁道部相关标准并结合机车车辆厂的生产要求,车轴自动探伤系统需要实现探头全轴扫查的动作控制、超声发射接收控制以及回波信号的缺陷诊断与后续处理。

车轴由若干轴段组成,不同轴段的轴径大小不一(见图 13 – 5)。为保证探头与车轴的良好耦合,提高工作效率,系统采用一个步进电机带动两组探头架,同时从车轴一端和半长处开始探伤。被检车轴与超声探头之间存在两个相对运动,一个是车轴围绕其自身中轴线的匀速旋转,另一个是探头沿轴线的水平移动。两个运动的合成使得探头在车轴外圆的运动轨迹形成一条空间螺旋线,当螺距足够小时,近似认为探头扫查覆盖了整个车轴。

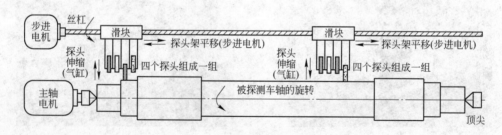

图 13 – 5 车轴自动探伤方案示意图

探测过程中,通过控制步进电机精确定位探头的轴向位置。与此同时,程序以一定的频度触发超声发射和接收,并实时采集和分析回波信号。探伤软件的诊断逻辑以进波和失波两个闸门为依据自动判断有无缺陷。发现缺陷之后,计算出其轴向位置和径向深度,报警并打印探伤报告。

探头架的平移由步进电机通过丝杠带动。步进电机驱动器的步距角设定为 0.36°,丝杠螺距为 5mm。驱动脉冲由工控机控制 PLC 发出,正常探伤时探头平移速度稳定在 5mm/s。

被检车轴的旋转由三相异步电机带动。电机在变频器控制下以一定的转速匀速转动,经减速箱变速后驱动车轴旋转。变频器输出电压频率设定为 100Hz,减速箱减速比为 101.5,被检车轴转速约 60r/min,其启停由 PLC 控制。

探伤系统采用了专用于车轴探伤的圆弧面超声探头。探头前端被磨制成与被检轴段直径相同的弧面，探伤时探头弧面与轴段弧面间保持约 0.5mm 的间距，中间充满耦合液。这样设计不仅能有效提高探伤耦合效果，而且也在超声传播路径上加入了聚焦环节，减小了所发射超声波束的扩散角，增大了声束的能量密度。对于不同直径轴段，探头弧面直径也不同。大多数机车车轴有四种粗细不同的轴段，因此每个探头组安装四个相应弧面的探头。两组探头同时工作，一组从端面开始探伤，另一组从半轴长处开始探伤，与单组探头相比，探伤效率提高了一倍。

探头的伸缩由气缸带动。对于一组探头而言，在某一时刻仅有一个探头至工作位置，其他探头缩回，其伸缩由 PLC 控制气缸阀门实现。

13.2.2　电气设计

13.2.2.1　电气部分的组成及工作原理

电气控制部分由工控机、PLC 和超声发射接收电路等硬件构成（见图 13 - 6）。

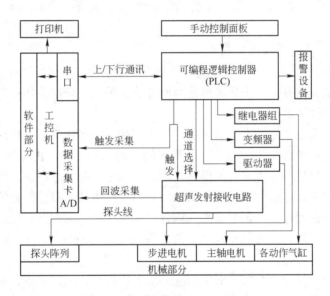

图 13 - 6　探伤系统的构成框图

工控机与 PLC 以专用电缆连接，通过串行通讯方式交换数据。PLC 作为下位机，控制探伤中出现的所有单个动作，如启停主轴电机、控制某气缸伸出或缩回、触发一次超声发射、控制步进电机转过某一角度等。工控机作为上位机，将单个动作按顺序组织起来，规划探伤流程。

全轴扫查动作以如下方式实现：工控机将整套探伤操作分解为若干单步动作之后，通过串行通讯端口以字符指令的形式下达给 PLC 执行；同时，PLC 把执行中的某些关键信息通过串口上报给工控机，如探头当前的轴向位置、气缸的伸缩状态以及指令执行错误代码等。这些从工控机到 PLC 的下行指令以及从 PLC 到工控机的上行报告由 ASCⅡ 字符组成，是自定义的应用层协议。

探头在车轴表面扫查的同时，工控机控制 PLC 触发超声发射接收。一次发射接收流程为，探伤程序发送触发指令到串口→PLC 从串口接收到工控机发出的指令→PLC 在输出口产生一个高电平并维持一段时间→此高电平的上升沿触发一次超声发射，同时触发 A/D 卡采集回波→数据采集卡采集结束→探伤程序分析此次回波信号，判断有无缺陷→探伤程序准备启动下一次探伤。

PLC 除了执行工控机的控制指令外，还要响应用户在手动控制面板上的操作。探伤过程是不需要人为干预而自动执行的；但车轴手工复探希望设备能够单步操作，并且调试和检修也有同样要求，诸如单个气缸伸出缩回及手动平移探头架等。这些动作的执行不需要工控机干预，PLC 扫描到手动面板操作之后，会进入同样的处理逻辑。在 PLC 看来，控制指令和手动面板都能实现同一操作，但两者的优先级是有区别的，前者优先于后者执行，只有当设备未运行自动探伤且处于闲置状态时，手动面板上的操作才会被处理，否则忽略。

探伤机采用工控机与 PLC 相结合的控制模式，一方面分担了工控机的处理压力，使得探伤程序能更快更稳定地运行；另一方面使得设备更加模块化，便于调试和维修；同时，由于 PLC 抗干扰性强，也使得设备的故障率大为降低，并能适应更为恶劣的工作环境。

13.2.2.2 电磁干扰分析与解决措施

探伤系统工作在机车车辆生产现场，电磁干扰源多而杂，必须采取相应的抗干扰措施。经过现场测试分析发现，干扰源可分为两部分，即来自外部大功率设备的电磁干扰和来自探伤系统自身功率器件的干扰。

外部干扰主要来自现场的大功率设备，如机床和龙门吊车等。这些设备的频繁启停干扰了探伤系统的供电电源，同时也产生了极强的空间电磁干扰。由于探头线较长（8m），电磁干扰可以很容易地耦合进来，使得回波信号出现毛刺甚至被湮没。内部干扰主要来自步进电机驱动器和主轴电机的变频器，工作时它们会产生几万赫兹的开关信号，如不加以防范，此功率信号会通过空间辐射或地线耦合到探伤系统其他部分，特别是超声发射接收电路。相对于超声回波，干扰信号较强，加之接收电路增益较高（可达 120dB），导致系统无法正常工作。

对应于不同的干扰源，系统采取了相应的抗干扰措施，包括接地、屏蔽、隔离、滤波和去耦等。对于外部干扰，为了切断其耦合途径，探头线屏蔽层两端必须同时接地，发射接收电路屏蔽良好，同时采用了光耦将超声发射接收电路从系统中隔离出来。对于内部干扰，其主要路径是通过电机或驱动器外壳传到被测车轴，于是车轴变成了干扰源，进而通过探头耦合到系统中。解决办法是在主轴电机及其变频器、步进电机及其驱动器与机械部分之间采用非金属零件连接或固定，并分别良好接地；同时采用抗干扰的金属壳超声探头。另外，为了减小已经耦合入系统的电磁干扰，接收电路中设计了滤波与去耦环节。采取上述措施后，杂波干扰显著减弱，超声回波信号被成功分离和提取，达到了电气设计要求。

13.2.3 软件设计

13.2.3.1 PLC 端软件设计

按照电气设计要求，PLC 负责底层设备的控制以及对于工控机指令和手动面板的响应。PLC 端软件程序使用西门子的 STEP 7-Micro/ Win32 软件编制，主要功能模块包括：

（1）输出口状态控制逻辑，实现诸如气缸伸缩、通道切换、主轴电机启停以及超声发射接收的触发等简单动作；

（2）步进电机运动控制，包括启停、方向和转角控制；

（3）与工控机的上、下行通讯。

PLC 利用高速脉冲输出口发出步进脉冲，来控制步进电机的转角。PTO （Pulse Train Output）功能简化了步进电机的启停处理，启动时脉冲频率从 1kHz 逐渐提高到 5kHz，之后稳定输出，停止时从 5kHz 逐渐降低至 1kHz，每段的脉冲输出个数均可编程订制。PTO 功能最高输出频率可达 20kHz。系统中步进电机在正常探伤时低速转动，探伤完毕回零位时高速转动，控制灵活简便。

PLC 使用自由口模式与工控机通讯。通讯是以中断方式被处理的，一次上行（从 PLC 到工控机）通讯由程序语句启动，完成后产生 Send Complete 中断；一次下行通讯（从工控机到 PLC）的启动条件是 PLC 在串口监听到字符"［"，结束条件是 PLC 接收到字符"］"（或通讯超时），结束后产生 Receive Complete 中断。该设计简化了应用层通讯协议的编写，每条下行指令或上行报告均以字符"［"开头，以字符"］"结尾，两个括号之间为有效内容。探伤机内部通讯协议一共制定了 19 条下行指令和 5 条上行报告，其中每条指令或报告又由操作符和补充说明字符组成。例如指令"［M2R123］"中，"［"是命令开始符；"M2"是操作符，意思为控制步进电机运动；"R123"是补充说明字符，意思为步进电机带动探头架向右平移 123mm；"］"是命令结束符。

13.2.3.2 工控机端软件设计

工控机端软件使用 VC + + 语言编写，主要功能模块如图 13 - 7 所示。

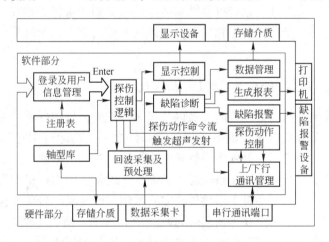

图 13 - 7 工控机端软件功能框图

为使探伤软件能适用于多种轴型，工控机端程序被设计为"脚本—解释器"模式。不同轴型的区别在于其尺寸和材质不同，反映到探伤过程中表现为探头运动路径不同以及使用的增益不同，这些信息按轴型分类存储到磁盘文件中，称为脚本。自动探伤前，程序的探伤控制逻辑将轴型信息从磁盘文件中读出，并将其翻译为遵循前述通讯协议的单个动作指令并列表，再逐一下达至 PLC 执行，该程序为"脚本—解释器"模式，而该解释器的核心就是负责解释脚本的探伤控制逻辑。

通讯管理部分使用了微软提供的 MSComm 控件。一个控件专门用来监听和接收上行报告，另一个则专门用来发送下行指令，两者均使用独立的线程，与主线程的交互通过中断实现，不影响程序主线程的运行。程序的显示部分使用了双缓存技术。在内存中创建两个完全一样的显示缓存区，一个是前端缓存，用于屏幕显示；一个是后台缓存，用于程序作图。两个操作同时进行，完成之后迅速切换，后台缓存提到前端，前端缓存放到后台，依次重复，解决了回波显示的屏幕闪烁问题。

缺陷诊断部分以两个阈值（闸门）为判断依据，即缺陷波高于"进波门"或第一次底面回波低于"失波门"则判为缺陷。程序实时显示探伤进度，并将缺陷用" ＊ "标示在探伤监视区中（图 13 − 8），给探伤人员全面、直观的印象。

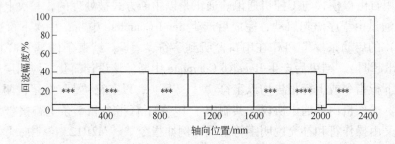

图 13 − 8 探伤监视区示意图（东风 27 轴型，TS22 试块）

以上介绍了一套能适用于多种轴型的车轴自动探伤系统。双通道、多探头、螺旋轨迹扫查的探伤方案提高了检测效率。采用 PLC 控制单个动作，工控机规划探伤流程，既提高了运算处理能力，又保证了系统可靠性和适应性。研制的集探头扫查、回波记录、缺陷诊断和报表打印等功能于一体的车轴自动探伤系统已交付北京二七机车厂使用，得到了用户好评。

13.3 内燃、电力机车在役车轴超声波探伤

随着铁路运输向高速、重载方向发展以及机车段维修公里的延长，对机车走行部质量提出更高的要求。车轴是机车机械走行部关键部件之一，在运行中起着向钢轨传递静载荷、牵引力和制动力的作用，另外还刚性承受来自钢轨接头、道岔、线路不平的垂直和水平作用力，是一个受力复杂、工作条件恶劣的部件。内燃、电力机车作为我国铁路运输中提速、重载主型机车，电传动机车车轮传动方式采用齿轮传动，传动齿轮压装在长毂轮心上或直接压装在车轴上，压装在车轴上时为减缓应力集中，防止车轴过早产生疲劳裂纹，在车轴齿轮压装部两侧压痕线处，和非齿轮传动侧轮心内侧压痕线处，分别加工了一定宽度的减载槽，机车车轴基本结构可分为传动齿轮压装在长毂轮心上（如 DF4、SS1、SS3、SS4 和 8G 机车）、传动齿轮直接压装在车轴上且加工减载槽（如 DF4D 和 8K 机车）以及空心轴套六连杆传动（如 DF11、SS8 和 SS9 机车）三种结构。车轴结构无论采用哪种形式，随着机车走行公里的不断提高，车轴最终由于疲劳而产生疲劳源并扩展形成疲劳裂纹。因此要对机车车轴疲劳区域进行超声波检测，以便发现车轴是否产生疲劳裂纹及其发展情况，及时掌握车轴状态并采取措施，确保铁路运输安全。

13.3.1 疲劳裂纹产生的原因

车轴和两个轮心压装成车轮，它所承受的外力比较复杂，不仅承受机车自重使它弯曲的压力，而且还承受很大的扭矩，扭矩主要由牵引电机经传动齿轮传递而来，当机车通过曲线时，外轮的导向力将附加给车轴一个相当大的弯矩，一侧车轮相对于另一侧车轮滑动时也将产生附加扭矩。同时车轴还承受来自线路的冲击及其自身的振动，产生附加载荷。此外车轴还承受轴承、轮心和齿轮压装在车轴引起的应力，由于主要的应力都是交变的，所以车轴的裂损大都是由疲劳引起的，车轴产生疲劳裂纹的原因是多方面的，既受车轴材质、结构、制造工艺、牵引电动机和轮对参数选配等因素的影响，同时又受到机车运行线路状况、运行速度、牵引吨位以及司乘人员操作等客观因素的影响，由于受力特点、受力状态和工作环境不同，车轴在运行过程中受到弯曲应力、扭转剪切应力及组装应力同时作用，且均为复杂的交变应力，由此可见车轴产生疲劳裂纹的原因是相当复杂的，但由于在设计中取较高的安全系数，因而车轴疲劳裂纹不会单纯由一种因素造成，而是在多种因素共同作用下产生的。

13.3.2 车轴疲劳区分析

车轴在运行中，不但承受由于负荷而导致的交变弯曲应力，同时在压装部也有一些压装配合时残留的拉应力，在这些应力的长期作用下，轮与轴在压装部位边缘的压配合遭到破坏产生一个非接触区。这样不仅造成局部应力集中，而且还可以使轮心在压装部上产生一个相对的滑动，并由此产生擦伤，当擦伤出现后车轴在大气环境下很容易受到水汽侵蚀，产生坑穴形成裂纹源。同时车轴在长期重载、高速运行和复杂交变应力作用下，必定产生疲劳裂纹，由于内燃、电力机车传动方式为齿轮传动，压装齿轮后形成一个很大的应力集中，所以疲劳裂纹常常发生在传动齿轮和车轴的压痕线附近，而且疲劳裂纹为沿圆周一周，深度变化不大。实践证明，内燃、电力机车车轴疲劳裂纹发生在车轴长毂轮心齿轮座压痕线上，短毂轮心则在轮座的内压痕线上；没有长毂轮心的车轴疲劳裂纹发生在齿轮压装部部位的压痕线上，带有减载槽的车轴则发生在减载槽附近。

13.3.3 机车车轴疲劳断裂过程

由以往其他机型车轴断裂原因分析可知，多数是材质疲劳所致，车轴使用寿命由裂纹萌生寿命和裂纹扩展寿命组成，疲劳断裂由以下四个过程组成（见图 13 - 9）。

13.3.3.1 裂纹源形成

车轴表面由于摩擦、疲劳、锈蚀或加工组装不当形成硬伤，在长期应力集中的作用下，逐渐在深度较浅的一个或几个腐蚀坑的底部产生轻微疲劳裂纹，形成裂纹源。

13.3.3.2 疲劳核形成

车轴在循环弯曲应力作用下，首先在裂纹源处发展，使金属纤维交替伸长和缩短并逐渐扩大，形成疲劳核，其表面光滑，当应力振幅达到最大值，裂纹就向前

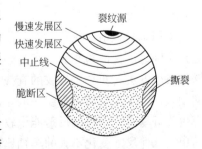

图 13 - 9 车轴断裂断面示意图

推进一级，也称慢速发展期，在此期间裂纹发展缓慢、稳定扩展。

13.3.3.3 快速发展期

当裂纹发展到一定程度时，应力不断作用在裂纹处车轴上，使疲劳裂纹不断发展，随着应力在使用条件下时大时小变化，疲劳裂纹的发展断面为海滩波浪状，俗称贝壳状，当应力达到最大时疲劳裂纹就向下发展一级，当应力达到最小时疲劳裂纹就停止发展，形成疲劳裂纹中止线。在此期间裂纹发展非常快。

13.3.3.4 脆断

当车轴裂纹深度发展很深，其有效承载面积逐渐缩小，不能承担最大应力时，发生一次性断裂。

13.3.4 探测条件的确定

车轴超声波探伤主要检查车轴上的疲劳裂纹。实践证明，内燃、电力机车车轴的裂损多发生在齿轮和车轮压装部压痕线和两侧的过渡圆部位。由于车轴疲劳裂纹在开始形成时并不和车轴轴向中心线垂直，而是和轴向中心线成一角度，一般在 $10° \sim 25°$，且车轴轮座外侧裂纹向内倾斜，内侧裂纹向外倾斜，当达到一定深度后才垂直下裂，为使疲劳裂纹获得更大的反射能量，采用纵波小角度探头时，分别用不同角度的纵波探头在车轴端面上对压装部内外侧压痕线附近扫查，但车轴压装部内侧由于齿轮传动，受力相对比较复杂，力矩也较大，因此产生疲劳裂纹的概率要大得多，当扫查外侧时理论上可以扫查外侧压痕线附近，但由于超声波的直线传播特性，在防尘座向压装部过渡时有一段声束扫查不到的盲区。如果此处发生深度较浅的疲劳裂纹会产生漏检。轴裂纹经常产生在轮毂座内侧，有时也出现在轮毂座附近，这是由于边缘应力作用的结果，但大部分是由于发生了摩擦腐蚀，使轮毂孔从轮毂内端面开始弹性扩大而造成的，尤其是设计不合理、轮毂过短、壁过厚或抗弯强度过大等原因。根据以上因素分析内燃、电力机车车轴疲劳裂纹产生位置为轮心和传动齿轮压装部两侧附近，带有减载槽的车轴疲劳裂纹产生位置为减载槽附近，所以要根据机车车轴的结构、几何尺寸以及疲劳裂纹的特点确定探伤条件。

13.3.4.1 探伤方法的选择

根据超声波探伤基本原理，超声声束尽可能覆盖疲劳裂纹发生区，且声束尽可能和裂纹垂直，以获得最大的裂纹反射量，获得较强的反射波。所以采用纵波入射法时将小角度探头或直探头放置在车轴端面对轮心和齿轮压装部进行探伤检测；采用横波入射法时将横波斜探头放置在车轴抱轴径上对轮心和齿轮压装部进行探伤检测。

A　纵波直探头探伤

采用垂直入射法探伤，新制车轴采用 TB/T 1618—2001《机车车辆车轴超声波检验》，进行车轴透声性能检查和有害缺陷的轴向检查；在役车轴采用一定当量深度的人工锯口为探伤灵敏度进行车轴大裂纹的查找。方法是将纵波直探头放置在车轴端面上对整个车轴轴向扫查，由于车轴疲劳裂纹一般走向为垂直于车轴轴向中心线，所以和探头发射的超声波声束接近垂直，裂纹的反射能量较大，容易形成反射波被探头接收。该探伤方法对于结构简单、几何尺寸变化不大的车轴比较适用，但对于台阶较多的车轴由于盲区太大而造成一些深度较浅的裂纹漏检。

B 横波斜探头入射法

由于横波波长短，探伤灵敏度高，在车轴探伤时被广泛采用，方法是将不同角度的探头放置在车轴抱轴径上对轮心和齿轮心压装部进行探伤检查，抱轴承式车轴在中修时，虽然半悬挂抱轴承还在车轴上，但外露部分较大，探伤面选择车轴轴身外露部分，利用横波进行探伤检测。横波探伤声程变化小、几乎没有盲区，但横波波长短，在材质中衰减大，定量、定位困难。

a 长毂轮心车轴（以 DF4 机车为例）

探测齿轮压装部内侧和非齿侧轮心压装部内侧选取 20mm 2.5MHz $K1$ 横波斜探头；探测齿轮侧压装部外侧选取 20mm 2.5MHz $K2$ 横波斜探头。

b 减载槽车轴（以 DF4D 机车为例）

探测齿轮内侧减载槽和非齿侧减载槽选取 20mm 2.5MHz $K1$ 横波斜探头；探测齿轮外侧减载槽选取 20mm 2.5MHz $K2$ 横波斜探头。

C 纵波小角度探伤

机车小修时，由于只打开轴箱端盖露出车轴端面，限制了探伤条件，探头只能放置在车轴端面对车轴压装部或减载槽处进行检测，小角度纵波探伤法就是利用小角度探头的折射纵波进行探伤，探头楔块为有机玻璃，常用的角度一般为 1°～10°，工作频率为 2.5MHz，探头晶片为 20mm。根据折射定律，当超声波以一定角度从介质 I 进入介质 II 时，其传播方向要发生变化，进入车轴中还要有波形转换。当用 6°～10° 的探头进行探伤时，超声波进入车轴后除发生折射外还要进行波型转换，即在车轴内同时出现纵波和横波，小角度探伤就是利用其中的纵波进行探伤检查。探头的选择原则是声束尽可能和裂纹面垂直，以达到最大声波反射，通过理论计算和实际测试，以 DF4、DF4D 和 DF11 三种典型车轴形式为例说明探头规格。

a 长毂轮心车轴（以 DF4 机车为例）

轮心、齿轮压装座内侧选取 20mm 2.5MHz 6°小角度纵波探头；轮心压装部外侧选取 20mm 2.5 MHz 9°小角度纵波探头；非齿侧轮心压装部选取 20mm 2.5MHz 7°小角度纵波探头。

b 减载槽车轴（以 DF4D 机车为例）

齿轮内侧减载槽选取 20mm 2.5MHz 6°小角度纵波探头；齿轮外侧减载槽和非齿侧减载槽选取 20mm 2.5MHz 8°小角度纵波探头。

c 空心轴（以 DF11 机车为例）

轮心内侧压装部选取 20mm 2.5MHz 9°小角度纵波探头。由表 13-2 可以看出，在同一入射角前提下，纵波折射角和横波折射角相差很大，大约为一倍，这样用小角度探头探伤时，如果折射纵波打在车轴压装部时，折射横波主声束就打在轴身上，二者不会相互干扰。同时由于横波声速比纵波声速几乎慢一倍，在仪器扫描线上两个反射回波在位置上相差甚远，因此不会影响缺陷判别。另外纵波和横波的声压不同，根据计算，8°探头的折射纵波的声压为折射横波声压的 3.2 倍，即相差 10dB，再加上横波衰减大，荧光屏即使有横波显示，其与纵波相比也非常弱，不会影响缺陷判别。试验证明，对距离轴端 170mm 处的锯口，在同样灵敏度下，折射纵波的反射比折射横波高 17dB 左右。

表 13 – 2 小角度探头在车轴中两种波形的折射角

$\alpha/(°)$	$\sin\beta_L$ [1]	$\sin\beta_S$ [2]	$\beta_L/(°)$	$\beta_S/(°)$
6	0.2290	0.1253	13.2	7.1
7	0.2670	0.1460	15.4	8.2
8	0.3035	0.1668	17.5	9.4
9	0.3428	0.1875	20.0	10.5
10	0.3806	0.2082	22.1	12.0

① L 为纵波;

② S 为横波。

由于车轴疲劳裂纹在开始形成时并不和车轴轴向中心线垂直,而是和轴向中心线成一角度,一般在 10°~25°,且车轴轮座外侧裂纹向内倾斜,内侧裂纹向外倾斜,当达到一定深度后才垂直下裂。所以为使疲劳裂纹获得更大的反射能量,采用纵波小角度探头时,分别用不同角度的纵波探头在车轴端面上对压装部内外侧压痕线附近扫查,但车轴压装部内侧由于齿轮传动,受力相对比较复杂,力矩也较大,因此产生疲劳裂纹的概率要大得多。当扫查外侧时理论上可以扫查外侧压痕线附近,但由于超声波的直线传播特性,在防尘座向压装部过渡时有一定的盲区,不能使声波到达该区。如果此处发生深度较浅的疲劳裂纹会产生漏检。在实际探伤时在压装部外侧前有一个波形,实践证明是防尘套反射波,波形特点为波形较粗,一周均有,探头在轴端移动时波形位置和高度不变,如果在此波后出现单一的波形,应引起重视,很可能是疲劳裂纹波。由于外侧压痕线处疲劳裂纹开始时有一定的向轴向倾斜的角,因此超声波波束和裂纹面正交,波形反射强烈,探头上下移动时,波形在仪器荧光屏时基线上有一定游动距离,探头移动的距离越大,说明疲劳裂纹深度越大。

当扫查车轴压装部内侧时,因受齿轮传动的影响,车轴受力大而复杂,疲劳裂纹常常出现在此处。由于传动力矩较均匀,产生的疲劳裂纹常常是周向一周,深度差别不大,几乎判别不出,当裂纹深度较大时,相差约 0.5mm。因此波形和轮心、过渡圆肩部及倒角反射波等固定反射波相似,容易产生误判,在距轴端 680mm 处有一波形。实践证明是波束扫到传动齿轮肩部棱角的反射波,该波形动态和防尘座反射波相似。关键是疲劳裂纹开始时向轴端倾斜,这样波束主声束扫查到裂纹面开口处,形成棱角反射。波形反射强烈、笔直、尖锐、呈单一性,因裂纹有宽度,因此波形根部后无其他波形。当主声束扫查裂纹面时,与试块锯口相比,反射量较小,裂纹深度越大,误差越大。

13.3.4.2 车轴实物试块的制作

根据机型采用车轴实物对比试块,要求超声波探伤无明显缺陷波,晶粒度适当。经过受力分析,在主要应力区域加工合适深度的人工锯口作为探伤灵敏度。内燃、电力机车在车轴齿轮座与车轴压痕线,及短毂轮心与车轴压痕线上分别加工人工锯口。一般内燃、电力机车车轴压装部探伤灵敏度人工锯口深度为 2mm;查找大裂纹探伤灵敏度人工锯口深度为 10mm。图 13 – 10 为 SS4 型电力机车车轴实物对比试块,在距离轴端 390mm 和 600mm 处分别加工深度为 2mm、长度为 50mm 的人工槽,在距另一端 600mm 处加工深度为 10mm 的人工槽;图 13 – 11 为 DF4D 型内燃机车车轴实物对比试块,在距离轴端 485mm 和 660mm 处分别加工深度为 2mm、长度为 50mm 的人工槽,在 660mm 处再加工深

10mm 的人工槽；图 13-12 为 DF11 型内燃机车车轴实物对比试块，在距离轴端 470mm 的两端分别加工深度为 2mm、长度为 50mm 和深度为 10mm 的人工槽。

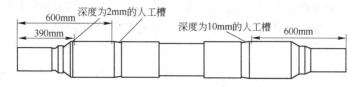

图 13-10　SS4 电力机车车轴实物对比试块

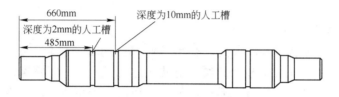

图 13-11　DF4D 内燃机车车轴实物对比试块

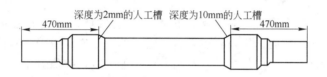

图 13-12　DF11 内燃机车车轴实物对比试块

13.3.5　探伤灵敏标定

13.3.5.1　小修机车探伤灵敏度

将不同角度的小角度纵波探头分别放置在车轴端面上，扫查轮心和齿轮压装部内外侧减载槽处，调整仪器适当深度比例，使声束对准试块上相应内外压痕线两个 2mm 深的人工锯口，使两锯口反射波水平位置分别调整在车轴端面到锯口距离处，同时使锯口最高反射波分别调整到仪器荧光屏满幅度的 80%，作为轮心、齿轮压装部内外侧探伤灵敏度。

13.3.5.2　中修机车探伤灵敏度

将横波斜探头放置在车轴抱轴径轴身上，用不同角度的横波斜探头对轮心、齿轮压装部内外侧扫查，调整仪器适当深度比例，使声束对准试块上 2mm 深人工锯口，将锯口最高反射波调整到仪器荧光屏满幅度的 80%，作为探伤灵敏度。

13.3.6　波形分析

在内燃、电力机车段修中，用超声波探伤仪检测车轴压装部有无疲劳裂纹，判断的主要依据是仪器荧光屏上的反射波形，但由于车轮不解体，只露出车轴端面，也就是只能将探头放置于端面上对车轴进行扫查，由于车轮压装结构的影响，在探伤中常常出现一些波形并非是疲劳裂纹反射波，如果判断不清，可能将疲劳裂纹反射波误认为是固定波，或将固定波误认为是疲劳裂纹波，危及行车安全。

13.3.6.1 疲劳裂纹反射波

疲劳裂纹反射波波形清晰、波峰笔直、反射强烈、单一出现，波根后面一段距离无杂波，位置在车轴压装部内外压痕线附近。波形动态特点是当小角度探头在车轴端面探测时，以顶针孔为中心周向移动时，波形一周均有，位置不变，波形高度变化不大。但有时因为裂纹周向长度较短，在中间有一峰值，探头向两边移动，波形会逐渐降低，甚至消失。当探头以顶针孔为中心上下移动时，波形由高变低，再由低变高，并在时基线上有一定的游动距离，裂纹越深游动距离越大。当探头接近顶针孔中心时，由于波形中心线和裂纹面形成正交，所以反射波增高，向边缘移动时由于声束偏离裂纹面，裂纹反射波逐渐降低。

13.3.6.2 轴肩反射波

该类波只有探测车轴压装部内侧时才能发现，是由于超声波辐射到车轴过渡圆的台阶形成的反射波，位置在压装部疲劳裂纹反射波之后，波形单一、笔直，和疲劳裂纹波相似。但在深 2mm 人工锯口探伤灵敏度下，波幅一般低于荧光屏满幅度的 40% ，幅度不会太大，探头在顶针孔处上下移动，波形移动距离不大，没有疲劳裂纹反射波增加幅度大。

13.3.6.3 齿轮肩部反射波

齿轮肩部反射波只有探测车轴压装部内侧时才能发现，是由于超声波透过车轴和轮心、轮心和齿轮心的接触面，辐射到齿轮肩部引起的反射波，由于声程较远，位置在压装部疲劳裂纹反射波之后，波形较粗，常常为一束。如果轮对落修时用手沾机油轻轻拍打齿轮肩部，反射波会有规律地跳动，容易判断。

13.3.6.4 组装间隙反射波

车轴与轮心组装时，为防止拉伤车轴，轮心有一个毂孔扩大的组装间隙，该间隙引起的反射波波形动态和轴肩反射波相同，位置较轴肩反射波靠前，在探伤灵敏度下一般不会出现。

13.3.6.5 轮心反射波

轮心和车轴为过配合，以一定的压力压装而成，接触面紧密，超声波能够穿过车轴和轮心的接触面辐射到轮心形成反射波。波形几乎和疲劳裂纹波相似，只是位置不同，常常出现在疲劳裂纹反射波之前，若是轮毂根部有裂纹，较难判断。更困难的是由于车轮组装工艺不同，不一定每个车轮都有轮心反射波，很容易判断错误。

13.3.6.6 透油反射波

透油反射波是车轮在运用中，车轴和轮心间隙存在油脂引起的，其特点是波形粗且短、根部宽、中心有空隙，波峰不尖锐，波高变化不大。在轴端圆周移动探头，游动距离不明显，有时发生突变；上下移动探头波形下降很快，甚至消失。如果移动探头波形动态和疲劳裂纹反射波相似则可能该处产生裂纹。

13.3.7 影响疲劳裂纹定量的因素

在车轴超声波检测中采用实物对比试块法，疲劳裂纹的反射声压和实物试块上的人工锯口相比较，由于人工锯口为单一的形状，而疲劳裂纹则是千变万化的，因此定量中出现误差在所难免，况且影响疲劳裂纹定量因素很多，如何避免或缩小定量误差，是探伤人员多年来研究的课题，笔者认为车轴疲劳裂纹定量应从以下几方面考虑，并加以修正以保证定量准确性。

13.3.7.1　疲劳裂纹取向

由于所选探测面很难使超声波声束和疲劳裂纹相垂直，疲劳裂纹反射声压得不到全反射，所以疲劳裂纹定量结果一般比实际偏小，疲劳裂纹深度越大误差越大，当疲劳裂纹面和探头声束夹角为2.5°时，疲劳裂纹反射声压下降到10%，当倾斜12°时，反射声压急剧下降到1/1000，回波幅度同样变小，定量误差就越来越大，出现判断疲劳裂纹深度比实际要小一些的现象。

13.3.7.2　疲劳裂纹性质

当疲劳裂纹内的内含物不同，其声阻抗不同，内含物和车轴钢的声阻抗差别越大，回波幅度越大，定量误差越小；疲劳裂纹内充满空气时，疲劳裂纹反射声压和实物试块人工锯口相接近，回波幅度变大，定量误差较小；一般情况下车轴疲劳裂纹内充满齿轮油，所以疲劳裂纹反射声压相应变小，部分声能出现透射，回波幅度变低，定量时和实际疲劳裂纹深度相差较大，由经验可知声能损耗在10%左右。

13.3.7.3　疲劳裂纹面的粗糙度

疲劳裂纹反射声压和疲劳裂纹面的状态有很大关系，当疲劳裂纹反射面粗糙时，会引起严重的散射及干涉，探头接收的回波幅度变小，在定量中会出现误差，在判断时出现深度偏小的问题。

13.3.7.4　探测面的粗糙度

当被检车轴探测面和实物试块粗糙度不同时，声波由探头进入车轴时会产生一定声能损耗，定量过程出现误差，疲劳裂纹判断深度较实际要小，尤其当车轴端面上有钢印字头，超声波能量损失更严重，这时疲劳裂纹定量应补偿2~4dB。

13.3.7.5　探头

由图13-13中人工锯口深度—波幅曲线可以看出，任何一种探头在裂纹定量中都具有饱和性，即随着裂纹深度的增加，反射波逐渐增高，具有一定的反射规律，达到探头饱和点以后，反射波不会随裂纹深度增加而增加；2.5MHz 20mm 6°小角度纵波探头起点较早，饱和点大约在6mm；$K1$横波斜探头饱和点小，探伤灵敏度高，发现小裂纹能力强，但定量中误差大，这就是不用横波斜探头定量的原因。同时探头的晶片尺寸影响近场区长度和波束指向性，对定量也有影响。

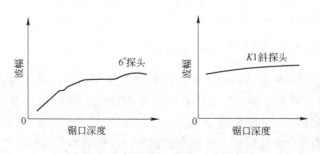

图13-13　人工锯口深度—波幅曲线

13.3.7.6 实物试块

机务段在制作实物试块时不规范，加工人工锯口断面不平整，出现台阶，在校对灵敏度时人工锯口反射声压偏高，定量中容易将小裂纹判断为大裂纹。另外人工锯口长度和深度不标准，尤其标定灵敏度深度只针对一点，和实际疲劳裂纹的反射声压不同，从而引起定量上的误差。

13.3.7.7 车轴压装应力

在车轴实物试块上校对好探伤灵敏度后，实际探伤中，由于轮对组装使车轴齿轮压装部边缘产生较大的内应力，超声波质点振动轨迹受应力干扰，声波传播速度和方向发生变化，定量中产生误差。另外，探伤仪器和探头的性能以及探伤人员的操作方法、技能和实践经验等主观因素，均对疲劳裂纹定量有直接的影响。

内燃、电力机车走行 2×10^6 km 后，一般会产生疲劳裂纹，因此在车轴超声波探伤中，要对疲劳裂纹的长度和深度判断准确，就需对探伤人员具备的专业知识和操作技能等综合素质提出更高的要求，同时也要加强广大探伤人员的经验交流和技术探讨，在总结成功经验和失败教训的基础上不断完善机车在役车轴超声波探伤方法，并着手研制、开发新型数字化探伤仪，利用高科技手段实现多参数识别疲劳裂纹的大小和深度，逐步通过微机控制对机车车轴进行自动化探伤。

13.4 机车轮箍不解体超声波探伤及裂纹判断分析

轮箍是机车走行部的重要部件，它承受着机车的整体负荷和机车运行中产生的牵引力或制动力以及车轮行经钢轨接头、道岔等线路不平顺处产生的冲击。此外，轮箍与轮心套装后还有不小的组装应力。所以轮箍状态的好坏直接影响机车的运行安全。为此，铁道部自 1986 年制定了对轮箍进行全面超声波探伤检查的规定，有效地防止了崩箍事故的发生，保证了行车安全。但是，多年来机车轮箍超声波探伤一直是以机车小、辅修规定次数为检测周期，轮箍裂纹报废是以规定的起始灵敏度为依据，并形成了常规制度。这种制度从安全角度出发，保险系数较大，并在轮箍探伤初期检测出了大量有害缺陷，但也存在着盲目换箍以致造成巨大浪费。当前，随着超声波仪器精度的不断提高和对新制轮箍质量的严格要求及探伤人员的经验积累，使带有大缺陷的轮箍上车使用得到有效控制，为了在安全可靠的前提下延长轮箍的使用寿命，减少人力、物力浪费，使用轮箍的探伤应根据轮箍厚度和走行公里数来确定检测周期，也不能仅根据观察反射波高的 dB 值达到规定灵敏度就报废。通过十多年对轮箍检测的经验积累和较长期对裂纹轮箍跟踪监控以及报废轮箍的解剖分析，我们认为对使用轮箍采用状态检测和对检测出的小缺陷进行质量跟踪监控，是保证探伤质量和降低成本的最佳有效手段。

13.4.1 轮箍缺陷及裂纹的产生发展和检测周期

某段自 1986 年应用超声波检测机车使用轮箍十多年来，已探伤轮箍 3 万多个，共发现带有缺陷的轮箍 598 个，占 2%（其中，36 个有缺陷的轮箍达到报废限度，占总数的 1‰）。经解剖测量分析：报废轮箍走行公里在 28 万公里以上的占 96%，轮箍厚度在 55mm 以下的占 100%。由此可见，轮箍厚度和走行公里数与裂纹的产生和发展紧密相关。所以，要保证轮箍的使用安全就应根据机车轮箍走行公里数和轮箍厚度值确定检测周期，实行状态探伤。

13.4.2 缺陷分析

13.4.2.1 有害缺陷

有害缺陷的发展速率较快，此类缺陷为横向线状、分层、有斜度的疏松、偏析、翻皮、缩孔残余及疲劳裂纹等。在探伤中其反射波型如下：

（1）线状缺陷反射：当反射波达到最大反射高度时探头纵向前后移动，波形即迅速消失，横向左右移动波形即上下起伏。

（2）分层缺陷反射：分层缺陷一般面积较大，用直探头检测，有时只有缺陷反射波而无轮箍底波，移动探头底波逐渐出现，利用纵向、横向反复移动探头确认分层缺陷面积和位置；用斜探头检测时，当发射声束全部达到分层面上折射后无缺陷波反射，但一次草状底波或二次草状底波出现前移，前后移动探头时，当声束扫查到分层边棱时缺陷反射波在一次或二次底波前出现且反射强烈。

（3）薄箍疲劳缺陷反射：此类缺陷为材质达到疲劳极限时晶体界面开裂和材质内部原有非金属夹杂物界面形成疲劳源扩展。其缺陷反射波形较为杂乱，波形高低不规则，但裂纹走向一般与轮箍横向截面呈15°～30°夹角。有害缺陷发展速率一般相当快，在裂纹形成初期扩散时每0.5万公里按探伤灵敏度计算高达6dB左右，随着扩散发展每0.5万公里达到10dB以上。

表13-3为某段对机车疲劳裂纹轮箍试验跟踪探伤得出的统计表（试验过程中机车每跑一个往返跟探一次）。

表13-3 机车轮箍裂纹跟踪探伤裂纹发展速率数据统计表

机车型号	箍别	箍厚/mm	裂纹性质及尺寸/mm	走行0.1万公里/mm	走行0.5万公里/mm	走行1万公里/mm
QJ 2118	左动4	42	分层1×2	1×2.5	1×3	3×7 报废
QJ 1740	左动2	45	分层1×1.5	1×1.5	1×2	4×6 报废
QJ 3396	右动2	53	疲劳1×1，多处	最大1×2	1×3	3×7 报废
DF4 0066	右4	54	夹渣1.8	1.9	2.2	6.5 报废
DF4 0516	右3	48	缩孔1.7	1.7	2	7 报废
DF4 0288	左4	50	疲劳1×2	1×2	2×2	4×8 报废
DF5 1629	右4	46	分层1×2	2×2	2×3	2×7 报废

从表13-3统计数据可以看出，分层、线状、缩孔、疲劳裂纹发展速率较快，如果在探伤中不能及时发现和跟踪监控，将有可能发生崩箍事故，对行车安全构成威胁。

13.4.2.2 轮箍材质中的非金属夹杂物缺陷

轮箍材质中存在的非金属夹杂物一般为点状，超声波探伤时，利用直探头纵波入射较容易发现，斜探头横波入射不易查出。缺陷反射波形为：当声束垂直入射达到点状缺陷顶点时回波反射细而尖锐。如果是两点以上，并排波幅高度往往超过灵敏度，但左右前后移动探头，波形即迅速消失，这时采用斜探头扫查验证常常无缺陷反射回波，所以给缺陷的判断带来一定难度。表 13 - 4 和表 13 - 5 分别为某段对此类轮箍的试验跟踪探伤和报废解剖统计表。

表 13 - 4　跟踪轮箍统计数据表　　　　　　　　　　（mm）

机车型号	箍别	缺陷种类	箍厚	缺陷定量	缺陷每次跟探定量				结果
					1 万公里	2 万公里	4 万公里	10 万公里	
DF4 4379	左 2	点状	68	1.5	1.5	1.5	1.5	1.5	无发展
DF4 0530	右 4	点状	70	1.8	1.8	1.8	1.8	1.8	无发展
DF4 4376	右 3	点状	72	1.8	1.8	1.8	1.8	1.8	无发展
DF4 4376	左 4	点状	70	1.5	1.5	1.5	1.5	1.5	无发展
DF5 1004	左 3	点状	68	2.0	2.0	2.0	2.0	2.0	无发展
DF5 1100	左 2	点状	72	2.0	2.0	2.0	2.0	2.0	无发展

表 13 - 5　缺陷轮箍解剖统计表

机车型号	箍别	缺陷种类	起始灵敏度	缺陷反射波高	缺陷解剖定性	解剖尺寸
DF4 1986	右 3	点状	52dB	+6dB 80%	非金属夹杂物	1mm 2 处
DF4 0517	左 4	点状	54dB	+8dB 80%	非金属夹杂物	0.8mm 3 处
DF4 4391	右 1	点状	48dB	+8dB 80%	非金属夹杂物	1.3mm 2 处
DF4 0121	右 4	点状	46dB	+6dB 80%	非金属夹杂物	0.8mm 2 处
DF5 1100	左 1	点状	48dB	+6dB 80%	非金属夹杂物	0.6mm 3 处

通过对以上统计数据分析可以看出，轮箍中的点状非金属夹杂物在 2mm 左右时不需要直接报废，可作标记进行质量跟踪探伤，缺陷如无发展，轮箍可跟踪监控使用，这样可减少盲目换箍造成浪费，并能保证行车安全。但缺陷如有发展则需加大跟探密度或报废。

13.4.3　轮箍踏面斜度和粗糙度对探伤效果的影响

轮箍踏面斜度和粗糙度对探伤效果有如下影响：

（1）对标准尺寸轮箍探伤时，因踏面有斜度，当探头在踏面扫查时入射声束与踏面呈垂直入射，这时在靠近字头面处将形成一定的盲区，扫查不到缺陷造成漏探。随着轮箍使用时间的增加，踏面磨损斜度变小，这时入射声束基本与内平面垂直，扫查盲区变小，在字头面的缺陷就会被发现，这是在日常检测中第一次、第二次探伤未发现轮箍内部缺陷，而在以后的检测中又发现了缺陷的原因。因此，对使用中的标准轮箍在第一次探伤时需从内侧面进行扫查以防止漏探。

（2）轮箍踏面的粗糙度对探伤质量有着重要影响，新品轮箍踏面粗糙度值较高，所以在探伤中接触面密贴探伤效果较好。而随着走行公里数的增加轮箍踏面粗糙度值下降，并形成了凸凹不平的沟槽，对探伤质量有很大影响。这时，如果使用的耦合剂太稀，探头与踏面间将存有大量空气使部分声束无法穿透，从而降低了探伤灵敏度，影响了检测质量。因此，探伤时应根据轮箍被检面的不同粗糙度选择适合的耦合剂，并在给缺陷定量时应增补表面粗糙度差值，避免判废错误。

通过以上探伤实践分析和数理统计可以看出，存有允许的点状非金属夹杂物的轮箍，其厚度在65mm以上时基本不会形成裂纹源。所以，经过一次探伤未发现到限缺陷时，可适当延长探伤周期。轮箍疲劳缺陷一般在轮箍厚度小于60mm时产生，而且轮箍厚度越薄产生裂纹的几率就越大，发展速率也越快。因此，对厚度为55mm以下尺寸的轮箍应适当缩短探伤周期或采用状态检测，特别是对薄箍出现的疲劳缺陷或原有夹杂物发展成的裂纹，要加大跟探密度，随时掌握缺陷的扩展情况，实行质量监控。正确分析轮箍探伤中发现的缺陷，并进行准确定性，是避免盲目判废造成浪费和防止有害缺陷失去监控造成崩箍的关键。

13.5 铁路车轮车轴超声波探伤的最新进展

对铁路轨道、车轮和车轴的检测，用现代检测方法和设备取代传统的无损检测是一项具有挑战性的工作。这是因为在过去的半个世纪里，传统的无损检测技术解决了铁路材料和零部件的许多难题，而今这种技术已被视为成熟的确定的标准，所以在某些保护性环境中引用现代技术多少有些困难。然而，由于运营状况的变化，如高速列车和市郊高密度交通的增加，铁路轨道、车轮和车轴的某些缺陷密切相关的损伤事故急剧增多，比之前预料的更为严重。

有资料介绍了德国在过去两年中应用现代超声波自动探伤装置，对铁路车轮轮心和车轴进行超声波探伤的实例，揭示了超声波探伤技术的最新进展及其优点。根据这些探伤实例，试图对此作两点说明。第一是集中于车轴超声波探伤的老问题。如果用人工对不解体的车轴进行扫描，通常要花费1.5~2h。然后，德国用相控阵探头对实心车轴进行探伤。初次试验的探伤结果如图13-14所示。第二是将探头耦合在轮辋上对铁路车轮轮心区进行超声波探伤的新方法。

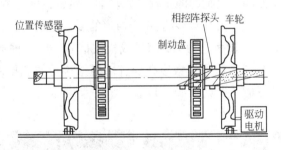

图 13-14 铁路车轴的相控阵超声波探伤

13.5.1 轮心的超声波探伤

轮心的超声波探伤是用多探头探伤装置进行的，为了避免波形变化的强烈干扰，有必要依靠与轮心面多少有些平行的偏振横波，参见图13-15。

要有对轮心区不同位置的裂纹具有足够的探伤能力，必须在轮辋上极为仔细地选择探头位置。对周向裂纹缺陷要选择"V"字形收发探头位置；对径向裂纹缺陷要选择直接反射的探头位置，如图13-16所示。

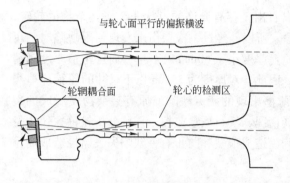

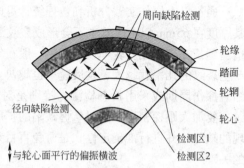

图 13 - 15 用多探头探伤装置对
轮心进行超声波探伤

图 13 - 16 横波 "V" 字形收发

探头与液体耦合，用 EMATS 在轮辋上激发横波。与液体耦合的探头将横波的激发入射角限定在约 33°～75°。然而，对轮心的探伤，则应选择 25°～55° 的入射角。当然，小于 35° 入射角的探头，不可能在钢中激发高强度横波，但由于使用了图 13 - 16 所示的 "V" 字形收发探头，即使更小能量的横波也足以保证对有关的周向裂纹的探测。

在试验中，用深 4mm、长 20mm 的电火花切痕代表裂纹。借助于 EMATS，激发与轮心面平行的偏振横波基本上是可行的，但需要一完好无损的轮辋面。实验室中选用液体耦合来进行，"V" 字形收发式或准纵列式检测如图 13 - 16 所示。

因声波在穿过不同厚度的轮心区而引发出一些难题，要求仔细调整探头位置，而无损检测整体车轮的检测位置受限又引发出其他难题。必须考虑到许多车轮都装有制动盘，所以不可能采用磁粉探伤或涡流探伤这一类的无损检测方法。至于现场检测，用装在轨道内的适当机械把车轮稍微抬起，使抬起的车轮可以转动。然后，用一适当机构把一组探头耦合在轮辋上。在转动过程中，由具有多达 64 个通道的多通道超声波装置记录下全部数据。A-扫描数据经适当滤波后，数字化为 HF-信号或检波信号。后一种形式有可能将 A-扫描数据以图像格式存储，A-扫描数据被数字化储存。根据接受的数据所绘的仿真图形显示在屏幕上，供操作人员评估，参见图 13 - 17。

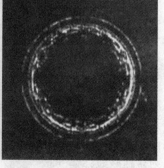

图 13 - 17 高仿真的车轮构造

13.5.2 用相控阵探头对车轴进行超声波探伤

图 13-18 所示为用新的超声波探伤技术对车轴进行探伤的实例。置于车轮和制动盘之间的超声波相控阵探头以不同角度发射超声横波。它能够扫描大部分产生了危害性疲劳裂纹的表面区域。图 13-19 所示为探头产生的波瓣图。为此，专门将探头激发入射角调整到 33°~72°。通过适当选择零件尺寸和稍微调整延时再分配的焦距，可使不同入射角的格栅波瓣幅度降至最低。

观察标准的 A-扫描超声脉冲回波探伤仪的屏幕，必须区分真正的缺陷显示和由车轴几何形状产生的显示，以及由

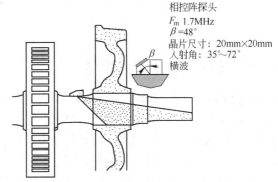

相控阵探头
F_m 1.7MHz
$\beta = 48°$
晶片尺寸：20mm×20mm
入射角：35°~72°
横波

图 13-18 车轴探伤用的横波相控阵探头

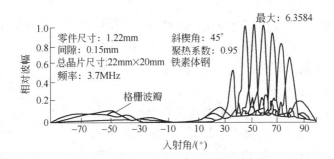

图 13-19 入射面横波波瓣图

车轴与车轮或制动盘的连接界面产生的回波显示。操作者必须通过仔细观察和仔细扫描车轮表面才能予以区分。这样，探测 1 个车轴就要花费 2h，而以图像形式显示车轴的圆周表面的简易自动化装置，则能增加识别几何显示和缺陷显示的能力。这种识别能力通过对不同区选择适当的入射角而得以进一步增强。应用相控阵技术使其成为可能（参见图 13-18）。该技术使大部分危险区被声波覆盖并能以有限的探头位置获得更强的识别干扰显示和缺陷回波的能力。

2000 年 2 至 3 月间，德国联邦材料和试验协会（BAM）对这种方法进行了基本的试验研究，第一台探伤设备于 2001 年初安装使用。

铁路材料和零部件自动无损检测日益增加的需求，促进了各种超声波探伤技术的发展。以上所介绍的车轮现场探伤和车轴的离线探伤技术证实，使用现代多探头装置和相控阵探头的优点。自动探伤技术的应用，使轮心和车轴探伤所需的时间减少到 10min 以内。探伤结果的记录和评定是依据时间—位移扫描的视频显示或同样可以存储归档的超声回波层析图像来进行的。探伤能力取决于探伤技术的可行性和铁路材料在运用中专门检测的必要性。

14 发电设备(含核电和风电)的超声波检测

14.1 汽轮机叶片超声波检测

汽轮机叶片工作环境极为复杂，运行中在拉力、扭力和振动应力等复杂应力的综合作用下，容易引发叶片在叶根或叶身部位发生疲劳甚至开裂以致断裂，从而影响汽轮机机组的安全经济运行。本节总结了几年来在大亚湾核电站、哈汽、东汽、上汽、西门子、巴威、三菱、日立等汽轮机组和燃气轮机组的叉型叶根叶片、枞树型叶根叶片、叶身与叶根过渡区、拉筋、围带的检测方法，从以下方面分别详述。

14.1.1 叉型叶根超声波检测

叉型叶根在汽轮机叶片中广泛应用，是高强度连接形式之一，分叉插入轮缘的周向叉型槽道，用轴向销钉固定，从单叉到9叉，可达到很高的承载力。叉型叶片叶根分无台阶、有台阶和外包小脚型三种。

14.1.1.1 无台阶叉型叶根

常见的无台阶叉型叶根的应力集中点在靠近叶身的上铆孔最小截面处，该部位最容易产生开裂，下铆孔也不例外。在不拆卸叶根条件下，以超声波方法检测最为有效，不同位置铆孔检测方法有所差异，检测时探头放置见图14-1。

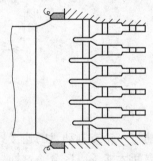

图14-1 无台阶叉型叶根
超声波检测探头放置

(1)靠近叶身部位的上铆孔，通常采用超声表面波检查，优点是灵敏度高，易发现微小裂纹和类裂纹。表面波检测一般按声程1:1调整扫描速度，即荧光屏上读出的数值直接代表探头前沿至反射点的距离，调整时一般直接利用被检测叶根进行。

无台阶叶根上铆孔采用表面波检测的方法见图14-2。利用上铆孔尖角A、台阶C处固有信号调节刻度，分别将它们调至荧光屏刻度1.8、4.1，此时上铆孔的中心最小截面

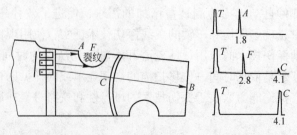

图14-2 无台阶叶根的上铆孔表面波检测

处距探头前沿28mm，故裂纹波应出现在荧光屏2.8刻度处。

（2）超声波检测下铆孔周围裂纹时，由于叶根横截面的不同，在上铆孔和下铆孔之间存在台阶。表面波传播时在未到下铆孔之前会在台阶反射，对铆孔反射信号存在干扰，见图14-3，因而采用横波检测效果较好，可

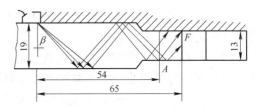

图14-3　无台阶叉型叶根下铆孔检测

避免台阶的影响。采用短前沿微型横波探头，使其3次波入射至下铆孔下端角的A点位置，并使4次波入射到下铆孔中部上端面裂纹处F。横波检测的探头角度β_1计算如下：

$$\tan\beta_1 = \frac{S_1}{\sum D_1} = \frac{65}{19+19+16+13} = 0.97,\ \beta_1 = 44° \tag{14-1}$$

式中　S_1——超声波探头入射点至下铆孔上端角的水平距离；

$\sum D_1$——相应上端角超声波声程的深度总和。

若以下铆孔下端角作为参考部位，应选择折射角β_2，计算如下：

$$\tan\beta_2 = \frac{S_2}{\sum D_2} = \frac{54}{19+19+16} = 1,\ \beta_2 = 45° \tag{14-2}$$

式中　S_2——超声波探头入射点至下铆孔下端角的水平距离；

$\sum D_2$——相应下端角超声波声程的深度总和。

因β_1与β_2数值相近，故选择微型5P6×6K1规格探头，探头在叶根探测面上从左到右移动并略有转动，分清参考波、裂纹波的位置，下铆孔超声波检测能得到满意的效果。

14.1.1.2　有台阶叉型叶根

该叶片叶根结构及超声波检测见图14-4。末级长叶片叶根共有9叉，中心铆孔型。由于探测面存在较高的台阶，超声表面波无法沿表面传播，通常使用横波二次波进行叶根检测，横波检测用探头及操作工艺应满足如下条件：

（1）短前沿，因台阶前端有叶轮轮缘阻挡，其前沿不能大于台阶的一半，即小于5.5mm。

（2）探头折射角应该能扫查到第1铆孔中下部即第1叉表面的裂纹。根据计算，其折射角β一般为40°。同时，利用入射横波的变形表面波检测第1铆孔上部第1叉的外表面裂纹，也可用折射角度为25°~26°的二次反射波横波检查第1铆孔外表面裂纹。

（3）具备真实的叶根或同材质的模拟叶根结构试样，并于易于发生裂纹位置线切割槽，槽深为1.0mm。

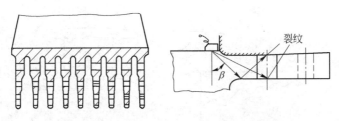

图14-4　有台阶叉型叶根结构及超声波检测

（4）进行横波检测时，扫描速度应按叶根每叉的厚度调整，使一次和二次波的端角波调到一定的刻度上，例如"3"和"6"，这样便于观察缺陷波。

（5）叶根检测中大都直接采用被检测叶根某个部位的固有信号作基准信号调整灵敏度，固有信号部位的选择要考虑其声程与裂纹的声程相近，信号较稳定，受其他因素干扰较小。一般用铆孔的下端角波再提高 20dB 作为检测灵敏度。

（6）叶根的裂纹出现部位是有规律的，横波检测时一般出现在铆孔端角固定波稍后一点位置，此时探头中心轴线也偏离铆孔中心。

14.1.1.3 外包小脚叉型叶根

对于带外包小脚的叉型叶根，其受力部位多集中于第 1 铆孔，因此第 1 铆孔中心部位为监测重点。同时，由于叶根上有一内弧平台，故可方便地利用微型纵波探头对其进行检测，见图 14 − 5。纵波检测探头及操作应满足如下条件：

（1）使用微型纵波探头 5P6，其便于在内弧平台上前后和左右移动。

（2）检测灵敏度调节应使微型纵波探头置于平台上，找出上铆钉最强反射波，使其达到一定高度，然后提高 12dB 增益即调整完毕。

（3）找到上铆孔回波后，平移探头，若叶根无裂纹，则荧光屏上铆钉端面回波消失后，其前后位置没有波形显示；若叶根有裂纹，则在端面回波消失后，将有裂纹回波出现。对于裂纹波，当裂纹较小时，其回波的动态范围较小，波幅低；反之当裂纹较大时，其回波的动态范围大，波幅较高。

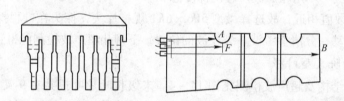

图 14 − 5 带外包小脚末级叶根结构和超声波检测

14.1.2 枞树型叶根超声波检测

枞树型叶根承载能力最强，尺寸小，应力集中不大，因此这种结构在大型机组中应用日益广泛。枞树型叶根通常都是轴向嵌入，故也称为轴向嵌入式叶根，该型叶根两侧是锯齿状，第一齿最宽，往下宽度渐减，齿底为圆脚型。由于第一齿齿谷最深，且承受的力矩最大，因此，最容易开裂。裂纹一般从第一齿齿面开裂，横向扩展，见图 14 − 6。

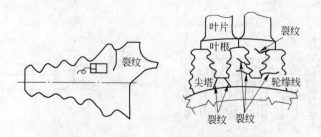

图 14 − 6 枞树型叶根和轮缘尖塔裂纹检测

14.1.2.1   枞树型长叶片叶根齿面裂纹表面波检测

轴向装配的枞树型叶根外露，可用超声表面波对第一齿进行检测，裂纹往往由第一齿谷处扩展。叶根的各齿与叶轮的轮缘交错在一起，叶轮轮缘的尖塔齿往往会诱发裂纹，需像叶根一样进行裂纹检测。

14.1.2.2   枞树型叶根纵波和横波检测

因为低压转子叶片叶根内弧面有较宽的探测面，使用微型的纵波探头 5P6 来检测各齿谷裂纹，也可以根据叶根尺寸制作弧面横波探头于内弧面或外弧面，进行第一齿齿谷裂纹的检测，探头位置见图 14 – 7。

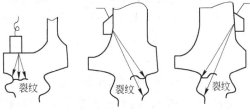

图 14 – 7   枞树型叶根纵波和横波检测

14.1.3   叶身和叶根过渡区以及拉筋和围的检测

检测时，表面波探头平行于叶身边沿前后移动，略作左右摆动，如发现较强回波，并确认不属于过渡的棱角固有信号，也不是叶身两面油污、锈蚀等原因造成的回波信号则可认为是缺陷信号。叶身和叶根的过渡区不仅空间窄小，而且截面厚度变化很大，表面波检测比横波检测效果更佳。

叶身和叶根过渡区超声表面检测，灵敏度调节按照表面波探头前沿正对叶片端头 40mm，回波调到规定高度，增益 20dB，如发现缺陷回波达到规定高度则以 10dB 判伤。

14.2   汽轮发电机合金轴瓦超声波检测

14.2.1   常见缺陷

汽轮发电机合金轴瓦采用双金属形式，离心浇注将巴氏合金黏合在背衬内表面，合金轴瓦的厚度一般为 1～15mm，属于软金属组织，合金材料一般为锡锑合金（ZChSnSb 11-6），依靠合金基体内的硬粒形成骨架，硬粒在存在润滑的情况下，摩擦系数极小，不易划伤轴颈；通常情况下，轴承合金衬层越薄，其抗疲劳强度越高。一般合金轴瓦分为上轴瓦和下轴瓦，下轴瓦是承重部分。正常运行条件下，在启动或瞬间过载条件下，轴系能经受润滑不足的情况。当轴转动时，轴瓦与轴颈之间形成足够厚度压力的油膜，使运行的轴颈金属表面与轴瓦被压力油膜完全隔开。由于轴瓦在制造中产生的结合面缺陷，如轴瓦背衬材料机加工切削速度和切削量控制不当存在内应力，浇注前未去除局部应力以及衬背材料存在有毛刺、尖角、裂纹、缩松和夹渣、表面粗糙度不符合要求等缺陷。表面油污或其他污垢，浇注温度过低等，均易形成黏合不良。当运行中周期或交变载荷及热膨胀应力作用下会产生疲劳使缺陷或局部结合不良部位的巴氏合金开始面积增大逐渐从衬背上脱落而造成烧瓦。近年来，合金轴瓦烧瓦事故时有发生，随着高参数大容量汽轮发电机组的出现，对轴瓦的安全稳定运行提出了更高的要求。

14.2.2   超声波检测的特点

合金轴瓦超声波检测有如下特点：

（1）传统检测采用普通直探头和双晶直探头，利用合金界面反射波与钢背衬底面反射波声压差别判断结合质量，但未能解决合金层厚度不大于 1mm 的检测禁区，原因在于合金层比较薄，始波占宽较大，很难识别近距离缺陷波；其次，1 ~ 5mm 合金层界面均在盲区，普通直探头的盲区较大，发现近表面缺陷能力差，且较薄的合金层均在近场区内，近场区内存在声压极大值和极小值，易引起误判；双晶探头在该区域不能聚焦。所以用普通直探头或双晶探头无法完成 1 ~ 5mm 合金层界面超声波检测，新工艺采用增加延迟技术的直探头（见图 14 - 8），使较薄合金厚度层产生出易分辨的多次反射波，解决了这一难题。

（2）传统检测厚度 5mm 合金层界面检测：采用双晶聚交直探头或直探头，以衬背底部反射波为参考波，其不足之处在于，衬背面往往光洁度较低、外形几何尺寸不规则以及内部晶粒度和缺陷等干扰，实际反射声压误差较大，无法确定底波准确参考量，易误判。厚度大于 5mm 合金层界面检测新工艺采用不同深度双晶聚交直探头，见图 14 - 9，限制探头晶片尺寸和聚交深度，将探头聚交区限制在界面，检测时选择灵敏区位于界面的探头，提高了检测灵敏度，同时排除衬背底波的干扰。

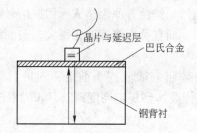

图 14 - 8　延迟式直探头测试示意图

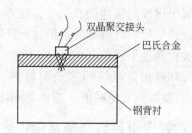

图 14 - 9　双晶聚交直探头在界面上聚交范围

（3）根据被检轴瓦合金层的厚度，选择适当频率、晶片尺寸及聚交深度的探头，推荐使用的探头见表 14 - 1。

表 14 - 1　推荐使用的探头

合金厚度/mm	型　　式	频率/MHz	晶片尺寸/mm
1 ~ 5	单晶	5 ~ 10	$\phi 4 ~ 8$
>5	双晶	5	4 ×4（双晶）~ 10 ×10（双晶）

（4）校准试块选用与被检轴瓦材料相同的材料 ZChSnSb 11-6 巴氏合金浇注，布置 $\phi 1mm × 40mm$ 横通孔 9 只和 1mm × 1mm 方通孔 1 只，1mm × 1mm 方通孔用于校核单晶直探头反射当量与多次反射波形分析，双晶直探头的聚交深度确定以及扫描速度调整。由于深度 $\phi 1mm$ 横通孔试块表面仅余 0.5mm 有效厚度，考虑试块局部易变形，因此设计为 1mm 方形孔。形状和尺寸见图 14 - 10。

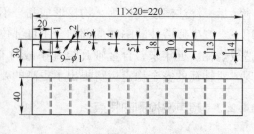

图 14 - 10　ZW-HJ 校准试块
示意图（单位：mm）

（5）参考试块按照合金轴瓦的制造工艺离心浇注出结合良好区，即轴瓦径向宽度的

50%，改变工艺后，将余下的50%宽度浇注成为结合不良区。

根据被检轴瓦常见的不同合金层厚度的范围，将试块设计成为阶梯形结构，每个厚度界面对称布置面积各为45mm×40mm结合良好与结合不良两部分，Ⅰ侧为结合良好区域，Ⅱ侧为结合不良区域，用于确定检测灵敏度和结合程度的波形对比，见图14-11。该方法已列入中华人民共和国电力行业标准《汽轮发电机合金轴瓦超声波检测》。

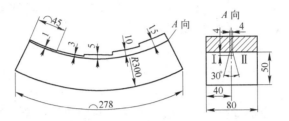

图14-11　ZW-系列参考试块示意图（单位：mm）

14.2.3　检测工艺

14.2.3.1　检测条件

检测应在合金表面进行。探头应与检测面吻合良好，耦合剂采用50号机油或无腐蚀，透声性能好的化学浆糊，扫查速度应不超过100mm/s。

14.2.3.2　扫描时基线比例的调整

合金层厚度为1～5mm时：将衬背底面第一次反射波调整为基线满刻度的20%～30%。

合金层厚度大于5mm时：将合金与衬背材料结合良好部位第一次界面反射波调整为基线满刻度的20%～30%。

14.2.3.3　检测灵敏度

合金层厚度为1～5mm时：探头置于参考试块合金与衬背材料结合良好部位，将底波调整至满屏80%，增益10～12dB。

合金层厚度大于5mm时：探头置于参考试块合金与衬背材料结合良好部位，将界面波调整至满屏80%，增益4～6dB。

14.2.4　波形分析

由图14-12的波形可总结以下特点：

（1）图14-12（a）为1mm波形，合金层厚度为1～3mm时，始脉冲与第一次界面1.25次反射波粘连无法分辨；3～4次波呈指数衰减的底波形成结合良好波形。

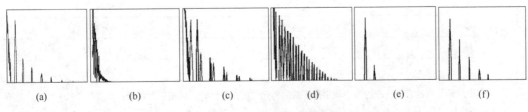

（a）　　　　（b）　　　　（c）　　　　（d）　　　　（e）　　　　（f）

图14-12　轴瓦缺陷示意图

（2）图 14 - 12（b）为合金层厚度 1mm 界面结合不良多次反射波；由于合金层厚度偏薄形成多次界面反射波叠加。

（3）图 14 - 12（c）为合金层厚度 4 ~ 5mm 结合良好波形，此时始脉冲与第一次界面波相对独立，分辨率大于 6dB，3 ~ 4 次底波后均有界面波存在，但能量较低。

（4）图 14 - 12（d）为合金层厚度 5mm 界面多次反射波独立存在，为结合不良波形。

（5）图 14 - 12（e）合金层厚度为 10mm 结合良好时的 1.25 次界面波。

（6）图 14 - 12（f）为合金层厚度 10mm 时结合不良波形，可见多次界面波呈指数衰减形式排列。

14.2.5 结合面分析

巴氏合金离心浇注在钢背衬上，形成了两种材料的机械结合，结合面相当于异质界面，由于声特性差异较大，即在钢背衬与巴氏合金层间形成了不同材料的声阻抗，根据超声波在异质界面的反射与透射原理：

$$m = \frac{z_1}{z_2}, r = \frac{1-m}{1+m} = \frac{z_2 - z_1}{z_2 + z_1} \tag{14-3}$$

式中 z——材料的声阻抗；

m——两声阻抗之比值；

r——反射率。

由上式得知，即使离心浇注界面结合良好，仍然存在界面回波。试验表明，结合良好时，将第一次界面反射波调整为 80% 波高，第二次反射波约为第一次回波的 1/4。

14.2.6 结合面不良面积的测定

14.2.6.1 检测结果的评定

检测结果的评定，应只计入不小于晶片面积一半的结合处缺陷，用半波高度法（6dB）确定缺陷的边界，相邻缺陷之间的距离不大于 10mm，视为连续缺陷。

14.2.6.2 缺陷的评级

缺陷的评级见表 14 - 2。

表 14 - 2　缺陷评级

缺陷组别	结 合 面	
	单个缺陷面积/mm²	全部缺陷所占面积[①]/%
I	≤0	≤0
II	≤$L_1 b$[②]	≤1
III	≤$L_2 b$	≤1
IV	≤$L_2 b$	≤2
V	≤$L_3 b$	≤5

① 若单个缺陷所占的百分比超过表中规定全部缺陷所允许的百分比时，采用后者评级；

② b 的单位是 mm，指径向轴瓦或推力瓦的宽度；$L_1 = 0.75$mm，$L_2 = 2$mm，$L_3 = 4$mm。

14.2.6.3 缺陷评定

对于径向轴瓦，当载荷为垂直向下时，承载区域为 60°~120° 范围内的滑动表面。承载区域应为 I 级合格，其他区域应为 III 级合格。

该工艺方法在探头和试块研制的基础上，解决了 1mm 厚度合金层界面的无法有效检测的困扰，合金厚度大于 5mm 界面则采用了将探头聚交范围控制在界面，排除了衬背材料对检测的干扰，使检测过程简单且准确有效。该方法除适用发电行业设备安装和检修时合金轴瓦的检测，同时也适用于其他行业轴瓦的超声波检测。

14.3 发电机护环超声波检测

14.3.1 汽轮发电机护环的运行状态

护环为汽轮发电机转子的外部紧固件，与转子之间采用过盈方式配合，对转子端部绕组起固定作用，因此即使在静止状态下，护环也承受了来自于转子绕组的压应力；转子高速旋转时，作为整个转动系统的外层部件，护环同时承受过盈配合的静应力、自身的离心力和转子绕组离心力的综合作用，承力巨大，应力状态复杂。受起停机循环冲击影响，护环可能产生低周疲劳裂纹；此外，若运行中定子冷却水回路泄漏，或冷却氢气湿度过高，在应力作用下，护环还存在应力腐蚀的风险。护环作为独立的部件，一般由 18Cr-18Mn、18Mn5Cr 奥氏体不锈钢环形锻件加工制成。可采用多种无损检测方法进行检查。下面简述汽轮发电机转子无磁性护环锻件超声波检测的工艺方法。

14.3.2 检测方法

为保证检测的完整性，应同时采用横波和纵波对工件整体进行检测。整个外圆采用横波和纵波检测，护环两端采用纵波检测。某电站发电机转子本体直径 1275mm，其护环由 18Cr-18Mn 奥氏体不锈钢锻件加工制成，外径 1410mm，结构简图（轴向剖面）如图 14-13 所示。

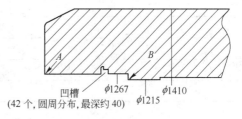

凹槽
(42 个, 圆周分布, 最深约 40)
φ1267 φ1410
φ1215

图 14-13 护环示意图（单位：mm）

14.3.3 护环试块结构

由于被检工件是专用材料制造的，所以应尽可能用与护环相同材料制作试块。利用刻制在护环外圆表面的"V"形槽校正扫描线和检测灵敏度。"V"形槽长 6.4mm，深度等于护环壁厚的 1%，但不小于 0.5mm，底角在 60°~85°之间。"V"形槽方向沿轴向刻制，为避免护环端部反射对槽反射的干扰，"V"形槽应离开护环端部一定的距离。这种在护环上开刻人工缺陷作为校正基准的方法，优点是消除了诸如材质、探测面形状和粗糙度的影响。缺点是只有在试件尚有加工余量或负载允许时才可开槽。专用试块正视图如图 14-14 所示。

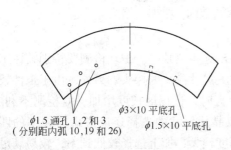

φ1.5 通孔 1,2 和 3
（分别距内弧 10,19 和 26）
φ3×10 平底孔
φ1.5×10 平底孔

图 14-14 专用试块（单位：mm）

14.3.4 检测参数的选择

14.3.4.1 探头频率

探头频率f越高，检测灵敏度和缺陷分辨力越高，从这个角度来说对检测是有利的。但随着频率的提高，超声波的衰减也增加，特别是散射衰减尤其严重。当材料晶粒直径小于波长λ时（实际检测频率一般为几兆赫，满足此条件），散射衰减系数正比于$\lambda^3 f^4$。

被检工件为奥氏体不锈钢，应考虑其晶粒度对散射的影响。如频率太高，超声波可能产生严重衰减，降低信噪比，对检测产生影响。

采用几种不同频率的直探头，分别在专用试块和ⅡW试块上利用多次反射法进行衰减系数测定，结果如表14-3所示。探头频率f越高，检测灵敏度和缺陷分辨力越高，从这个角度来说对检测是有利的。但随着频率的提高，超声波的衰减也增加，特别是散射衰减尤其严重，如果频率太高，超声波可能产生严重衰减，降低信噪比，对检测产生影响，因此检测宜采用较低频率，横波检测选择1~2MHz频率探头具有较好效果。纵波检测声程较短，衰减相对较小，故可选择相对较高的频率，但以不大于3MHz为宜。对于非磁性的奥氏体钢，因晶粒较大，可采用低于2MHz的频率。探测距离大，采用2MHz的频率，探测距离小时，采用5MHz的频率。

表14-3 两种试块衰减系数的测定

探头频率/MHz	衰减系数/dB·mm^{-1}	
	专用试块	ⅡW标准试块
2	0.048	0.038
2.5	0.058	0.044
3	0.102	0.053
4	0.145	0.061
5	0.179	0.072

从表14-3可知，专用试块衰减系数高于ⅡW试块，反映出奥氏体不锈钢晶粒粗大的固有特性。但用低频探头时，不锈钢衰减系数与碳素钢相差较小，故检测宜采用较低频率。另外采用2MHz和4MHz的22mm×20mm 45°探头进行比较，专用试块上3号通孔回波相差大于20dB。横波检测选择1~2MHz频率探头具有较好效果。纵波检测声程较短，衰减量相对较小，故可选择相对较高的频率，但以不大于3MHz为宜。由于试验误差，试验数据不能验证衰减系数正比于f^4，但可表明衰减系数随f增加而增大。

14.3.4.2 晶片尺寸

晶片尺寸大，半扩散角小，能量集中，利于检出远距离缺陷。护环检测要特别关注工件内表面缺陷。由于工件较厚，因此可考虑采用较大尺寸晶片的探头。另外，由于工件较大，采用大晶片探头也利于提高工效。但晶片尺寸大时，近场区长度增加，对检测不利。近场区长度N正比于晶片面积和探头频率f，所以晶片尺寸的选择还应考虑与频率的匹配，以缩短近场区长度。事实上，由于工件本身厚度较大，加上选择较低频率，较易满足该要求。对于斜探头，还应减少楔内声程和尽量缩短缺陷至入射点的距离，以减少被衰减的量。

14.3.4.3 斜探头 K 值

为了缩短声程以减少衰减的影响，应选用较小 K 值的探头。实际检测中一般选用 $K1 \sim K1.5$ 探头。

14.3.5 仪器调节及灵敏度检测

14.3.5.1 横波检测

时基扫描：以本体试块中的"V"形槽进行深度跨距调节。

检测灵敏度：把"V"形槽距探头一个跨距时产生的反射信号调至等于屏高的 80%，并在示波屏上标出它的峰点位置，以及比峰点位置低 6dB 下一位置。然后移动探头使"V"形槽距探头两个跨距时产生的反射信号幅度达到最大，并在示波屏上标出它的峰点位置，比峰点位置低 6dB 的下一位置。做出两峰点之间的连线，该连线为全波参考线（1/2 标准线）。做出比峰点位置低 6dB 之间的连线，该连线为半波高参考线（1/4 标准线）。以这两曲线作为检测灵敏度，扫查时补偿 6dB。

检测灵敏度的校正：用于护环锻件横波周向检测和轴向检测的检测灵敏度，应使"V"形槽反射信号的峰点与全波参考线重合。在检测过程中，必须经常对检测灵敏度进行复核。

14.3.5.2 纵波检测

纵波径向检测以专用试块上中 2 平底孔反射波达 60% 屏高为检测灵敏度，纵波轴向检测以第一次底波幅度调到屏高的 75%。扫查时补偿 6dB。

14.3.6 扫查

14.3.6.1 横波检测

为能有效探出各个方向的缺陷，必须在圆周方向进行顺时针和逆时针扫查，同时还要在轴向进行顺向和反向扫查，也就是说，对同一部位要进行四个方向的扫查，以利于发现倾斜缺陷。任何单一方向的扫查都存在波束不可达区域，只有同时采用周向和轴向的正反向扫查，才能实现完整的检测。为使探头与工件之间尽可能得到稳定的接触，探头底面可事先磨成与工件探测面相吻合的圆弧面。

14.3.6.2 纵波检测

纵波检测时采用轴向扫查即可，周向扫查作为补充。

实际检测中对于汽轮发电机转子护环的超声波检测应特别注意。由于工件为不锈钢锻件，考虑选择低频探头，以降低衰减带来的不良影响。为有效检出工件内表面缺陷，可考虑选用较大尺寸晶片探头，还应考虑与频率的适当匹配，以避免近场区过长产生的负面影响，同时采用横波法和纵波法检测。为检出不同方向的缺陷，横波检测时必须进行周向和轴向的扫查。

由于护环是十分重要的承力部件，故在检测时，对于任何达到或超过检测灵敏度的异常发射都必须予以高度重视。没有缺陷信号的护环，应该为质量合格。有缺陷信号的护环，应根据有关的验收技术条件确定护环质量是否合格。

14.4 紧固螺栓的超声波检测

螺栓是锅炉、汽机、压力管道阀门等上的重要紧固件，在长期的运行中，由于高温及高应力的作用，螺栓材料易产生热脆、蠕变、疲劳及应力腐蚀；安装中预紧力过高及不慎烧伤中心孔等原因导致螺栓材料易产生裂纹。发电厂中的汽轮机汽缸、调速气门、主气门等紧固螺栓曾发生过断裂，严重危及设备的安全，因此，加强对高温紧固螺栓的有效检测很有必要。螺栓按结构分为带中心孔和不带中心孔两种；按紧固方式分为栽丝型（如汽缸螺栓）和两端紧固型。

本节介绍小角度纵波检测法辅以横波检测法的综合工艺及其在直径不小于 M32 高温螺栓检测中的应用。

14.4.1 探头的选择

纵波斜探头纵波折射角 β_L 一般选择 8.5°，频率 5MHz，晶片尺寸根据螺栓规格选择，详见表 14 - 1。适用于刚性无中心孔螺栓本侧与对侧、柔性无中心孔螺栓本侧、长度符合表 14 - 4 规定的柔性无中心孔螺栓对侧和柔性有中心孔螺栓的本侧检测，详细适用范围见表 14 - 5。

表 14 - 4 纵波斜探头晶片尺寸的选择

螺栓规格	< M56	M56 ~ M100	> M100
晶片尺寸/mm × mm	7 × 12	9 × 12	13 × 13

表 14 - 5 纵波斜探头适用范围 （mm）

螺栓规格（柔性无中心孔）	可探裂纹深度	裂纹距探测面距离	螺栓长度
M32	≥1	≤110	≤150
M36	≥1	≤130	≤180
M42	≥1	≤160	≤210
M48	≥1	≤180	≤230
M52	≥1	≤200	≤250
M56	≥1	≤220	≤280
M64	≥1	≤260	≤320
M72	≥1	≤300	≤380
M76	≥1	≤320	≤400

横波斜探头 K 值一般选择 1.5 ~ 1.7，频率 5MHz，晶片尺寸 8mm × 12mm，对直径大于 M100 的螺栓，宜用 2.5MHz 的斜探头。

横波斜探头主要用于柔性有中心孔螺栓的对侧、长度超过表 14 - 5 规定的柔性无中心孔螺栓对侧以及螺栓光杆部位的检测，两端头无法放置探头的螺栓应用横波斜探头检测。

对螺栓光杆部位进行检测时，可根据螺栓规格选择折射角 β_L 为 2.0° ~ 8.5° 的纵波斜探头或 K 值为 1.0 ~ 2.0 的横波斜探头。

14.4.2 试块

试块采用 DL/T 694—1999《高温紧固螺栓超声波检测技术导则》附录 A 螺栓检测专用试块 LS-1，附录 B 螺栓检测便携式对比试块 LS-2。

LS-1 螺栓检测专用试块，主要用于对检测仪、探头性能及组合性能的测定并根据螺栓规格在试块上调整扫描速度和校准检测灵敏度。

LS-2 螺栓检测便携式对比试块，主要用于现场检测时测定探头参数，调整扫描速度，校准检测灵敏度等。

14.4.3 仪器调整

14.4.3.1 扫描速度

扫描速度可利用 LS-1、LS-2 试块或试件进行调整。扫描速度的比例应能使仪器荧光屏显示出最大探测距离。

14.4.3.2 检测灵敏度

纵波斜入射检测灵敏度用 LS-1，LS-2 试块调整，灵敏度的确定参照表 14 – 6。也可将螺栓的丝扣反射波幅调到 60% 基准高度作为检测灵敏度。一般以检测部位的丝扣反射波来调整横波检测的灵敏度。调整方法是：找到检测部位的丝扣反射波，前后移动探头，使反射波最强，然后调节衰减器，将丝扣反射波调到 60% 屏高即可。

表 14 – 6　纵波斜入射检验灵敏度的选择

螺栓规格	螺栓型式	被探部位	探伤灵敏度	裂纹检测能力/mm	判伤界限
≥M32	刚性无中心孔	对侧	$\phi1—6dB$	≥1.0	$\phi1$
M32 ~ M48	柔性无中心孔	本侧	$\phi1—6dB$	≥1.0	$\phi1—4dB$
		对侧	$\phi1—14dB$	≥1.0	$\phi1—10dB$
≥M48	柔性有中心孔	本侧	$\phi1—6dB$	≥1.0	$\phi1$

注：1. 柔性无中心孔螺栓对侧纵波探伤必须满足表 14 – 2 的条件，否则，应采用横波探伤；

　　2. 柔性有中心孔螺栓两侧端面无法放置纵波探头时，必须采用横波探伤。

14.4.4 检测方法

两端为平面的刚性无中心孔螺栓采用纵波斜入射探头在端面扫查对侧，刚性无中心孔螺栓纵波斜入射检测见图 14 – 15。

柔性无中心孔螺栓采用纵波斜探头从端面可一次扫查本侧与对侧，柔性无中心孔螺栓纵波斜入射检测如图 14 – 16 所示。否则，应采用 K 值为 1.5 ~ 1.7 的横波斜探头扫查对侧。对于大于 M48 的柔性有中心孔螺栓，采用纵波斜探头分别从两头端面扫查。端面无法放置探头时，应采用横波斜探头扫查，见图 14 – 17。

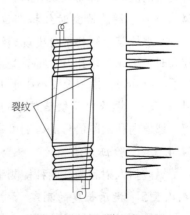

裂纹

图 14 – 15　刚性无中心孔
螺栓纵波斜入射检测

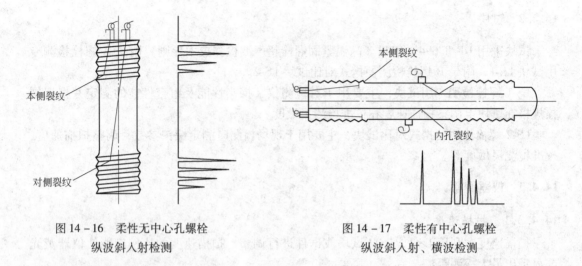

图 14 - 16　柔性无中心孔螺栓　　　　　　　图 14 - 17　柔性有中心孔螺栓
　　纵波斜入射检测　　　　　　　　　　　　　纵波斜入射、横波检测

采用横波斜探头扫查时，调整好检测灵敏度，找到被探部位的丝扣反射波，探头沿螺栓光杆周向移动，前后略作移动，绕螺栓扫查一周。

14.4.5　裂纹波的鉴别

14.4.5.1　纵波检测时裂纹波的特点

纵波检测时裂纹波有以下特点：

（1）波形：由于裂纹的裂面往往垂直于主声束，因此，裂纹的波形清晰、陡直、尖锐且反射较强；

（2）位置：由于裂纹多出现在结合面附近 1 ～ 2 扣处，因此，裂纹波也一般位于结合面附近；

（3）声程：从螺栓两端探测，裂纹声程之和等于螺栓全长；

（4）底波：当螺栓中存在裂纹时，裂纹处的底波将会下降，甚至消失；

（5）裂纹波高。达到 DL/T 694—1999《高温紧固螺栓超声波检测技术导则》中规定为裂纹的波高，称为裂纹波高。

14.4.5.2　横波检测时丝扣部位裂纹的识别

当螺栓某个丝扣部分出现裂纹时，其后邻近的第 1 个丝扣反射波被裂纹遮挡。当裂纹较大时，第 3 个丝扣波也将被遮挡。如发现缺陷的反射波幅与其后的第 1 丝扣反射波幅之差不小于 6dB，指示长度不小于 10mm 时，即可判定为裂纹，如图 14 - 18 所示。

14.4.5.3　螺栓内孔缺陷信号的识别

螺栓内孔缺陷信号的识别可参照表 14 - 6 的规定。

14.4.5.4　验证方法

纵波斜入射和横波两种检测手段可以互相验证。

14.4.5.5　指示长度的测定

当检测时发现缺陷信号后，保持检测灵敏度不变，探头沿周向两侧移动来测长。对于纵波斜入射法，当缺陷波波幅降至与丝扣波波幅相同时，探头移动距离为其指示长度。对

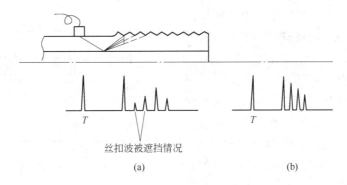

图 14 - 18 横波检测时裂纹识别

（a）有裂纹时的波形；（b）无裂纹时的正常波形

于横波法，被遮挡的丝扣反射波升到与正常的丝扣反射波相同时，此时探头移动的距离为其指示长度。

14.4.5.6 假信号的判别

螺栓检测中，除了底波和裂纹波外，还会出现一些假信号，干扰对裂纹波的判别。下面介绍常见的几种假信号。

A 变形波

纵波端面探测螺栓时，扩散波束经侧壁反射产生变形横波，变形横波又经对侧螺纹反射，原路返回，被探头接收形成一回波，此回波称为变形波，如图 14 - 19 所示。变形波具有以下特点：

（1）变形波声程近似为：

$$X_B = L - a + 1.52d \tag{14-4}$$

式中 L——螺栓总长；

a——另一端螺纹长度；

d——螺栓颈部直径。

（2）变形波四周都有，两端探测情况相同。

（3）用沾油手指拍打波形转换点，变形波 H_B 上下跳动。

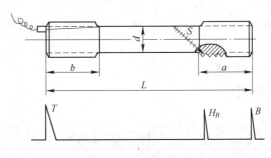

图 14 - 19 螺栓变形波

B 退刀槽回波

在螺纹与颈部交接处加工有退刀槽的刚性螺栓中，超声波入射到退刀槽，形成退刀槽

反射波 H_T，如图 14-20 所示。退刀槽回波特点是：四周都有，高度基本不变，声程近似为本端螺纹长度。

C　圆角螺纹反射波

柔性螺栓的螺纹与颈部之间有一过渡圆弧 R，用纵波斜探头探测柔性无中心孔螺栓时，扩散波束经圆弧 R 反射至对侧螺纹，然后原路返回至探头，形成圆弧螺纹反射波 H_R，如图 14-21 所示。

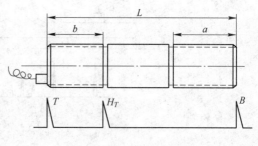

图 14-20　退刀槽回波

圆弧螺纹反射波声程 $X_R = b + d$，四周都有且高度和位置基本不变。当 $d = c$ 时，$X_R = b + c$，与裂纹波声程很接近，要特别注意判别。

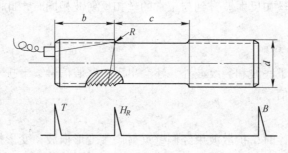

图 14-21　圆角螺纹反射波

D　螺纹波

螺纹波的特点是四周都有，高度基本不变，反射信号较弱。

E　顶针孔杂波

不带中心孔螺栓一般两端加工有顶针孔，当探头部分压在顶针孔上时，波束指向性变坏，扩散波束会在螺纹上反射，形成一些杂波。这些杂波位于始波附近，移开顶针孔就会消失，因此不难判别。

14.4.6　检测结果的评定

检测结果按 DL/T 694—1999《高温紧固螺栓超声波检测技术导则》评判。

14.4.6.1　螺栓判废

凡判定为裂纹的螺栓应判废。

14.4.6.2　纵波斜入射检测

A　刚性螺栓

缺陷信号波幅不小于 $\phi 1mm$ 反射当量且指示长度不小于 10mm，应判为裂纹。

B　柔性螺栓

对于柔性无中心孔螺栓：缺陷信号位于本侧，其反射波幅不小于 $\phi 1mm$—4dB 反射当量且指示长度不小于 10mm，应判为裂纹。缺陷信号位于对侧，其反射波幅不小于 $\phi 1mm$—10dB 反射当量且指示长度不小于 10mm，应判为裂纹。

对于柔性有中心孔螺栓：缺陷信号波幅不小于 $\phi1mm$ 反射当量且指示长度不小于 10mm，应判为裂纹。

C　裂纹判定

凡缺陷反射波幅大于或等于丝扣波 6dB 且指示长度不小于 10mm，应判为裂纹。

14.4.6.3　横波检测

丝扣部位横波检测时，如发现缺陷的反射波幅与其后的第 1 丝扣反射波幅之差不小于 6dB，指示长度不小于 10mm 时，即可判定为裂纹。

14.4.6.4　缺陷判定

缺陷当量不小于 1mm 模拟声程位置大致相同当量，且指示长度不小于 10mm，应判为裂纹。

对于不足以判定为裂纹的较小信号应做好记录，并对安装位置进行记录跟踪，便于复查。应注意区别由于螺栓结构不同而产生的固有信号或变形波信号。

14.5　实心转子的超声波检测

整锻式实心转子体的超声波检测分为转子体 R 圆弧部位检测、转子体轴颈部位检测、转子体叶轮下方部位检测和高、中压转子体弹性槽部位检测。

图 14-22 为 SXZZ1 实心转子灵敏度试块。图中 R 指实心转子体的 R 圆弧宽×深×长为 1mm×1mm×6mm 的切槽用于调节表面波检测转子 R 圆弧部位的扫描速度和灵敏度。两个钝角中各有 1 个 $d2mm×6mm$ 和 $d3.5mm×6mm$ 的平底孔，用于调节纵波斜探头检测转子叶轮下方时的扫描速度和灵敏度。底面上的 $d2mm×6mm$ 和 $d3.5mm×6mm$ 平底孔，用于调节纵波探头检测高、中压转子弹性槽部位的扫描速度和灵敏度。

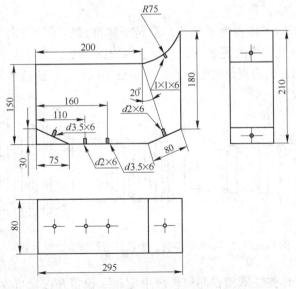

图 14-22　SXZZ1 实心转子灵敏度试块

试块使用中，调节灵敏度时需按转子体的实际尺寸进行换算。相同平底孔直径不同声程的规则形反射体计算公式如下：

$$\Delta dB = 40 \lg \frac{L_2}{L_1} \qquad (14-5)$$

式中　L_1——试块中 $d2.5\text{mm}$ 平底孔声程；

　　　L_2——转子体中缺陷的声程。

14.5.1　检测方法

14.5.1.1　扫查方式

对转子体的不同部位，有以下扫查方式：

（1）对转子体 R 圆弧部位，以超声表面波声束沿转子轴向扫查 R 圆弧部位并做周向移动，见图 14-23，也可将探头放置于叶轮上，表面波声束沿转子体径向扫查 R 圆弧部位并做周向移动。

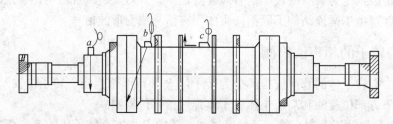

图 14-23　实心转子体检测方法示意图

（2）对转子体轴颈部位，以超声纵波沿转子体圆周方向扫查检测，见图 14-23 中 a 位置。

（3）对转子体叶轮下方，用超声纵波专用斜探头沿转子体轴向扫查并做周向移动，见图 14-23 中 b 位置。

（4）对高、中压转子体弹性槽部位，沿转子体弹性槽圆周方向进行超声纵波扫查，见图 14-24。由于弹性凹槽的宽度不同，所选探头的频率、晶片尺寸应满足本方法的检测技术要求。当检测部位的直径大于探头的 3 倍近场区时，可任意选择底波调整法或试块调整法调整检测灵敏度。

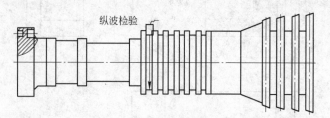

图 14-24　实心转子体高、中压转子弹性槽检测示意图

纵波探头在转子体弹性凹槽检测时，声束应相互覆盖并保证可以检测到转子凸位下方，且无检测盲区。必要时，可将探头放置于转子体弹性槽凸位处进行检测。

14.5.1.2　检测灵敏度

检测灵敏度有以下手段：

（1）纵波检测灵敏度应能有效地发现被检转子体中当量为 d2mm 的平底孔反射体为准。具体方法有底波和试块调整法两种。前者是在转子体材料组织均匀的部位上调整；后者是纵波检测转子体轴颈、弹性槽部位检测灵敏度，可在图 14-22 实心转子灵敏度试块上调节。

（2）纵波斜探头检测叶轮下方部位的灵敏度调节，可在图 14-22 实心转子灵敏度试块上进行。

（3）表面波检测转子体 R 圆弧部位的灵敏度调节，在图 14-22 中模拟试块 1mm × 1mm ×6mm 切槽上进行。

（4）在转子体无缺陷部位及表面光洁度合格的前提下，用斜入射纵波检测叶轮下方的灵敏度；纵波检测转子体轴颈、弹性槽部位的灵敏度均可在转子本体上调节。

14.5.1.3 金属材料衰减系数的测定

检测过程中，因金属材料而引起灵敏度降低时，需对转子体的材料衰减系数进行测定并依据测定的衰减系数对灵敏度进行补偿。

（1）在被检转子体无缺陷区域内，选两处有代表性的部位测定第一次底波 B_1 和第二次底波 B_2 的差值；

（2）按下式计算材质衰减系数（单位为 dB/mm），金属材料的衰减系数应不大于 0.004dB/mm。

$$\alpha = \frac{B_1 - B_2 - 6}{2D} \tag{14-6}$$

式中　D——被检测处转子体直径，mm。

14.5.2 缺陷的测量记录

检测中遇到缺陷信号后，应根据缺陷信号的类别确定测量的内容和要求：

（1）存在单个或分散缺陷信号时应测量缺陷的当量直径以及缺陷在转子体内的位置。

（2）存在密集缺陷信号时应测量缺陷深度分布范围、缺陷的轴向分布范围、最大缺陷的当量直径以及缺陷密集区在转子体中的位置。

（3）存在连续缺陷信号时应测量缺陷的指示长度、缺陷的最大指示长度以及缺陷在转子体中的位置。缺陷的指示长度用半波高度测长法进行，沿周向测量时，应根据被测部位的曲率对测量值进行几何修正式：

$$L_f = L \cdot \frac{1 - 2h}{D} \tag{14-7}$$

式中　L_f——缺陷指示长度，mm；

　　　L——与缺陷对应的外圆弧长（探头移动弧长），mm；

　　　D——转子体外径，mm；

　　　h——缺陷距探测面深度，mm。

（4）对转子体轴向缺陷指示长度，用半波高度测长法测量。

（5）当遇到游动缺陷信号时应测量信号的游动范围、探头周向移动范围（弧长）、信号幅度最大处的位置以及缺陷在转子体中的位置。

（6）缺陷的测量与记录内容如下：

1）分散缺陷。记录其当量直径和在转子体中的坐标位置；

2）密集性缺陷。记录大于或等于$d2\text{mm}$缺陷的当量及密集区边缘缺陷的坐标位置；

3）连续缺陷。记录缺陷的最大指示长度及其坐标位置；

4）游动信号。记录信号的游动范围、缺陷的指示长度、最大当量直径及其坐标位置。此外，对埋藏深度变化值小于或等于25mm的缺陷信号，可用游动信号作图法估计缺陷的位置和走向。

14.5.3　验收

验收时有以下注意事项：

（1）当量直径小于$d2\text{mm}$的单个分散缺陷信号不计，但杂波高度应低于当量直径$d2\text{mm}$幅度的50%。

（2）单个分散的缺陷与相邻两缺陷之间的距离应大于其中较大缺陷当量直径的10倍。

（3）当量直径为$d2 \sim 3.5\text{mm}$的所有缺陷均应记录其轴向、径向和周向位置，且其缺陷总数不得超过20个，不允许存在当量直径大于$d3.5\text{mm}$的任何缺陷。

（4）距转子体表面下75mm以外部位，允许有3个小于$d2\text{mm}$当量直径的密集缺陷区，但密集区在任何方向的尺寸均应小于等于20mm，并且任何两密集缺陷区间距离应大于等于120mm。

（5）转子体内不允许有游动缺陷信号和连续缺陷信号。

14.6　小径管的超声波检测

14.6.1　小径薄壁管对接环焊缝超声波检测的影响因素

14.6.1.1　几何散射的影响

A　接触面的几何散射

由于小径管的曲率较大，而探头楔块多为平面，其与管子的接触面积小，在探头与管子不能很好吻合的部位，晶片发出的超声波在管子外表面就会产生散射（见图14-25）。而超声波倾斜入射到异质界面时，会产生折射、反射和波形转换现象，折射方向遵循折射定律：

$$\frac{C_1}{C_2} = \frac{\sin\alpha}{\sin\beta} \tag{14-8}$$

式中　C_1——第一介质中的声速；

　　　C_2——第二介质中的声速；

　　　α——第一介质中的超声波入射角；

　　　β——第二介质中的超声波折射角。

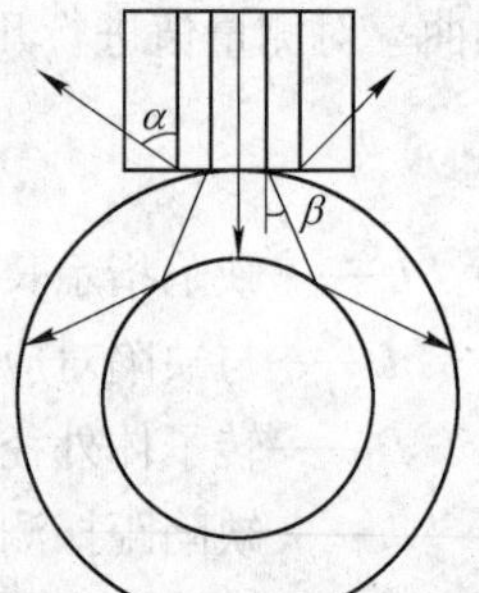

在探头有机玻璃楔块与钢管外壁不能完全吻合时，探头所发出的超声波就不能完全折射到管子里，在管子外表面产

图14-25　超声波在
管子外壁的散射

生反射见图 14 – 25，使超声波的强度大大降低，影响了检测灵敏度。

B 探头边缘声波的散射

如果将有机玻璃楔块表面磨成圆弧状，虽与管子外壁形状能较好吻合，但晶片的边缘声波在折射到管子时，也会产生强烈的散射。晶片越大，散射就越严重。如图 14 – 26 所示，晶片 1 尺寸 < 晶片 2 尺寸，折射到管子里的声波 $\beta_1 < \beta_2$，即晶片 2 的散射较晶片 1 的大。实践证明，小径薄壁管环缝在超声波检测时，为减小几何散射的影响，先将楔块表面磨成圆弧形，晶片尺寸在 6 ~ 10mm，使散射降低，且检测灵敏度能满足要求。

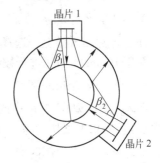

图 14 – 26 不同探头
晶片折射情况

14.6.1.2 几何反射波的影响

由半扩散角公式 $\theta = \arcsin (K \cdot \lambda/D)$ 可知，晶片尺寸变小时，半扩散角 θ 将增大，指向性变差。频率高时，λ 变小，θ 角变小，指向性较好。采用方形晶片时，$K = 1$（$K = \tan\beta$）。圆形晶片时，$K = 1.22$。为了克服由于晶片尺寸小、指向性差、工件壁薄、焊缝根部及焊缝表面几何反射波杂乱的现象，就需要提高晶片的频率，并适当加大晶片尺寸。所以选用晶片边长不应太小，频率为 5MHz 的晶片，可使几何反射波大大减小。

14.6.1.3 缺陷定位的影响

由于几何反射信号的存在，在检测中定位方法的选取就很重要。为了准确定位，必须在调整仪器时利用远场区进行定位。由横波声场第二介质中的近场长度公式：

$$N = \frac{F_s}{\pi\lambda_2} \cdot \frac{\cos\beta}{\cos\alpha} - L_1 \frac{\tan\alpha}{\tan\beta} \qquad (14 – 9)$$

由上式可知，在探头晶片频率一定时，要使 N 变小，就必须减小 F_s。

通过计算表明，当方形晶片 $D \leqslant 8mm$ 时，即可满足要求。例如，选用 $D = 8mm$，频率为 5MHz，$K = 2.5$，斜探头入射点至晶片距离 $L = 12mm$，检测壁厚为 6mm 的管子对接焊缝，则其在第二介质中的近场长度 $N = [8 \times 8/(3.14 \times 0.646)] \times 0.6 – (12 \times 0.5) = 12.93mm$，在壁厚为 6mm 的管子中，$K = 2.5$ 探头的一次声程 $S = 6/\cos68.3° = 16.2mm$，管子中一次声程已大于探头的近场长度，可以满足远场定位的要求。

14.6.2 检测工艺

14.6.2.1 试块、探头的要求

A 试块

可参考 JB/T 4730.3—2005 中的 GS 试块及 DL/T 820—2002 中的 DL-1 试块。

B 探头

晶片尺寸选用 8mm×8mm 或 6mm×6mm，K 值选用 2.5 ~ 3.0，探头的楔块依照不同管径磨成相应半径的圆弧，以使其与管子吻合好。探头前沿长度在 5 ~ 8mm 范围内，要求一次波必须能扫查到焊缝根部。JB/T 4730—2005 标准推荐用双晶斜探头或线聚焦探头，频率 5MHz。

14.6.2.2 仪器的调整

A 扫描比例调整

在小管检测试样上，选择 15mm 和 5mm 深的 2 个孔，按水平 1∶1 定位法调节扫描基线，并用 10mm 深的孔进行校准；也可采用声程定位法进行调节。

B 检测灵敏度的调节

DL/T 820—2002 标准中规定中小径管焊接接头管子壁厚小于 6mm 时，DAC 曲线的绘制方法是将 DL-1 试块中深度 $h = 5mm$ 的准 1mm 横通孔回波调节到垂直满刻度的 80% 高，画一条直线，用于一次波检测，然后降低 4dB 再画一条线用于二次波检测。检测灵敏度是 10dB。

JB/T 4730—2005 标准中规定判废灵敏度 2dB，定量灵敏度 8dB，评定灵敏度 14dB。

14.6.2.3 实际检测

A 观察区的确定

由于小径管焊缝壁厚较薄，又常用水平或声程定位，所以在检测时，首先要分清一次波、二次波及三次波出现的区域，用标记点标注在仪器荧光屏上。为了减少鉴别反射信号的工作量，在荧光屏上把缺陷信号经常出现的区域称之为观察区。例如，根部未焊透经常出现在一次波前附近区域，沿坡口未熔合经常出现在一、二次波之间的区域。在管子壁厚小于 8mm 时，常常利用三次波来判断根部缺陷，各观察区如图 14 - 27、图 14 - 28 中阴影部分所示。

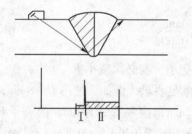
图 14 - 27 一、二次波观察区

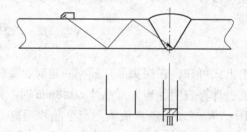
图 14 - 28 三次波观察区

对于不开坡口或钝边不大于 2mm 的 "V" 形坡口焊缝，现大多采用氩弧焊，这类焊缝由于根部较少产生未熔合缺陷，用一次波或三次波就能较全面地检测出根部缺陷。

B 扫查方式

多采用锯齿扫查方式，探头前后移动距离要保证三次波能扫查到焊缝根部，对根部缺陷采用定位法扫查。

14.6.3 波形分析

14.6.3.1 几何反射波

A "底波" 信号

若焊缝根部表面比较平滑，不具备反射条件时，就不出现 "底波" 信号。一般情况下，焊缝根部大多具备反射条件，因此会出现 "底波"（一次波）。

B 焊缝余高反射信号

当探头稍向后移动时，二次波便会扫查到余高与母材的过渡区，此时会出现反射波。几何反射波位置如图 14－29 所示。

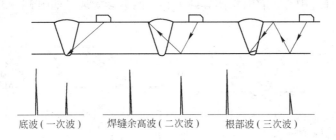

底波（一次波）　　焊缝余高波（二次波）　　根部波（三次波）

图 14－29　几何反射信号

C 焊缝内表面引起的反射信号

图 14－30 为焊缝内表面引起的反射信号。

由图 14－29 和图 14－30 可以看出，对薄壁管对接环焊缝的检测一定要分清几何反射波的位置，特别是在二次波观察区内这些几何反射波出现较多。

14.6.3.2 缺陷反射信号的识别

A 未焊透

未焊透具有良好的反射面，多垂直于管子表面。一般从焊缝两侧探测均有反射信号，其位置出现在一次底波之前，有时未焊透信号和底波同时呈现，有时仅有缺陷反射信号，水平定位时多在焊缝中心。

对一些在役管道进行检查时，还会遇到带垫圈的管道对接焊缝。这些焊缝标准规定是不允许有未焊透缺陷存在的，但由于过去的焊接水平和设备的原因，未焊透缺陷经

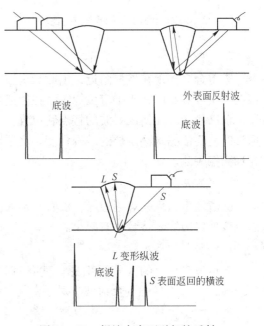

底波　　　　　　　外表面反射波

底波

L S S

L 变形纵波

底波　　　S 表面返回的横波

图 14－30　焊缝内表面引起的反射

常存在，在运行中这些未焊透缺陷将是产生裂纹的源头。对这类焊缝检测要注意垫圈波的位置，未焊透出现在垫圈波之前。

如图 14－31 所示，在这种焊缝检测时，还会遇到由于垫圈与管子内壁贴合不紧而产生的垫圈间隙波，这个波也在垫圈波之前，就要注意与未焊透缺陷进行区分。垫圈间隙波的位置在未焊透波之后，垫圈波之前，其在仪器上显示的深度值大于或等于管道壁厚，而未焊透缺陷波所显示的深度值小于管道壁厚。垫圈间隙波和未焊透缺陷波的比较如图 14－32 所示。

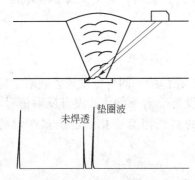

未焊透　　垫圈波

图 14－31　带垫圈的未焊透

B　裂纹

裂纹常出现在根部，有时也出现在热影响区，根部裂纹的特点与未焊透的相同，裂纹深度较大时，二次波（B_I）、三次波（B_{III}）均可发现。水平定位焊时，随裂纹的深度情况变化，有时在焊缝中心，有时偏离焊缝中心，但不会太远，如图14-33所示。

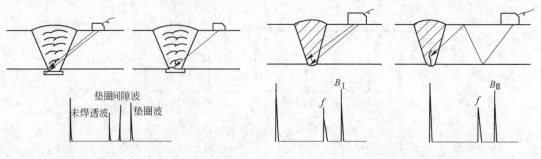

图14-32　垫圈间隙波与未焊透波的比较　　　　图14-33　裂纹反射波示意图

C　边缘未熔合

未熔合多出现在坡口附近，因此二次波的反射条件良好，且波幅较大。这类缺陷波出现在二次波观察区，水平定位焊时多在偏离焊缝中心的探头侧。

前已叙述了几何反射波的特点和位置，所以在正确区分坡口未熔合与几何反射波及变形波时就要依据水平定位的准确程度。水平定位时未熔合多在靠近探头侧，几何反射波多在远离探头侧。

D　夹渣

夹渣经常出现在焊缝边缘，没有一定的方向性。二次波和三次波都有可能发现，其反射波较坡口边缘未熔合的波幅小。

E　气孔

超声波对单个的气孔不敏感，气孔直径小于1.5mm时，信号较弱；气孔直径大于2.5mm时，才有较强的反射波。对于密集气孔反射信号多呈锯齿状，且波峰较宽。

F　内凹

内凹一般比较平滑，反射条件较差，只有当其深度较深时，才具有较好的反射条件。手工氩弧焊打底焊缝只有沿焊缝方向长度大于2.5~3mm时，才能发现。水平定位时，多在靠近探头一侧，且深度小于管子壁厚。内凹深度达到一定深度时，其实就成了未焊透。

14.6.4　缺陷性质的判断

14.6.4.1　错边和未焊透的鉴别

焊缝错边时，焊缝内表面可能具有良好的反射条件，在焊缝一侧可以发现，缺陷定位时在焊缝中心或稍有偏离。从焊缝另一侧检测时，由于没有反射条件，故没有反射信号。而根部未焊透，从焊缝两侧检测时均能发现，只是波的高低稍有变化，定位多在焊缝中心。

14.6.4.2　底波与根部缺陷的鉴别

焊缝根部只有其余高较高或焊瘤较大时，才具有良好的反射条件。此时内表面具有一定的宽度，底波反射水平定位时，应在远离探头一侧，而根部缺陷一般说定位在焊缝中心或靠近探头一侧。

14.6.4.3 焊缝根部倾斜性缺陷和焊瘤的鉴别

焊缝根部倾斜性缺陷一般是由二次波探测到的，而焊瘤是一次波探测到的缺陷，反射波的位置大体相同，其区别是探头位置不同。焊瘤反射信号探头靠近焊缝，定位时在焊缝中心或远离探头一侧。缺陷反射信号，探头离焊缝稍远，定位时，缺陷在靠近探头一侧。从另一侧探测时，三次波可以发现这一缺陷。如图14-34所示。

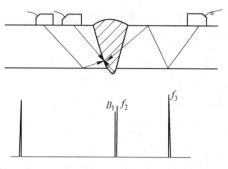

图14-34 根部倾向性缺陷与焊瘤的区别

14.6.4.4 变形波与焊缝缺陷的鉴别

在进行管子焊缝检测时，往往在焊缝上表面或下表面都有可能产生变形波。二次波在上表面产生变形纵波，到达下表面产生回波被探头接收，此时缺陷波在二次波之后，水平定位在焊缝中心远离探头侧。从另一侧探测二次没有发现缺陷反射信号，就可判断为变形波反射信号。如果一次波到达下表面产生变形纵波，则反射信号在一次波之后，定位在焊缝中心远离探头一侧。而在另一侧用二次波未发现反射信号，则可认为是焊缝下表面产生的变形波反射。

14.6.5 正确判断缺陷的基本原则

为了能使无损检测人员在检测实践中快速辨别缺陷反射波，依前所述应遵循如下几个原则：

（1）一次波前出现的反射信号一般为缺陷反射信号。

（2）荧光屏在一次波和二次波观察区域内，如果未看到一次波，反射只有一个二次反射波信号，则可判断为缺陷；若既有一次波反射信号，又在一次波之后有一反射信号，且定位时在远离探头一侧，这个波可能就是几何反射波或变形波。

（3）从焊缝两侧探测时均能发现的反射波，且定位都在焊缝中心，则为缺陷反射波；如果定位都在靠近探头一侧，则说明在焊缝两侧都有缺陷。若定位均在远离探头一侧，则是几何反射波。

（4）单侧发现的反射波，定位在探头一侧或焊缝边缘，则是缺陷反射波，远离探头则是几何反射波或变形波。

14.6.6 注意问题

在小径管超声波检测中有以下注意事项：

（1）在检测过程中要特别注意一次底波和二次波位置上的反射波，要正确判断是底波、二次波还是缺陷波。观察时不仅要看波的位置，还要注意探头所处的位置。如果在二次波位出现反射波，可用手蘸耦合剂拍打焊缝表面，看其反射波是否跳动，不跳动时，再结合水平定位方法判断是否是缺陷。

（2）对一次底波附近的缺陷要正确判断其是未焊透、根部倾斜性缺陷，还是焊瘤反射波，对氩弧焊打底焊缝要注意根部倾斜性缺陷的判断。

（3）对全位置焊接的管子焊缝，在平焊部位容易产生焊瘤，在仰焊部位容易产生内凹和未焊透，在两侧立焊爬坡部位会产生坡口边缘的缺陷和根部缺陷。所以在检测时，依据焊接位置判断缺陷的性质。

（4）未焊透缺陷的评定：氩弧焊打底的焊缝一般是不允许有未焊透缺陷存在的。但有些标准规定在Ⅱ级焊缝中也允许存在未焊透，对深度和长度均作出了明确的规定。未焊透深度的判定是用对比试块来比较其波高幅度。

用与被探测管子外径、壁厚相同的管子在其内壁刻一环状矩形槽，其深度为壁厚的10%，最大不超过 1.5mm。评级时，波高大于人工矩形反射波峰值点时的缺陷均评为Ⅳ级，波高低于人工矩形槽的缺陷，按指示长度评级。对于薄壁管环焊缝来说，根部未焊透缺陷是较为常见的缺陷，所以根部未焊透的对比试块就很重要，必须要加工制作未焊透缺陷的对比试块，以便准确地判断根部缺陷。

14.7　新型耐热钢的超声波检测

我国一次能源结构具有以煤为主的显著特征，由此决定了我国电力结构以燃煤发电为主的特点。2008 年我国原煤产量 27.2 亿吨，其中火电耗煤 13.4 亿吨，占煤炭产量的近 50%。从今后发展来看，在以煤为主的一次能源结构不发生大的变化下，在电力结构中火电仍将在相当长的时期内占据主导地位。提高发电效率、降低污染、节约资源是我国火电机组的发展方向。超超临界（USC）火电机组具有煤耗低、污染排放物少的节能减排效益，是提高我国火电机组技术水平，实现火电机组技术优化升级有效而现实的措施，也是我国火力发电机组发展的必然趋势。

常规火力发电厂的效率与机组的容量和选用的蒸汽参数有着很大的关系。自 20 世纪 70 年代世界能源危机以来，世界各国的电力行业都在潜心研究并不断地提高机组的蒸汽参数和单机容量。此外，不断提高的环保要求，特别是降低火力发电厂二氧化碳的排放总量，也要求加快提高机组的发电效率。在过去的 30 年内，世界上先进的火力发电机组蒸汽温度提高了大约 60℃。目前国外 1000MW 等级蒸汽压力为 24.2 ~ 30MPa、蒸汽温度为 580 ~ 600℃。一次或两次再热的超超临界机组的设计、制造、运行技术已经成熟，已与亚临界机组的可用率不分上下。这一发展与大量新型耐热合金钢材的开发与应用是分不开的。我国超（超）临界机组容量占火电装机容量的 18% 以上，已提前达到了"十一五"目标——超（超）临界机组占煤电装机容量的比重达到 15%。

超超临界机组的蒸汽参数与目前流行的超临界参数相比有很大幅度的提高，特别是蒸汽温度由超临界机组的 560℃提高到了 600℃左右。机组参数的提高给一些关键部件（如末级过热器、末级再热器、主蒸汽管道、高中压转子、汽缸、动叶等）的材料带来了更高的要求，耐热材料及其应用技术是发展超超临界火电机组的技术核心。高温过热器、末级再热器受热面的主要材料为 Super304H 和 HR3C，Super304H 高温下许用应力较高，但在抗蒸汽氧化及抗烟气高温腐蚀上比 HR3C 稍差，一般采用抗氧化性更好的成熟材料 HR3C 同 Super304H 相结合方式，将 Super304H 作喷丸处理后用于金属温度较低区域，易氧化的高温区则采用 HR3C。主蒸汽管道多采用 P92 钢。

14.7.1　新型耐热钢的焊接常见缺陷

14.7.1.1　T/P92、T/P122 的焊缝常见缺陷

A335P92 钢（欧洲 EN 牌号为 X10CrWMoVNb9-2）是用钒、铌元素微合金化并控制硼和氮元素含量的铁素体钢（9% 铬，1.75% 钨，0.5% 钼）。P92 钢用于极苛刻蒸汽条件下的集箱和蒸汽管道（主蒸汽和再热蒸汽管道）。P92 钢比传统铁素体合金钢具有更高的高温强度和蠕变性能。它的抗腐蚀性和抗氧化性能等同于其他含 9% Cr 的铁素体钢。由于它具有较高的蠕变性能，所以它可以减轻锅炉和管道部件的重量，有利于减少厂房结构的承载，减小管道系统对设备的推力。它的抗热疲劳性好于奥氏体不锈钢。在 580 ~ 625℃ 温度范围具有良好的蠕变性能。由于 P92 钢比其他铁素体合金钢具有更高的高温强度和蠕变性能。目前国内超超临界机组普遍采用 P92 作为主蒸汽管道和再热热段用管道材料。

P122 钢是住友金属在德国 X20CrMoV121（0.2C-12Cr-1Mo-V）钢的基础上开发出的第三代新型铁素体耐热钢，通过减 Mo 的同时加 W 提高了高温强度得到的新钢种，即"钨强化钢"。P122 钢通过添加 2% 的 W、0.07% Nb 和 1% Cu，增强了固溶强化、弥散强化和析出强化的效果。综合性能有了相当大的改进：许用应力在 590℃ 到 650℃ 高温度范围内与 TP347H 奥氏体钢相当；耐腐蚀性能高于 9% Cr 的铁素体钢；高温蠕变断裂强度比 P91 钢高约 25% ~ 30%；另外加入 Cu 元素抑制了 δ 铁素体的形成，使 δ 铁素体的含量不超过 5%，使该钢具有良好的韧性。P122 钢经过了正火及回火处理，其显微组织为回火马氏体。

从焊接性上分析，目前新发展起来的高温用热强钢 T/P92、T/P122，与传统的热强钢相比较 C、S、P 含量明显降低，杂质含量减少，从而降低了热裂纹和再热裂纹的产生几率。同时由于采用这些新钢种后，在同样的工作参数下能够明显的降低构件厚度，使得焊接接头的裂纹敏感性比传统的热强钢低，能够适用于常见的焊条电弧焊（SMAW）、钨极氩弧焊（GTAW）、埋弧焊（SAW）等，一定程度上保证了焊接接头的质量。

虽然新型耐热钢的焊接存在以上理论的优点，但是该类钢材的焊接接头也存在一些潜在的问题，尤其对于厚型构件表现得更为突出。常见的问题分析如下。

A　冷裂纹敏感性

从 A335P92 钢的化学成分可知，C、S 和 P 的含量低，纯净度高，结合其晶粒细、韧性高的优点，焊接冷裂纹倾向大为降低。但该钢用作主蒸汽管道的壁厚较大，管系的柔性相对较差。焊接接头刚度过大或氢含量控制不够严格，焊接残余应力较大，焊接热循环条件下冷却速度控制不当易导致淬硬马氏体组织形成，以上一种或几种因素作用有可能产生冷裂纹，因此 P92 钢仍有一定的冷裂倾向。

B　焊接接头脆性

焊接所需线能量增大时，容易出现晶粒粗大的块状铁素体、δ 铁素体和碳化物组织，促成焊缝韧性降低，焊接接头脆性增大。

C　热影响区软化及 Ⅳ 型裂纹

研究表明热影响区的软化和 Ⅳ 型裂纹都是造成高 Cr 铁素体热强钢焊接接头韧性劣化和蠕变强度降低的原因。如图 14 - 35 所示，在焊接过程中，母材金属被加热到 A_{c1} 附近

时，在高温长时静拉伸的条件下，软化层处会成为薄弱环节。当焊接接头在较高的温度下回火，持久强度降低，出现低塑性破坏，低应力作用下焊接热影响区的"过回火区"出现断裂的试样即称为Ⅳ型裂纹。Ⅳ型裂纹是高合金铁素体系列耐热钢焊接接头中常见的断裂形态，研究资料表明，在同样的高温服役条件下，新钢种的蠕变寿命由于Ⅳ型裂纹的影响会比母材降低80%。新型耐热钢种相对于传统的耐热钢更易出现这种裂纹，原因是母材和焊接接头的蠕变强度差别更大。

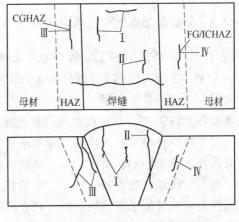

图 14 – 35　焊接接头的Ⅳ型裂纹示意图

14.7.1.2　Super304、HR3C 的焊缝常见缺陷

Super304 钢管属于日本住友金属株式会社的专利牌号，具有极佳的综合性能特别是高温性能。Super304 钢管的出现当属于 20 世纪 80 年代日本大力发展蒸汽参数为 600℃ 左右的超超临界机组时的产物。当时由于 TP304H 在超超临界锅炉中的持久强度无法满足要求，因而在 80 年代末、90 年代初，由日本住友金属株式会社和三菱重工在 ASMESA-213MTP304H 的基础上，通过降低 Mn 含量上限、加入约 3% 的 Cu、约 0.45% 的 Nb 和一定量的 N，使该钢在服役时产生微细弥散、沉淀于奥氏体内的富铜相，并与其互相密合；该富铜相与 NbC、NbN、NbCrN 和 $M_{23}C_6$ 一起产生极佳的强化作用，而开发得到具有很高许用应力的一种新型 18-8 奥氏体不锈钢，且有较好的抗腐蚀性和抗氧化性。因而，Super304 钢的强化原理较为特殊，对钢管厂的制管增加了较高的难度。

日本住友公司在 TP310 基础上通过复合添加 Nb、N 合金元素研制出的新型耐热钢 HR3C，利用钢中析出微细的 CrNbN 化合物和 Nb 的碳氮化物以及 $M_{23}C_6$ 来对钢进行强化，使钢具有了较高的高温强度，综合性能较其他 TP300 系列的奥氏体钢优良；由于铬含量高，HR3C 钢的抗蒸汽氧化性和高温抗腐蚀性优于 18-8 不锈钢，与具有相同含量的 310 不锈钢类似，成为 USC 锅炉和高硫、高氯燃煤锅炉的首选材料之一。

超超临界机组锅炉使用的新型纯奥氏体钢 Super304（18Cr9Ni3CuNb）、HR3C（25Cr20NiNbN）不仅都含有稳定化元素 Nb，而且还含有更多的强化元素，这些强化元素将在强化钢的同时使钢材时效后的塑性韧性大幅降低。为了避免高温下运行时不会出现 σ 相而发生脆化，其 Cr、Ni 量确保了它们都是较为稳定的纯奥氏体组织。碳、硫和磷等杂质被限制得很低，而且随着 Cr、Ni 含量的提高，这些元素被控制得更低。

奥氏体钢焊缝超声波检验主要解决的问题是焊缝裂纹和焊缝晶粒粗大。

A　焊缝裂纹

奥氏体钢焊缝容易出现焊接裂纹，它们是结晶裂纹、高温液化裂纹和高温脆性裂纹。

熔融的熔敷金属在凝固结晶过程中，当残留在凝固晶粒间的液体薄膜被收缩应力拉开而又不能用足够的液体金属填充满时，就会形成结晶裂纹，这种裂纹常出现在焊缝中，尤其容易发生在焊缝收尾部分和弧坑处。

在焊接热影响区的过热区，焊接的高温加热，使该区域母材局部熔化，在冷却时的凝固过程中，局部熔融的母材金属的晶界也可能出现上述晶间的液体薄膜被拉开而无法填补的现象，导致在热影响区的过热区形成裂纹，这种裂纹称为高温液化裂纹。

高温液化裂纹发生在热影响区的母材过热区中，在多层多道焊情况下，也可能发生在焊缝中的焊层间和焊道间的热影响区中。

在焊接热影响区的过热区，材料虽然没有发生局部熔融，但在高温下其塑性降到了很低水平的话，也可能在应力作用下，由于塑性不足而产生裂纹，从而形成高温脆性裂纹。

B 焊缝晶粒的粗大化

奥氏体耐热钢焊缝在凝固过程中没有相变。由于奥氏体钢的导热性差，焊缝熔池中金属的冷却速度慢，温度梯度小，导致了粗的柱状晶形成。奥氏体焊缝结晶晶粒始于半熔化的母材晶粒，沿原方向生长，止于焊缝中心。对于大厚度的奥氏体焊缝采用多道焊，柱状晶生长方向沿着原晶粒方向，能穿过多层焊道持续生长，其长度能达到10mm以上，直径大约为1mm。焊道中部相邻晶粒的方向相差微小，形成了有序的成排柱状晶。由于没有固态相变，所以不可能通过热处理的方式使晶粒细化。Super304典型的焊缝金相组织见图14-36，可见金相显微组织是等轴的，且十分粗大。

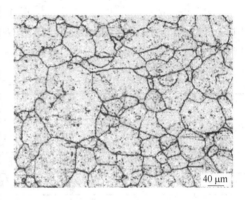

图14-36 Super304钢焊接
焊缝金相组织照片

14.7.2 T/P92、T/P122焊缝的超声波检测

14.7.2.1 探头折射角β值的选择与修正

采用A型脉冲反射式超声波探伤仪，通过与已知声速的对比试块的比较，求得T/P92材料的声速。超声波探伤时，对超声波探头性能参数的测定和对超声波仪器的调整均是在标准试块上进行的，JB/T 4730.3—2005中规定使用的标准试块和GS系列型，而这些标准试块一般是用优质碳素钢制成。由于超声波的声速与传播介质的密度、弹性模量、泊松比有关，因此超声波在不同类型材料中的声速不同，以T/P92钢为例进行分析。

超声波在固体介质中传播的速度为：

$$C_L = \sqrt{\frac{E}{\rho} \cdot \frac{1-\sigma}{(1+\sigma)(1-2\sigma)}} \qquad (14-10a)$$

$$C_S = \sqrt{\frac{E}{\rho} \cdot \frac{1-\sigma}{2(1+\sigma)}} \qquad (14-10b)$$

式中　C_L——纵波声速；

　　　C_S——横波声速；

　　　E——介质的弹性模量；

　　　σ——泊松比；

　　　ρ——介质密度。

通过《火力发电厂金属材料手册》查得T/P92钢在20℃时：$E = 2.20 \times 10^5 MPa$，$\sigma = 0.29$，$\rho = 7.78 t/m^3$，将数据代入式（14-10a）和式（14-10b）计算可得T/P92钢在室

温下的声速为：$C_L = 6090 \mathrm{m/s}$；$C_S = 3310 \mathrm{m/s}$。

而碳素钢的声速为 $C_L = 5900 \mathrm{m/s}$，$C_S = 3230 \mathrm{m/s}$。可见，T/P92 钢和碳素钢的声速发生了变化，特别是横波声速变化比较大。

14.7.2.2　声速对 K 值的影响

根据式（14 -8）：

$$\frac{\sin\alpha}{C_L} = \frac{\sin\beta_{钢}}{C_{钢}} = \frac{\sin\beta_{T92}}{C_{T92}}$$

计算得 $C_{T92} = 3310 \mathrm{m/s}$，$C_{钢} = 3230 \mathrm{m/s}$，所以折射角为 68.2° 的探头在 T/P92 钢中的折射角变为 $\beta_{T92} = 70.0°$，即标称值 $K2.5$ 的探头，在 T/P92 钢中为 $K3.1$。常用斜探头在碳素钢和 T/P92 钢中的对比，见表 14 -7。

表 14 -7　斜探头在碳素钢和 T/P92 钢中的对比

序号	在碳素钢中折射角（K 值）	在 T/P92 钢中的折射角（K 值）	深度变化 $H_{T92}/H_{钢}$	水平偏差 $S_{T92}/S_{钢}$
1	45°（$K1$）	46.5°（$K1.04$）	1.03	1.02
2	56.3°（$K1.5$）	58.5°（$K1.63$）	1.06	1.02
3	64.5°（$K2.0$）	66.5°（$K2.3$）	1.12	1.02
4	68.2°（$K2.5$）	72.0°（$K3.1$）	1.20	1.02
5	71.6°（$K3$）	76.4°（$K4.2$）	1.34	1.02

如果时基扫描比例是按深度调整的，K 值为 3.0 的斜探头在普低钢试块上调整好扫描速度后探测 T/P92 钢，深度显示是实际深度的 1.34 倍，对于 5mm 深的缺陷显示为 $5 \times 1.34 = 6.7 \mathrm{mm}$。

14.7.2.3　近场区长度的变化

探头的近场区长度计算公式如下：

$$N = \sqrt{N_1 N_2} = \sqrt{\frac{D_S^2}{4\lambda_{S2}} \cdot \frac{D_S^2}{4\lambda_{S2}} \frac{\cos^2\beta}{\cos^2\alpha}} = \frac{D_S^2}{4\lambda_{S2}} \frac{\cos\beta}{\cos\alpha} = \frac{F_S}{\pi\lambda_{S2}} \frac{\cos\beta}{\cos\alpha} \qquad (14-11\mathrm{a})$$

$$N' = N - l_2 = \frac{F_S}{\pi\lambda_{S2}} \frac{\cos\beta}{\cos\alpha} - l_1 \frac{\tan\alpha}{\tan\beta} \qquad (14-11\mathrm{b})$$

式中　N——近场长度；

　　　N'——第二介质中的近场长度；

　　　F_S——波源面积；

　　　λ_{S2}——介质 II 中横波波长；

　　　l_1——入射点至波源的距离；

　　　l_2——入射点至假想波源的距离。

探头楔块一般采用有机玻璃，其纵波声速 $C_L = 2730 \mathrm{m/s}$；按照频率 $f = 5 \mathrm{MHz}$；晶片尺寸 6mm×6mm；钢的横波声速 $C_S = 3230 \mathrm{m/s}$；有机玻璃中入射点至晶片的距离 $L_1 = 10 \mathrm{mm}$。根据式（14 -11a）、式（14 -11b）可知，当折射角为 68° 时，$N = 5.65 \mathrm{mm}$，$N' = 2.12$；当折射角为 71.5° 时，$N = 4.87 \mathrm{mm}$，$N' = 1.55$。由以上计算可知：当折射角值增大时，声

波在钢中近场区长度将减少，有利于超声波探伤，如果折射角值太大的话，容易形成变形表面波对探伤干扰。因此，经过研究对比，楔块的选择一方面要有一定的耐磨性，同时，其纵波声速尽可能小些。这样对减小探头前沿和增大折射角值有利。

14.7.2.4 声速对缺陷定位的影响

由于 T/P92 与普通低合金的声速的差异，导致同一探头在检测该两种材料时，其 K 值发生了变化，因此在普通试块上调整好扫描速度后，去探测 T/P92 钢同深度缺陷时，读数显示的深度、水平指示均发生了变化。

A　按声程调节扫描速度

仪器按声程 $1:n$ 调节横波扫描速度，缺陷波水平刻度值为 τ_f，则缺陷至探头的距离 x_f 为：$x_f = n\tau_f$

一次波探伤时 $\begin{cases} l_f = x_f \sin\beta = n\tau_f \sin\beta \\ d_f = x_f \cos\beta = n\tau_f \cos\beta \end{cases}$

二次波探伤时 $\begin{cases} l_f = x_f \sin\beta = n\tau_f \sin\beta \\ d_f = 2T - x_f \cos\beta = 2T - n\tau_f \cos\beta \end{cases}$

具体声程调节扫描速度示意图见图 14-37。

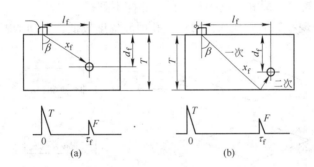

图 14-37　声程调节扫描速度
(a) 一次；(b) 二次

B　按水平调节扫描速度

仪器按水平距离 $1:n$ 调节横波扫描速度，缺陷波的水平刻度值为 l_f，采用 K 值探头探伤。

一次波探伤时 $\begin{cases} l_f = n\tau_f \\ d_f = l_f/K = n\tau_f/K \end{cases}$

二次波探伤时 $\begin{cases} l_f = n\tau_f \\ d_f = 2T - l_f/K = 2T - n\tau_f/K \end{cases}$

C　按深度调节扫描速度

仪器按深度 $1:n$ 调节横波扫描速度，缺陷波的水平刻度值为 τ_f，采用 K 值探头探伤。

一次波探伤时 $\begin{cases} l_f = Kn\tau_f \\ d_f = n\tau_f \end{cases}$

二次波探伤时 $\begin{cases} l_f = Kn\tau_f \\ d_f = 2T - n\tau_f \end{cases}$

14.7.2.5 缺陷长度的修订

当缺陷反射波高位于 II 区或 II 区以上，反射波只有一个高点，用定量线绝对灵敏度法测指示长度；有多个高点时采用端点 6dB 法测量指示长度。其实际指示长度 L_S 为：

$$L_S = \frac{L(R - H)}{R} \qquad (14 - 12)$$

式中 L——探头沿管子外圆面移动距离；

R——管子外半径；

H——缺陷离外表面深度。

14.7.2.6 缺陷性质判断

根据图 14-38 所示程序判断缺陷性质：

（1）根部未焊透：有端角反射特征，回波较强。从焊缝两侧均可探到，位于焊缝中心线，沿焊缝有一定长度；

（2）未熔合：小径管采用"V"形坡口，在靠近探头一侧坡口边缘有未熔合，常在二次波发现，回波较高，焊缝一侧探到，另一侧探不到；

（3）气孔：出现在焊缝中任何位置，气孔回波幅度较低，游动范围小。

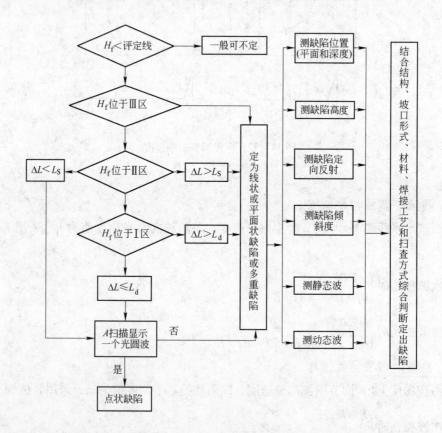

图 14-38 缺陷性质判断程序

14.7.2.7 超声波检测在 T/P92、T/P122 对接焊缝检验中的应用

在 2005 年至 2010 年安装检验和在役检验期间,依据上述理论修正值,对于 T/P92、T/P122 焊缝成功实施了检验。

14.7.3 奥氏体耐热钢焊缝超声波检测

奥氏体耐热钢焊缝存在的主要问题有焊接接头中的晶间腐蚀、应力腐蚀、热裂纹和再热裂纹等。

14.7.3.1 奥氏体耐热钢焊缝的声学特征

由于 Super304 钢结晶的有序性和晶粒粗大,对其焊缝的超声波检测与碳素钢焊缝有所不同。碳素钢焊缝为等轴晶,晶粒组织为 $100\mu m$ 级,对于一般用于检测的超声波来说是均匀的、各向同性的,且晶粒对声波散射很低,超声波检测结果很好;而奥氏体不锈钢焊缝组织对于超声波来说是非均匀的、各向异性的,晶粒尺寸大于超声波的波长。从散射角度来讲,波的散射取决于波长与散射体大小的比值及散射体对于声波的各向异性。一般来说,当材料晶粒接近波长的十分之一,弹性非均质材料有明显散射;当材料晶粒接近波长的五分之一,弹性非均质材料有很强散射;当材料晶粒接近波长的二分之一,对声波的散射剧增,以至小缺陷信号完全埋没在噪声信号中,无法进行小缺陷的超声波检测。焊缝组织对于超声波的各向异性,将引起声束路径弯曲,可能使沿路径能量密度异常降低,导致检测灵敏度下降,造成可能存在漏检区;或可能使能量密度异常升高,导致假缺陷显示,见图 14 - 39,所以用超声波检测 Super304 钢焊缝时具有很大难度。

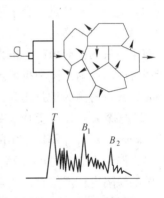

图 14 - 39 林状回波

14.7.3.2 奥氏体耐热钢焊缝对超声波的衰减

声波在奥氏体不锈钢中传播时,其衰减主要由两部分组成,即吸收和散射,纯吸收主要与探头的频率有关。一般可通过增强发射电压和增益及选择合适的探头来减少吸收衰减带来的影响。一般比较难以解决的是散射带来的影响,这是由于散射在反射波中不仅减小了缺陷和底面反射波的高度,而且产生了很多传播时间不同的反射波,即所谓的林状回波,而真正的反射波隐匿在其中。散射衰减系数与材料本身的关系如下:

$$\alpha_s = \begin{cases} c_2 F d^3 f^4, & d < \lambda \\ c_3 F d f^2, & d \approx \lambda \\ c_4 D/d, & d > \lambda \end{cases} \tag{14-13}$$

式中 f——声波频率;

  d——介质的晶粒直径;

  F——各向异性系数;

  λ——波长;

c_2, c_3, c_4——常数。

奥氏体耐热钢在锅炉中主要为小径管焊缝超声波探伤,小径管的壁厚为 $4 \sim 13mm$,

由于壁厚较小，焊接时能量不能过大，且由于奥氏体钢电阻率大，导热系数小，在同样的焊接电流下可获得比结构钢大得多的熔深，为了获得一定尺寸的焊缝，焊接电流比普通低合金钢时小 10% ~ 20%，这样在工艺上就防止了过热现象的发生，所以奥氏体不锈钢小径管焊缝和热影响区不会有明显的晶粒长大现象，即其组织中晶粒度最大值按奥氏体钢母材的晶粒度计算即可，约为 1mm，当采用的频率为 5MHz 时，其 $\lambda = 0.62$mm，由式（14 - 13）可知，此时超声波的散射衰减系数为 $\alpha_s = c_3 F df^2$，可以看出在频率一定时，衰减系数随距离与 d 的乘积的变化而变化，由于此处研究对象为小径管焊缝，其壁厚仅为 4 ~ 13mm，所以在其他参数选择合适的情况下，二者的乘积所决定的衰减不足以影响超声波检验奥氏体不锈钢小径管焊缝。

14.7.3.3 奥氏体钢焊缝中超声波的声速

超声波在介质中传播时，其速度由介质的密度、弹性系数、泊松比所决定，在具有结晶取向的材料中，若结晶的方向不同，则弹性系数也不同，因此声速也不同，不同种类的钢的声速差，不管是非合金还是合金，都在 5% 以内。在没有必要进行精密的测定时，这个差对于声程的确定是可以忽视的，但是横波声速的差即使与此差有同样的数量级，也会对斜角声束的折射角产生很大的影响，超声波倾斜入射到异质界面时，反射波和折射波的传播方向由反射定律和折射定律来确定，当用同一个探头扫查普通的合金钢和奥氏体不锈钢时，其折射角的正弦比为：$\sin\beta_奥 / \sin\beta_合 = C_奥 / C_合$，如用一个在普通的合金钢中折射角为 70° 的探头，其在奥氏体钢中的折射角为 $\beta_奥 = \arcsin\beta_合 C_奥 C_合$，普通合金钢其声速为 3230km/s，奥氏体不锈钢中的横波声速约为 3120km/s，所以折射角为 70° 的普通斜探头，在奥氏体钢中的折射角为 75°，两者的折射角差为 5°，由此可以看出在对奥氏体不锈钢焊缝中的缺陷进行定位时，如果仪器的扫描速度、探头的折射角等是在与母材异质的钢种试块上进行的，虽然两者间声速的差对于声程的确定是可以忽视的，但其斜角声束折射角的偏差很大，那么所判定伤的位置与实际伤的位置就会有很大偏差，往往会造成误判，因此在奥氏体不锈钢探伤时其对比试块一定应选用与被检工作相同的材料制造，而且一定是一批材质中抽取出来的，如果批号不同，其制造和热处理过程中就会产生一些细微差别，使不同批号的奥氏材料具有不同的晶粒尺寸和生长方向，导致了弹性系数和声速的变化，从而影响了实际探伤时的准确度。

14.7.3.4 奥氏体耐热钢缝超声检测条件的选择

A 超声探头的选择

超声检测中的信噪比及衰减与波长 λ 有关，当焊缝晶粒较粗，波长较短时，信噪比低，衰减大。而同一介质中纵波波长约为横波波长的 2 倍；实验证明，纵波探测奥氏体焊缝 60mm 深 ϕ2mm 的横孔，测得 $H_孔 / H_噪 \approx 5.623$，根据 $\Delta = 20\lg(H_孔 / H_噪)$，可得出信噪比为 15dB。因此，Super304 钢焊缝超声检测时选择纵波探伤。选用高阻尼窄脉冲纵波斜探头或双晶纵波聚焦探头。这两种探头的脉冲宽度窄，可减小晶界的影响；声速聚焦，可使特定区域波束截面积减小，减小晶粒散射的作用面积，而且可提高特定区域的灵敏度。

由于 Super304 钢对接焊缝中的焊缝组织多为柱状晶，不同方向检测信噪比和衰减不同，锅炉用不锈钢管多为受热面的小径管，焊接接头厚度一般较小，因此采用纵波折射角 60° ~ 70° 的纵波斜探头，能获得较高检测信噪比，而衰减较小。

Super304 钢对接焊缝晶粒粗大，超声检测时，频率愈高，衰减愈大，穿透力愈低。因此选用较低的检测频率，对 Super304 钢焊缝超声检测时，常用 0.5~2.5MHz 的低频率探头。

B 对比试块的制作

由于 Super304 钢对接焊缝组织比其母材组织晶粒更粗大，为了制作的试块能够体现真实反映所见焊缝，因此对比试块包括对接焊缝，Super304 钢焊缝进行超声波检验时，所制作的对比试块应是在声学性能和化学成分相同或相近的材料制作，参数见表 14-8。

表 14-8 对比试块 DL-1 的适用范围 （mm）

试块编号	R1	适用管径 φ 范围	R2	适用管径 φ 范围
1	16	32~35	17.5	35~38
2	19	38~41	20.5	41~44.5
3	22.5	44.5~48	24	48~60
4	30	60~76	38	76~79
5	50	90~133	70	133~159

14.7.3.5 仪器调整和校验

仪器调整和校验包括以下内容：

（1）探头参数及性能的测定。在 DL-1 型专用试块上测定探头的前沿、折射角、始脉冲占宽和探头分辨力。

（2）时基线扫描的调节。在 DL-1 型专用试块上调节时基线。

（3）DAC 曲线的绘制。DAC 曲线应以所用探伤仪和探头在 DL-1A 型专用试块上实测的数据测绘。

（4）被检验管子厚度小于或等于 6mm 时，DAC 测绘如图 14-40 所示：将 $h=5mm$ 的 φ1mm 通孔回波高调节到垂直刻度的 80%，画一条直线用于直射波检验，然后将 4dB 再画一条直线用于一次反射波检验。见图 14-40。

（5）被检验管子厚度大于 6mm 时，按 DL/T 820—2002 附录 G 方法画 φ1mm 通孔的 DAC 曲线。

（6）环向对接接头：对环向对接接头从焊缝两侧进行，移动范围如图 14-41 所示。

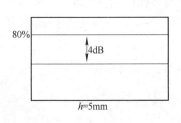

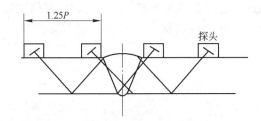

图 14-40 DAC 曲线示意图　　　　图 14-41 环向对接接头扫查方法

14.7.3.6 检验灵敏度的确定

检验灵敏度的确定有以下步骤：

（1）扫查灵敏度为 DAC 曲线增益 10dB。

（2）反射回波的分析：对波幅超过 DAC-10dB 的反射波，应根据探头位置、方向、反射波的位置判断缺陷。

14.7.3.7 缺陷的检测

对在焊接接头检验扫查过程中被标记的缺陷部位进行检验，并确定其具体位置、最大反射波幅度和指示长度。有以下几点需注意：

（1）在测长扫查过程中，当缺陷反射波信号起伏变化有多个高点，缺陷端部反射波幅度位于 DAC 线或以上时，则将缺陷两端反射波极大值之间探头的移动距离确定为缺陷的指示长度。

（2）缺陷指示长度小于或等于 5mm 记为点状缺陷。

14.7.3.8 缺陷的评定

根据缺陷类型、缺陷波幅的大小以及缺陷的指示长度，缺陷分为允许存在和不允许存在两类：

（1）不允许存在的缺陷：

1）性质判定为裂纹、坡口未熔合、层间未熔合、未焊透及密集性缺陷者；

2）密集性缺陷指在扫查灵敏度下荧光屏有效声程范围内同时有 2 个或 2 个以上的缺陷反射信号；

3）单个缺陷回波幅度大于或等于 DAC −6dB 者；

4）单个缺陷回波幅度大于或等于 DAC −10dB 且指示长度大于 5mm 者。

（2）允许存在的缺陷：单个缺陷回波幅度小于 DAC −6dB，且指示长度小于或等于 5mm 者。

14.7.4 TOFD 检测技术在新型耐热钢检验中的应用

14.7.4.1 TOFD 检测技术原理

衍射时差法超声检测（简称 TOFD），是采用一发一收探头对工作模式、主要利用缺陷端点的衍射波信号探测和测定缺陷尺寸的一种超声检测方法。TOFD 通常使用纵波斜探头，在工件无缺陷部位，发射超声脉冲后，首先到达接收探头的是直通波，然后是底面反射波。有缺陷存在时，在直通波和底面反射波之间，接收探头还会接收到缺陷处产生的衍射波或反射波。除上述波外，还有缺陷部位和底面因波型转换产生的横波，一般会迟于底面反射波到达接收探头。工件中超声波传播路径见图14−42，缺陷处 A 扫描信号见图14−43。

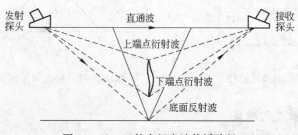

图 14−42 工件中超声波传播路径

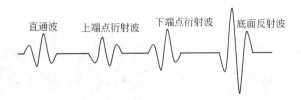

图 14 - 43　缺陷处 A 扫描信号

14.7.4.2　TOFD 检测技术的优势

TOFD 检测技术有以下优势：

（1）TOFD 技术的定量精度高。采用衍射时差技术对缺陷定量，精度远远高于常规手工超声波检测。一般认为，对线性缺陷或面积型缺陷，TOFD 定量误差小于 1mm。对裂纹和未熔合缺陷高度测量误差通常只有零点几毫米。

（2）TOFD 检测简单快捷，最常用的非平行扫查只需一人即可以操作，探头只需沿焊缝两侧移动即可，不需做锯齿扫查，检测效率高。

（3）TOFD 检测系统配有自动或半自动扫查装置，能够确定缺陷与探头的相对位置，信号通过处理可以转换为 TOFD 图像。图像的信息量显示比 A 扫描显示大得多，在 A 型显示中，屏幕只能显示一条 A 扫描信号，而 TOFD 图像显示的是一条焊缝检测的大量 A 扫描信号的集合。与 A 型信号的波形显示相比，包含丰富信息的 TOFD 图像更有利于缺陷的识别和分析。

（4）TOFD 能对缺陷深度位置进行精确定位，对缺陷自身高度进行定量。

（5）由于缺陷衍射信号与角度无关，检测可靠性和精度不受角度影响。

（6）根据衍射信号传播时差确定衍射点位置，缺陷定量定位不依靠信号振幅。

14.7.4.3　TOFD 检测技术在新型耐热钢检验的应用

对 P122 的主蒸汽管道焊缝检验中，发现一条焊缝偏中心线 10mm、深度 46mm 处存在一长 80mm 缺陷，反射当量 SL + 22dB。缺陷具体情况见图 14 - 44。同时对该缺陷进行 TOFD 检测，检测结果见图 14 - 45。

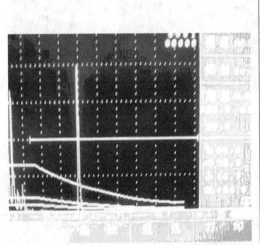
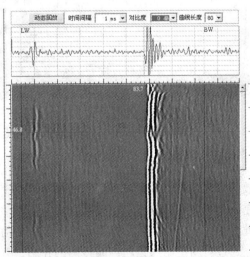

图 14 - 44　同一缺陷在常规超声波检测与 TOFD 检测图形对比

图 14 - 45　TOFD 检测出缺陷照片

材质为 P122 的集箱 2 条焊缝经 TOFD 检测，发现该焊缝在 22 ~ 40mm 深的范围内整周存在断续的缺陷反射信号。缺陷位置形貌见图 14 - 46。

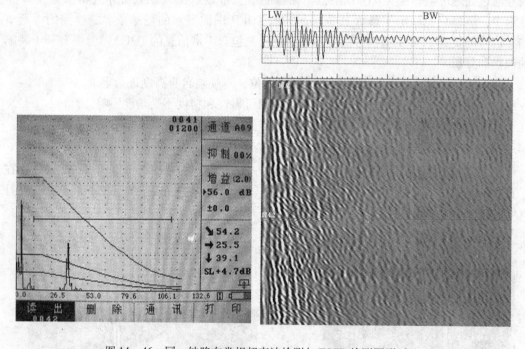

图 14 - 46　同一缺陷在常规超声波检测与 TOFD 检测图形对比

由于其主要是利用衍射波进行检测，而衍射信号不受声束影响，任何方向的缺陷都能有效的发现，使该技术具有很高的缺陷检出率。某研究机构的缺陷检出率的试验得出的评价是：手工 UT，50% ~ 70%；TOFD，70% ~ 90%；机械扫查 UT + TOFD，80% ~ 95%。由此可见，TOFD 检测技术在新型耐热钢检验的应用使检测可靠性得到了很大提高。

通过对新型耐热钢超声波检测的介绍，有如下结论：

（1）采用针对奥氏体小径管焊缝特点所研制出的低频率、大折射角、窄脉冲的专用探头，配合专用探伤试块，这样就可以提高超声波检测时的信噪比，保证了缺陷的检出率。

（2）可以按前述原理对各个参数修正，采用大折射角、小晶片、短前沿并且探头楔块带有与管径相同的曲率的横波探头，在焊缝两侧进行锯形扫查，可以准确有效地对小径管焊缝进行超声检测。

（3）利用宽带窄脉冲探头，TOFD 检测技术在新型耐热钢检验中的应用，使检测可靠性得到了很大提高。

附录1 常用钢铁材料缺陷及相关术语

圆度 圆形截面的轧材，如圆钢和圆形钢管的横截面上，各个方向上的直径不等的程度。

尺寸超差 由于模具设计不合理或制造有误，挤压工艺不当，模具与挤压筒不对中，润滑不合理等，导致金属流动中各点流速相差过大，从而产生内应力致使型材变形，或者由于牵引力过大或拉伸矫直量过大导致型材尺寸偏差。

弯曲度 轧件在长度或宽度方向不平直，呈曲线状的程度。

镰刀弯 钢板（或钢带）的长度方向在水平面上向一边弯曲的现象。

瓢曲度 钢板（或钢带）在长度或宽度方向同时出现高低起伏的波浪现象，使其成为"瓢形"或"船形"的程度。

脱方、脱矩 方形、矩形截面的材料对边不等或截面的对角线不等。

扭转 条形轧件沿纵轴扭呈螺旋状。

拉痕（划道） 呈直线沟状，肉眼可见到沟底分布于钢材的局部或全长的现象。

裂纹 一般呈直线状，有时呈 Y 形，多与拔制方向一致，但也有其他方向，一般开口处为锐角。

重皮（结疤） 表面呈舌状或鱼鳞片的翘起薄片。一种是与钢的本体相联结，并黏合到表面上不易脱落；另一种是与钢的本体没有联结，但黏合到表面易于脱落。

折叠 钢材表面局部重叠，有明显的折叠纹。

锈蚀 表面生成的铁锈，其颜色由杏黄色到黑红色，除锈后，严重的有锈蚀麻点。

发纹 表面发纹是深度甚浅，宽度极小的发状细纹，一般沿轧制方向延伸形成细小纹缕。

分层 钢材截面上有局部的明显的金属结构分离，严重时则分成 2~3 层，层与层之间有肉眼可见的夹杂物。

气泡 表面无规律地分布呈圆形的大大小小的凸包，其外圆比较圆滑，大部分是鼓起的，也有的不鼓起而经酸洗平整后表面发亮，其剪切断面有分层。

麻点（麻面） 在型材表面呈现局部或连续的成片粗糙面，分布着形状不一、大小不同的凹坑，严重时有类似桔子皮状的，比麻点大而深的麻斑。

氧化颜色 钢板（或钢带）经退火后在表面上呈现出浅黄色、深棕色、浅蓝色、深蓝色或亮灰色等。

辊印 表面有带状或片状的周期性轧辊印，其压印部位较亮，且没有明显的凸凹感。

疏松 钢的不致密性的表现。切片经过酸液侵蚀以后，扩大成许多洞穴，根据其分布可分为一般疏松和中心疏松。

偏析 钢中各部分化学成分和非金属夹杂物不均匀分布的现象。根据其表现形式可分：树枝状、方框形、点状偏析和反偏析等。

缩孔残余 在横向酸浸试片的中心部位，呈现不规则的空洞或裂缝。空洞或裂缝中往往残留着外来杂质。

非金属夹杂物 在横向酸性试片上见到一些无金属光泽，呈灰白色、米黄色或暗灰色等色彩，系钢中残留的氧化物、硫化物、硅酸盐等。

金属夹杂物 在横向低倍试片上见到一些有金属光泽与基体金属明显不同的金属盐。

过烧 观察经侵蚀后的显微组织时，往往在网状氧化物周围的基体金属上可看到脱碳组织，其他金属如铜及其合金则有氧化铜沿晶界呈网络状或点状向试样内部延伸。

白点 它是钢的内部破裂的一种。在钢件的纵向断口上呈圆形或椭圆形的银白色斑点。在经过磨光和酸蚀以后的横向切片上，则表现为细长的发裂，有时呈辐射状分布，有时则平行于变形方向或无规则地分布。

晶粒粗大 酸浸试片断口上有强烈金属光泽。

脱碳 钢的表层碳分较内层碳分降低的现象称为脱碳。全脱碳层是指钢的表面因脱碳而呈现全部为铁素体组织部分；部分脱碳是指在全脱碳层之后到钢的含碳量未减少的组织处。

强度 金属材料在外力作用下，抵抗塑性变形和断裂的能力，$\sigma = P/F$，单位符号 MPa。

抗拉强度 拉伸试验时，金属材料在拉断前所承受的最大应力。即拉断前所承受的最大负荷 P_b 与试样原横截面积 F_0 之比，$\sigma_b = P_b/F_0$，用 σ_b 表示，单位符号 MPa。

屈服点 拉伸试验过程中，负荷不再增加，金属试样仍继续发生变形的现象，称为"屈服"，发生屈服现象时的应力，称为屈服点或屈服极限。即屈服时的负荷 P_s 与试样原横截面面积 F_0 之比，$\sigma_s = P_s/F_0$，用 σ_s 表示，单位符号 MPa。

屈服强度 对于某些屈服现象不明显的金属材料，测定屈服点比较困难，常把产生 0.20% 永久变形的应力定为屈服点，称为屈服强度或条件屈服极限。用 $\sigma_{0.2}$ 表示，单位符号 MPa。

延伸率 金属材料拉伸时，试样拉断后，其标距部分所增加的长度与原标距长度的百分比。用 δ 表示，单位符号%。

断面收缩率 金属材料拉伸时，在断裂处试样截面积减少的百分比。用 ψ 表示，单位符号%。

韧性 金属材料在冲击力作用下而不破坏的能力。

硬度 金属材料抵抗更硬物体压入其表面的能力。

热处理 将金属成材或零件加热到低于熔点的一定温度，并将此温度保持一定时间（保温），然后冷却至一定温度的工艺过程，钢的热处理应用得最为普遍。

退火 将钢件加热到一定的温度，保温一定时间，然后缓慢冷却的热处理工艺操作。

淬火 将钢件加热到淬火温度（A_{c3} 以上或者 $A_{c1} \sim A_{cm}$ 之间），保温后在水、油或者其他淬火介质中快速冷却的热处理工艺操作。

调质 将淬火后的钢件进行高温（500~600℃）回火的热处理工艺操作。

表面淬火 利用快速加热，使钢件表面局部达到淬火温度，在热量还来不及传到心部的时候，就立即快速冷却的淬火方法。

光学金相 一种光子束微观分析技术，根据金属样品表面上不同组织组成物的光反射特征，用显微镜在可见光范围内对这些组织组成物进行光学研究和定量描述的一种技术。现在的光学显微镜可把物体放大 1600 倍，分辨的最小极限达 0.1μm。

电子显微镜 又称电镜，按电子光学原理用电子束使样品成像的显微镜，分为透射电镜（transmission electron microscope，TEM）和扫描电镜（scanning electron microscope，SEM）。与光镜相比，电镜用电子束代替了可见光，用电磁透镜代替了光学透镜，并使用荧光屏将肉眼不可见电子束成像，它的分辨率更高。

附录 2　A 型脉冲反射式超声探伤仪通用技术条件
（JB/T 10061—1999）

本标准适用于单通道非饱和式手动探伤用的 A 型脉冲反射式超声探伤仪（以下简称探伤仪）。

对于多通道或其他类型的超声探伤装置，可从本标准中选用相应的部分。

1　名词术语

本标准所用的名词术语符合 JB/T 7406.1—1994《试验机术语》、JB/T 7406.2—1994《无损检测名词术语》和附录 A（补充件）的规定。

2　产品品种、规格

2.1　在产品标准中，应给出探伤仪产品的品种、型式、基本结构、仪器组成、外形尺寸、质量和荧光屏有效显示面积等有关技术数据。

　　a. 品种、型式：如专用型、通用型、台式、携带式等。

　　b. 基本结构：如插件式、组合式、整体式、电子管、晶体管、集成化等。

　　c. 仪器组成：如主机、充电器、电池箱、外附报警器、记录器等。

　　d. 结构尺寸：外形尺寸和必要的结构尺寸。

　　e. 质量：仪器组成中各部分的质量以及必要的组合质量。

　　f. 荧光屏有效显示面积：荧光屏的有效显示面积、刻度形式或刻度简图。

　　g. 结构简图：产品的结构简图或相片。

2.2　在产品标准中，应给出仪器组成中各部分间的连接方法、配用探头和电缆线的型号、规格等技术数据。

　　a. 连接方法：如主机同充电器、电池箱，主机同外附报警器等的连接方法。

　　b. 配用探头的种类：如配用探头的品种、规格、基本频率范围及有关的命名方法。

　　c. 连接电缆的型号、规格：应包括所有配用电缆线的型号、规格及有关的命名方法。

3　技术要求

3.1　一般规定

3.1.1　探伤仪组成

探伤仪应包括同步、发射、衰减器、接收系统、扫描、显示及电源等基本组成部分；也可设置延时、报警、深度补偿、标记、跟踪及记录等附加装置。

3.1.2　电气、机械结构基本要求

探伤仪的电气、机械结构基本要求应符合 SJ 946—83《电子测量仪器电气、机械结构基本要求》的规定。

3.1.3　误差的规定

探伤仪工作误差的给出原则及其表示方法，应符合 SJ/T 943—1982《电子测量仪器误差的一般规定》中的有关规定。凡表 2 中规定工作特性的项目，必须给出额定工作条件下的误差极限，在此前提下，必要时部分项目可以按影响量、影响特性等不同范围分段给出。

3.1.4　环境要求

探伤仪按使用条件的环境分组，应符合 SJ/T 2075—1982《电子测量仪器环境试验总纲》的规定，并在产品标准中注明产品隶属的组别。

3.2　电性能

3.2.1　衰减器

a. 总衰减量：不小于 60dB；

b. 衰减误差：在探伤仪规定的工作频率范围内，衰减器每 12dB 的工作误差不超出 ±1dB。

3.2.2　垂直线性误差

不大于 8%。

3.2.3　动态范围

不小于 26dB。

3.2.4　水平线性误差

不大于 2%。

3.2.5　工作频率

a. 窄频带探伤仪的基本频率档级应在下列数值中选取：

(0.4)、0.5、(1)、1.25、(2)、(2.25)、2.5、(4)、5、(8)、10、(12)、15、20、25、30MHz；

b. 宽频带探伤仪的基本频率范围应在下列数值中选取：

(0.4)、0.5、(0.8)、1、1.5、2、(2.25)、2.5、(3)、5、(8)、10、(12)、15、(18)、20、25、30MHz。

注：括号内的数值为非优选数值。

3.2.6　电噪声电平

在产品标准中应给出电噪声电平的最大值。

3.2.7　接收系统最大使用灵敏度

在产品标准中应给出下列技术数据：

a. 窄频带探伤仪应给出各工作频率档级所对应的中心频率下的最大使用灵敏度；

b. 宽频带探伤仪应给出频带上限、下限及中心频率所对应的使用灵敏度。

3.2.8　接收系统频带宽度

在产品标准中应给出窄频带探伤仪—3dB 频带宽度的最小值。

3.2.9　阻塞范围

在产品标准中应给出接收系统阻塞范围的最大值。

3.2.10　发射脉冲幅度

在产品标准中应给出发射脉冲在规定负载下脉冲幅度的最小值。

3.2.11 发射脉冲上升时间

在产品标准中应给出发射脉冲在规定负载下上升时间的最大值。

3.2.12 发射电路有效输出阻抗

在产品标准中应给出发射电路有效输出阻抗的技术数据。

3.2.13 发射脉冲重复频率

在产品标准中应给出重复频率的转换方式及其额定值。

3.2.14 扫描范围

在产品标准中应给出下列数据：

a. 扫描范围的额定值，并以钢中纵波的传播距离表示；

b. 扫描范围的分档形式，其中各档级间应能覆盖。

3.2.15 使用电源

在产品标准中应注明探伤仪适用电源的种类、性质、电压额定值及其额定使用范围等。

使用交、直流电源时，电压额定使用范围最大值与电压额定值的相对误差均不小于10%，其最小值的相对误差在产品标准中规定。

3.2.16 工作电流

在产品标准中应给出探伤仪基本组成部分正常工作时工作电流的最大值。

3.3 组合性能

3.3.1 探伤灵敏度余量

在产品标准中应给出石英标定探头 2.5Q20B❶ 或 5Q20B 和一个常用直探头在给定（发射强度）调节度下探伤灵敏度余量的最小值。

探伤灵敏度余量的测试规定在电噪声电平不大于 10% 的条件下进行。

3.3.2 回波宽度

在产品标准中，凡已按 3.3.1 款规定探伤灵敏度余量指标的石英标定探头，应给出它们在（发射强度）与 3.3.1 款处于同一调节度下回波宽度的技术数据。

3.3.3 回波频率误差

在产品标准中，凡已按 3.3.1 款规定的探伤灵敏度余量指标的常用直探头，应给出它同所配用探伤仪的回波频率与探头标称频率间的误差极限。

3.3.4 抑制电平

在产品标准中，应给出（抑制）电平额定调节范围的最大值。

3.3.5 外磁场的影响

在产品标准中，应给出外磁场影响探伤仪工作状态的技术数据。

3.4 基本安全要求

3.4.1 绝缘电阻

在产品标准中，应按 SJ/T 2257—1982《电子测量仪器基本安全要求》的规定给出探伤仪的绝缘电阻值、测试绝缘电阻时所施加的试验电压及试验部位。

3.4.2 漏电流

---

❶ 石英标定探头等测试用仪器设备的主要技术要求见附录 B（补充件），下同。

在产品标准中，应按 SJ/T 2257 的规定给出探伤仪的漏电流及其试验部位。

3.4.3 介电强度电压

在产品标准中，应按 SJ/T 2257 的规定给出探伤仪介电强度电压试验的试验电压值。

4 测试方法

4.1 衰减器衰减误差

4.1.1 测试设备

  a. 标准衰减器；

  b. 高频信号发生器；

  c. 脉冲调制高频信号发生器；

  d. 阻抗匹配器；

  e. 终端负载；

  f. 同轴转换器。

4.1.2 测试步骤

4.1.2.1 被测探伤仪置一收一发、即"双"的工作状态；被测探伤仪和测试设备的连接方法见图 1。

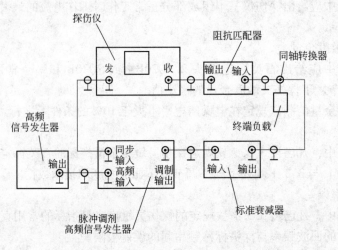

图 1

4.1.2.2 调节探伤仪和标准衰减器，使在荧光屏上显示的脉冲调制高频信号的幅度为垂直刻度的 60% ~ 80%，然后采用比较法，从标准衰减器读出探伤仪（衰减器）的衰减误差。

4.1.2.3 在探伤仪的各种调节度和规定的工作频率范围内，改用不同的频率，重复 4.1.2.2 项的测试。

4.1.2.4 测试结果以 dB 表示，读数精确到 0.1。

4.2 垂直线性误差

4.2.1 测试设备

  a. 各种频率的常用直探头；

b. 对比试块 DB－P Z 20－2 或 Z 20－4❶；

c. 探头压块。

4.2.2　测试步骤

4.2.2.1　连接探头并固定在试块上，如图 2 所示。调节探伤仪，使荧光屏上显示的探伤图形中，孔波幅度恰为垂直刻度的 100%，且（衰减器）至少有 30dB 的衰减余量。

4.2.2.2　调节（衰减器），依次记下每衰减 2dB 时孔波幅度的百分数，直至 26dB。然后将孔波幅度实测值与表 1 中的理论值相比较，取最大正偏差 $d_{(+)}$ 与最大负偏差 $d_{(-)}$ 之绝对值的和为垂直线性误差 Δd，见式（1）：

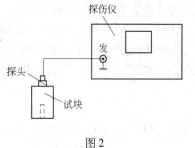

图 2

$$\Delta d = |d_{(+)}| + |d_{(-)}| \tag{1}$$

式中　Δd——垂直线性误差，%。

表 1

衰减量/dB	0	2	4	6	8	10	12	14	16	18	20	22	24	26
波高理论值/%	100	79.4	63.1	50.1	39.8	31.6	25.1	20.0	15.8	12.5	10.0	7.9	6.3	5.0

4.2.2.3　将底波幅度调为垂直刻度的 100%，重复 4.2.2.2 项的测试。

4.2.2.4　在工作频率范围内，改用不同频率的探头，重复 4.2.2.2 和 4.2.2.3 项的测试。

4.3　动态范围

4.3.1　测试设备

同 4.2.1。

4.3.2　测试步骤

4.3.2.1　仪器的调节度同 4.2.2.1。

4.3.2.2　调节（衰减器），读取孔波幅度自垂直刻度 100% 下降至刚能辨认之最小值时（衰减器）的调节量，定为探伤仪在该探头所给定的工作频率下的动态范围。

4.3.2.3　按 4.2.2.3 和 4.2.2.4 项方法，测试不同回波、不同频率时的动态范围。

4.4　水平线性误差

4.4.1　测试设备

a. 不同厚度的对比试块 DB－D_1、DB－P Z 20－2 等；

b. 5MHz 或其他频率的常用直探头；

c. 探头压块。

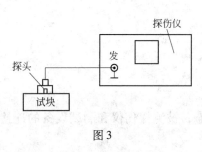

图 3

4.4.2　测试步骤

4.4.2.1　连接探头并根据被测探伤仪中扫描范围档级的要求将探头固定于适当厚度的试块上，如图 3 所示；再调节探伤仪，使显示多次无干扰底波。

4.4.2.2　在不具有"延迟扫描"功能的探伤仪中，在

---

❶　测试用对比试块的技术要求见附录 C（补充件），下同。

分别将底波调到相同幅度（如垂直刻度的80%）的条件下，使第一次底波 B_1 的前沿对准水平刻度"2"，第五次底波 B_5 的前沿对准水平刻度"10"；然后在依次将每次底波调到上述相同幅度时，分别读取第二、三、四次底波前沿与水平刻度"4"、"6"、"8"的偏差 L_n，如图4所示，然后取其最大偏差 L_{max} 按式（2）计算水平线性误差 ΔL

$$\Delta L = \frac{|L_{max}|}{0.8B} \times 100\% \tag{2}$$

式中 ΔL——水平线性误差,%；

$\qquad$ B——水平全刻度数。

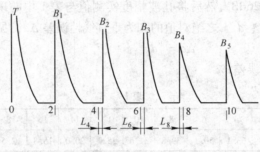

图4

4.4.2.3 在具有"延迟扫描"功能的探伤仪中，按4.4.2.2项方法，将底波 B_1 前沿对准水平刻度"0"，底波 B_6 前沿对准水平刻度"10"，然后读取第二至第五次底波中之最大偏差值 L_{max}，再按式（3）计算水平线性误差 ΔL

$$\Delta L = \frac{|L_{max}|}{B} \times 100\% \tag{3}$$

4.4.2.4 在探伤仪扫描范围的每个档级，至少应测试一种扫描速度下的水平线性误差。

4.5 电噪声电平

4.5.1 测试步骤

4.5.1.1 将探伤仪的灵敏度和扫描范围调至最大，在避免外界干扰的条件下，读取时基线上电噪声平均幅度在垂直刻度上的百分数。

4.5.1.2 探伤仪的工作频率如取分档形式，各档级应分别测试。

注：测试时的脉冲重复频率应做记录。

4.6 接收系统最大使用灵敏度

4.6.1 测试设备

  a. 脉冲调制高频信号发生器；

  b. 高频信号发生器；

  c. 带宽不小于30MHz的示波器。

4.6.2 测试步骤

4.6.2.1 被测探伤仪置一收一发、即"双"的工作状态；被测探伤仪和测试设备的连接见图5。

注：图5中，如果直接用发射脉冲触发脉冲调制高频信号发生器有困难时，允许打开探伤仪的机箱，把探伤仪中的同步触发脉冲从发射电路断开，使发射电路停止工作并将此同步脉冲接到脉冲调制高频信号发生器的"同步输入"端，如图5中虚线所示。

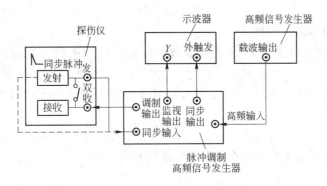

图5

4.6.2.2 把接收系统使用灵敏度调至最高，调节高频信号发生器和脉冲调制高频信号发生器，使在探伤仪荧光屏上显示的脉冲调制高频信号的最大值比噪声电平高6dB，如图6所示。

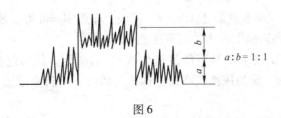

$a : b = 1 : 1$

图6

4.6.2.3 用示波器测量脉冲调制高频信号发生器的输出电压并从衰减器的读数算出接收系统输入电压的峰 – 峰值 U_{pp}，单位 μV。

4.6.2.4 经4.6.2.3项测得的输入电压 U_{pp}，为接收系统在此高频信号所对应的频率下的使用灵敏度，其最小值为接收系统最大使用灵敏度。

4.6.2.5 窄频带探伤仪的工作频率如取分档形式，各档级应分别测试。宽频带探伤仪应分别测试频带上限、下限及中心频率所对应的使用灵敏度。

4.7 接收系统频带宽度

4.7.1 测试设备

同4.6.1款。

4.7.2 测试步骤

4.7.2.1 连接方法同4.6.2.1。

4.7.2.2 将接收系统从其最大使用灵敏度减小20dB，调节高频信号发生器的信号频率，找出显示在探伤仪荧光屏上的脉冲调制高频信号之最大值 H_a；再调节高频信号发生器的信号频率，读取显示信号幅度为 H_a 的70.7%时所对应的信号频率 f_{a1} 和 f_{a2}，则 –3dB带宽 Δf_a 按式（4）计算：

$$\Delta f_a = |f_{a2} - f_{a1}| \tag{4}$$

式中 Δf_a——频带宽度，MHz。

4.7.2.3 将接收系统从其最小使用灵敏度提高20dB，重复4.7.2.2项的测试，得出相应之信号频率 f_{b1} 和 f_{b2}，则 –3dB带宽 Δf_b 按式（5）计算：

$$\Delta f_b = |f_{b2} - f_{b1}| \tag{5}$$

式中　Δf_b——频带宽度，MHz。

4.7.2.4　窄频带探伤仪的工作频率如取分档形式，各档级应分别测试 –3dB 带宽 Δf_a 和 Δf_b。

4.7.2.5　测试时，脉冲调制高频信号最大值 H_a 的幅度可调在易于读测的高度上，如垂直刻度的 60% ~80%。

4.8　阻塞范围

阻塞范围允许采用 4.8.2 或 4.8.3 中规定的方法进行测试。

4.8.1　测试设备

　　a. 石英标定探头；

　　b. 对比试块 DB – D_1；

　　c. 高频信号发生器；

　　d. 脉冲调制高频信号发生器。

4.8.2　石英标定探头回波法测试步骤

4.8.2.1　连接石英标定探头并置于 DB – D_1 试块上厚度 48mm 处，使其第一次底波 B_1 最高，调节探伤仪使此底波幅度恰为垂直刻度的 80%。

4.8.2.2　在 DB – D_1 试块上由厚至薄测量底波 B_1 的幅度，找出此幅度保持在垂直刻度 70% 以上的最小板厚 d，定为探伤仪在这一探伤灵敏度下的阻塞范围，并以钢中纵波传播距离表示。

4.8.2.3　宽频带和工作频率取分档形式的探伤仪，分别用石英标定探头 2.5Q20B 和 5Q20B 测试阻塞范围。

4.8.2.4　探伤仪的发射强度如取分档形式，应测试发射强度最强时探伤仪的阻塞范围，并在测试结果中注明发射强度的档级。

4.8.3　脉冲调制高频信号发生器法测试步骤

4.8.3.1　连接石英标定探头并置于 1 号标准试块上厚度 25mm 处，调节探伤仪，使第一次底波 B_1 的前沿对准水平刻度 "5"，第二次底波 B_2 的前沿对准水平刻度 "10"。然后将被测探伤仪和测试设备按图 7 连接。

4.8.3.2　调节高频信号发生器和脉冲调制高频信号发生器，使探伤仪水平刻度 "10" 上显示的脉冲调制高频信号的幅度为垂直刻度的 80%。

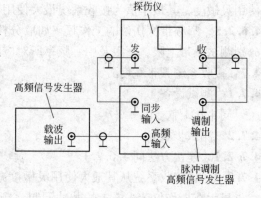

图7

4.8.3.3　调节脉冲调制高频信号发生器的（起位）旋钮，使显示的调制脉冲向始波靠近，再测出此调制脉冲显示的幅度下降至垂直刻度的 70% 时所对应的水平刻度 b，然后按式（6）计算阻塞范围 d，并以钢中纵波传播距离表示：

$$d = 5b \tag{6}$$

式中　d——阻塞范围，mm。

4.8.3.4　按4.8.2.3和4.8.2.4项的规定，分别测试各种工作状态下的阻塞范围。

4.9　发射脉冲幅度

4.9.1　测试设备

　　a. 带宽不小于30MHz的示波器；

　　b. 50Ω无感电阻。

4.9.2　测试步骤

4.9.2.1　探伤仪置一收一发、即"双"的工作状态，（发射强度）置最高，在发射输出端与地线间接上50Ω无感电阻。

4.9.2.2　用示波器在发射输出端测量发射脉冲的峰值幅度U_{p5}。

4.9.2.3　本项测试中，若因设备限制而采用带宽较窄的示波器，使在置"内触发"时无法稳定显示一个完整的发射脉冲时，允许打开被测探伤仪的机箱，将发射脉冲的触发信号引出作为示波器的"外触发"信号，然后进行测试。

　　注：测试时的发射脉冲重复频率应做记录。

4.10　发射脉冲上升时间

4.10.1　测试设备

　　同4.9.1。

4.10.2　测试步骤

4.10.2.1　仪器的调节度同4.9.2.1。

4.10.2.2　用示波器在发射输出端测量发射脉冲幅度从10%上升至90%的时间t_r作为发射脉冲上升时间。

4.10.2.3　若出现4.9.2.3项的情况，应按该项的规定处理。

　　注：测试时的发射脉冲重复频率应做记录。

4.11　发射电路的有效输出阻抗

4.11.1　测试设备

　　同4.9.1。

4.11.2　测试步骤

4.11.2.1　探伤仪置一收一发、即"双"的工作状态，（发射强度）置最强，用示波器在发射输出端测量发射脉冲的峰值幅度U_{p0}。

4.11.2.2　将此U_{p0}和4.9条测量的U_{p5}按式（7）计算有效输出阻抗

$$Z_e = \frac{U_{p0} - U_{p5}}{U_{p5}} \times 50 \tag{7}$$

式中　Z_e——发射电路的有效输出阻抗，Ω。

4.11.2.3　若出现4.9.2.3项的情况，应按该项的规定处理。

　　注：测试时的发射脉冲重复频率应做记录。

4.12　发射脉冲重复频率

4.12.1　测试设备

　　示波器。

4.12.2　测试步骤

4.12.2.1　用示波器在发射输出端测量发射脉冲的周期T，然后按$f = 1/T$计算重复频率f。

4.12.2.2 脉冲重复频率的各档级均需测试。

4.13　扫描范围

4.13.1　测试设备

同 4.4.1。

4.13.2　测试步骤

4.13.2.1 连接探头并根据被测探伤仪中扫描范围的要求将探头固定于适当厚度的试块上，调节探伤仪使显示在荧光屏上的多次底波中最后一次底波的幅度大于垂直刻度的 50%，然后在水平刻度 0~10 的范围内读出底波的次数 n，再按式（8）计算扫描范围。

$$l = nD \tag{8}$$

式中　l——扫描范围，mm；

　　　D——试块厚度，mm。

4.13.2.2 在探伤仪扫描范围的各档级分别测试其最大值和最小值。

4.14　工作电流

4.14.1　测试设备

　　a. 0.5 级交流或直流电流表；

　　b. 0.5 级交流或直流电压表；

　　c. 自耦调压器或可调直流稳压源。

4.14.2　测试步骤

4.14.2.1 根据探伤仪的使用电源选取电流表、电压表和可调电源的组合，并在探伤仪的电源输入电路接入上述设备，然后使电压表的指示与被测探伤仪产品标准中指定的电压额定值一致。

4.14.2.2 接通探伤仪的电源后调节旋钮位置，使电流表的指示最大，并以此作为被测探伤仪的工作电流 I_m。

4.14.2.3 测试时，探伤仪不连接探头；报警器、深度补偿、跟踪、记录、不检波显示等附加装置可不接入。

4.15　探伤灵敏度余量

4.15.1　测试设备

　　a. 石英标定探头和常用直探头；

　　b. 1 号标准试块；

　　c. 对比试块 DB - P Z 20 - 2 或 Z 20 - 4。

4.15.2　测试步骤

4.15.2.1 被测探伤仪的（发射强度）置于产品标准所规定的调节度上。

4.15.2.2 连接石英标定探头，按 4.5 条的方法测出探伤仪的电噪声电平，然后调节（衰减器）或（增益），使电噪声电平不大于 10%，并记下此时（衰减器）的读数 S_0。

4.15.2.3 将石英标定探头置于 1 号标准试块上厚度 100mm 处并使底波最高，调节（衰减器），使底波 B_1 幅度恰为垂直刻度的 50%，记下此时（衰减器）的读数 S_1，则探伤灵敏度余量按式（9）计算：

$$S_Q = S_1 - S_0 \tag{9}$$

式中　S_Q——石英标定探头的探伤灵敏度余量，dB。

4.15.2.4　连接常用直探头并置于 Z 20－2 或 Z 20－4 试块上，移动探头使孔波最高，调节（衰减器）使孔波幅度为垂直刻度的 50% 记下此时（衰减器）的读数 S_2，则探伤灵敏度余量按式（10）计算：

$$S_p = S_2 - S_0 \qquad\qquad (10)$$

式中　S_p——常用直探头的探伤灵敏度余量，dB。

注：本项测试中，石英标定探头可用频率相同的石英晶片固定试块代替。

4.16　回波宽度

4.16.1　测试设备

　　a. 石英标定探头；

　　b. 1 号标准试块；

　　c. 探头压块。

4.16.2　测试步骤

4.16.2.1　连接石英标定探头并置于 1 号标准试块上厚度 25mm 处，调节探伤仪使第二次底波 B_2 的前沿对准水平刻度"4"，第四次底波 B_4 前沿对准水平刻度"8"。

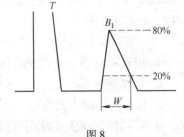

图 8

4.16.2.2　将探头固定于 1 号标准试块上厚度 100mm 处，调节仪器，使底波 B_1 幅度为垂直刻度的 80%，然后读出此底波前沿始点至其后沿和垂直刻度 20% 线交点的水平距离 W，如图 8 所示，并用钢中纵波距离表示。

注：1. 在具有"延迟扫描"功能的探伤仪中，允许将回波宽度 W 展宽读测。

　　2. 在 4.16.2.2 项测试中，石英标定探头可用频率相同的石英晶片固定试块代替。

4.17　回波频率误差

4.17.1　测试设备

　　a. 带宽不小于 30MHz 的示波器；

　　b. 1 号标准试块。

4.17.2　测试步骤

4.17.2.1　被测探伤仪的（发射强度）置于与 4.15.2.1 项相同的位置上或按产品标准中的规定调节。

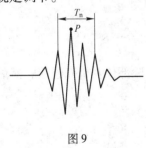

图 9

4.17.2.2　连接被测直探头并固定于 1 号标准试块上厚度 25mm 处，使第一次底波 B_1 最高。

4.17.2.3　用示波器在探伤仪的接收输入端观察底波 B_1 的扩展波形如图 9 所示。在此波形中，以峰值点 P 为基准，读出在其前一个周期、其后两个周期共计三个周期的时间 T_3，据 $f_e = 3/T_3$ 计算回波频率 f_e，再按式（11）计算回波频率误差 Δf_e：

$$\Delta f_e = \frac{f_e - f_0}{f_0} \times 100\% \qquad\qquad (11)$$

式中　Δf_e——回波频率误差，%；

　　　f_0——探头的基本频率，MHz。

注：在 4.17.2.3 项的测试中，必要时也可以只读出峰点前一个和峰点后一个共计二个周期的时间 T_2，据 $f_e = 2/T_2$ 计算回波频率 f_e，再按式（11）计算回波频率误差 Δf_e。

4.18　抑制电平

4.18.1　测试设备

    a. 石英标定探头或常用直探头；

    b. 1 号标准试块或其他试块；

    c. 探头压块。

4.18.2　测试步骤

4.18.2.1　连接探头并固定于试块上，调节被测探伤仪，使在（抑制）置最大时，荧光屏上显示的多次底波中某次底波 B_n 的幅度为垂直刻度的 5%。

4.18.2.2　将（抑制）调至最小，读取此时底波 B_n 的幅度并以垂直刻度的百分数表示。

4.19　外磁场的影响

4.19.1　测试设备

    a. 用具有富余安全载流量的电线制成的直径 2m、30 安匝的环；

    b. 自耦调压器；

    c. 0.5 级交流电流表；

    d. 石英标定探头或常用直探头；

    e. 1 号标准试块或其他试块；

    f. 探头压块。

4.19.2　测试步骤

4.19.2.1　被测探伤仪放在环的中心，按 4.16.2.1 项的方法调节扫描范围，使取得一稳定的探伤图形，且底波 B_4 的幅度为垂直刻度的 80%。

4.19.2.2　交流电源经调压器、电流表与环连接，调节调压器使环中流过 30 安匝的电流；然后通断电流，读出底波 B_4 幅度和位置的变化量。

4.19.2.3　在探伤仪和环的位置关系中，就相互垂直的三个方向进行 4.19.2.2 项测试。

4.19.2.4　在底波 B_4 幅度和位置没有变化时，可表示为"无异常"，有变化时，以相对变化量的百分数表示。

4.20　绝缘电阻

4.20.1　测试设备

    兆欧表（输出电压值按被测探伤仪产品标准的规定选取）。

4.20.2　测试步骤

    将兆欧表的输入线分别与被测探伤仪产品标准中规定的试验部位及机壳连接，然后测出其绝缘电阻值。

4.21　漏电流

4.21.1　测试设备

    a. 0.5 级交流电流表；

    b. 0.15μF 电容器（耐压按被测探伤仪电压额定值的 1.1 倍选取）；

    c. 隔离变压器；

    d. 绝缘工作台。

4.21.2　测试步骤

    按被测探伤仪产品标准的规定连接，在供电电压调到被测探伤仪电压额定值 1.1 倍时测出漏电流。

4.22 介电强度电压

4.22.1 测试设备

介电强度电压试验装置。

4.22.2 测试步骤

4.22.2.1 将介电强度电压试验装置的输出端分别与被测探伤仪产品标准中规定的试验部位及机壳连接。

4.22.2.2 按被测探伤仪产品标准中规定的试验电压值通电 1min，观察是否出现击穿和飞弧等异常现象。

5 检验规则

5.1 试验分类及试验项目

探伤仪在定型和生产时必须按 SJ/T 945—1982《电子测量仪器质量检验规则》和本标准的要求通过规定的试验，以确定是否符合本标准及其产品标准规定的质量要求。

5.1.1 试验分类

试验分为定型试验、交收试验和例行试验三类。

5.1.2 试验项目

探伤仪在定型试验、交收试验、例行试验时，除本款另有规定者外，进行工作特性检验的项目及顺序应符合表 2 的规定。

表 2

序号	条款	项目	定型试验	交收试验	例行试验
1	3.1.2	电气、机械性能检查	○	○	○
2	3.2.1	衰减器衰减误差	○	○	
3	3.2.2	垂直线性误差	△	○	△
4	3.2.3	动态范围	△	○	△
5	3.2.4	水平线性误差	△	○	△
6	3.2.6	电噪声电平	△	○	△
7	3.2.7	接收系统最大使用灵敏度			
8	3.2.8	接收系统频带宽度			
9	3.2.9	阻塞范围	○	○	
10	3.2.10	发射脉冲幅度			
11	3.2.11	发射脉冲上升时间			
12	3.2.12	发射电路有效输出阻抗			
13	3.2.13	发射脉冲重复频率			
14	3.2.14	扫描范围	△	○	△
15	3.2.16	工作电流			

序号	条款	项目	定型试验	交收试验	例行试验
16	3.3.1	探伤灵敏度余量	△	○	△
17	3.3.2	回波宽度			
18	3.3.3	回波频率误差			
19	3.3.4	抑制电平	○	○	
20	3.3.5	外磁场的影响			
21	3.4.1	绝缘电阻			
22	3.4.2	漏电流			
23	3.4.3	介电强电压			

注：1. 有△符号的项目，应根据5.6.1款的规定，在定型试验和例行试验时进行组合试验考核。

2. 有○符号的项目，可不进行组合试验考核，但试验中必须对之进行工作特性检验。

3. 未画△○符号的项目，必要时由质量检验部门按需要进行抽测，或按产品标准的规定进行检验。

5.1.2.1 探伤仪的新产品应进行定型鉴定。定型前各阶段试验应按 SJ/T 2075—1982《电子测量仪器环境试验总纲》规定的程序进行，并提出相应的试验报告。

5.1.2.2 探伤仪在批量生产时的例行试验，应进行安全、温度、湿度、振动、冲击和运输等项环境试验。必要时，还应进行可靠性鉴定试验。

可靠性鉴定试验的方案，应符合 SJ/T 1889—1981《电子测量仪器可靠性试验方案》的规定。

5.1.2.3 在定型试验和例行试验中进行环境试验时，试验项目、顺序和方法应符合下列标准的规定：

SJ/T 2075—1982《电子测量仪器环境试验总纲》

SJ/T 2076—1982《电子测量仪器温度试验》

SJ/T 2077—1982《电子测量仪器湿度试验》

SJ/T 2078—1982《电子测量仪器振动试验》

SJ/T 2079—1982《电子测量仪器冲击试验》

SJ/T 2080—1982《电子测量仪器运输试验》

SJ/T 2257—1982《电子测量仪器基本安全要求》

a. 温度试验中的热平衡时间、任选温度数值、时序图中的具体时间、功能的内容、高温运行的要求等，均应符合 SJ/T 2076—1982 标准的规定，并在产品标准中注明；

b. 湿度试验中的热平衡时间、任选湿度数值、恢复时间等，均应符合 SJ/T 2077—1982 标准的规定，并在产品标准中注明；

c. 湿度额定使用范围试验允许根据试验设备的情况，在产品标准中另行规定工作特性的检验项目。

5.2 基准条件

探伤仪在进行比较试验和校准试验时，影响量和影响特性的基准条件应符合表3的规定。在环境试验中不产生疑义时，可在温度为 10～30℃、相对湿度小于75%、电源电压为 220V±10%、电源频率为 50Hz±5% 的条件下试验。

表3

影 响 量	基准数值或范围	误 差
环境温度	20℃	±2℃
相对湿度	45%～75%	
大气压强	86～106kPa	
交流供电电压	220V	±2%
交流供电频率	50Hz	±1%
交流供电波形	正弦波	$\beta = 0.05$①
直流供电电压	额定值	±1%
直流供电电压的纹波		$\dfrac{\Delta V}{V_0} \leqslant 0.1\%$②
外电磁场干扰	应避免	
通 风	良好	
阳光照射	避免直射	
工作位置	按制造厂规定	±1°

① β 为失真因子,即交流供电电压波形的失真应保持在 $(1+\beta)A\sin\omega t$ 与 $(1-\beta)A\sin\omega t$ 所形成的包络之间;

② ΔV 为纹波电压的峰–峰值; V_0 为直流供电电压的额定值。

5.3 被测探伤仪

试验时,除另有规定者外,被测探伤仪的工作状态等应符合下列规定。

5.3.1 检验工作误差时,应保持被测探伤仪处于完整状态,并在不打开机箱的情况下进行。

5.3.2 被测探伤仪均置单收发,即"单"的工作状态,其抑制、深度补偿等影响线性测量的功能均置关断位置。

5.3.3 工作误差的检验均用直探头进行,并以产品标准中规定的电缆线连接。

5.3.4 衰减器一律以衰减型读数为准。

5.3.5 在被测探伤仪带有可更换的插入单元或专用附件时,其试验要求及方法应在产品标准中予以规定。

5.4 耦合剂

直接接触法中所用的耦合剂,应符合 GB/T 442—1964《合成锭子油》规定的合成锭子油,若采用其他耦合剂,应在测试条件中注明。

5.5 测试仪器及设备

5.5.1 检验误差极限所使用的仪器设备清单,应在探伤仪的产品标准中列出。本标准所用的仪器设备见表4,主要设备的主要技术要求应符合附录B的规定。

5.5.2 试验时所用仪器设备的技术性能应符合其产品标准的规定,经过定期检验并在有效期内。

5.5.3 检验误差极限所使用的仪器设备,在接入时,对被测量的影响应该是觉察不到的,或者是可以计算出来的。原则上,用此仪器测量时,测量中所产生的误差对于被测探伤仪的误差来讲是可以忽略不计的。

5.5.4 测试时所用的探头压块或重物,其质量可在 2～3kg 内选择。

表 4

序号	名 称	参 考 型 号
1	标准衰减器	SH – 3 见附录 B
2	脉冲调制高频信号发生器	见附录 B
3	高频信号发生器	XFG – 7 见附录 B
4	示波器	SBM – 10B、SBM – 14
5	石英标定探头	见附录 B
6	石英晶片固定试块	见 ZB Y231—84《超声探伤用探头性能测试方法》附录 B
7	常用直探头	
8	1 号标准试块	
9	对比试块	见附录 C
10	50Ω 无感电阻	RY31
11	0.5 级交流电流表	D26 – A 型
12	0.5 级直流电流表	C31 – A 型
13	0.5 级交流电压表	D19 – V　300V
14	0.5 级直流电压表	C31 – V 型
15	自耦调压器	TDG　0.5/250
16	直流稳压电源	WY – 17B
17	阻抗匹配器	
18	终端负载	50Ω 或 75Ω 负载
19	同轴转换器	T 型同轴接头
20	兆欧表	5050 型（输出电压按要求）
21	直径 2m、30 安匝以上载流量的环	
22	探头压块	

5.6　检验方法

5.6.1　定型试验和例行试验时工作特性的检验，应在额定使用范围高温、潮湿、低温的任一单项试验期满并检验其工作特性后，再在额定使用范围内组合其他影响量和影响特性，以构成探伤仪在额定使用范围内的极限条件下，检验工作特性。

其组合方法及检验项目由制造厂质量部门根据产品特点和表 2 的要求从严掌握。

5.6.2　定型试验和例行试验的合格判据原则，应符合 SJ/T 945 标准的规定，试验中允许出现的偶发性故障的次数不得多于 3 次，具体允许次数应在产品标准中注明。

5.6.3　交收试验时工作特性的检验应符合 SJ/T 945 标准的规定，试验的项目及顺序应在产品标准中列出，且不应少于表 2 的规定。

5.6.4　检验误差极限所使用的仪器设备，如不符合 5.5.3 款的规定而使产生的误差不可忽略时，应按 SJ 943 标准规定的原则处理。即：

如受检的误差极限要求为 ±e%，而制造厂使用了一个产生测量误差为 ±n% 的仪器进行检验，则受检仪器所检得的误差应保持在 ±(e−n)% 以内。而当用户使用一个产生测量误差为 ±m% 的标准仪器验收同一仪器时，若受检仪器的视在误差超过了 ±e%，但仍

保持在 $\pm(e+m)\%$ 以内，不能做超差退货的根据。

当缺少必要的标准仪器使执行（$e-n$）准则存在实际困难时，允许采用其他有理论依据、行之有效、公认的准则和方法（包括建立在统计方法基础上的）。

5.6.5　当引用5.6.4款的原则而采用本标准规定之外的测试方法时，测试前应对该方法进行等效性的确认并作详细记录。

5.7　保修期限

自制造厂发货日起18个月内，凡用户遵守运输、贮存和使用规则而质量低于产品标准规定的产品，制造厂应负责免费修理或更换。

6　标志、包装、运输、储存及成套性

6.1　标志

探伤仪名牌至少应标明使用电压、频率、功率、制造厂名称、制造时间和序号等。

6.2　包装

产品包装应符合 GB/T 15464—1995《仪器仪表包装通用技术条件》的有关规定。

6.3　运输

产品经运输包装后，可用常用的交通工具运输，但应避免雨雪淋溅和机械碰撞。

6.4　储存

产品存放期超过6个月时，应从包装箱取出放在仓库中，此时探伤仪不允许叠放及紧靠地面、四壁和屋顶。

存放仪器的仓库应干燥并有保暖通风设备，其环境条件为：

　　a. 温度：10~35℃；

　　b. 相对湿度：小于80%（20℃时）；

　　c. 室内无过多的灰尘、酸、碱、强烈日光及其他会引起腐蚀的气体，且无强烈的机械振动，冲击及强烈电磁场。

6.5　成套性

6.5.1　在产品标准中，应给出产品成套性的有关数据，包括主机、配附件、备用件、文件资料及主要选购件的型号、规格和数量等。

6.5.2　随机文件应包括下列各项：

　　a. 装箱单；

　　b. 合格证；

　　c. 使用说明书；

　　d. 产品标准中规定的其他文件。

6.5.3　随机文件应装入塑料袋中，并放置在包装箱内。

6.5.4　若整套仪器分装数箱，随机文件应放在主机箱内。

附 录 A
名 词 术 语
（补充件）

探伤灵敏度余量 在探伤仪中，表示从能以一定电平探出特定标准缺陷的接收灵敏度到最大接收灵敏度的富余程度的数值。

最大使用灵敏度 在接收系统的信噪比为 6dB 时，其输入端所需要的信号幅度；用以表示接收系统接收微弱信号的能力。

宽频带探伤仪 接收系统频带宽度相对比较宽的探伤仪。

工作特性 用数值、公差、范围等来表征仪器性能的量。

影响量 来自仪器外部，并可能影响仪器性能的量。

影响特性 一个工作特性的变化影响到另一个工作特性时，前者称为影响特性。

额定值 制造厂对仪器工作特性规定的量值的范围。

基准条件 为了进行比较试验和校准试验，对各影响量所规定的一组标明了公差的数值或范围；影响特性的基准条件为其额定值或有效范围。

额定使用范围 是制造厂给一个影响量规定的数值范围，仪器在该范围内使用时，应保证规定误差极限的要求。

额定工作条件 给定影响量的额定使用范围和给定工作特性的有效范围的总和，仪器在此条件下使用时，保证工作误差极限的要求。

绝对误差 仪器的示值与比较值之差。

$$\Delta(绝对误差) = A(仪器的示值) - A_0(比较值)$$

注：比较值可以是真值、约定真值及溯源到国家标准或合同双方同意的量值。

相对误差 绝对误差与比较值之比。

工作误差 在额定工作条件内任一点所测定的某工作特性的误差。

误差极限 在规定条件下使用时，仪器示值误差的最大值，它由制造厂给定。

注：本附录所列名词术语主要引自 GB/T 1417—1978《常用电信设备名词术语》、SJ/T 943—1982《电子测量仪器误差的一般规定》等标准。

附 录 B
测试用仪器设备主要技术要求
（补充件）

B.1 标准衰减器

B.1.1 主要技术要求

  a. 衰减范围：0～80dB；

  b. 频率范围：0～30MHz；

  c. 衰减分档形式：至少应有 10dB、1dB、0.1dB 三种衰减分档形式；

  d. 衰减误差：$\pm A\% \pm 0.05$dB。

A 为读数值，单位 dB；

e. 特性阻抗：直流 50Ω ±1% 或 75Ω ±1%。

B.1.2　参考型号

SH-3 型标准衰减器。

B.2　高频信号发生器

B.2.1　主要技术要求

a. 频率范围：0.1~30MHz；

b. 载波输出：0~1V；

c. 频率刻度误差：±1%。

B.2.2　参考型号

XFG-7 型高频信号发生器。

B.3　脉冲调制高频信号发生器

B.3.1　主要技术要求

a. 调制输出幅度：$0 \sim 2V_{pp}$；

b. 高频信号频率范围：0.1~30MHz；

c. 调制脉冲起位范围：3~30μs；

d. 调制脉冲宽度范围：1~10μs；

e. 衰减器衰减误差：$\pm A\% \pm 0.1$dB，

　　　　　　　　A 为读数值，单位 dB。

B.3.2　参考型号

MTF-1 型脉冲调制高频信号发生器。

B.4　石英标定探头

B.4.1　主要技术要求

a. 石英晶片频率误差：±1%；

b. 转换系数误差：2dB；

c. 回波宽度误差：±1mm（钢纵波）；

d. 阻抗误差：±10%。

B.4.2　参考型号

2.5Q20B　　5Q20B

注：型号意义示例：

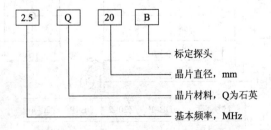

附 录 C
对比试块技术要求
（补充件）

C.1 DB – D1 试块

其余 $\sqrt{\dfrac{6.3}{}}$
各阶梯面厚度尺寸的极限偏差±0.05
未注公差尺寸的极限偏差按IT14

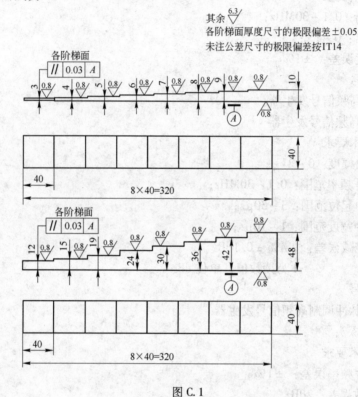

图 C.1

C.2 DB – P Z 20 – 2 DB – P Z 20 – 4 试块

其余 $\sqrt{\dfrac{6.3}{}}$
未注公差尺寸的极限偏差按IT14

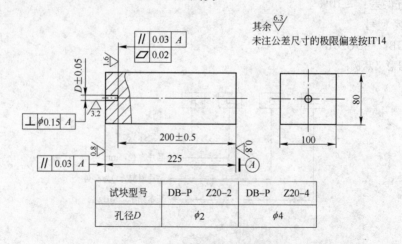

试块型号	DB–P Z20–2	DB–P Z20–4
孔径D	$\phi2$	$\phi4$

图 C.2

C. 3　技术要求

　　a. 试块材料采用 45 号优质碳素结构钢（GB/T 699—1999）；

　　b. 试块坯料经锻造和热处理，晶粒度应达 7 级；

　　c. 试块的探测面及侧面在 2.5MHz 以上频率及高灵敏度条件下进行探伤，不得出现大于距探测面 20mm 的 $\Phi 2$ 平底孔回波幅度 $\frac{1}{4}$ 的缺陷回波。

附录3 超声探伤用探头性能测试方法
（JB/T 10062—1999）

〰〰〰〰〰〰〰〰〰〰〰〰〰〰〰〰〰〰〰〰〰〰〰〰〰〰〰〰〰〰〰〰

本标准是超声探伤用探头产品性能测试方法标准，适用于基本频率为 1～5MHz 的直探头、斜探头、双晶直探头和水浸探头。

1 名词术语

本标准所用的名词术语符合 JB/T 7406.1—1994《试验机术语》、JB/T 7406.2—1994《无损检测名词术语》和附录 A（补充件）的规定。

2 测试条件及测试用仪器设备

2.1 基准条件

测试的基准条件：温度为 20℃ ± 2℃，相对湿度为 45%～75%，大气压强为 86～106kPa。

在测试中不产生疑义时，可在温度为 10～30℃ 条件下测试。

在测试报告中，应注明测试时的大气条件。

2.2 探头线

采用与被测探头配套的探头线，探头所有参数的测试都连同此探头线一起进行。

2.3 耦合剂

a. 直接接触式探头的测试，采用合成锭子油（GB/T 442—1964《合成锭子油》）。

b. 水浸探头的测试，采用经静置 24h 后的自来水。

2.4 探头压块

直接接触式探头的测试，采用 2～3kg 探头压块。

2.5 主要测试设备及其技术要求

a. 主要测试设备见下表；

b. 电子测试设备的主要技术要求见附录 B（补充件）；

c. 石英晶片固定试块的技术要求见附录 C（补充件）；

d. 1 号标准试块应符合 JB/T 10063—1999《超声探伤用 1 号标准试块技术条件》的规定；

e. 对比试块技术要求见附录 D（补充件）。

3 测试方法

3.1 直探头测试方法

3.1.1 相对灵敏度

3.1.1.1 测试设备

a. 超声探伤仪（以下简称探伤仪）；

b. T 型衰减器；

c. 石英晶片固定试块；

d. 对比试块 DB – P Z8 – 2。

序　号	名　称	参　考　型　号
1	超声探伤仪	
2	T 型衰减器	SGZ – 13
3	示波器	SBM – 10B、SBM – 14
4	高频信号发生器	XFG – 7
5	频率计	PS – 43、E312
6	矢量电压表	DT1
7	高频毫伏表	DA – 1
8	高频可变电容箱	
9	声场测试水槽	SC – 1
10	射频脉冲发生器	
11	输入分压器	
12	宽频带放大器	
13	闸门选择器	
14	频谱分析仪	
15	石英晶片固定试块	
16	1 号标准试块	
17	对比试块	

3.1.1.2　测试步骤

3.1.1.2.1　把 T 型衰减器的一端接探伤仪，另一端接探头线如图 1 所示。

3.1.1.2.2　连接被测探头并置于对比试块 DB – P Z8 – 2
上，移动探头使第一次底波最高，调节（衰减器）使底波
幅度为垂直刻度的 50%，记下此时（衰减器）的读数 S。

3.1.1.2.3　换接上频率与被测探头相同的石英晶片固定
试块，调节（衰减器），使第一次底波幅度为垂直刻度的
50%，记下（衰减器）的读数 S_c。

3.1.1.2.4　探头相对灵敏度按式（1）计算

$$S_r = S - S_c \qquad (1)$$

式中　S_r——探头相对灵敏度，dB。

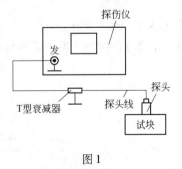

图 1

3.1.2　始波宽度

3.1.2.1　测试设备

a. 探伤仪；

b. 1 号标准试块；

c. 对比试块 DB – P Z20 – 4。

3.1.2.2 测试步骤

3.1.2.2.1 调节探伤仪的（发射强度），使被测探头阻尼电阻值接近其等效阻抗值。

3.1.2.2.2 将被测探头置于 1 号标准试块上厚度 100mm 处，调节探伤仪，使第一次底波 B_1 前沿对准水平刻度"5"，第二次底波 B_2 前沿对准水平刻度"10"，并使 B_2 的幅度为垂直刻度的 50% ~80%，如图 2（a）所示。

3.1.2.2.3 将探头置于对比试块 DB – P Z20 – 4 上，移动探头使孔波最高，调节（衰减器）使孔波幅度为垂直刻度的 50%，再把（衰减器）的衰减量减小 12dB，然后读取从刻度板的零点至始波后沿与垂直刻度 20% 线交点所对应的水平距离 W_1 如图 2（b）所示，W_1 为负载始波宽度，用钢中纵波传播距离表示。

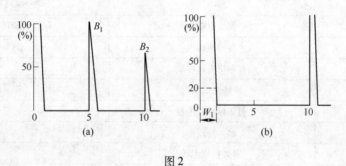

图 2

3.1.2.2.4 将探头置于空气中，擦去其表面油层，读取从刻度板的零点至始波后沿与垂直刻度 20% 线交点所对应的水平距离 W_0，W_0 为空载始波宽度，用钢中纵波传播距离表示。

3.1.3 回波频率

3.1.3.1 测试设备

　　a. 探伤仪；

　　b. 对比试块 DB – P 中声程为被测探头近场 1 ~1.5 倍的试块；

　　c. 示波器。

3.1.3.2 测试步骤

3.1.3.2.1 按图 3 所示连接测试设备。

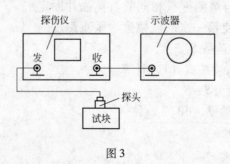

图 3

3.1.3.2.2 探伤仪旋钮位置与 3.1.2.2.1 相同。

3.1.3.2.3 将探头对准试块底面，并使第一次底波幅度最高，用示波器观察底波的扩展波形，如图 4 所示。在这个波形中，以峰值点 P 为基准，读取其前一个和其后二个共计三个周期的时间 T_3，把 T_3 作为测量值。

回波频率 f_e 按式（2）计算

$$f_e = \frac{3}{T_3} \qquad (2)$$

式中 f_e——回波频率，MHz；

T_3——时间，μs。

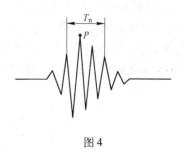

图 4

> 注：1. 在 3.1.3.2.3 测试中，当波形无法读取三个周期时，也可以读取峰值点前一个和后一个共计二个周期的时间 T_2，并按 $f_e = 2/T_2$ 计算。
> 　　2. 探头回波频谱的测试方法见附录 E（参考件）。

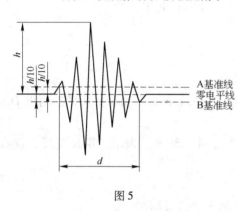

图 5

3.1.4 回波长度

3.1.4.1 测试设备

同 3.1.3.1。

3.1.4.2 测试步骤

按 3.1.3.2 获得底波后，确定底波幅度峰值 h，由零电平算起在其两侧相当于 $h/10$ 的电平画两条线 A 和 B，分别作为基准线，如图 5 所示。

图 5 中，底波波形最初和任一基准线相交时刻到最后和任一基准线相交时刻的时间间隔为探头的回波长度 d，d 的单位为 μs。

3.1.5 距离幅度特性

3.1.5.1 测试设备

a. 探伤仪；

b. 对比试块 DB－P。

3.1.5.2 测试步骤

3.1.5.2.1 移动探头使某一试块孔波幅度最高，并记下其孔波幅度和距离。同法测出其他距离的孔波幅度。

3.1.5.2.2 距离幅度特性用直角坐标图形表示如图 6 所示。纵坐标表示孔波幅度，单位为 dB；横坐标表示距离，单位为 mm。

3.1.6 声轴的偏移和声束宽度

3.1.6.1 测试设备

a. 探伤仪；

b. 对比试块 DB－H_1。

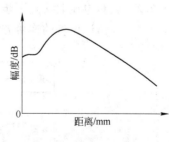

图 6

3.1.6.2 测试步骤

3.1.6.2.1 在试块上选取深度约为 2 倍被测探头近场长度的横通孔。

3.1.6.2.2 标出探头的参考方向，将探头的几何中心轴对准横通孔的中心轴如图 7（a）

所示，然后使探头沿 X 方向在试块的中心线移动，测出孔波幅度最高点时探头的移动距离 D_X，其中孔波幅度最高点在 $+X$ 方向时加上（ $+$ ）号，在 $-X$ 方向时加上（ $-$ ）号。

3.1.6.2.3 继续沿 X 方向移动探头，分别测出孔波幅度最高点至孔波幅度下降6dB 时探头的移动距离 W_{+X} 和 W_{-X} 如图7（b）所示。

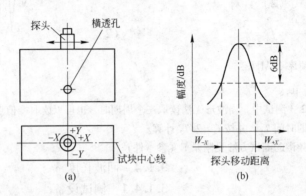

图 7

3.1.6.2.4 使探头沿 Y 方向对准试块中心线移动，按 3.1.6.2.2 和 3.1.6.2.3 测出 D_Y，W_{+Y} 和 W_{-Y}。

3.1.6.2.5 D_X，D_Y 表示了声轴的偏移，W_{+X}，W_{-X}，W_{+Y} 和 W_{-Y} 表示了声束宽度，读数精确到 1mm。

3.1.7 等效阻抗

探头等效阻抗采用 3.1.7.2 或 3.1.7.3 中规定的方法进行测试。

3.1.7.1 测试设备

 a. 高频信号发生器；

 b. 频率计；

 c. 对比试块 DB – R；

 d. 矢量电压表；

 e. 高频毫伏表；

 f. 高频可变电容箱。

3.1.7.2 矢量电压表法测试步骤

3.1.7.2.1 测试设备的连接方法如图8所示。

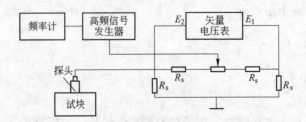

图 8

3.1.7.2.2　使探头和试块的耦合良好，用频率计监控频率，调节高频信号发生器的频率为探头回波频率，并调节输出信号为一定幅度，然后从矢量电压表中读取 E_1、E_2 和相位差 ϕ，探头等效阻抗 Z_f 按式（3）计算：

$$Z_f = \frac{R_s \cdot E_2}{\sqrt{E_{rs}^2 - 2E_{rs} \cdot E_2 \cos(\phi + \phi_0) + E_2^2}} \tag{3}$$

式中　Z_f——等效阻抗，Ω；

$\qquad E_{rs}^2 = E^2 - 2EE_2\cos\phi + E_2^2$；

$\qquad E = 2E_1$；

$\qquad R_s = 50\Omega$；

$\qquad \phi_0 = \arcsin\left(\dfrac{E_2}{E_{rs}}\sin\phi\right)$。

3.1.7.3　电容对比法测试步骤

3.1.7.3.1　测试设备的连接方法如图 9 所示。

3.1.7.3.2　选择限流电阻 R_f，并使

$$R_f \geqslant 20Z_f \tag{4}$$

式中　R_f——限流电阻，Ω；

$\qquad Z_f$——等效阻抗，Ω。

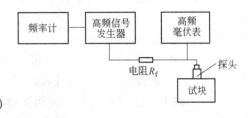

图9

3.1.7.3.3　使被测探头和试块耦合良好，用频率计监控频率，调节高频信号发生器频率等于探头回波频率，并调节输出讯号为一定幅度，然后从高频毫伏表中读取探头两端的电压 U_f。

3.1.7.3.4　用可变电容箱置换被测探头，选择电容 C_f，使高频毫伏表的指示值仍为 U_f。

3.1.7.3.5　探头等效阻抗 Z_f 按式（5）计算：

$$Z_f = \frac{1}{2\pi f_e C_f} \tag{5}$$

式中　f_e——探头回波频率，MHz；

$\qquad C_f$——电容量，μF。

3.2　斜探头测试方法

3.2.1　相对灵敏度

3.2.1.1　测试设备

　a. 探伤仪；

　b. T 型衰减器；

　c. 石英晶片固定试块；

　d. 1 号标准试块。

3.2.1.2　测试步骤

3.2.1.2.1　T 型衰减器的一端接探伤仪，另一端接探头线。

3.2.1.2.2　连接被测探头，并置于试块上，在声束方向与试块侧面保持平行的条件下前后移动探头，使试块 R100 圆弧面的第一次回波幅度最高，然后调节（衰减器），使回波幅度为垂直刻度的 50%，记下（衰减器）的读数 S。

3.2.1.2.3　换上频率与被测探头相同的石英晶片固定试块，调节（衰减器），使第一次

底波幅度为垂直刻度的50%，记下（衰减器）的读数 S_e。

3.2.1.2.4 探头灵敏度按式（1）计算。

3.2.2 空载始波宽度

3.2.2.1 测试设备

    a. 探伤仪；

    b. 1号标准试块；

    c. $\phi14mm$，5MHz 直探头。

3.2.2.2 测试步骤

3.2.2.2.1 调节探伤仪的（发射强度），使被测探头阻尼电阻值接近其等效阻抗值。

3.2.2.2.2 连接直探头并把直探头置于1号标准试块上厚度91mm 处。调节探伤仪，使第一次底波前沿对准水平刻度"5"，第二次底波前沿对准水平刻度"10"。并使第二次底波幅度为垂直刻度的50%～80%。

3.2.2.2.3 换上被测斜探头，在声束方向与试块侧面保持平行的条件下前后移动探头，使试块 $R100$ 圆弧面的第一次回波幅度最高，调节（衰减器）使回波幅度为垂直刻度的50%。然后调节（水平）旋钮，使回波前沿对准水平刻度"10"。

3.2.2.2.4 把（衰减器）的衰减量减少40dB，然后将探头置于空气中，擦去表面油层，读取从刻度板的零点到始波后沿与垂直刻度20%线交点所对应的水平距离 W_0，W_0 为空载始波宽度，用钢中横波传播距离表示。

3.2.3 回波频率

3.2.3.1 测试设备

    a. 探伤仪；

    b. 示波器；

    c. 1号标准试块。

3.2.3.2 测试步骤

    按 3.2.2.2 测得 $R100$ 圆弧面的最高回波后，参照 3.1.3.2 项的方法，用示波器观察该回波的扩展波形，测试得 T_3 值，并按式（2）计算回波频率 f_e。

3.2.4 回波长度

3.2.4.1 测试设备

    同 3.2.3.1。

3.2.4.2 测试步骤

    按 3.2.3.2 测得回波后，确定回波幅度峰值 h，由零电平算起在其两侧相当于 $h/10$ 的电平画两条线 A 和 B，分别作为基准线，如图5所示。

    图5中，回波波形最初和任一基准线相交时刻到最后和任一基准线相交时刻的时间间隔为探头的回波长度 d，d 的单位为 μs。

3.2.5 入射点

3.2.5.1 测试设备

    a. 探伤仪；

    b. 1号标准试块。

3.2.5.2 测试步骤

在按3.2.2.2得到R100圆弧面的最高回波时，读取与该圆弧中心记号对应的探头侧面的刻度，作为入射点，读数精确到0.5mm。

3.2.6　前沿距离

3.2.6.1　测试设备

刻度尺。

3.2.6.2　测试步骤

用刻度尺测量由3.2.5测得的入射点至探头前沿的距离L，读数精确到0.5mm。

3.2.7　K值

3.2.7.1　测试设备

同3.2.5.1。

3.2.7.2　测试步骤

将探头置于1号标准试块上，当K≤1.5时，探头放在如图10（a）位置，观察φ50mm孔的回波；1.5<K≤2.5时，探头放在如图10（b）位置，观察φ50mm的回波；K>2.5时，则观察图10（c）的φ1.5mm横通孔的回波。前后移动探头，直到孔的回波最高时固定下来，然后在试块上读出按3.2.5测得的入射点相对应的角度刻度β，β即为被测探头折射角，读数精确到0.5°。

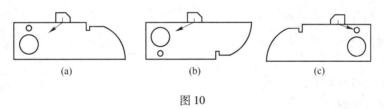

图10

按式（6）计算K值：

$$K = \tan\beta \tag{6}$$

式中　β——折射角，（°）；

　　　K——β的正切值。

3.2.8　距离幅度特性

3.2.8.1　测试设备

a. 探伤仪；

b. 对比试块 DB－H$_2$。

3.2.8.2　测试步骤

3.2.8.2.1　把探头置于试块的G或H面上如图11所示，移动探头使试块上某一φ4横通孔的回波幅度最高，记下回波幅度和横波传播距离。

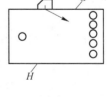

图11

同法依次测出其他距离的φ4横通孔的回波幅度。

3.2.8.2.2　距离幅度特性用直角坐标图形表示，纵坐标表示回波幅度，单位dB，横坐标表示横波传播距离，单位mm。

3.2.9　前后扫查的声束宽度

3.2.9.1　测试设备

同3.2.5.1。

3.2.9.2　测试步骤

　　按 3.2.7.2 对准 $\phi 50$ 或 $\phi 1.5$ 孔，移动探头并找出回波幅度最高时探头入射点所对应的试块上 O_1 点，如图 12（a）所示。再使探头在 O_1 点前后移动，在两个方向测出回波幅度下降 6dB 时所对应的移动距离 W_X，W_X 表示了前后扫查的声束宽度，其中探头向前移动时加上（+）号，向后移动时加上（－）号，如图 12（b）所示。读数精确到 1mm。

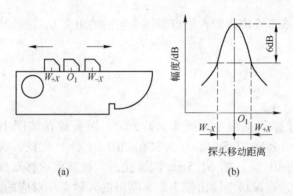

図 12

3.2.10　左右扫查的声束宽度

3.2.10.1　测试设备

　　a. 探伤仪；

　　b. 对比试块 DB－H_2。

3.2.10.2　测试步骤

　　将探头置于试块上，移动探头并找出通孔 F 的回波幅度最高时探头前沿中心点所对应的点 O_2，如图 13（a）所示，再使探头在 O_2 点左右移动，在两个方向测出通孔 F 回波幅度下降 6dB 时所对应的移动距离 W_Y，W_Y 表示了探头的左右扫查声束宽度。其中，探头向右移动时加上（+）号，向左移动时加上（－）号如图 13（b）所示，读数精确到 1mm。

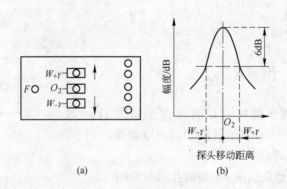

図 13

3.2.11　声轴偏斜角

3.2.11.1　测试设备

　　同 3.2.5.1。

3.2.11.2 测试步骤

将探头置于 1 号标准试块 25mm 厚的表面上,其中,对于 $K \leqslant 1$ 的探头,测试时用试块上端面;如图 14(a)所示,对于 $K \geqslant 1$ 的探头,测试时用下端面,如图 14(b)所示,前后移动和左右摆动探头,使所测试端面回波幅度最高,然后用量角器测量探头侧面与试块端面法线的夹角 θ,如图 14(c)所示。

夹角 θ 表示声轴偏斜角,读数精确到 0.5°。

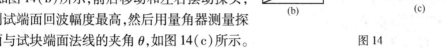

图 14

3.2.12 等效阻抗

3.2.12.1 测试设备

同 3.1.7.1。

3.2.12.2 测试步骤

按 3.1.7.2 或 3.1.7.3。

3.3 双晶直探头测试方法

3.3.1 距离幅度特性

3.3.1.1 测试设备

a. 探伤仪;

b. 对比试块 DB – D_1、DB – P。

3.3.1.2 测试步骤

3.3.1.2.1 将探伤仪置一收一发、即"双"的工作状态。

3.3.1.2.2 将被测探头置于试块上,使试块底面回波幅度最高,记下回波幅度和试块厚度。

同法依次测出不同厚度的试块的底面回波幅度。

3.3.1.2.3 距离幅度特性用直角坐标图形表示,纵坐标为回波幅度,单位为 dB,横坐标为试块厚度,单位为 mm,如图 15 所示。同时在图中标出回波幅度最高的试块厚度 L_0,以及比波幅最高时低 6dB 所对应的试块厚度 L_1 和 L_2。

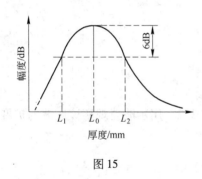

图 15

3.3.2 相对灵敏度

3.3.2.1 测试设备

a. 探伤仪;

b. 两个 T 型衰减器;

c. 石英晶片固定试块;

d. 在 3.3.1.1 项 b 中厚度为 L_0 的试块。

3.3.2.2 测试步骤

3.3.2.2.1 将探伤仪置一收一发即"双"的工作状态。发射端和接收端各接上 T 型衰减器如图 16 所示。

3.3.2.2.2 接上被测探头,并置于厚度为 L_0 的

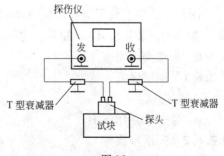

图 16

试块上，移动探头使底波幅度最高，调节（衰减器）使底波幅度为垂直刻度的 50%，记下此时（衰减器）的读数 S。

3.3.2.2.3　将探伤仪置"单"收发的工作状态，换接上频率与被测探头相同的石英晶片固定试块，调节（衰减器）使第一次底波幅度为垂直刻度的 50%，记下衰减器的读数 S_c。

3.3.2.2.4　双晶直探头灵敏度按式（1）计算。

3.3.3　楔内回波幅度

3.3.3.1　测试设备

　　a. 探伤仪；

　　b. 在 3.3.1.1 项 b 中厚度为 L_0 的试块。

3.3.3.2　测试步骤

3.3.3.2.1　将探伤仪置一收一发即"双"的工作状态。调节探伤仪的（发射强度），使被测探头的阻尼电阻值接近其等效阻抗值。

3.3.3.2.2　将被测探头置于厚度为 L_0 的试块上，移动探头使底波幅度最高，调节（衰减器）使底波幅度为垂直刻度的 50%，记下（衰减器）的读数 S_w。

3.3.3.2.3　将探头置于空气中，擦去其表面油层，然后调节（衰减器）使其回波幅度为垂直刻度的 50%，记下此时（衰减器）的读数 S_s。

3.3.3.2.4　S_w 和 S_s 的差值为被测探头楔内回波幅度，单位：dB。

3.3.4　回波频率

3.3.4.1　测试设备

　　a. 探伤仪；

　　b. 示波器；

　　c. 在 3.3.1.1 项 b 中厚度为 L_0 的试块。

3.3.4.2　测试步骤

　　按 3.3.3.2 得到厚度为 L_0 试块的底波后，参照 3.1.3.2，用示波器观察该底波的扩展波形，测得 T_3 值，并按式（2）计算回波频率 f_e。

3.3.5　回波长度

3.3.5.1　测试设备

　　同 3.3.4.1。

3.3.5.2　测试步骤

　　按 3.3.4.2 测得底波后，确定底波幅度峰值 h，由零电平算起在其两侧相当于 $h/10$ 的电平画两条线 A 和 B，分别作为基准线，如图 5 所示。

　　图 5 中，回波波形最初和任一基准线相交时刻到最后和任一基准线相交时刻的时间间隔为探头的回波长度 d，d 的单位为 μs。

3.3.6　声束交区宽度

3.3.6.1　测试设备

　　a. 探伤仪；

　　b. 对比试块 DB－H_1。

3.3.6.2　测试步骤

3.3.6.2.1　将探伤仪置一收一发，即"双"的工作状态。

3.3.6.2.2　标出探头的参考方向，如图 17（a）所示。将探头对准试块中声程相当于 L_0 的横通孔，并使其 X 方向沿试块的中心线移动，然后测出回波幅度最高的点至回波幅度下降 6dB 的探头移动距离 W_{+X} 和 W_{-X}，如图 17（b）所示。

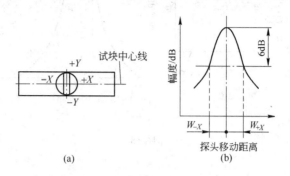

图 17

3.3.6.2.3　将探头对准试块中声程相当于 L_0 的横通孔，并使其 Y 方向沿试块中心线移动，测出回波幅度最高的点至回波幅度下降 6dB 的探头移动距离 W_{+Y} 和 W_{-Y}。

3.3.6.2.4　探头移动距离 W_{+X}、W_{-X} 和 W_{+Y}、W_{-Y} 分别表示探头的 X 方向和 Y 方向的声束交区宽度，读数精确到 1mm。

3.3.7　等效阻抗

3.3.7.1　测试设备

同 3.1.7.1。

3.3.7.2　测试步骤

参照 3.1.7.2 或 3.1.7.3 分别测出双晶直探头发射端和接收端的等效阻抗。

3.4　水浸探头测试方法

3.4.1　距离幅度特性

3.4.1.1　测试设备

a. 探伤仪；

b. 声场测试水槽。

3.4.1.2　测试步骤

3.4.1.2.1　调节被测探头，使其沿中心轴移动时始终对准声场测试水槽中的 $\phi4$ 球靶如图 18（a）所示，测出探头和球靶间不同距离的回波幅度。

3.4.1.2.2　距离幅度特性用直角坐标图形表示，纵坐标为回波幅度，单位 dB；横坐标为探头至 $\phi4$ 球靶距离，单位 mm，如图 18（b）所示。同时在图中标出回波最高时所对应的距离 L_{f0}，以及波幅度低 6dB 的距离 L_{f1} 和 L_{f2}，对于聚焦水浸探头，L_{f0} 就是实测焦距。

3.4.2　相对灵敏度

3.4.2.1　测试设备

a. 探伤仪；

b. T 型衰减器；

c. 石英晶片固定试块；

d. 声场测试水槽。

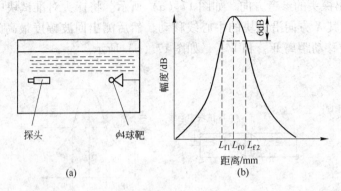

图 18

3.4.2.2 测试步骤

3.4.2.2.1 T 型衰减器的一端接探伤仪，另一端接探头线。

3.4.2.2.2 接上被测探头，在声场测试水槽中把探头对准按 3.4.1.2 测出的 L_{f0} 距离处的 $\phi4$ 球靶，调节（衰减器）使 $\phi4$ 球靶回波幅度为垂直刻度的 50%，记下此时（衰减器）的读数 S。

3.4.2.2.3 换接上频率与被测探头相同的石英晶片固定试块，调节（衰减器）使第一次底波幅度为垂直刻度的 50%，记下（衰减器）的读数 S_c。

3.4.2.2.4 探头相对灵敏度按式（1）计算。

3.4.3 回波频率

3.4.3.1 测试设备

    a. 探伤仪；

    b. 示波器；

    c. 声场测试水槽。

3.4.3.2 测试步骤

3.4.3.2.1 调节探伤仪的（发射强度），使被测探头阻尼电阻值接近其等效阻抗值。

3.4.3.2.2 参照 3.1.3.2，用示波器观察 L_{f0} 距离处 $\phi4$ 球靶回波的扩展波形，测试得 T_3 值后，按式（2）计算回波频率 f_e。

3.4.4 回波长度

3.4.4.1 测试设备

    同 3.4.3.1。

3.4.4.2 测试步骤

    按 3.4.3.2 测得回波后，确定回波幅度峰值 h，由零电平算起在其两侧相当于 $h/10$ 的电平画两条线 A 和 B，分别作为基准线如图 5 所示。

    图 5 中，回波波形最初与任一基准线相交时刻到最后和任一基准线相交时刻的时间间隔为探头的回波长度 d，d 的单位为 μs。

3.4.5 声束宽度

3.4.5.1 测试设备

    同 3.4.1.1。

3.4.5.2 测试步骤

3.4.5.2.1 标出探头的参考方向，如图 19（a）所示。将探头对准 L_{f0} 距离处的 $\phi4$ 球靶，调整探头使回波幅度最高，并在其正负 X、Y 四个方向扫查，测量 $\phi4$ 球靶回波幅度最高的点和回波幅度下降 6dB 时的探头移动距离 W_{+X}、W_{-X}、W_{+Y}、W_{-Y}，如图 19（b）所示。

3.4.5.2.2 移动距离 W_{+X}、W_{-X} 和 W_{+Y}、W_{-Y} 分别表示探头 X 方向和 Y 方向的声束宽度。

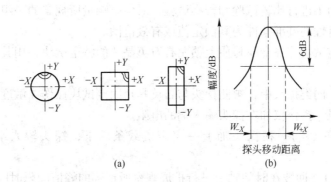

(a)　　　　　　　　　　　　(b)

图 19

3.4.6 等效阻抗

3.4.6.1 测试设备

　　a. 同 3.1.7.1 项的 a、b、d、e、f；

　　b. 声场测试水槽。

3.4.6.2 测试步骤

　　将探头放入声场测试水槽中，参照 3.1.7.2 或 3.1.7.3 测试。

4 检验规则

4.1 检验方式

　　检验方式分为下面两种：

　　a. 必检（每个探头都要检查）；

　　b. 抽检（从批量生产的产品中抽取一定数量的探头进行的检查）。

4.2 必检项目

　　a. 直探头：相对灵敏度、始波宽度、回波频率、回波长度；

　　b. 斜探头：相对灵敏度、回波长度、声轴偏斜角、前沿距离、K 值、空载始波宽度、回波频率；

　　c. 双晶直探头：距离幅度特性、相对灵敏度、楔内回波幅度、回波长度、回波频率；

　　d. 水浸探头：距离幅度特性、相对灵敏度、回波长度、回波频率。

4.3 抽检项目

　　a. 直探头：距离幅度特性、声轴的偏移和声束宽度、等效阻抗；

　　b. 斜探头：距离幅度特性、声束宽度、等效阻抗；

　　c. 双晶直探头：声束交区宽度、等效阻抗；

　　d. 水浸探头：声束宽度、等效阻抗。

附 录 A
名 词 术 语
（补充件）

基准条件 为了进行比较试验和校准试验，对各影响量所规定的一组标明了公差的数值或范围；影响特性的基准条件为其额定值或有效范围。

石英晶片固定试块 在金属材质上粘贴有石英晶片的特定试块，用其底波作探头灵敏度的对比基准。

相对灵敏度 同类探头中，被测探头与石英晶片固定试块探伤灵敏度的差值。

探头阻尼电阻 探伤仪加在探头输入端的电阻。

探头等效阻抗（Z_f） 在探头加上一定声负载条件下，探头输入端电阻抗的绝对值。

回波频率（f_e） 回波在时间轴上进行扩展观察所得到的峰值间隔时间的倒数。

回波频谱 回波中各频率成分的幅度分布。

声束宽度 声轴规定距离处的半波高宽度。

声轴偏斜角 斜探头声轴在水平方向上的偏斜角。

楔内回波幅度 双晶直探头接触块界面回波的幅度。

焦距（L_{f0}） 聚焦探头声束实测焦点到探头表面的距离。

转换系数 探头工作在发射、接收时电压和声压的转换能力。

工作频带 探头标准或技术条件中规定的探头参数定出的频率范围。

附 录 B
电子测试设备主要技术要求
（补充件）

本附录规定了测试探头的电子测试设备应具有的主要技术要求和部分测试设备的参考型号。

B.1 超声探伤仪

超声探伤仪的技术要求应符合 JB/T 10061—1999《A 型脉冲反射式超声探伤仪通用技术条件》的规定外，还必须满足下列要求：

　　a. 发射脉冲幅度不大于 400V；

　　b. 发射脉冲上升时间不大于 50ns，发射脉冲波形应光滑；

　　c. 在测试探头灵敏度时，标称工作频率范围为 0.5～5MHz；

　　d. 在测试探头空载始波宽度时，阻塞范围不大于 10mm。

B.2 T 型衰减器

B.2.1 主要技术要求

    a. 特性阻抗 50Ω；

    b. 衰减量 15dB。

B. 2. 2   参考型号

SGZ – 13。

B. 3   示波器

B. 3. 1   主要技术要求

    a. 频带宽度：$0 \sim 15MHz$；

    b. 时间轴误差：$\pm 3\%$。

B. 3. 2   参考型号

SBM – 10B 多用示波器，SBM – 14 多用示波器。

B. 4   高频信号发生器

B. 4. 1   主要技术要求

    a. 频率范围：$0. 1 \sim 10MHz$；

    b. 载波输出：$0 \sim 1V$。

B. 4. 2   参考型号

HFG – 7 高频信号发生器。

B. 5   频率计

B. 5. 1   主要技术要求

    a. 频率范围：$0. 1 \sim 10MHz$；

    b. 频率测量相对误差：$0. 1\%$。

B. 5. 2   参考型号

PS – 43 频率计，E312 频率计。

B. 6   矢量电压表

B. 6. 1   主要技术要求

    a. 频率范围：$0. 1 \sim 20MHz$；

    b. 电压范围：$1mV \sim 1V$；

    c. 电压测量误差：$\pm 5\%$ 满刻度；

    d. 相位误差：$\pm 1. 5°$。

B. 6. 2   参考型号

DT1 型矢量电压表。

B. 7   高频毫伏表

B. 7. 1   主要技术要求

    a. 频率范围：$0. 1 \sim 10MHz$；

    b. 电压测量误差：$\pm 5\%$ 满刻度。

B. 7. 2 参考型号

DA – 1 高频毫伏表。

B. 8 高频可变电容箱

主要技术要求：

a. 频率范围：0. 1 ~ 10MHz；

b. 电容量范围：5 ~ 10000PF；

c. 介质损耗 tanδ：不大于 0. 001。

B. 9 声场测试水槽

B. 9. 1 主要技术要求

a. 有效深度 ≥ 500mm；

b. 有效长度 ≥ 500mm；

c. 有效宽度 ≥ 500mm；

d. 水槽的移动机构能使探头在深度、宽度和长度方向以最小 0. 5mm 的距离移动探头；

e. ϕ4 钢球的表面粗糙度 Ra = 0. 10μm。

B. 9. 2 参考型号

SC – 1 声场测试设备。

B. 10 射频脉冲发生器

主要技术要求：

a. 射频脉冲填充频率范围（F）：0. 5 ~ 8MHz；

b. 射频脉冲持续时间：5F^{-1} ~ 39F^{-1}μs 范围内调节。

B. 11 输入分压器

主要技术要求：

a. 通频带：0. 1 ~ 10MHz；

b. 分压系数：0，20，40dB；

c. 分压系数误差：0. 25dB。

B. 12 宽频带放大器

主要技术要求：

a. 通频带：0. 1 ~ 20MHz；

b. 放大系数：60dB；

c. 放大系数调节范围：0 ~ 60dB。

B. 13 闸门选择器

主要技术要求：

a. 连续可调闸门宽度：$0.5 \sim 100.0 \mu s$；

b. 最大输出电压：1V；

c. 闸门外信号衰减：40dB；

d. 闸门前沿和后沿的尖峰幅值不大于 0.2V，持续时间不大于 $0.1\mu s$。

B.14 频谱分析仪

主要技术要求：

a. 频率范围：$0.1 \sim 20MHz$；

b. 计算衰减器的误差：±1dB；

c. 灵敏度不小于 $150\mu V$。

附　录　C
石英晶片固定试块
（补充件）

本附录规定了超声探伤用探头性能测试方法所用的石英晶片固定试块的结构、技术要求和测试方法。

C.1 结构

C.1.1 试块材料
45 号钢。

C.1.2 形状及尺寸
石英晶片固定试块的形状及尺寸如图 C.1 所示。

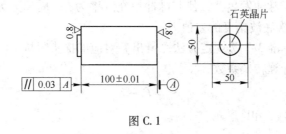

图 C.1

C.1.3 石英晶片尺寸
当频率小于 1.5MHz 时，选用 $\phi30mm$；当频率大于 1.5MHz 时，选用 $\phi20mm$。

C.2 主要技术要求

a. 石英晶片频率误差：±1%；

b. 阻抗误差：±10%；

c. 最大转换系数误差：±2dB。

C.3 测试方法

C.3.1 石英晶片谐振频率

石英晶片谐振频率按 GB/T 3389.5—1995《压电陶瓷材料性能测试方法 圆片厚度伸缩振动模式》所规定的方法测试。

C.3.2 等效阻抗

参照本标准 3.1.7 规定的方法，测试在晶片谐振频率下的石英晶片固定试块的等效阻抗。

C.3.3 转换系数

C.3.3.1 测试设备

    a. 射频脉冲发生器；
    b. 输入分压器；
    c. 宽频带放大器；
    d. 示波器。

C.3.3.2 测试步骤

C.3.3.2.1 将测试设备按图 C.2 连接。

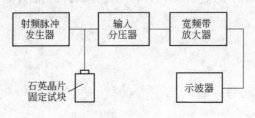

图 C.2

C.3.3.2.2 把探头的工作频带平均为 10 个频率点 f_i，其中 $i = 1，2，\cdots，10$。

C.3.3.2.3 调节射频脉冲发生器，使其脉冲填充频率为 f_i，周期数为 20。然后测量出对应的发射脉冲和第一次底波幅度的差值 P_i。

C.3.3.2.4 参照本标准 3.1.7 规定方法测量出 f_i 对应的探头阻抗 Z_{fi}。

C.3.3.2.5 按下式计算转换系数

$$S_{ai} = P_i - K_i \tag{C.1}$$

式中　S_{ai}——转换系数，dB。

$$K_i = 20\log \frac{Z_{fi} + Z_3}{Z_3} \text{修正系数}$$

$$Z_3 = \frac{Z_1 \cdot Z_2}{Z_1 + Z_2} \tag{C.2}$$

式中　Z_1——脉冲间隔内射频脉冲发生器的输出阻抗；

　　　Z_2——输入分压器的输入阻抗。

C.3.3.2.6 分别计算工作频带内 10 个频率点的转换系数，其中的最大值为最大转换系数 S_a。

附 录 D
对比试块技术要求
（补充件）

D.1 DB-P 试块

其余 $\sqrt{\frac{6.3}{}}$
未注公差尺寸的极限偏差按 IT14

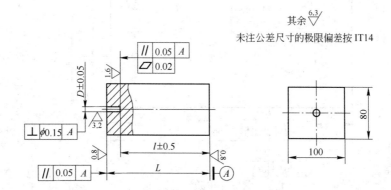

型号 DB-P	Z0.5-2	Z1-2	Z1.5-2	Z2-2	Z3-2	Z4-2	Z5-2	Z8-2	Z10-2	Z15-2	Z20-2	Z20-4
l	5	10	15	20	30	40	50	80	100	150	200	200
L	25	30	35	40	50	60	70	100	120	170	225	225
D	2	2	2	2	2	2	2	2	2	8	2	4

图 D.1 DB-P 试块

D.2 DB-H₁ 试块

其余 $\sqrt{\frac{3.2}{}}$
未注公差尺寸的极限偏差按 IT14

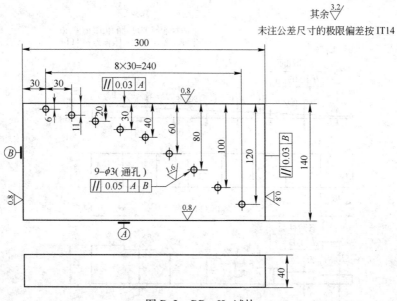

图 D.2 DB-H₁ 试块

D. 3 DB – H₂ 试块

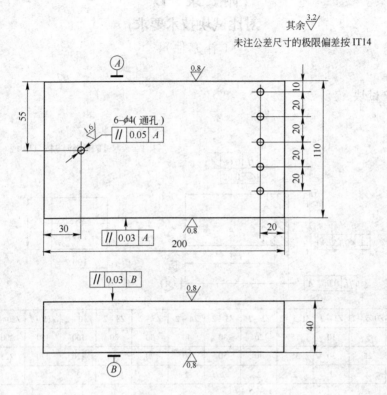

图 D. 3 DB – H₂ 试块

D. 4 DB – D₁ 试块

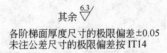

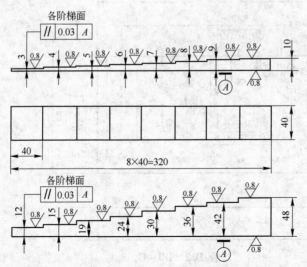

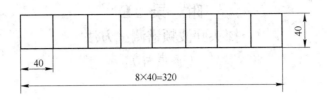

图 D.4 DB – D₁ 试块

D.5 DB – R 试块

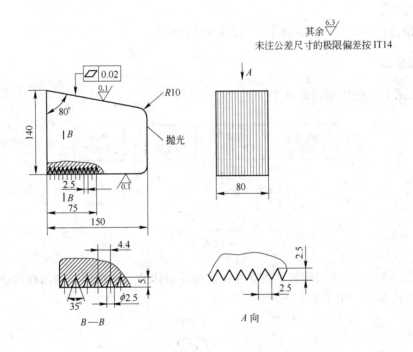

图 D.5 DB – R 试块

D.6 技术要求

a. 试块材料采用 45 号优质碳素结构钢（GB/T 699—1999）；

b. 试块坯料经锻造和热处理，晶粒应达 7 级；

c. 试块的探测面及侧面在 2.5MHz 以上频率及高灵敏度条件下进行探伤，不得出现大于距探测面 20mm 的 ϕ2 平底孔回波幅度 $\frac{1}{4}$ 的缺陷回波。

附　录　E
探头回波频谱测试方法
（参考件）

E.1　测试设备

　　a. 视频脉冲发生器——超声探伤仪发射部分；

　　b. 宽频带放大器；

　　c. 闸门选择器；

　　d. 频谱分析仪；

　　e. 示波器；

　　f. 选用被测探头测试回波频率时所规定的反射体。

E.2　测试步骤

E.2.1　按图 E.1 连接测试设备

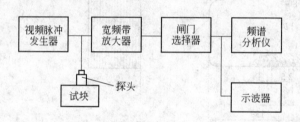

图 E.1

E.2.2　在频谱分析仪上观察被测探头在规定的反射体的回波频谱，读出最高响应幅度的中心频率和通频带。如图 E.2 所示。

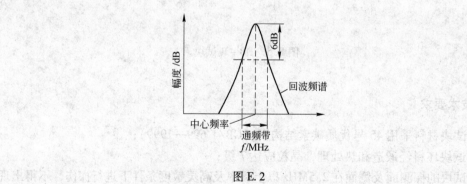

图 E.2

参考文献

[1]《铸造工艺基础》联合编写组．铸造工艺基础［M］．北京：北京出版社，1979.

[2] 涅亨齐．铸钢学（中译本）［M］．北京：中国工业出版社，1964.

[3] 北京钢铁学院等．钢锭浇注问答［M］．北京：冶金工业出版社，1980.

[4] 于吉福．冶金标准化，1981，（6）：19.

[5] 李敏之等．《理化检验》物理分册，1979，（1）：1.

[6] 鞍钢，金属所．12CrNiMoV钢中白点的形成规律与断口形态的研究［R］．鞍山：鞍山钢铁公司，中国科学院金属研究所．

[7] 陈德和．钢的缺陷［M］．北京：机械工业出版社，1977.

[8] В. Я. 杜博伏依．钢中白点（中译本）［M］．北京：重工业出版社，1954.

[9] 上海市金属学会．金属材料缺陷金相图谱［M］．上海：上海科技出版社，1966.

[10] П. В. 斯克柳耶夫．大型锻件中的氢和白点（中译本）［M］．北京：机械工业出版社，1966.

[11] В. А. 依万钦柯．钢的低倍高倍组织检验文集［C］．北京：冶金工业出版社，1959.

[12] 鞍山钢铁公司，中国科学院金属研究所．12CrNiMoV钢缓冷工艺的研究［R］．鞍山：鞍山钢铁公司，中国科学院金属研究所．

[13] 罗英浩．真空熔炼现状［J］．国际航空，1960.

[14] 太原钢铁公司中心实验室．钢的低倍高倍组织检验文集［C］．北京：冶金工业出版社，1959.

[15] 锻工手册编写组．锻工手册编（下）［M］．北京：机械工业出版社，1978.

[16] Dr. Eng, K. K. International Cast Matals Journal. 1981 (6)：1.

[17] H. Bühjer, H. Buchholtz, E. H. Schulz. Archiv. für das Eisenhür tenw esen, 1942 (5)：413.

[18] 浙江大学《新技术译丛》编写组．热处理变形与开裂［M］．杭州：浙江大学《新技术译丛》编写组，1973.

[19]《钢的热处理裂纹与变形》编写组．钢的热处理裂纹与变形［M］．北京：机械工业出版社，1978.

[20] 锦织，磐城．铁与钢［M］．1936.

[21] 东北重型机械学院等．大锻件热处理［M］．北京：机械工业出版社，1974.

[22] 大河原隆．齿车工业の热处理设备と技术［J］．特殊钢，1962，（12）：11.

[23] 朱荆璞．金属热处理［J］．1979，（2）：1.

[24] 郑文龙．金属构件断裂分析与防护［M］．上海：上海科技出版社，1980.

[25] 清华大学冶金系．金属及加工工艺［M］．1966.

[26] 吉田亨等．预防热处理废品的措施（中译本）［M］．北京：机械工业出版社，1979.

[27] 上海江南造船厂．焊缝超声波探伤讲义．

[28] 牛俊民．大锻件热处理过程中的应力与开裂［J］．金属热处理，1979，（10）：42.

[29] 无损检测学会．超声波探伤A（中译本）［M］．南京：江苏科技出版社，1980.

[30] 牛俊民．铸铁轧辊宏观缺陷的超声波探伤［J］．无损检测，1983，（4）：31.

[31] 张明昇．无损检测，1983，（6）：5.

[32] 张明昇．中国机械工程学会无损检测学会第二届年会论文［C］．1981.

[33] 锻工手册编写组．锻工手册（第四分册）［M］．北京：机械工业出版社，1974.

[34] 张明昇．无损检测，1983，（3）：5.

[35] 孙树青．无损检测，1981，（4）：26.

[36] 牛俊民．用扫描电子显微镜观察分析锻件中的"鸟巢"缺陷［J］．《理化检验》物理分册，1984，20（2）：45.

[37] 铁道部．铁路蒸汽机车段修配件超声波探伤工作规划．

[38] 宋书林．无损检测，1981，3（4）：20.

[39] 吴兆贤．无损检测，1982，4（1）：34.

[40] B. Kopek. 国外无损检测，1982，2（1）：17.

[41]《超声波探伤技术与探伤仪》编写组．超声波探伤技术与探伤仪［M］．北京：国防工业出版社，1977.

[42] 刘胜新．新编钢铁材料手册［M］．北京：机械工业出版社，2010.

[43] 彭良武，黄信基．高速铁路基础设施的检测［J］．铁道勘测与设计，2008，（6）：22～28.

[44] 支正轩等．机车车轴超声自动探伤系统［J］．无损检测，2005，27（11）：572～575.

[45] 刘宪．内燃、电力机车在役车轴超声波探伤［J］．无损检测，2006，28（12）：662～667.

[46] 王伦礼．机车轮箍现车不解体超声波探伤及裂纹判断分析［J］．内燃机车，2000，（3）：37～39.

[47] 周贤全译．铁路车轮车轴超声波探伤的最新进展［J］．国外机车车辆工艺，2002，（2）：1～3.

[48] 郭平，蔡晖等．大功率汽轮机末级长叶片超声检测方法及应用［J］．热力发电，2007，（4）：93～96.

[49] 美国无损检测学会．美国无损检测手册．超声卷（下册）［M］．北京：世界图书出版公司，1996.

[50] 王维东，蔡晖等．汽轮发电机合金轴瓦超声波检测［J］．无损检测，2011，（4）：93～96.

[51] ISO 4386－1.